# Fünfstellige Tafeln

der

# Kreis- und Hyperbelfunktionen

sowie der Funktionen $e^x$ und $e^{-x}$ mit den natürlichen Zahlen als Argument

von

Dr.-Ing. Keiichi Hayashi

Verbesserter Neudruck

WALTER DE GRUYTER & CO.

vormals G. J. Göschen'sche Verlagshandlung — J. Guttentag, Verlagsbuchhandlung — Georg Reimer — Karl J. Trübner — Veit & Comp.

Berlin 1960

Archiv-Nr. 12 03 60 / Druck: Thormann & Goetsch, Berlin-Neukölln / Printed in Germany

## Aus dem Vorwort zur 1. Auflage

Bei vielen mathematischen und technischen Untersuchungen der neueren Zeit spielen neben den Kreisfunktionen die Hyperbelfunktionen eine hervorragende Rolle. Zwischen beiden besteht bekanntlich eine nahe Verwandtschaft, die besonders aus der Darstellung der Funktionen mittels der Exponentialfunktion hervorgeht. Bei der Auswertung der Hyperbelfunktionen werden, wie in der Regel bei theoretischen Abhandlungen, die natürlichen Zahlen als Argument gewählt. Für die Kreisfunktionen gibt es eine große Anzahl von Tafeln, doch sind es fast ausschließlich solche mit Teilung des Quadranten in Grade. Es tritt also die Unbequemlichkeit auf, aus dem der natürlichen Zahl entsprechenden Winkel den Funktionswert zu ermitteln.

In den Lösungen von Aufgaben, die auf lineare Differentialgleichungen führen, erscheinen die zwei Funktionen stets in mannigfachen Verbindungen, so daß jeder, der mit solchen Rechnungen häufig zu tun hat, es als eine Wohltat begrüßen wird, wenn eine Tafel vorhanden ist, die zum Finden beider Funktionen für dasselbe Argument nur einmaliges Aufschlagen der Tafel nötig macht.

Da sich die Kreisfunktionen in jedem Quadranten wiederholen, ist die Angabe ihrer Werte in den Tafeln mit Gradeinteilung des Winkels auf den ersten Quadranten beschränkt, während die Hyperbelfunktionen in dieser Hinsicht niemals dieselbe Annehmlichkeit bieten. Wählt man also die natürlichen Zahlen als Argument beider Funktionen, so darf man die Tafeln nicht mit $\pi/2$ beendigen, sondern müßte sie bis ins Unendliche fortsetzen. Auf diesen Punkt ist in den obengenannten Tafeln keine Rücksicht genommen. Auch sucht man in ihnen vergeblich die Werte von Tangens, die doch wohl ebensooft wie Cosinus und Sinus erforderlich sind.

Die vorliegenden Tafeln wurden von mir eigentlich nur hergestellt, um die Zahlenrechnungen in meinem Werke „Theorie des Trägers auf elastischer Unterlage" zu erleichtern. Aus oben angeführten Gründen habe ich mich entschlossen, mein Manuskript drucken zu lassen, damit jeder, der derartige Rechnungen auszuführen hat, ebenfalls daraus Nutzen ziehen kann. Der weitaus größte Teil der Tabellen ist von mir berechnet. Der Vollständigkeit halber wurde eine Anzahl von Werten aus den

Smithonian Mathematical Tables (Washington 1909) eingeschaltet.

Es sei mir gestattet, darauf aufmerksam zu machen, daß ich meinem oben erwähnten Buch einen Anhang mit den meist in Produktform wiederkehrenden Ausdrücken $\mathfrak{Cof}\, x \cos x$, $\mathfrak{Cof}\, x \sin x$, $\mathfrak{Sin}\, x \cos x$ und $\mathfrak{Sin}\, x \sin x$ beigefügt habe.

Berlin, im Dezember 1920 K. Hayashi

## Vorbemerkung zum Neudruck 1960

Nachdem der im Februar 1955 erschienene ungeänderte Neudruck der 1. Auflage von 1920 vergriffen war, entschloß sich der Verlag zu einer weiteren Neuausgabe. Eine große Zahl von Zuschriften ließ es geraten erscheinen, das Tafelwerk einer Durchsicht zu unterziehen. Der Verlag beauftragte den Unterzeichneten diese Durchsicht zu übernehmen. Da an der Form des Tafelwerkes nichts geändert werden sollte und damit umfangreiche und zeitraubende Neurechnungen vermieden werden konnten, wurde ein kritischer Vergleich mit mehrstelligen Tafeln durchgeführt. Es wurden folgende Tafeln zum Vergleich herangezogen:

(1) K. Hayashi: Sieben- und mehrstellige Tafeln der Kreis- und Hyperbelfunktionen und deren Produkte sowie der Gammafunktion. Berlin 1926.

(2) F. Lösch: Siebenstellige Tafeln der elementaren transzendenten Funktionen. Berlin 1954.

(3) National Bureau of Standards, Applied Mathematics Series 14: Tables of the Exponential Funktion $e^x$. Washington 1951.

Dabei wurden (2) und (3) vornehmlich benutzt und (1) zur Kontrolle herangezogen. Es zeigte sich, daß infolge sehr vieler Abrundungsungenauigkeiten und sonstiger Druck- oder Rechenfehler der Umfang der Änderungen ein recht erheblicher war, und zwar wurden im ganzen in den Tafeln an etwa 650 Stellen Änderungen vorgenommen. Durch den Vergleich mit den oben angeführten Tafeln konnten aber alle Unterschiede aufgeklärt werden.

Der Unterzeichnete hofft, daß damit der Band weitgehend die an ihn gestellten Forderungen erfüllt und ihm kaum noch Unzuverlässigkeiten nachgesagt werden können.

Braunschweig, im Juni 1959 R. Ludwig

## Kreis- und Hyperbelfunktionen

| | | | | | |
|---|---|---|---|---|---|
| von | $x = 0$ | bis | 0,1 | für jedes | Zehntausendstel, |
| ,, | $x = 0{,}1$ | ,, | 3,0 | ,, ,, | Tausendstel, |
| ,, | $x = 3{,}0$ | ,, | 6,3 | ,, ,, | Hundertstel, |
| ,, | $x = 6{,}3$ | ,, | 10,0 | ,, ,, | Zehntel. |

| $x$ | $\cos x$ | $\sin x$ | $\operatorname{tg} x$ | $e^x$ | $e^{-x}$ |
|---|---|---|---|---|---|
| **0** | 1 | 0 | 0 | 1 | 1 |
| 0,0001 | 1,00000 | 0,00010 | 0,00010 | 1,000 100 | 0,999 9000 |
| 0,0002 | 1,00000 | 0,00020 | 0,00020 | 1,000 200 | 0,999 8000 |
| 0,0003 | 1,00000 | 0,00030 | 0,00030 | 1,000 300 | 0,999 7000 |
| 0,0004 | 1,00000 | 0,00040 | 0,00040 | 1,000 400 | 0,999 6001 |
| 0,0005 | 1,00000 | 0,00050 | 0,00050 | 1,000 500 | 0,999 5001 |
| 0,0006 | 1,00000 | 0,00060 | 0,00060 | 1,000 600 | 0,999 4002 |
| 0,0007 | 1,00000 | 0,00070 | 0,00070 | 1,000 700 | 0,999 3002 |
| 0,0008 | 1,00000 | 0,00080 | 0,00080 | 1,000 800 | 0,999 2003 |
| 0,0009 | 1,00000 | 0,00090 | 0,00090 | 1,000 900 | 0,999 1004 |
| **0,0010** | 1,00000 | 0,00100 | 0,00100 | 1,001 001 | 0,999 0005 |
| 0,0011 | 1,00000 | 0,00110 | 0,00110 | 1,001 101 | 0,998 9006 |
| 0,0012 | 1,00000 | 0,00120 | 0,00120 | 1,001 201 | 0,998 8007 |
| 0,0013 | 1,00000 | 0,00130 | 0,00130 | 1,001 301 | 0,998 7008 |
| 0,0014 | 1,00000 | 0,00140 | 0,00140 | 1,001 401 | 0,998 6010 |
| 0,0015 | 1,00000 | 0,00150 | 0,00150 | 1,001 501 | 0,998 5011 |
| 0,0016 | 1,00000 | 0,00160 | 0,00160 | 1,001 601 | 0,998 4013 |
| 0,0017 | 1,00000 | 0,00170 | 0,00170 | 1,001 701 | 0,998 3014 |
| 0,0018 | 1,00000 | 0,00180 | 0,00180 | 1,001 802 | 0,998 2016 |
| 0,0019 | 1,00000 | 0,00190 | 0,00190 | 1,001 902 | 0,998 1018 |
| **0,0020** | 1,00000 | 0,00200 | 0,00200 | 1,002 002 | 0,998 0020 |
| 0,0021 | 1,00000 | 0,00210 | 0,00210 | 1.002 102 | 0,997 9022 |
| 0,0022 | 1,00000 | 0,00220 | 0,00220 | 1,002 202 | 0,997 8024 |
| 0,0023 | 1,00000 | 0,00230 | 0,00230 | 1,002 303 | 0,997 7026 |
| 0,0024 | 1,00000 | 0,00240 | 0,00240 | 1,002 403 | 0,997 6029 |
| 0,0025 | 1,00000 | 0,00250 | 0,00250 | 1,002 503 | 0,997 5031 |
| 0,0026 | 1,00000 | 0,00260 | 0,00260 | 1,002 603 | 0,997 4034 |
| 0,0027 | 1,00000 | 0,00270 | 0,00270 | 1,002 704 | 0,997 3036 |
| 0,0028 | 1,00000 | 0,00280 | 0,00280 | 1,002 804 | 0,997 2039 |
| 0,0029 | 1,00000 | 0,00290 | 0,00290 | 1,002 904 | 0,997 1042 |
| **0,0030** | 1,00000 | 0,00300 | 0,00300 | 1,003 005 | 0,997 0045 |
| 0,0031 | 1,00000 | 0,00310 | 0,00310 | 1,003 105 | 0,996 9048 |
| 0,0032 | 0,99999 | 0,00320 | 0,00320 | 1,003 205 | 0,996 8051 |
| 0,0033 | 0,99999 | 0,00330 | 0,00330 | 1,003 305 | 0,996 7054 |
| 0,0034 | 0,99999 | 0,00340 | 0,00340 | 1,003 406 | 0,996 6058 |
| 0,0035 | 0,99999 | 0,00350 | 0,00350 | 1,003 506 | 0,996 5061 |
| 0,0036 | 0,99999 | 0,00360 | 0,00360 | 1,003 606 | 0,996 4065 |
| 0,0037 | 0,99999 | 0,00370 | 0,00370 | 1,003 707 | 0,996 3068 |
| 0,0038 | 0,99999 | 0.00380 | 0,00380 | 1,003 807 | 0,996 2072 |
| 0,0039 | 0,99999 | 0,00390 | 0,00390 | 1,003 908 | 0,996 1076 |
| **0,0040** | 0,99999 | 0,00400 | 0,00400 | 1,004 008 | 0,996 0080 |
| 0,0041 | 0,99999 | 0,00410 | 0,00410 | 1,004 108 | 0,995 9084 |
| 0,0042 | 0,99999 | 0,00420 | 0,00420 | 1,004 209 | 0,995 8088 |
| 0,0043 | 0,99999 | 0,00430 | 0,00430 | 1,004 309 | 0,995 7092 |
| 0,0044 | 0,99999 | 0,00440 | 0,00440 | 1,004 410 | 0,995 6097 |
| 0,0045 | 0,99999 | 0.00450 | 0.00450 | 1,004 510 | 0,995 5101 |
| 0,0046 | 0,99999 | 0,00460 | 0,00460 | 1,004 611 | 0,995 4106 |
| 0,0047 | 0,99999 | 0,00470 | 0,00470 | 1,004 711 | 0,995 3110 |
| 0,0048 | 0,99999 | 0,00480 | 0,00480 | 1,004 812 | 0,995 2115 |
| 0,0049 | 0,99999 | 0,00490 | 0,00490 | 1,004 912 | 0,995 1120 |

| $x$ | Cos $x$ | Sin $x$ | Tg $x$ | $\varphi$ |
|---|---|---|---|---|
| **0** | 1 | 0 | 0 | 0 |
| 0,0001 | 1,00000 | 0,00010 | 0,00010 | 0° 00′ 20,63″ |
| 0,0002 | 1,00000 | 0,00020 | 0,00020 | 0 00 41,25 |
| 0,0003 | 1,00000 | 0,00030 | 0,00030 | 0 01 01,88 |
| 0,0004 | 1,00000 | 0,00040 | 0,00040 | 0 01 22,51 |
| 0,0005 | 1,00000 | 0,00050 | 0,00050 | 0 01 43,13 |
| 0,0006 | 1,00000 | 0,00060 | 0,00060 | 0 02 03,76 |
| 0,0007 | 1,00000 | 0,00070 | 0,00070 | 0 02 24,39 |
| 0,0008 | 1,00000 | 0,00080 | 0,00080 | 0 02 45,01 |
| 0,0009 | 1,00000 | 0,00090 | 0,00090 | 0 03 05,64 |
| **0,0010** | 1,00000 | 0,00100 | 0,00100 | 0 03 26,26 |
| 0,0011 | 1,00000 | 0,00110 | 0,00110 | 0 03 46,89 |
| 0,0012 | 1,00000 | 0,00120 | 0,00120 | 0 04 07,52 |
| 0,0013 | 1,00000 | 0,00130 | 0,00130 | 0 04 28,14 |
| 0,0014 | 1,00000 | 0,00140 | 0,00140 | 0 04 48,77 |
| 0,0015 | 1,00000 | 0,00150 | 0,00150 | 0 05 09,40 |
| 0,0016 | 1,00000 | 0,00160 | 0,00160 | 0 05 30,02 |
| 0,0017 | 1,00000 | 0,00170 | 0,00170 | 0 05 50,65 |
| 0,0018 | 1,00000 | 0,00180 | 0,00180 | 0 06 11,28 |
| 0,0019 | 1,00000 | 0,00190 | 0,00190 | 0 06 31,90 |
| **0,0020** | 1,00000 | 0,00200 | 0,00200 | 0 06 52,53 |
| 0,0021 | 1,00000 | 0,00210 | 0,00210 | 0 07 13,16 |
| 0,0022 | 1,00000 | 0,00220 | 0,00220 | 0 07 33,78 |
| 0,0023 | 1,00000 | 0,00230 | 0,00230 | 0 07 54,41 |
| 0,0024 | 1,00000 | 0,00240 | 0,00240 | 0 08 15,04 |
| 0,0025 | 1,00000 | 0,00250 | 0,00250 | 0 08 35,66 |
| 0,0026 | 1,00000 | 0,00260 | 0,00260 | 0 08 56,29 |
| 0,0027 | 1,00000 | 0,00270 | 0,00270 | 0 09 16,91 |
| 0,0028 | 1,00000 | 0,00280 | 0,00280 | 0 09 37,54 |
| 0,0029 | 1,00000 | 0,00290 | 0,00290 | 0 09 58,17 |
| **0,0030** | 1,00000 | 0,00300 | 0,00300 | 0 10 18,79 |
| 0,0031 | 1,00000 | 0,00310 | 0,00310 | 0 10 39,42 |
| 0,0032 | 1,00001 | 0,00320 | 0,00320 | 0 11 00,05 |
| 0,0033 | 1,00001 | 0,00330 | 0,00330 | 0 11 20,67 |
| 0,0034 | 1,00001 | 0,00340 | 0,00340 | 0 11 41,30 |
| 0,0035 | 1,00001 | 0,00350 | 0,00350 | 0 12 01,93 |
| 0,0036 | 1,00001 | 0,00360 | 0,00360 | 0 12 22,55 |
| 0,0037 | 1,00001 | 0,00370 | 0,00370 | 0 12 43,18 |
| 0,0038 | 1,00001 | 0,00380 | 0,00380 | 0 13 03,81 |
| 0,0039 | 1,00001 | 0,00390 | 0,00390 | 0 13 24,43 |
| **0,0040** | 1,00001 | 0,00400 | 0,00400 | 0 13 45,06 |
| 0,0041 | 1,00001 | 0,00410 | 0,00410 | 0 14 05,69 |
| 0,0042 | 1,00001 | 0,00420 | 0,00420 | 0 14 26,31 |
| 0,0043 | 1,00001 | 0,00430 | 0,00430 | 0 14 46,94 |
| 0,0044 | 1,00001 | 0,00440 | 0,00440 | 0 15 07,57 |
| 0,0045 | 1,00001 | 0,00450 | 0,00450 | 0 15 28,19 |
| 0,0046 | 1,00001 | 0,00460 | 0,00460 | 0 15 48,82 |
| 0,0047 | 1,00001 | 0,00470 | 0,00470 | 0 16 09,44 |
| 0,0048 | 1,00001 | 0,00480 | 0,00480 | 0 16 30,07 |
| 0,0049 | 1,00001 | 0,00490 | 0,00490 | 0 16 50,70 |

| $x$ | $\cos x$ | $\sin x$ | $\operatorname{tg} x$ | $e^x$ | $e^{-x}$ |
|---|---|---|---|---|---|
| **0,0050** | 0,99999 | 0,00500 | 0,00500 | 1,005 013 | 0,995 0125 |
| 0,0051 | 0,99999 | 0,00510 | 0,00510 | 1,005 113 | 0,994 9130 |
| 0,0052 | 0,99999 | 0,00520 | 0,00520 | 1,005 214 | 0,994 8135 |
| 0,0053 | 0,99999 | 0,00530 | 0,00530 | 1,005 314 | 0,994 7140 |
| 0,0054 | 0,99999 | 0,00540 | 0,00540 | 1,005 415 | 0,994 6146 |
| 0,0055 | 0,99998 | 0,00550 | 0,00550 | 1,005 515 | 0,994 5151 |
| 0,0056 | 0,99998 | 0,00560 | 0,00560 | 1,005 616 | 0,994 4157 |
| 0,0057 | 0,99998 | 0,00570 | 0,00570 | 1,005 716 | 0,994 3162 |
| 0,0058 | 0,99998 | 0,00580 | 0,00580 | 1,005 817 | 0,994 2168 |
| 0,0059 | 0,99998 | 0,00590 | 0,00590 | 1,005 917 | 0,994 1174 |
| **0,0060** | 0,99998 | 0,00600 | 0,00600 | 1,006 018 | 0,994 0180 |
| 0,0061 | 0,99998 | 0,00610 | 0,00610 | 1,006 119 | 0,993 9186 |
| 0,0062 | 0,99998 | 0,00620 | 0,00620 | 1,006 219 | 0,993 8192 |
| 0,0063 | 0,99998 | 0,00630 | 0,00630 | 1,006 320 | 0,993 7198 |
| 0,0064 | 0,99998 | 0,00640 | 0,00640 | 1,006 421 | 0,993 6204 |
| 0,0065 | 0,99998 | 0,00650 | 0,00650 | 1,006 521 | 0,993 5211 |
| 0,0066 | 0,99998 | 0,00660 | 0,00660 | 1,006 622 | 0,993 4217 |
| 0,0067 | 0,99998 | 0,00670 | 0,00670 | 1,006 722 | 0,993 3224 |
| 0,0068 | 0,99998 | 0,00680 | 0,00680 | 1,006 823 | 0,993 2231 |
| 0,0069 | 0,99998 | 0,00690 | 0,00690 | 1,006 924 | 0,993 1238 |
| **0 0070** | 0,99998 | 0,00700 | 0,00700 | 1,007 025 | 0,993 0244 |
| 0,0071 | 0,99997 | 0,00710 | 0,00710 | 1,007 125 | 0,992 9251 |
| 0,0072 | 0,99997 | 0,00720 | 0,00720 | 1,007 226 | 0,992 8259 |
| 0,0073 | 0,99997 | 0,00730 | 0,00730 | 1,007 327 | 0,992 7266 |
| 0,0074 | 0,99997 | 0,00740 | 0,00740 | 1,007 427 | 0,992 6273 |
| 0,0075 | 0,99997 | 0,00750 | 0,00750 | 1,007 528 | 0,992 5281 |
| 0,0076 | 0,99997 | 0,00760 | 0,00760 | 1,007 629 | 0,992 4288 |
| 0,0077 | 0,99997 | 0,00770 | 0,00770 | 1,007 730 | 0,992 3296 |
| 0,0078 | 0,99997 | 0,00780 | 0,00780 | 1,007 830 | 0,992 2303 |
| 0,0079 | 0,99997 | 0,00790 | 0,00790 | 1,007 931 | 0,992 1311 |
| **0,0080** | 0,99997 | 0,00800 | 0,00800 | 1,008 032 | 0,992 0319 |
| 0,0081 | 0,99997 | 0,00810 | 0,00810 | 1,008 133 | 0,991 9327 |
| 0,0082 | 0,99997 | 0,00820 | 0,00820 | 1,008 234 | 0,991 8335 |
| 0,0083 | 0,99997 | 0,00830 | 0,00830 | 1,008 335 | 0,991 7344 |
| 0,0084 | 0,99996 | 0,00840 | 0,00840 | 1,008 435 | 0,991 6352 |
| 0,0085 | 0,99996 | 0,00850 | 0,00850 | 1,008 536 | 0,991 5360 |
| 0,0086 | 0,99996 | 0,00860 | 0,00860 | 1,008 637 | 0,991 4369 |
| 0,0087 | 0,99996 | 0,00870 | 0,00870 | 1,008 738 | 0,991 3377 |
| 0,0088 | 0,99996 | 0,00880 | 0,00880 | 1,008 839 | 0,991 2386 |
| 0,0089 | 0,99996 | 0,00890 | 0,00890 | 1,008 940 | 0,991 1395 |
| **0,0090** | 0,99996 | 0,00900 | 0,00900 | 1,009 041 | 0,991 0404 |
| 0,0091 | 0,99996 | 0,00910 | 0,00910 | 1,009 142 | 0,990 9413 |
| 0,0092 | 0,99996 | 0,00920 | 0,00920 | 1,009 242 | 0,990 8422 |
| 0,0093 | 0,99996 | 0,00930 | 0,00930 | 1,009 343 | 0,990 7431 |
| 0,0094 | 0,99996 | 0,00940 | 0,00940 | 1,009 444 | 0,990 6440 |
| 0,0095 | 0,99995 | 0,00950 | 0,00950 | 1,009 545 | 0,990 5450 |
| 0,0096 | 0,99995 | 0,00960 | 0,00960 | 1,009 646 | 0,990 4459 |
| 0,0097 | 0,99995 | 0,00970 | 0,00970 | 1,009 747 | 0,990 3469 |
| 0,0098 | 0,99995 | 0,00980 | 0,00980 | 1,009 848 | 0,990 2479 |
| 0,0099 | 0,99995 | 0,00990 | 0,00990 | 1,009 949 | 0,990 1488 |

| x | Cof x | Sin x | Tg x | φ |
|---|---|---|---|---|
| **0,0050** | 1,00001 | 0,00500 | 0,00500 | 0° 17′ 11,32″ |
| 0,0051 | 1,00001 | 0,00510 | 0,00510 | 0 17 31,95 |
| 0,0052 | 1,00001 | 0,00520 | 0,00520 | 0 17 52,58 |
| 0,0053 | 1,00001 | 0,00530 | 0,00530 | 0 18 13,20 |
| 0,0054 | 1,00001 | 0,00540 | 0,00540 | 0 18 33,83 |
| 0,0055 | 1,00002 | 0,00550 | 0,00550 | 0 18 54,46 |
| 0,0056 | 1,00002 | 0,00560 | 0,00560 | 0 19 15,08 |
| 0,0057 | 1,00002 | 0,00570 | 0,00570 | 0 19 35,71 |
| 0,0058 | 1,00002 | 0,00580 | 0,00580 | 0 19 56,34 |
| 0,0059 | 1,00002 | 0,00590 | 0,00590 | 0 20 16,96 |
| **0,0060** | 1,00002 | 0,00600 | 0,00600 | 0 20 37,59 |
| 0,0061 | 1,00002 | 0,00610 | 0,00610 | 0 20 58,22 |
| 0,0062 | 1,00002 | 0,00620 | 0,00620 | 0 21 18,84 |
| 0,0063 | 1,00002 | 0,00630 | 0,00630 | 0 21 39,47 |
| 0,0064 | 1,00002 | 0,00640 | 0,00640 | 0 22 00,09 |
| 0,0065 | 1,00002 | 0,00650 | 0,00650 | 0 22 20,72 |
| 0,0066 | 1,00002 | 0,00660 | 0,00660 | 0 22 41,35 |
| 0,0067 | 1,00002 | 0,00670 | 0,00670 | 0 23 01,97 |
| 0,0068 | 1,00002 | 0,00680 | 0,00680 | 0 23 22,60 |
| 0,0069 | 1,00002 | 0,00690 | 0,00690 | 0 23 43,23 |
| **0,0070** | 1,00002 | 0,00700 | 0,00700 | 0 24 03,85 |
| 0,0071 | 1,00003 | 0,00710 | 0,00710 | 0 24 24,48 |
| 0,0072 | 1,00003 | 0,00720 | 0,00720 | 0 24 45,11 |
| 0,0073 | 1,00003 | 0,00730 | 0,00730 | 0 25 05,73 |
| 0,0074 | 1,00003 | 0,00740 | 0,00740 | 0 25 26,36 |
| 0,0075 | 1,00003 | 0,00750 | 0,00750 | 0 25 46,99 |
| 0,0076 | 1,00003 | 0,00760 | 0,00760 | 0 26 07,61 |
| 0,0077 | 1,00003 | 0,00770 | 0,00770 | 0 26 28,24 |
| 0,0078 | 1,00003 | 0,00780 | 0,00780 | 0 26 48,87 |
| 0,0079 | 1,00003 | 0,00790 | 0,00790 | 0 27 09,49 |
| **0,0080** | 1,00003 | 0,00800 | 0,00800 | 0 27 30,12 |
| 0,0081 | 1,00003 | 0,00810 | 0,00810 | 0 27 50,74 |
| 0,0082 | 1,00003 | 0,00820 | 0,00820 | 0 28 11,37 |
| 0,0083 | 1,00003 | 0,00830 | 0,00830 | 0 28 32,00 |
| 0,0084 | 1,00004 | 0,00840 | 0,00840 | 0 28 52,62 |
| 0,0085 | 1,00004 | 0,00850 | 0,00850 | 0 29 13,25 |
| 0,0086 | 1,00004 | 0,00860 | 0,00860 | 0 29 33,88 |
| 0,0087 | 1,00004 | 0,00870 | 0,00870 | 0 29 54,50 |
| 0,0088 | 1,00004 | 0,00880 | 0,00880 | 0 30 15,13 |
| 0,0089 | 1,00004 | 0,00890 | 0,00890 | 0 30 35,76 |
| **0,0090** | 1,00004 | 0,00900 | 0,00900 | 0 30 56,38 |
| 0,0091 | 1,00004 | 0,00910 | 0,00910 | 0 31 17,01 |
| 0,0092 | 1,00004 | 0,00920 | 0,00920 | 0 31 37,64 |
| 0,0093 | 1,00004 | 0,00930 | 0,00930 | 0 31 58,26 |
| 0,0094 | 1,00004 | 0,00940 | 0,00940 | 0 32 18,89 |
| 0,0095 | 1,00005 | 0,00950 | 0,00950 | 0 32 39,52 |
| 0,0096 | 1,00005 | 0,00960 | 0,00960 | 0 33 00,14 |
| 0,0097 | 1,00005 | 0,00970 | 0,00970 | 0 33 20,77 |
| 0,0098 | 1,00005 | 0,00980 | 0,00980 | 0 33 41,40 |
| 0,0099 | 1,00005 | 0,00990 | 0,00990 | 0 34 02,02 |

| $x$ | $\cos x$ | $\sin x$ | $\operatorname{tg} x$ | $e^x$ | $e^{-x}$ |
|---|---|---|---|---|---|
| **0,0100** | 0,99995 | 0,01000 | 0,01000 | 1,010 050 | 0,990 0498 |
| 0,0101 | 0,99995 | 0,01010 | 0,01010 | 1,010 151 | 0,989 9508 |
| 0,0102 | 0,99995 | 0,01020 | 0,01020 | 1,010 252 | 0,989 8518 |
| 0,0103 | 0,99995 | 0,01030 | 0,01030 | 1,010 353 | 0,989 7529 |
| 0,0104 | 0,99995 | 0,01040 | 0,01040 | 1,010 454 | 0,989 6539 |
| 0,0105 | 0,99994 | 0,01050 | 0,01050 | 1,010 555 | 0,989 5549 |
| 0,0106 | 0,99994 | 0,01060 | 0,01060 | 1,010 656 | 0,989 4560 |
| 0,0107 | 0,99994 | 0,01070 | 0,01070 | 1,010 757 | 0,989 3570 |
| 0,0108 | 0,99994 | 0,01080 | 0,01080 | 1,010 859 | 0,989 2581 |
| 0,0109 | 0,99994 | 0,01090 | 0,01090 | 1,010 960 | 0,989 1592 |
| **0,0110** | 0,99994 | 0,01100 | 0,01100 | 1,011 061 | 0,989 0603 |
| 0,0111 | 0,99994 | 0,01110 | 0,01110 | 1,011 162 | 0,988 9614 |
| 0,0112 | 0,99994 | 0,01120 | 0,01120 | 1,011 263 | 0,988 8625 |
| 0,0113 | 0,99994 | 0,01130 | 0,01130 | 1,011 364 | 0,988 7636 |
| 0,0114 | 0,99994 | 0,01140 | 0,01140 | 1,011 465 | 0,988 6647 |
| 0,0115 | 0,99993 | 0,01150 | 0,01150 | 1,011 566 | 0,988 5659 |
| 0,0116 | 0,99993 | 0,01160 | 0,01160 | 1,011 668 | 0,988 4670 |
| 0,0117 | 0,99993 | 0,01170 | 0,01170 | 1,011 769 | 0,988 3682 |
| 0,0118 | 0,99993 | 0,01180 | 0,01180 | 1,011 870 | 0,988 2693 |
| 0,0119 | 0,99993 | 0,01190 | 0,01190 | 1,011 971 | 0,988 1705 |
| **0,0120** | 0,99993 | 0,01200 | 0,01200 | 1,012 072 | 0,988 0717 |
| 0,0121 | 0,99993 | 0,01210 | 0,01210 | 1,012 174 | 0,987 9729 |
| 0,0122 | 0,99993 | 0,01220 | 0,01220 | 1,012 275 | 0,987 8741 |
| 0,0123 | 0,99992 | 0,01230 | 0,01230 | 1,012 376 | 0,987 7753 |
| 0,0124 | 0,99992 | 0,01240 | 0,01240 | 1,012 477 | 0,987 6766 |
| 0,0125 | 0,99992 | 0,01250 | 0,01250 | 1,012 578 | 0,987 5778 |
| 0,0126 | 0,99992 | 0,01260 | 0,01260 | 1,012 680 | 0,987 4790 |
| 0,0127 | 0,99992 | 0,01270 | 0,01270 | 1,012 781 | 0,987 3803 |
| 0,0128 | 0,99992 | 0,01280 | 0,01280 | 1,012 882 | 0,987 2816 |
| 0,0129 | 0,99992 | 0,01290 | 0,01290 | 1,012 984 | 0,987 1828 |
| **0,0130** | 0,99992 | 0,01300 | 0,01300 | 1,013 085 | 0,987 0841 |
| 0,0131 | 0,99991 | 0,01310 | 0,01310 | 1,013 186 | 0,986 9854 |
| 0,0132 | 0,99991 | 0,01320 | 0,01320 | 1,013 288 | 0,986 8867 |
| 0,0133 | 0,99991 | 0,01330 | 0,01330 | 1,013 389 | 0,986 7881 |
| 0,0134 | 0,99991 | 0,01340 | 0,01340 | 1,013 490 | 0,986 6894 |
| 0,0135 | 0,99991 | 0,01350 | 0,01350 | 1,013 592 | 0,986 5907 |
| 0,0136 | 0,99991 | 0,01360 | 0,01360 | 1,013 693 | 0,986 4921 |
| 0,0137 | 0,99991 | 0,01370 | 0,01370 | 1,013 794 | 0,986 3934 |
| 0,0138 | 0,99990 | 0,01380 | 0,01380 | 1,013 896 | 0,986 2948 |
| 0,0139 | 0,99990 | 0,01390 | 0,01390 | 1,013 997 | 0,986 1962 |
| **0,0140** | 0,99990 | 0,01400 | 0,01400 | 1,014 098 | 0,986 0975 |
| 0,0141 | 0,99990 | 0,01410 | 0,01410 | 1,014 200 | 0,985 9989 |
| 0,0142 | 0,99990 | 0,01420 | 0,01420 | 1,014 301 | 0,985 9003 |
| 0,0143 | 0,99990 | 0,01430 | 0,01430 | 1,014 403 | 0,985 8018 |
| 0,0144 | 0,99990 | 0,01440 | 0,01440 | 1,014 504 | 0,985 7032 |
| 0,0145 | 0,99989 | 0,01450 | 0,01450 | 1,014 606 | 0,985 6046 |
| 0,0146 | 0,99989 | 0,01460 | 0,01460 | 1,014 707 | 0,985 5061 |
| 0,0147 | 0,99989 | 0,01470 | 0,01470 | 1,014 809 | 0,985 4075 |
| 0,0148 | 0,99989 | 0,01480 | 0,01480 | 1,014 910 | 0,985 3090 |
| 0,0149 | 0,99989 | 0,01490 | 0,01490 | 1,014 012 | 0,985 2105 |

| $x$ | Cof $x$ | Sin $x$ | Tg $x$ | $\varphi$ |
|---|---|---|---|---|
| **0,0100** | 1,00005 | 0,01000 | 0,01000 | 0° 34′ 22,65″ |
| 0,0101 | 1,00005 | 0,01010 | 0,01010 | 0 34 43,27 |
| 0,0102 | 1,00005 | 0,01020 | 0,01020 | 0 35 03,90 |
| 0,0103 | 1,00005 | 0,01030 | 0,01030 | 0 35 24,53 |
| 0,0104 | 1,00005 | 0,01040 | 0,01040 | 0 35 45,15 |
| 0,0105 | 1,00006 | 0,01050 | 0,01050 | 0 36 05,78 |
| 0,0106 | 1,00006 | 0,01060 | 0,01060 | 0 36 26,41 |
| 0,0107 | 1,00006 | 0,01070 | 0,01070 | 0 36 47,03 |
| 0,0108 | 1,00006 | 0,01080 | 0,01080 | 0 37 07,66 |
| 0,0109 | 1,00006 | 0,01090 | 0,01090 | 0 37 28,29 |
| **0,0110** | 1,00006 | 0,01100 | 0,01100 | 0 37 48,91 |
| 0,0111 | 1,00006 | 0,01110 | 0,01110 | 0 38 09,54 |
| 0,0112 | 1,00006 | 0,01120 | 0,01120 | 0 38 30,17 |
| 0,0113 | 1,00006 | 0,01130 | 0,01130 | 0 38 50,79 |
| 0,0114 | 1,00006 | 0,01140 | 0,01140 | 0 39 11,42 |
| 0,0115 | 1,00007 | 0,01150 | 0,01150 | 0 39 32,05 |
| 0,0116 | 1,00007 | 0,01160 | 0,01160 | 0 39 52,67 |
| 0,0117 | 1,00007 | 0,01170 | 0,01170 | 0 40 13,30 |
| 0,0118 | 1,00007 | 0,01180 | 0,01180 | 0 40 33,92 |
| 0,0119 | 1,00007 | 0,01190 | 0,01190 | 0 40 54,55 |
| **0,0120** | 1,00007 | 0,01200 | 0,01200 | 0 41 15,18 |
| 0,0121 | 1,00007 | 0,01210 | 0,01210 | 0 41 35,80 |
| 0,0122 | 1,00007 | 0,01220 | 0,01220 | 0 41 56,43 |
| 0,0123 | 1,00008 | 0,01230 | 0,01230 | 0 42 17,06 |
| 0,0124 | 1,00008 | 0,01240 | 0,01240 | 0 42 37,68 |
| 0,0125 | 1,00008 | 0,01250 | 0,01250 | 0 42 58,31 |
| 0,0126 | 1,00008 | 0,01260 | 0,01260 | 0 43 18,94 |
| 0,0127 | 1,00008 | 0,01270 | 0,01270 | 0 43 39,56 |
| 0,0128 | 1,00008 | 0,01280 | 0,01280 | 0 44 00,19 |
| 0,0129 | 1,00008 | 0,01290 | 0,01290 | 0 44 20,82 |
| **0,0130** | 1,00008 | 0,01300 | 0,01300 | 0 44 41,44 |
| 0,0131 | 1,00009 | 0,01310 | 0,01310 | 0 45 02,07 |
| 0,0132 | 1,00009 | 0,01320 | 0,01320 | 0 45 22,70 |
| 0,0133 | 1,00009 | 0,01330 | 0,01330 | 0 45 43,32 |
| 0,0134 | 1,00009 | 0,01340 | 0,01340 | 0 46 03,95 |
| 0,0135 | 1,00009 | 0,01350 | 0,01350 | 0 46 24,57 |
| 0,0136 | 1,00009 | 0,01360 | 0,01360 | 0 46 45,20 |
| 0,0137 | 1,00009 | 0,01370 | 0,01370 | 0 47 05,83 |
| 0,0138 | 1,00010 | 0,01380 | 0,01380 | 0 47 26,45 |
| 0,0139 | 1,00010 | 0,01390 | 0,01390 | 0 47 47,08 |
| **0,0140** | 1,00010 | 0,01400 | 0,01400 | 0 48 07,71 |
| 0,0141 | 1,00010 | 0,01410 | 0,01410 | 0 48 28,33 |
| 0,0142 | 1,00010 | 0,01420 | 0,01420 | 0 48 48,96 |
| 0,0143 | 1,00010 | 0,01430 | 0,01430 | 0 49 09,59 |
| 0,0144 | 1,00010 | 0,01440 | 0,01440 | 0 49 30,21 |
| 0,0145 | 1,00011 | 0,01450 | 0,01450 | 0 49 50,84 |
| 0,0146 | 1,00011 | 0,01460 | 0,01460 | 0 50 11,47 |
| 0,0147 | 1,00011 | 0,01470 | 0,01470 | 0 50 32,09 |
| 0,0148 | 1,00011 | 0,01480 | 0,01480 | 0 50 52,72 |
| 0,0149 | 1,00011 | 0,01490 | 0,01490 | 0 51 13,35 |

| $x$ | $\cos x$ | $\sin x$ | $\operatorname{tg} x$ | $e^x$ | $e^{-x}$ |
|---|---|---|---|---|---|
| **0,0150** | 0,99989 | 0,01500 | 0,01500 | 1,015 113 | 0,985 1119 |
| 0,0151 | 0,99989 | 0,01510 | 0,01510 | 1,015 215 | 0,985 0134 |
| 0,0152 | 0,99988 | 0,01520 | 0,01520 | 1,015 316 | 0,984 9149 |
| 0,0153 | 0,99988 | 0,01530 | 0,01530 | 1,015 418 | 0,984 8165 |
| 0,0154 | 0,99988 | 0,01540 | 0,01540 | 1,015 519 | 0,984 7180 |
| 0,0155 | 0,99988 | 0,01550 | 0,01550 | 1,015 621 | 0,984 6195 |
| 0,0156 | 0,99988 | 0,01560 | 0,01560 | 1,015 722 | 0,984 5211 |
| 0,0157 | 0,99988 | 0,01570 | 0,01570 | 1,015 824 | 0,984 4226 |
| 0,0158 | 0,99988 | 0,01580 | 0,01580 | 1,015 925 | 0,984 3242 |
| 0,0159 | 0,99987 | 0,01590 | 0,01590 | 1,016 027 | 0,984 2257 |
| **0,0160** | 0,99987 | 0,01600 | 0,01600 | 1,016 129 | 0,984 1273 |
| 0,0161 | 0,99987 | 0,01610 | 0,01610 | 1,016 230 | 0,983 0289 |
| 0,0162 | 0,99987 | 0,01620 | 0,01620 | 1,016 332 | 0,983 9305 |
| 0,0163 | 0,99987 | 0,01630 | 0,01630 | 1,016 434 | 0,983 8321 |
| 0,0164 | 0,99987 | 0,01640 | 0,01640 | 1,016 535 | 0,983 7337 |
| 0,0165 | 0,99986 | 0,01650 | 0,01650 | 1,016 637 | 0,983 6354 |
| 0,0166 | 0,99986 | 0,01660 | 0,01660 | 1,016 739 | 0,983 5370 |
| 0,0167 | 0,99986 | 0,01670 | 0,01670 | 1,016 840 | 0,983 4387 |
| 0,0168 | 0,99986 | 0,01680 | 0,01680 | 1,016 942 | 0,983 3403 |
| 0,0169 | 0,99986 | 0,01690 | 0,01690 | 1,017 044 | 0,983 2420 |
| **0,0170** | 0,99986 | 0,01700 | 0,01700 | 1,017 145 | 0,983 1437 |
| 0,0171 | 0,99985 | 0,01710 | 0,01710 | 1,017 247 | 0,983 0454 |
| 0,0172 | 0,99985 | 0,01720 | 0,01720 | 1,017 349 | 0,982 9471 |
| 0,0173 | 0,99985 | 0,01730 | 0,01730 | 1,017 451 | 0,982 8488 |
| 0,0174 | 0,99985 | 0,01740 | 0,01740 | 1,017 552 | 0,982 7505 |
| 0,0175 | 0,99985 | 0,01750 | 0,01750 | 1,017 654 | 0,982 6522 |
| 0,0176 | 0,99985 | 0,01760 | 0,01760 | 1,017 756 | 0,982 5540 |
| 0,0177 | 0,99984 | 0,01770 | 0,01770 | 1,017 858 | 0,982 4557 |
| 0,0178 | 0,99984 | 0,01780 | 0,01780 | 1,017 959 | 0,982 3575 |
| 0,0179 | 0,99984 | 0,01790 | 0,01790 | 1,018 061 | 0,982 2593 |
| **0,0180** | 0,99984 | 0,01800 | 0,01800 | 1,018 163 | 0,982 1610 |
| 0,0181 | 0,99984 | 0,01810 | 0,01810 | 1,018 265 | 0,982 0628 |
| 0,0182 | 0,99983 | 0,01820 | 0,01820 | 1,018 367 | 0,981 9646 |
| 0,0183 | 0,99983 | 0,01830 | 0,01830 | 1,018 468 | 0,981 8664 |
| 0,0184 | 0,99983 | 0,01840 | 0,01840 | 1,018 570 | 0,981 7682 |
| 0,0185 | 0,99983 | 0,01850 | 0,01850 | 1,018 672 | 0,981 6701 |
| 0,0186 | 0,99983 | 0,01860 | 0,01860 | 1,018 774 | 0,981 5719 |
| 0,0187 | 0,99983 | 0,01870 | 0,01870 | 1,018 876 | 0,981 4738 |
| 0,0188 | 0,99982 | 0,01880 | 0,01880 | 1,018 978 | 0,981 3756 |
| 0,0189 | 0,99982 | 0,01890 | 0,01890 | 1,019 080 | 0,981 2775 |
| **0,0190** | 0,99982 | 0,01900 | 0,01900 | 1,019 182 | 0,981 1794 |
| 0,0191 | 0,99982 | 0,01910 | 0,01910 | 1,019 284 | 0,981 0812 |
| 0,0192 | 0,99982 | 0,01920 | 0,01920 | 1,019 386 | 0,980 9831 |
| 0,0193 | 0,99981 | 0,01930 | 0,01930 | 1,019 487 | 0,980 8851 |
| 0,0194 | 0,99981 | 0,01940 | 0,01940 | 1,019 589 | 0,980 7870 |
| 0,0195 | 0,99981 | 0,01950 | 0,01950 | 1,019 691 | 0,980 6889 |
| 0,0196 | 0,99981 | 0,01960 | 0,01960 | 1,019 793 | 0,980 5908 |
| 0,0197 | 0,99981 | 0,01970 | 0,01970 | 1,019 895 | 0,980 4928 |
| 0,0198 | 0,99980 | 0,01980 | 0,01980 | 1,019 997 | 0,980 3947 |
| 0,0199 | 0,99980 | 0,01990 | 0,01990 | 1,020 099 | 0,980 2967 |

| $x$ | Cos $x$ | Sin $x$ | Tg $x$ | $\varphi$ |
|---|---|---|---|---|
| **0,0150** | 1,00011 | 0,01500 | 0,01500 | 0° 51′ 33,97″ |
| 0,0151 | 1,00011 | 0,01510 | 0,01510 | 0 51 54,60 |
| 0,0152 | 1,00012 | 0,01520 | 0,01520 | 0 52 15,23 |
| 0,0153 | 1,00012 | 0,01530 | 0,01530 | 0 52 35,85 |
| 0,0154 | 1,00012 | 0,01540 | 0,01540 | 0 52 56,48 |
| 0,0155 | 1,00012 | 0,01550 | 0,01550 | 0 53 17,13 |
| 0,0156 | 1,00012 | 0,01560 | 0,01560 | 0 53 37,73 |
| 0,0157 | 1,00012 | 0,01570 | 0,01570 | 0 53 58,36 |
| 0,0158 | 1,00012 | 0,01580 | 0,01580 | 0 54 18,98 |
| 0,0159 | 1,00013 | 0,01590 | 0,01590 | 0 54 39,61 |
| **0,0160** | 1,00013 | 0,01600 | 0,01600 | 0 55 00,24 |
| 0,0161 | 1,00013 | 0,01610 | 0,01610 | 0 55 20,86 |
| 0,0162 | 1,00013 | 0,01620 | 0,01620 | 0 55 41,49 |
| 0,0163 | 1,00013 | 0,01630 | 0,01630 | 0 56 02,12 |
| 0,0164 | 1,00013 | 0,01640 | 0,01640 | 0 56 22,74 |
| 0,0165 | 1,00014 | 0,01650 | 0,01650 | 0 56 43,37 |
| 0,0166 | 1,00014 | 0,01660 | 0,01660 | 0 57 04,00 |
| 0,0167 | 1,00014 | 0,01670 | 0,01670 | 0 57 24,62 |
| 0,0168 | 1,00014 | 0,01680 | 0,01680 | 0 57 45,25 |
| 0,0169 | 1,00014 | 0,01690 | 0,01690 | 0 58 05,88 |
| **0,0170** | 1,00014 | 0,01700 | 0,01700 | 0 58 26,50 |
| 0,0171 | 1,00015 | 0,01710 | 0,01710 | 0 58 47,13 |
| 0,0172 | 1,00015 | 0,01720 | 0,01720 | 0 59 07,75 |
| 0,0173 | 1,00015 | 0,01730 | 0,01730 | 0 59 28,38 |
| 0,0174 | 1,00015 | 0,01740 | 0,01740 | 0 59 49,01 |
| 0,0175 | 1,00015 | 0,01750 | 0,01750 | 1 00 09,63 |
| 0,0176 | 1,00015 | 0,01760 | 0,01760 | 1 00 30,26 |
| 0,0177 | 1,00016 | 0,01770 | 0,01770 | 1 00 50,89 |
| 0,0178 | 1,00016 | 0,01780 | 0,01780 | 1 01 11,51 |
| 0,0179 | 1,00016 | 0,01790 | 0,01790 | 1 01 32,14 |
| **0,0180** | 1,00016 | 0,01800 | 0,01800 | 1 01 52,77 |
| 0,0181 | 1,00016 | 0,01810 | 0,01810 | 1 02 13,39 |
| 0,0182 | 1,00017 | 0,01820 | 0,01820 | 1 02 34,02 |
| 0,0183 | 1,00017 | 0,01830 | 0,01830 | 1 02 54,65 |
| 0,0184 | 1,00017 | 0,01840 | 0,01840 | 1 03 15,27 |
| 0,0185 | 1,00017 | 0,01850 | 0,01850 | 1 03 35,90 |
| 0,0186 | 1,00017 | 0,01860 | 0,01860 | 1 03 56,53 |
| 0,0187 | 1,00017 | 0,01870 | 0,01870 | 1 04 17,15 |
| 0,0188 | 1,00018 | 0,01880 | 0,01880 | 1 04 37,78 |
| 0,0189 | 1,00018 | 0,01890 | 0,01890 | 1 04 58,40 |
| **0,0190** | 1,00018 | 0,01900 | 0,01900 | 1 05 19,03 |
| 0,0191 | 1,00018 | 0,01910 | 0,01910 | 1 05 39,66 |
| 0,0192 | 1,00018 | 0,01920 | 0,01920 | 1 06 00,28 |
| 0,0193 | 1,00019 | 0,01930 | 0,01930 | 1 06 20,91 |
| 0,0194 | 1,00019 | 0,01940 | 0,01940 | 1 06 41,54 |
| 0,0195 | 1,00019 | 0,01950 | 0,01950 | 1 07 02,16 |
| 0,0196 | 1,00019 | 0,01960 | 0,01960 | 1 07 22,79 |
| 0,0197 | 1,00019 | 0,01970 | 0,01970 | 1 07 43,42 |
| 0,0198 | 1,00020 | 0,01980 | 0,01980 | 1 08 04,04 |
| 0,0199 | 1,00020 | 0,01990 | 0,01990 | 1 08 24,67 |

| $x$ | $\cos x$ | $\sin x$ | $\operatorname{tg} x$ | $e^x$ | $e^{-x}$ |
|---|---|---|---|---|---|
| **0,0200** | 0,99980 | 0,02000 | 0,02000 | 1,020 201 | 0,980 1987 |
| 0,0201 | 0,99980 | 0,02010 | 0,02010 | 1,020 303 | 0,980 1007 |
| 0,0202 | 0,99980 | 0,02020 | 0,02020 | 1,020 405 | 0,980 0027 |
| 0,0203 | 0,99979 | 0,02030 | 0,02030 | 1,020 507 | 0,979 9047 |
| 0,0204 | 0,99979 | 0,02040 | 0,02040 | 1,020 610 | 0,979 8067 |
| 0,0205 | 0,99979 | 0,02050 | 0,02050 | 1,020 712 | 0,979 7087 |
| 0,0206 | 0,99979 | 0,02060 | 0,02060 | 1,020 814 | 0,979 6107 |
| 0,0207 | 0,99979 | 0,02070 | 0,02070 | 1,020 916 | 0,979 5128 |
| 0,0208 | 0,99978 | 0,02080 | 0,02080 | 1,021 018 | 0,979 4148 |
| 0,0209 | 0,99978 | 0,02090 | 0,02090 | 1,021 120 | 0,979 3169 |
| **0,0210** | 0,99978 | 0,02100 | 0,02100 | 1,021 222 | 0,979 2190 |
| 0,0211 | 0,99978 | 0,02110 | 0,02110 | 1,021 324 | 0,979 1210 |
| 0,0212 | 0,99978 | 0,02120 | 0,02120 | 1,021 426 | 0,979 0231 |
| 0,0213 | 0,99977 | 0,02130 | 0,02130 | 1,021 528 | 0,978 9252 |
| 0,0214 | 0,99977 | 0,02140 | 0,02140 | 1,021 631 | 0,978 8274 |
| 0,0215 | 0,99977 | 0,02150 | 0,02150 | 1,021 733 | 0,978 7295 |
| 0,0216 | 0,99977 | 0,02160 | 0,02160 | 1,021 835 | 0,978 6316 |
| 0,0217 | 0,99976 | 0,02170 | 0,02170 | 1,021 937 | 0,978 5338 |
| 0,0218 | 0,99976 | 0,02180 | 0,02180 | 1,022 039 | 0,978 4359 |
| 0,0219 | 0,99976 | 0,02190 | 0,02190 | 1,022 142 | 0,978 3381 |
| **0,0220** | 0,99976 | 0,02200 | 0,02200 | 1,022 244 | 0,978 2402 |
| 0,0221 | 0,99976 | 0,02210 | 0,02210 | 1,022 346 | 0,978 1424 |
| 0,0222 | 0,99975 | 0,02220 | 0,02220 | 1,022 448 | 0,978 0446 |
| 0,0223 | 0,99975 | 0,02230 | 0,02230 | 1,022 551 | 0,977 9468 |
| 0,0224 | 0,99975 | 0,02240 | 0,02240 | 1,022 653 | 0,977 8490 |
| 0,0225 | 0,99975 | 0,02250 | 0,02250 | 1,022 755 | 0,977 7512 |
| 0,0226 | 0,99974 | 0,02260 | 0,02260 | 1,022 857 | 0,977 6535 |
| 0,0227 | 0,99974 | 0,02270 | 0,02270 | 1,022 960 | 0,977 5557 |
| 0,0228 | 0,99974 | 0,02280 | 0,02280 | 1,023 062 | 0,977 4580 |
| 0,0229 | 0,99974 | 0,02290 | 0,02290 | 1,023 164 | 0,977 3602 |
| **0,0230** | 0,99974 | 0,02300 | 0,02300 | 1,023 267 | 0,977 2625 |
| 0,0231 | 0,99973 | 0,02310 | 0,02310 | 1,023 369 | 0,977 1648 |
| 0,0232 | 0,99973 | 0,02320 | 0,02320 | 1,023 471 | 0,977 0671 |
| 0,0233 | 0,99973 | 0,02330 | 0,02330 | 1,023 574 | 0,976 9693 |
| 0,0234 | 0,99973 | 0,02340 | 0,02340 | 1,023 676 | 0,976 8717 |
| 0,0235 | 0,99972 | 0,02350 | 0,02350 | 1,023 778 | 0,976 7740 |
| 0,0236 | 0,99972 | 0,02360 | 0,02360 | 1,023 881 | 0,976 6763 |
| 0,0237 | 0,99972 | 0,02370 | 0,02370 | 1,023 983 | 0,976 5786 |
| 0,0238 | 0,99972 | 0,02380 | 0,02380 | 1,024 085 | 0,976 4810 |
| 0,0239 | 0,99971 | 0,02390 | 0,02390 | 1,024 188 | 0,976 3833 |
| **0,0240** | 0,99971 | 0,02400 | 0,02400 | 1,024 290 | 0,976 2857 |
| 0,0241 | 0,99971 | 0,02410 | 0,02410 | 1,024 393 | 0,976 1881 |
| 0,0242 | 0,99971 | 0,02420 | 0,02420 | 1,024 495 | 0,976 0905 |
| 0,0243 | 0,99970 | 0,02430 | 0,02430 | 1,024 598 | 0,975 9929 |
| 0,0244 | 0,99970 | 0,02440 | 0,02440 | 1,024 700 | 0,975 8953 |
| 0,0245 | 0,99970 | 0,02450 | 0,02450 | 1,024 803 | 0,975 7977 |
| 0,0246 | 0,99970 | 0,02460 | 0,02460 | 1,024 905 | 0,975 7001 |
| 0,0247 | 0,99969 | 0,02470 | 0,02471 | 1,025 008 | 0,975 6025 |
| 0,0248 | 0,99969 | 0,02480 | 0,02481 | 1,025 110 | 0,975 5050 |
| 0,0249 | 0,99969 | 0,02490 | 0,02491 | 1,025 213 | 0,975 4074 |

| $x$ | Cos $x$ | Sin $x$ | Tg $x$ | $\varphi$ |
|---|---|---|---|---|
| **0,0200** | 1,00020 | 0,02000 | 0,02000 | 1° 08′ 45,30″ |
| 0,0201 | 1,00020 | 0,02010 | 0,02010 | 1 09 05,92 |
| 0,0202 | 1,00020 | 0,02020 | 0,02020 | 1 09 26,55 |
| 0,0203 | 1,00021 | 0,02030 | 0,02030 | 1 09 47,18 |
| 0,0204 | 1,00021 | 0,02040 | 0,02040 | 1 10 07,80 |
| 0,0205 | 1,00021 | 0,02050 | 0,02050 | 1 10 28,43 |
| 0,0206 | 1,00021 | 0,02060 | 0,02060 | 1 10 49,06 |
| 0,0207 | 1,00021 | 0,02070 | 0,02070 | 1 11 09,68 |
| 0,0208 | 1,00022 | 0,02080 | 0,02080 | 1 11 30,31 |
| 0,0209 | 1,00022 | 0,02090 | 0,02090 | 1 11 50,93 |
| **0,0210** | 1,00022 | 0,02100 | 0,02100 | 1 12 11,56 |
| 0,0211 | 1,00022 | 0,02110 | 0,02110 | 1 12 32,19 |
| 0,0212 | 1,00022 | 0,02120 | 0,02120 | 1 12 52,81 |
| 0,0213 | 1,00023 | 0,02130 | 0,02130 | 1 13 13,44 |
| 0,0214 | 1,00023 | 0,02140 | 0,02140 | 1 13 34,07 |
| 0,0215 | 1,00023 | 0,02150 | 0,02150 | 1 13 54,69 |
| 0,0216 | 1,00023 | 0,02160 | 0,02160 | 1 14 15,32 |
| 0,0217 | 1,00024 | 0,02170 | 0,02170 | 1 14 35,95 |
| 0,0218 | 1,00024 | 0,02180 | 0,02180 | 1 14 56,57 |
| 0,0219 | 1,00024 | 0,02190 | 0,02190 | 1 15 17,20 |
| **0,0220** | 1,00024 | 0,02200 | 0,02200 | 1 15 37,83 |
| 0,0221 | 1,00024 | 0,02210 | 0,02210 | 1 15 58,45 |
| 0,0222 | 1,00025 | 0,02220 | 0,02220 | 1 16 19,08 |
| 0,0223 | 1,00025 | 0,02230 | 0,02230 | 1 16 39,71 |
| 0,0224 | 1,00025 | 0,02240 | 0,02240 | 1 17 00,33 |
| 0,0225 | 1,00025 | 0,02250 | 0,02250 | 1 17 20,96 |
| 0,0226 | 1,00026 | 0,02260 | 0,02260 | 1 17 41,58 |
| 0,0227 | 1,00026 | 0,02270 | 0,02270 | 1 18 02,21 |
| 0,0228 | 1,00026 | 0,02280 | 0,02280 | 1 18 22,84 |
| 0,0229 | 1,00026 | 0,02290 | 0,02290 | 1 18 43,46 |
| **0,0230** | 1,00026 | 0,02300 | 0,02300 | 1 19 04,09 |
| 0,0231 | 1,00027 | 0,02310 | 0,02310 | 1 19 24,72 |
| 0,0232 | 1,00027 | 0,02320 | 0,02320 | 1 19 45,34 |
| 0,0233 | 1,00027 | 0,02330 | 0,02330 | 1 20 05,97 |
| 0,0234 | 1,00027 | 0,02340 | 0,02340 | 1 20 26,60 |
| 0,0235 | 1,00028 | 0,02350 | 0,02350 | 1 20 47,22 |
| 0,0236 | 1,00028 | 0,02360 | 0,02360 | 1 21 07,85 |
| 0,0237 | 1,00028 | 0,02370 | 0,02370 | 1 21 28,48 |
| 0,0238 | 1,00028 | 0,02380 | 0,02380 | 1 21 49,10 |
| 0,0239 | 1,00029 | 0,02390 | 0,02390 | 1 22 09,73 |
| **0,0240** | 1,00029 | 0,02400 | 0,02400 | 1 22 30,36 |
| 0,0241 | 1,00029 | 0,02410 | 0,02410 | 1 22 50,98 |
| 0,0242 | 1,00029 | 0,02420 | 0,02420 | 1 23 11,61 |
| 0,0243 | 1,00030 | 0,02430 | 0,02430 | 1 23 32,23 |
| 0,0244 | 1,00030 | 0,02440 | 0,02440 | 1 23 52,86 |
| 0,0245 | 1,00030 | 0,02450 | 0,02450 | 1 24 13,49 |
| 0,0246 | 1,00030 | 0,02460 | 0,02460 | 1 24 34,11 |
| 0,0247 | 1,00031 | 0,02470 | 0,02469 | 1 24 54,74 |
| 0,0248 | 1,00031 | 0,02480 | 0,02479 | 1 25 15,37 |
| 0,0249 | 1,00031 | 0,02490 | 0,02489 | 1 25 35,99 |

| $x$ | $\cos x$ | $\sin x$ | $\mathrm{tg}\, x$ | $e^x$ | $e^{-x}$ |
|---|---|---|---|---|---|
| **0,0250** | 0,99969 | 0,02500 | 0,02501 | 1,025 315 | 0,975 3099 |
| 0,0251 | 0,99969 | 0,02510 | 0,02511 | 1,025 418 | 0,975 2124 |
| 0,0252 | 0,99968 | 0,02520 | 0,02521 | 1,025 520 | 0,975 1149 |
| 0,0253 | 0,99968 | 0,02530 | 0,02531 | 1,025 623 | 0,975 0174 |
| 0,0254 | 0,99968 | 0,02540 | 0,02541 | 1,025 725 | 0,974 9199 |
| 0,0255 | 0,99967 | 0,02550 | 0,02551 | 1,025 828 | 0,974 8224 |
| 0,0256 | 0,99967 | 0,02560 | 0,02561 | 1,025 930 | 0,974 7249 |
| 0,0257 | 0,99967 | 0,02570 | 0,02571 | 1,026 033 | 0,974 6274 |
| 0,0258 | 0,99967 | 0,02580 | 0,02581 | 1,026 136 | 0,974 5300 |
| 0,0259 | 0,99966 | 0,02590 | 0,02591 | 1 026 238 | 0,974 4325 |
| **0,0260** | 0,99966 | 0,02600 | 0 02601 | 1,026 341 | 0,974 3351 |
| 0,0261 | 0,99966 | 0,02610 | 0,02611 | 1,026 444 | 0,974 2377 |
| 0,0262 | 0,99966 | 0,02620 | 0,02621 | 1,026 546 | 0,974 1402 |
| 0,0263 | 0,99965 | 0,02630 | 0,02631 | 1,026 649 | 0,974 0428 |
| 0,0264 | 0,99965 | 0 02640 | 0 02641 | 1,026 752 | 0,973 9454 |
| 0,0265 | 0,99965 | 0,02650 | 0,02651 | 1,026 854 | 0,973 8480 |
| 0,0266 | 0,99965 | 0,02660 | 0,02661 | 1,026 957 | 0,973 7507 |
| 0,0267 | 0,99964 | 0,02670 | 0,02671 | 1,027 060 | 0,973 6533 |
| 0,0268 | 0,99964 | 0,02680 | 0,02681 | 1,027 162 | 0,973 5559 |
| 0,0269 | 0,99964 | 0,02690 | 0,02691 | 1,027 265 | 0,973 4586 |
| **0,0270** | 0,99964 | 0,02700 | 0,02701 | 1,027 368 | 0,973 3612 |
| 0,0271 | 0,99963 | 0,02710 | 0,02711 | 1,027 471 | 0,973 2639 |
| 0,0272 | 0,99963 | 0,02720 | 0,02721 | 1,027 573 | 0,973 1666 |
| 0,0273 | 0,99963 | 0,02730 | 0,02731 | 1,027 676 | 0,973 0693 |
| 0,0274 | 0,99962 | 0,02740 | 0,02741 | 1,027 779 | 0,972 9720 |
| 0,0275 | 0,99962 | 0,02750 | 0,02751 | 1,027 882 | 0,972 8747 |
| 0,0276 | 0,99962 | 0,02760 | 0,02761 | 1,027 984 | 0,972 7774 |
| 0,0277 | 0,99962 | 0,02770 | 0,02771 | 1,028 087 | 0,972 6801 |
| 0,0278 | 0,99961 | 0,02780 | 0,02781 | 1,028 190 | 0,972 5829 |
| 0,0279 | 0,99961 | 0,02790 | 0,02791 | 1,028 293 | 0,972 4856 |
| **0,0280** | 0,99961 | 0,02800 | 0,02801 | 1,028 396 | 0,972 3884 |
| 0,0281 | 0,99961 | 0,02810 | 0,02811 | 1,028 499 | 0,972 2911 |
| 0,0282 | 0,99960 | 0,02820 | 0,02821 | 1,028 601 | 0,972 1939 |
| 0,0283 | 0,99960 | 0,02830 | 0,02831 | 1,028 704 | 0,972 0967 |
| 0.0284 | 0,99960 | 0,02840 | 0,02841 | 1,028 807 | 0,971 9995 |
| 0,0285 | 0,99959 | 0,02850 | 0,02851 | 1,028 910 | 0,971 9023 |
| 0,0286 | 0,99959 | 0,02860 | 0,02861 | 1,029 013 | 0,971 8051 |
| 0,0287 | 0,99959 | 0,02870 | 0,02871 | 1,029 116 | 0,971 7079 |
| 0,0288 | 0,99959 | 0,02880 | 0,02881 | 1,029 219 | 0,971 6108 |
| 0,0289 | 0,99958 | 0,02890 | 0,02891 | 1,029 322 | 0,971 5136 |
| **0,0290** | 0,99958 | 0,02900 | 0,02901 | 1,029 425 | 0,971 4165 |
| 0,0291 | 0,99958 | 0,02910 | 0,02911 | 1,029 528 | 0,971 3193 |
| 0,0292 | 0,99957 | 0,02920 | 0,02921 | 1,029 630 | 0,971 2222 |
| 0,0293 | 0,99957 | 0,02930 | 0,02931 | 1,029 733 | 0,971 1251 |
| 0,0294 | 0,99957 | 0,02940 | 0,02941 | 1,029 836 | 0,971 0280 |
| 0,0295 | 0,99956 | 0,02950 | 0,02951 | 1,029 939 | 0,970 9309 |
| 0,0296 | 0,99956 | 0,02960 | 0,02961 | 1,030 042 | 0,970 8338 |
| 0,0297 | 0,99956 | 0,02970 | 0,02971 | 1.030 145 | 0,970 7367 |
| 0,0298 | 0.99956 | 0,02980 | 0,02981 | 1,030 248 | 0,970 6396 |
| 0,0299 | 0,99955 | 0,02990 | 0,02991 | 1,030 351 | 0,970 5426 |

| $x$ | Cos $x$ | Sin $x$ | Tg $x$ | $\varphi$ |
|---|---|---|---|---|
| **0,0250** | 1,00031 | 0,02500 | 0,02499 | 1°25′56,62″ |
| 0,0251 | 1,00032 | 0,02510 | 0,02509 | 1 26 17,25 |
| 0,0252 | 1,00032 | 0,02520 | 0,02519 | 1 26 37,87 |
| 0,0253 | 1,00032 | 0,02530 | 0,02529 | 1 26 58,50 |
| 0,0254 | 1,00032 | 0,02540 | 0,02539 | 1 27 19,13 |
| 0,0255 | 1,00033 | 0,02550 | 0,02549 | 1 27 39,75 |
| 0,0256 | 1,00033 | 0 02560 | 0,02559 | 1 28 00,38 |
| 0,0257 | 1,00033 | 0,02570 | 0,02569 | 1 28 21,01 |
| 0,0258 | 1,00033 | 0,02580 | 0,02579 | 1 28 41,63 |
| 0,0259 | 1,00034 | 0,02590 | 0,02589 | 1 29 02,26 |
| **0,0260** | 1,00034 | 0,02600 | 0,02599 | 1 29 22,88 |
| 0,0261 | 1,00034 | 0,02610 | 0,02609 | 1 29 43,51 |
| 0,0262 | 1,00034 | 0,02620 | 0,02619 | 1 30 04,14 |
| 0,0263 | 1,00035 | 0,02630 | 0,02629 | 1 30 24,76 |
| 0,0264 | 1,00035 | 0,02640 | 0,02639 | 1 30 45,39 |
| 0,0265 | 1,00035 | 0,02650 | 0,02649 | 1 31 06,02 |
| 0,0266 | 1,00035 | 0,02660 | 0,02659 | 1 31 26,64 |
| 0,0267 | 1,00036 | 0,02670 | 0,02669 | 1 31 47,27 |
| 0,0268 | 1,00036 | 0,02680 | 0,02679 | 1 32 07,90 |
| 0,0269 | 1,00036 | 0,02690 | 0,02689 | 1 32 28,52 |
| **0,0270** | 1,00036 | 0,02700 | 0,02699 | 1 32 49,15 |
| 0,0271 | 1,00037 | 0,02710 | 0,02709 | 1 33 09,78 |
| 0,0272 | 1,00037 | 0,02720 | 0,02719 | 1 33 30,40 |
| 0,0273 | 1,00037 | 0,02730 | 0,02729 | 1 33 51,03 |
| 0,0274 | 1,00038 | 0,02740 | 0,02739 | 1 34 11,66 |
| 0,0275 | 1,00038 | 0,02750 | 0,02749 | 1 34 32,28 |
| 0,0276 | 1,00038 | 0,02760 | 0,02759 | 1 34 52,91 |
| 0,0277 | 1,00038 | 0,02770 | 0,02769 | 1 35 13,54 |
| 0,0278 | 1,00039 | 0,02780 | 0,02779 | 1 35 34,16 |
| 0,0279 | 1,00039 | 0,02790 | 0,02789 | 1 35 54,79 |
| **0,0280** | 1,00039 | 0,02800 | 0,02799 | 1 36 15,41 |
| 0,0281 | 1,00039 | 0,02810 | 0,02809 | 1 36 36,04 |
| 0,0282 | 1,00040 | 0,02820 | 0,02819 | 1 36 56,67 |
| 0,0283 | 1,00040 | 0,02830 | 0,02829 | 1 37 17,29 |
| 0,0284 | 1,00040 | 0,02840 | 0,02839 | 1 37 37,92 |
| 0,0285 | 1,00041 | 0,02850 | 0,02849 | 1 37 58,55 |
| 0,0286 | 1,00041 | 0,02860 | 0,02859 | 1 38 19,17 |
| 0,0287 | 1,00041 | 0,02870 | 0,02869 | 1 38 39,80 |
| 0,0288 | 1,00041 | 0,02880 | 0,02879 | 1 39 00,43 |
| 0,0289 | 1,00042 | 0,02890 | 0,02889 | 1 39 21,05 |
| **0,0290** | 1,00042 | 0,02900 | 0,02899 | 1 39 41,68 |
| 0,0291 | 1,00042 | 0,02910 | 0,02909 | 1 40 02,31 |
| 0,0292 | 1,00043 | 0,02920 | 0,02919 | 1 40 22,93 |
| 0,0293 | 1,00043 | 0,02930 | 0,02929 | 1 40 43,56 |
| 0,0294 | 1,00043 | 0,02940 | 0,02939 | 1 41 04,19 |
| 0,0295 | 1,00044 | 0,02950 | 0,02949 | 1 41 24,81 |
| 0,0296 | 1,00044 | 0,02960 | 0,02959 | 1 41 45,44 |
| 0,0297 | 1,00044 | 0,02970 | 0,02969 | 1 42 06,06 |
| 0,0298 | 1,00044 | 0,02980 | 0,02979 | 1 42 26,69 |
| 0,0299 | 1,00045 | 0,02990 | 0,02989 | 1 42 47,32 |

| x | cos x | sin x | tg x | $e^x$ | $e^{-x}$ |
|---|---|---|---|---|---|
| **0,0300** | 0,99955 | 0,03000 | 0,03001 | 1,030 455 | 0,970 4455 |
| 0,0301 | 0,99955 | 0,03010 | 0,03011 | 1,030 558 | 0,970 3485 |
| 0,0302 | 0,99954 | 0,03020 | 0,03021 | 1,030 661 | 0,970 2515 |
| 0,0303 | 0,99954 | 0,03030 | 0,03031 | 1,030 764 | 0,970 1544 |
| 0,0304 | 0,99954 | 0,03040 | 0,03041 | 1,030 867 | 0,970 0574 |
| 0,0305 | 0,99953 | 0,03050 | 0,03051 | 1,030 970 | 0,969 9604 |
| 0,0306 | 0,99953 | 0,03060 | 0,03061 | 1,031 073 | 0,969 8634 |
| 0,0307 | 0,99953 | 0,03070 | 0,03071 | 1,031 176 | 0,969 7665 |
| 0,0308 | 0,99953 | 0,03080 | 0,03081 | 1,031 279 | 0,969 6695 |
| 0,0309 | 0,99952 | 0,03090 | 0,03091 | 1,031 382 | 0,969 5725 |
| **0,0310** | 0,99952 | 0,03100 | 0,03101 | 1,031 486 | 0,969 4756 |
| 0,0311 | 0,99952 | 0,03109 | 0,03111 | 1,031 589 | 0,969 3786 |
| 0,0312 | 0,99951 | 0,03119 | 0,03121 | 1,031 692 | 0,969 2817 |
| 0,0313 | 0,99951 | 0,03129 | 0,03131 | 1,031 795 | 0,969 1848 |
| 0,0314 | 0,99951 | 0,03139 | 0,03141 | 1,031 898 | 0,969 0879 |
| 0,0315 | 0,99950 | 0,03149 | 0,03151 | 1,032 001 | 0,968 9910 |
| 0,0316 | 0,99950 | 0,03159 | 0,03161 | 1,032 105 | 0,968 8941 |
| 0,0317 | 0,99950 | 0,03169 | 0,03171 | 1,032 208 | 0,968 7972 |
| 0,0318 | 0,99949 | 0,03179 | 0,03181 | 1,032 311 | 0,968 7003 |
| 0,0319 | 0,99949 | 0,03189 | 0,03191 | 1,032 414 | 0,968 6034 |
| **0,0320** | 0,99949 | 0,03199 | 0,03201 | 1,032 518 | 0,968 5066 |
| 0,0321 | 0,99948 | 0,03209 | 0,03211 | 1,032 621 | 0,968 4097 |
| 0,0322 | 0,99948 | 0,03219 | 0,03221 | 1,032 724 | 0,968 3129 |
| 0,0323 | 0,99948 | 0,03229 | 0,03231 | 1,032 827 | 0,968 2161 |
| 0,0324 | 0,99948 | 0,03239 | 0,03241 | 1,032 931 | 0,968 1193 |
| 0,0325 | 0,99947 | 0,03249 | 0,03251 | 1,033 034 | 0,968 0225 |
| 0,0326 | 0,99947 | 0,03259 | 0,03261 | 1,033 137 | 0,967 9257 |
| 0,0327 | 0,99947 | 0,03269 | 0,03271 | 1,033 241 | 0,967 8289 |
| 0,0328 | 0,99946 | 0,03279 | 0,03281 | 1,033 344 | 0,967 7321 |
| 0,0329 | 0,99946 | 0,03289 | 0,03291 | 1,033 447 | 0,967 6353 |
| **0,0330** | 0,99946 | 0,03299 | 0,03301 | 1,033 551 | 0,967 5386 |
| 0,0331 | 0,99945 | 0,03309 | 0,03311 | 1,033 654 | 0,967 4418 |
| 0,0332 | 0,99945 | 0,03319 | 0,03321 | 1,033 757 | 0,967 3451 |
| 0,0333 | 0,99945 | 0,03329 | 0,03331 | 1,033 861 | 0,967 2483 |
| 0,0334 | 0,99944 | 0,03339 | 0,03341 | 1,033 964 | 0,967 1516 |
| 0,0335 | 0,99944 | 0,03349 | 0,03351 | 1,034 067 | 0,967 0549 |
| 0,0336 | 0,99944 | 0,03359 | 0,03361 | 1,034 171 | 0,966 9582 |
| 0,0337 | 0,99943 | 0,03369 | 0,03371 | 1,034 274 | 0,966 8615 |
| 0,0338 | 0,99943 | 0,03379 | 0,03381 | 1,034 378 | 0,966 7648 |
| 0,0339 | 0,99943 | 0,03389 | 0,03391 | 1,034 481 | 0,966 6682 |
| **0,0340** | 0,99942 | 0,03399 | 0,03401 | 1,034 585 | 0,966 5715 |
| 0,0341 | 0,99942 | 0,03409 | 0,03411 | 1,034 688 | 0,966 4749 |
| 0,0342 | 0,99942 | 0,03419 | 0,03421 | 1,034 792 | 0,966 3782 |
| 0,0343 | 0,99941 | 0,03429 | 0,03431 | 1,034 895 | 0,966 2816 |
| 0,0344 | 0,99941 | 0,03439 | 0,03441 | 1,034 999 | 0,966 1850 |
| 0,0345 | 0,99940 | 0,03449 | 0,03451 | 1,035 102 | 0,966 0883 |
| 0,0346 | 0,99940 | 0,03459 | 0,03461 | 1,035 206 | 0,965 9917 |
| 0,0347 | 0,99940 | 0,03469 | 0,03471 | 1,035 309 | 0,965 8951 |
| 0,0348 | 0,99939 | 0,03479 | 0,03481 | 1,035 413 | 0,965 7986 |
| 0,0349 | 0,99939 | 0,03489 | 0,03491 | 1,035 516 | 0,965 7020 |

| x | Cos x | Sin x | Tg x | φ |
|---|---|---|---|---|
| **0,0300** | 1,00045 | 0,03000 | 0,02999 | 1° 43′ 07,94″ |
| 0,0301 | 1,00045 | 0,03010 | 0,03009 | 1 43 28,57 |
| 0,0302 | 1,00046 | 0,03020 | 0,03019 | 1 43 49,20 |
| 0,0303 | 1,00046 | 0,03030 | 0,03029 | 1 44 09,82 |
| 0,0304 | 1,00046 | 0,03040 | 0,03039 | 1 44 30,45 |
| 0,0305 | 1,00047 | 0,03050 | 0,03049 | 1 44 51,08 |
| 0,0306 | 1,00047 | 0,03060 | 0,03059 | 1 45 11,70 |
| 0,0307 | 1,00047 | 0,03070 | 0,03069 | 1 45 32,33 |
| 0,0308 | 1,00047 | 0,03080 | 0,03079 | 1 45 52,96 |
| 0,0309 | 1,00048 | 0,03090 | 0,03089 | 1 46 13,58 |
| **0,0310** | 1,00048 | 0,03100 | 0,03099 | 1 46 34,21 |
| 0,0311 | 1,00048 | 0,03111 | 0,03109 | 1 46 54,84 |
| 0,0312 | 1,00049 | 0,03121 | 0,03119 | 1 47 15,46 |
| 0,0313 | 1,00049 | 0,03131 | 0,03129 | 1 47 36,09 |
| 0,0314 | 1,00049 | 0,03141 | 0,03139 | 1 47 56,71 |
| 0,0315 | 1,00050 | 0,03151 | 0,03149 | 1 48 17,34 |
| 0,0316 | 1,00050 | 0,03161 | 0,03159 | 1 48 37,97 |
| 0,0317 | 1,00050 | 0,03171 | 0,03169 | 1 48 58,59 |
| 0,0318 | 1,00051 | 0,03181 | 0,03179 | 1 49 19,22 |
| 0,0319 | 1,00051 | 0,03191 | 0,03189 | 1 49 39,85 |
| **0,0320** | 1,00051 | 0,03201 | 0,03199 | 1 50 00,47 |
| 0,0321 | 1,00052 | 0,03211 | 0,03209 | 1 50 21,10 |
| 0,0322 | 1,00052 | 0,03221 | 0,03219 | 1 50 41,73 |
| 0,0323 | 1,00052 | 0,03231 | 0,03229 | 1 51 02,35 |
| 0,0324 | 1,00052 | 0,03241 | 0,03239 | 1 51 22,98 |
| 0,0325 | 1,00053 | 0,03251 | 0,03249 | 1 51 43,61 |
| 0,0326 | 1,00053 | 0,03261 | 0,03259 | 1 52 04,23 |
| 0,0327 | 1,00053 | 0,03271 | 0,03269 | 1 52 24,86 |
| 0,0328 | 1,00054 | 0,03281 | 0,03279 | 1 52 45,49 |
| 0,0329 | 1,00054 | 0,03291 | 0,03289 | 1 53 06,11 |
| **0,0330** | 1,00054 | 0,03301 | 0,03299 | 1 53 26,74 |
| 0,0331 | 1,00055 | 0,03311 | 0,03309 | 1 53 47,37 |
| 0,0332 | 1,00055 | 0,03321 | 0,03319 | 1 54 07,99 |
| 0,0333 | 1,00055 | 0,03331 | 0,03329 | 1 54 28,62 |
| 0,0334 | 1,00056 | 0,03341 | 0,03339 | 1 54 49,24 |
| 0,0335 | 1,00056 | 0,03351 | 0,03349 | 1 55 09,87 |
| 0,0336 | 1,00056 | 0,03361 | 0,03359 | 1 55 30,50 |
| 0,0337 | 1,00057 | 0,03371 | 0,03369 | 1 55 51,12 |
| 0,0338 | 1,00057 | 0,03381 | 0,03379 | 1 56 11,75 |
| 0,0339 | 1,00057 | 0,03391 | 0,03389 | 1 56 32,38 |
| **0,0340** | 1,00058 | 0,03401 | 0,03399 | 1 56 53,00 |
| 0,0341 | 1,00058 | 0,03411 | 0,03409 | 1 57 13,63 |
| 0,0342 | 1,00058 | 0,03421 | 0,03419 | 1 57 34,26 |
| 0,0343 | 1,00059 | 0,03431 | 0,03429 | 1 57 54,88 |
| 0,0344 | 1,00059 | 0,03441 | 0,03439 | 1 58 15,51 |
| 0,0345 | 1,00060 | 0,03451 | 0,03449 | 1 58 36,14 |
| 0,0346 | 1,00060 | 0,03461 | 0,03459 | 1 58 56,76 |
| 0,0347 | 1,00060 | 0,03471 | 0,03469 | 1 59 17,39 |
| 0,0348 | 1,00061 | 0,03481 | 0,03479 | 1 59 38,02 |
| 0,0349 | 1,00061 | 0,03491 | 0,03489 | 1 59 58,64 |

| $x$ | $\cos x$ | $\sin x$ | $\operatorname{tg} x$ | $e^x$ | $e^{-x}$ |
|---|---|---|---|---|---|
| **0,0350** | 0,99939 | 0,03499 | 0,03501 | 1,035 620 | 0,965 6054 |
| 0,0351 | 0,99938 | 0,03509 | 0,03511 | 1,035 723 | 0,965 5089 |
| 0,0352 | 0,99938 | 0,03519 | 0,03521 | 1,035 827 | 0,965 4123 |
| 0,0353 | 0,99938 | 0,03529 | 0,03531 | 1,035 930 | 0,965 3158 |
| 0,0354 | 0,99937 | 0,03539 | 0,03541 | 1,036 034 | 0,965 2193 |
| 0,0355 | 0,99937 | 0,03549 | 0,03551 | 1,036 138 | 0,965 1227 |
| 0,0356 | 0,99937 | 0,03559 | 0,03562 | 1,036 241 | 0,965 0262 |
| 0,0357 | 0,99936 | 0,03569 | 0,03572 | 1,036 345 | 0,964 9297 |
| 0,0358 | 0,99936 | 0,03579 | 0,03582 | 1,036 449 | 0,964 8332 |
| 0,0359 | 0,99936 | 0,03589 | 0,03592 | 1,036 552 | 0,964 7368 |
| **0,0360** | 0,99935 | 0,03599 | 0,03602 | 1,036 656 | 0,964 6403 |
| 0,0361 | 0,99935 | 0,03609 | 0,03612 | 1,036 760 | 0,964 5438 |
| 0,0362 | 0,99934 | 0,03619 | 0,03622 | 1,036 863 | 0,964 4474 |
| 0,0363 | 0,99934 | 0,03629 | 0,03632 | 1,036 967 | 0,964 3509 |
| 0,0364 | 0,99934 | 0,03639 | 0,03642 | 1,037 071 | 0,964 2545 |
| 0,0365 | 0,99933 | 0,03649 | 0,03652 | 1,037 174 | 0,964 1581 |
| 0,0366 | 0,99933 | 0,03659 | 0,03662 | 1,037 278 | 0,964 0617 |
| 0,0367 | 0,99933 | 0,03669 | 0,03672 | 1,037 382 | 0,963 9653 |
| 0,0368 | 0,99932 | 0,03679 | 0,03682 | 1,037 486 | 0,963 8689 |
| 0,0369 | 0,99932 | 0,03689 | 0,03692 | 1,037 589 | 0,963 7725 |
| **0,0370** | 0,99932 | 0,03699 | 0,03702 | 1,037 693 | 0,963 6761 |
| 0,0371 | 0,99931 | 0,03709 | 0,03712 | 1,037 797 | 0,963 5798 |
| 0,0372 | 0,99931 | 0,03719 | 0,03722 | 1,037 901 | 0,963 4834 |
| 0,0373 | 0,99930 | 0,03729 | 0,03732 | 1,038 004 | 0,963 3871 |
| 0,0374 | 0,99930 | 0,03739 | 0,03742 | 1,038 108 | 0,963 2907 |
| 0,0375 | 0,99930 | 0,03749 | 0,03752 | 1,038 212 | 0,963 1944 |
| 0,0376 | 0,99929 | 0,03759 | 0,03762 | 1,038 316 | 0,963 0981 |
| 0,0377 | 0,99929 | 0,03769 | 0,03772 | 1,038 420 | 0,963 0018 |
| 0,0378 | 0,99929 | 0,03779 | 0,03782 | 1,038 524 | 0,962 9055 |
| 0,0379 | 0,99928 | 0,03789 | 0,03792 | 1,038 627 | 0,962 8092 |
| **0,0380** | 0,99928 | 0,03799 | 0,03802 | 1,038 731 | 0,962 7129 |
| 0,0381 | 0,99927 | 0,03809 | 0,03812 | 1,038 835 | 0,962 6167 |
| 0,0382 | 0,99927 | 0,03819 | 0,03822 | 1,038 939 | 0,962 5204 |
| 0,0383 | 0,99927 | 0,03829 | 0,03832 | 1,039 043 | 0,962 4242 |
| 0,0384 | 0,99926 | 0,03839 | 0,03842 | 1,039 147 | 0,962 3279 |
| 0,0385 | 0,99926 | 0,03849 | 0,03852 | 1,039 251 | 0,962 2317 |
| 0,0386 | 0,99926 | 0,03859 | 0,03862 | 1,039 355 | 0,962 1355 |
| 0,0387 | 0,99925 | 0,03869 | 0,03872 | 1,039 459 | 0,962 0393 |
| 0,0388 | 0,99925 | 0,03879 | 0,03882 | 1,039 563 | 0,961 9431 |
| 0,0389 | 0,99924 | 0,03889 | 0,03892 | 1,039 667 | 0,961 8469 |
| **0,0390** | 0,99924 | 0,03899 | 0,03902 | 1,039 770 | 0,961 7507 |
| 0,0391 | 0,99924 | 0,03909 | 0,03912 | 1,039 874 | 0,961 6545 |
| 0,0392 | 0,99923 | 0,03919 | 0,03922 | 1,039 978 | 0,961 5584 |
| 0,0393 | 0,99923 | 0,03929 | 0,03932 | 1,040 082 | 0,961 4622 |
| 0,0394 | 0,99922 | 0,03939 | 0,03942 | 1,040 186 | 0,961 3661 |
| 0,0395 | 0,99922 | 0,03949 | 0,03952 | 1,040 290 | 0,961 2700 |
| 0,0396 | 0,99922 | 0,03959 | 0,03962 | 1,040 395 | 0,961 1738 |
| 0,0397 | 0,99921 | 0,03969 | 0,03972 | 1,040 499 | 0,961 0777 |
| 0,0398 | 0,99921 | 0,03979 | 0,03982 | 1,040 603 | 0,960 9816 |
| 0,0399 | 0,99920 | 0,03989 | 0,03992 | 1,040 707 | 0,960 8855 |

| x | Cos x | Sin x | Tg x | φ |
|---|---|---|---|---|
| **0,0350** | 1,00061 | 0,03501 | 0,03499 | 2° 00′ 19,27″ |
| 0,0351 | 1,00062 | 0,03511 | 0,03509 | 2 00 39,89 |
| 0,0352 | 1,00062 | 0,03521 | 0,03519 | 2 01 00,52 |
| 0,0353 | 1,00062 | 0,03531 | 0,03529 | 2 01 21,15 |
| 0,0354 | 1,00063 | 0,03541 | 0,03539 | 2 01 41,77 |
| 0,0355 | 1,00063 | 0,03551 | 0,03549 | 2 02 02,40 |
| 0,0356 | 1,00063 | 0,03561 | 0,03558 | 2 02 23,03 |
| 0,0357 | 1,00064 | 0,03571 | 0,03568 | 2 02 43,65 |
| 0,0358 | 1,00064 | 0,03581 | 0,03578 | 2 03 04,28 |
| 0,0359 | 1,00064 | 0,03591 | 0,03588 | 2 03 24,91 |
| **0,0360** | 1,00065 | 0,03601 | 0,03598 | 2 03 45,53 |
| 0,0361 | 1,00065 | 0,03611 | 0,03608 | 2 04 06,16 |
| 0,0362 | 1,00066 | 0,03621 | 0,03618 | 2 04 26,79 |
| 0,0363 | 1,00066 | 0,03631 | 0,03628 | 2 04 47,41 |
| 0,0364 | 1,00066 | 0,03641 | 0,03638 | 2 05 08,04 |
| 0,0365 | 1,00067 | 0,03651 | 0,03648 | 2 05 28,67 |
| 0,0366 | 1,00067 | 0,03661 | 0,03658 | 2 05 49,29 |
| 0,0367 | 1,00067 | 0,03671 | 0,03668 | 2 06 09,92 |
| 0,0368 | 1,00068 | 0,03681 | 0,03678 | 2 06 30,54 |
| 0,0369 | 1,00068 | 0,03691 | 0,03688 | 2 06 51,17 |
| **0,0370** | 1,00068 | 0,03701 | 0,03698 | 2 07 11,80 |
| 0,0371 | 1,00069 | 0,03711 | 0,03708 | 2 07 32,42 |
| 0,0372 | 1,00069 | 0,03721 | 0,03718 | 2 07 53,05 |
| 0,0373 | 1,00070 | 0,03731 | 0,03728 | 2 08 13,68 |
| 0,0374 | 1,00070 | 0,03741 | 0,03738 | 2 08 34,30 |
| 0,0375 | 1,00070 | 0,03751 | 0,03748 | 2 08 54,93 |
| 0,0376 | 1,00071 | 0,03761 | 0,03758 | 2 09 15,56 |
| 0,0377 | 1,00071 | 0,03771 | 0,03768 | 2 09 36,18 |
| 0,0378 | 1,00071 | 0,03781 | 0,03778 | 2 09 56,81 |
| 0,0379 | 1,00072 | 0,03791 | 0,03788 | 2 10 17,44 |
| **0,0380** | 1,00072 | 0,03801 | 0,03798 | 2 10 38,06 |
| 0,0381 | 1,00073 | 0,03811 | 0,03808 | 2 10 58,69 |
| 0,0382 | 1,00073 | 0,03821 | 0,03818 | 2 11 19,32 |
| 0,0383 | 1,00073 | 0,03831 | 0,03828 | 2 11 39,94 |
| 0,0384 | 1,00074 | 0,03841 | 0,03838 | 2 12 00,57 |
| 0,0385 | 1,00074 | 0,03851 | 0,03848 | 2 12 21,20 |
| 0,0386 | 1,00075 | 0,03861 | 0,03858 | 2 12 41,82 |
| 0,0387 | 1,00075 | 0,03871 | 0,03868 | 2 13 02,45 |
| 0,0388 | 1,00075 | 0,03881 | 0,03878 | 2 13 23,07 |
| 0,0389 | 1,00076 | 0,03891 | 0,03888 | 2 13 43,70 |
| **0,0390** | 1,00076 | 0,03901 | 0,03898 | 2 14 04,33 |
| 0,0391 | 1,00076 | 0,03911 | 0,03908 | 2 14 24,95 |
| 0,0392 | 1,00077 | 0,03921 | 0,03918 | 2 14 45,58 |
| 0,0393 | 1,00077 | 0,03931 | 0,03928 | 2 15 06,21 |
| 0,0394 | 1,00078 | 0,03941 | 0,03938 | 2 15 26,83 |
| 0,0395 | 1,00078 | 0,03951 | 0,03948 | 2 15 47,46 |
| 0,0396 | 1,00078 | 0,03961 | 0,03958 | 2 16 08,09 |
| 0,0397 | 1,00079 | 0,03971 | 0 03968 | 2 16 28,71 |
| 0,0398 | 1,00079 | 0,03981 | 0,03978 | 2 16 49,34 |
| 0,0399 | 1,00080 | 0,03991 | 0,03988 | 2 17 09,97 |

| $x$ | $\cos x$ | $\sin x$ | $\operatorname{tg} x$ | $e^x$ | $e^{-x}$ |
|---|---|---|---|---|---|
| **0,0400** | 0,99920 | 0,03999 | 0,04002 | 1,040 811 | 0,960 7894 |
| 0,0401 | 0,99920 | 0,04009 | 0,04012 | 1,040 915 | 0,960 6934 |
| 0,0402 | 0,99919 | 0,04019 | 0,04022 | 1,041 019 | 0,960 5973 |
| 0,0403 | 0,99919 | 0,04029 | 0,04032 | 1,041 123 | 0,960 5012 |
| 0,0404 | 0,99918 | 0,04039 | 0,04042 | 1,041 227 | 0,960 4052 |
| 0,0405 | 0,99918 | 0,04049 | 0,04052 | 1,041 331 | 0,960 3092 |
| 0,0406 | 0,99918 | 0,04059 | 0,04062 | 1,041 435 | 0,960 2131 |
| 0,0407 | 0,99917 | 0,04069 | 0,04072 | 1,041 540 | 0,960 1171 |
| 0,0408 | 0,99917 | 0,04079 | 0,04082 | 1,041 644 | 0,960 0211 |
| 0,0409 | 0,99916 | 0,04089 | 0,04092 | 1,041 748 | 0,959 9251 |
| **0,0410** | 0,99916 | 0,04099 | 0,04102 | 1,041 852 | 0,959 8291 |
| 0,0411 | 0,99916 | 0,04109 | 0,04112 | 1,041 956 | 0,959 7332 |
| 0,0412 | 0,99915 | 0,04119 | 0,04122 | 1,042 060 | 0,959 6372 |
| 0,0413 | 0,99915 | 0,04129 | 0,04132 | 1,042 165 | 0,959 5412 |
| 0,0414 | 0,99914 | 0,04139 | 0,04142 | 1,042 269 | 0,959 4453 |
| 0,0415 | 0,99914 | 0,04149 | 0,04152 | 1,042 373 | 0,959 3493 |
| 0,0416 | 0,99913 | 0,04159 | 0,04162 | 1,042 477 | 0,959 2534 |
| 0,0417 | 0,99913 | 0,04169 | 0,04172 | 1,042 582 | 0,959 1575 |
| 0,0418 | 0,99913 | 0,04179 | 0,04182 | 1,042 686 | 0,959 0616 |
| 0,0419 | 0,99912 | 0,04189 | 0,04192 | 1,042 790 | 0,958 9657 |
| **0,0420** | 0,99912 | 0,04199 | 0,04202 | 1,042 894 | 0,958 8698 |
| 0,0421 | 0,99911 | 0,04209 | 0,04212 | 1,042 999 | 0,958 7739 |
| 0,0422 | 0,99911 | 0,04219 | 0,04223 | 1,043 103 | 0,958 6780 |
| 0,0423 | 0,99911 | 0,04229 | 0,04233 | 1,043 207 | 0,958 5822 |
| 0,0424 | 0,99910 | 0,04239 | 0,04243 | 1,043 312 | 0,958 4863 |
| 0,0425 | 0,99910 | 0,04249 | 0,04253 | 1,043 416 | 0,958 3905 |
| 0,0426 | 0,99909 | 0,04259 | 0,04263 | 1,043 520 | 0,958 2946 |
| 0,0427 | 0,99909 | 0,04269 | 0,04273 | 1,043 625 | 0,958 1988 |
| 0,0428 | 0,99908 | 0,04279 | 0,04283 | 1,043 729 | 0,958 1030 |
| 0,0429 | 0,99908 | 0,04289 | 0,04293 | 1,043 834 | 0,958 0072 |
| **0,0430** | 0,99908 | 0,04299 | 0,04303 | 1,043 938 | 0,957 9114 |
| 0,0431 | 0,99907 | 0,04309 | 0,04313 | 1,044 042 | 0,957 8156 |
| 0,0432 | 0,99907 | 0,04319 | 0,04323 | 1,044 147 | 0,957 7198 |
| 0,0433 | 0,99906 | 0,04329 | 0,04333 | 1,044 251 | 0,957 6241 |
| 0,0434 | 0,99906 | 0,04339 | 0,04343 | 1,044 356 | 0,957 5283 |
| 0,0435 | 0,99905 | 0,04349 | 0,04353 | 1,044 460 | 0,957 4326 |
| 0,0436 | 0,99905 | 0,04359 | 0,04363 | 1,044 564 | 0,957 3368 |
| 0,0437 | 0,99905 | 0,04369 | 0,04373 | 1,044 669 | 0,957 2411 |
| 0,0438 | 0,99904 | 0,04379 | 0,04383 | 1,044 773 | 0,957 1454 |
| 0,0439 | 0,99904 | 0,04389 | 0,04393 | 1,044 878 | 0,957 0497 |
| **0,0440** | 0,99903 | 0,04399 | 0,04403 | 1,044 982 | 0,956 9540 |
| 0,0441 | 0,99903 | 0,04409 | 0,04413 | 1,045 087 | 0,956 8583 |
| 0,0442 | 0,99902 | 0,04419 | 0,04423 | 1,045 191 | 0,956 7626 |
| 0,0443 | 0,99902 | 0,04429 | 0,04433 | 1,045 296 | 0,956 6669 |
| 0,0444 | 0,99901 | 0,04439 | 0,04443 | 1,045 400 | 0,956 5712 |
| 0,0445 | 0,99901 | 0,04449 | 0,04453 | 1,045 505 | 0,956 4756 |
| 0,0446 | 0,99901 | 0,04459 | 0,04463 | 1,045 610 | 0,956 3800 |
| 0,0447 | 0,99900 | 0,04469 | 0,04473 | 1,045 714 | 0,956 2843 |
| 0,0448 | 0,99900 | 0,04479 | 0,04483 | 1,045 819 | 0,956 1887 |
| 0,0449 | 0,99899 | 0,04488 | 0,04493 | 1,045 923 | 0,956 0931 |

| $x$ | Cos $x$ | Sin $x$ | Tg $x$ | $\varphi$ |
|---|---|---|---|---|
| **0,0400** | 1,00080 | 0,04001 | 0,03998 | 2° 17′ 30,59″ |
| 0,0401 | 1,00080 | 0,04011 | 0,04008 | 2 17 51,22 |
| 0,0402 | 1,00081 | 0,04021 | 0,04018 | 2 18 11,85 |
| 0,0403 | 1,00081 | 0,04031 | 0,04028 | 2 18 32,47 |
| 0,0404 | 1,00082 | 0,04041 | 0,04038 | 2 18 53,10 |
| 0,0405 | 1,00082 | 0,04051 | 0,04048 | 2 19 13,72 |
| 0,0406 | 1,00082 | 0,04061 | 0,04058 | 2 19 34,35 |
| 0,0407 | 1,00083 | 0,04071 | 0,04068 | 2 19 54,98 |
| 0,0408 | 1,00083 | 0,04081 | 0,04078 | 2 20 15,60 |
| 0,0409 | 1,00084 | 0,04091 | 0,04088 | 2 20 36,23 |
| **0,0410** | 1,00084 | 0,04101 | 0,04098 | 2 20 56,86 |
| 0,0411 | 1,00084 | 0,04111 | 0,04108 | 2 21 17,48 |
| 0,0412 | 1,00085 | 0,04121 | 0,04118 | 2 21 38,11 |
| 0,0413 | 1,00085 | 0,04131 | 0,04128 | 2 21 58,74 |
| 0,0414 | 1,00086 | 0,04141 | 0,04138 | 2 22 19,36 |
| 0,0415 | 1,00086 | 0,04151 | 0,04148 | 2 22 39,99 |
| 0,0416 | 1,00087 | 0,04161 | 0,04158 | 2 23 00,62 |
| 0,0417 | 1,00087 | 0,04171 | 0,04168 | 2 23 21,24 |
| 0,0418 | 1,00087 | 0,04181 | 0,04178 | 2 23 41,87 |
| 0,0419 | 1,00088 | 0,04191 | 0,04188 | 2 24 02,50 |
| **0,0420** | 1,00088 | 0,04201 | 0,04198 | 2 24 23,12 |
| 0,0421 | 1,00089 | 0,04211 | 0,04208 | 2 24 43,75 |
| 0,0422 | 1,00089 | 0,04221 | 0,04217 | 2 25 04,37 |
| 0,0423 | 1,00089 | 0,04231 | 0,04227 | 2 25 25,00 |
| 0,0424 | 1,00090 | 0,04241 | 0,04237 | 2 25 45,63 |
| 0,0425 | 1,00090 | 0,04251 | 0,04247 | 2 26 06,25 |
| 0,0426 | 1,00091 | 0,04261 | 0,04257 | 2 26 26,88 |
| 0,0427 | 1,00091 | 0,04271 | 0,04267 | 2 26 47,51 |
| 0,0428 | 1,00092 | 0,04281 | 0,04277 | 2 27 08,13 |
| 0,0429 | 1,00092 | 0,04291 | 0,04287 | 2 27 28,76 |
| **0,0430** | 1,00092 | 0,04301 | 0,04297 | 2 27 49,39 |
| 0,0431 | 1,00093 | 0,04311 | 0,04307 | 2 28 10,01 |
| 0,0432 | 1,00093 | 0,04321 | 0,04317 | 2 28 30,64 |
| 0,0433 | 1,00094 | 0,04331 | 0,04327 | 2 28 51,27 |
| 0,0434 | 1,00094 | 0,04341 | 0,04337 | 2 29 11,89 |
| 0,0435 | 1,00095 | 0,04351 | 0,04347 | 2 29 32,52 |
| 0,0436 | 1,00095 | 0,04361 | 0,04357 | 2 29 53,15 |
| 0,0437 | 1,00095 | 0,04371 | 0,04367 | 2 30 13,77 |
| 0,0438 | 1,00096 | 0,04381 | 0,04377 | 2 30 34,40 |
| 0,0439 | 1,00096 | 0,04391 | 0,04387 | 2 30 55,02 |
| **0,0440** | 1,00097 | 0,04401 | 0,04397 | 2 31 15,65 |
| 0,0441 | 1,00097 | 0,04411 | 0,04407 | 2 31 36,28 |
| 0,0442 | 1,00098 | 0,04421 | 0,04417 | 2 31 56,90 |
| 0,0443 | 1,00098 | 0,04431 | 0,04427 | 2 32 17,53 |
| 0,0444 | 1,00099 | 0,04441 | 0,04437 | 2 32 38,16 |
| 0,0445 | 1,00099 | 0,04451 | 0,04447 | 2 32 58,78 |
| 0,0446 | 1,00099 | 0,04461 | 0,04457 | 2 33 19,41 |
| 0,0447 | 1,00100 | 0,04471 | 0,04467 | 2 33 40,04 |
| 0,0448 | 1,00100 | 0,04481 | 0,04477 | 2 34 00,66 |
| 0,0449 | 1,00101 | 0,04492 | 0,04487 | 2 34 21,29 |

| $x$ | $\cos x$ | $\sin x$ | $\operatorname{tg} x$ | $e^x$ | $e^{-x}$ |
|---|---|---|---|---|---|
| **0,0450** | 0,99899 | 0,04498 | 0,04503 | 1,046 028 | 0,955 9975 |
| 0,0451 | 0,99898 | 0,04508 | 0,04513 | 1,046 132 | 0,955 9019 |
| 0,0452 | 0,99898 | 0,04518 | 0,04523 | 1,046 237 | 0,955 8063 |
| 0,0453 | 0,99897 | 0,04528 | 0,04533 | 1,046 342 | 0,955 7107 |
| 0,0454 | 0,99897 | 0,04538 | 0,04543 | 1,046 446 | 0,955 6152 |
| 0,0455 | 0,99897 | 0,04548 | 0,04553 | 1,046 551 | 0,955 5196 |
| 0,0456 | 0,99896 | 0,04558 | 0,04563 | 1,046 656 | 0,955 4241 |
| 0,0457 | 0,99896 | 0,04568 | 0,04573 | 1,046 760 | 0,955 3285 |
| 0,0458 | 0,99895 | 0,04578 | 0,04583 | 1,046 865 | 0,955 2330 |
| 0,0459 | 0,99895 | 0,04588 | 0,04593 | 1,046 970 | 0,955 1375 |
| **0,0460** | 0,99894 | 0,04598 | 0,04603 | 1,047 074 | 0,955 0420 |
| 0,0461 | 0,99894 | 0,04608 | 0,04613 | 1,047 179 | 0,954 9465 |
| 0,0462 | 0,99893 | 0,04618 | 0,04623 | 1,047 284 | 0,954 8510 |
| 0,0463 | 0,99893 | 0,04628 | 0,04633 | 1,047 389 | 0,954 7555 |
| 0,0464 | 0,99892 | 0,04638 | 0,04643 | 1,047 493 | 0,954 6600 |
| 0,0465 | 0,99892 | 0,04648 | 0,04653 | 1,047 598 | 0,954 5646 |
| 0,0466 | 0,99891 | 0,04658 | 0,04663 | 1,047 703 | 0,954 4691 |
| 0,0467 | 0,99891 | 0,04668 | 0,04673 | 1,047 808 | 0,954 3737 |
| 0,0468 | 0,99891 | 0,04678 | 0,04683 | 1,047 912 | 0,954 2782 |
| 0,0469 | 0,99890 | 0,04688 | 0,04693 | 1,048 017 | 0,954 1828 |
| **0,0470** | 0,99890 | 0,04698 | 0,04703 | 1,048 122 | 0,954 0874 |
| 0,0471 | 0,99889 | 0,04708 | 0,04713 | 1,048 227 | 0,953 9920 |
| 0,0472 | 0,99889 | 0,04718 | 0,04724 | 1,048 332 | 0,953 8966 |
| 0,0473 | 0,99888 | 0,04728 | 0,04734 | 1,048 436 | 0,953 8012 |
| 0,0474 | 0,99888 | 0,04738 | 0,04744 | 1,048 541 | 0,953 7058 |
| 0,0475 | 0,99887 | 0,04748 | 0,04754 | 1,048 646 | 0,953 6105 |
| 0,0476 | 0,99887 | 0,04758 | 0,04764 | 1,048 751 | 0,953 5151 |
| 0,0477 | 0,99886 | 0,04768 | 0,04774 | 1,048 856 | 0,953 4198 |
| 0,0478 | 0,99886 | 0,04778 | 0,04784 | 1,048 961 | 0,953 3244 |
| 0,0479 | 0,99885 | 0,04788 | 0,04794 | 1,049 066 | 0,953 2291 |
| **0,0480** | 0,99885 | 0,04798 | 0,04804 | 1,049 171 | 0,953 1338 |
| 0,0481 | 0,99884 | 0,04808 | 0,04814 | 1,049 276 | 0,953 0385 |
| 0,0482 | 0,99884 | 0,04818 | 0,04824 | 1,049 381 | 0,952 9432 |
| 0,0483 | 0,99883 | 0,04828 | 0,04834 | 1,049 485 | 0,952 8479 |
| 0,0484 | 0,99883 | 0,04838 | 0,04844 | 1,049 590 | 0,952 7526 |
| 0,0485 | 0,99882 | 0,04848 | 0,04854 | 1,049 695 | 0,952 6573 |
| 0,0486 | 0,99882 | 0,04858 | 0,04864 | 1,049 800 | 0,952 5621 |
| 0,0487 | 0,99881 | 0,04868 | 0,04874 | 1,049 905 | 0,952 4668 |
| 0,0488 | 0,99881 | 0,04878 | 0,04884 | 1,050 010 | 0,952 3716 |
| 0,0489 | 0,99880 | 0,04888 | 0,04894 | 1,050 115 | 0,952 2764 |
| **0,0490** | 0,99880 | 0,04898 | 0,04904 | 1,050 220 | 0,952 1811 |
| 0,0491 | 0,99879 | 0,04908 | 0,04914 | 1,050 325 | 0,952 0859 |
| 0,0492 | 0,99879 | 0,04918 | 0,04924 | 1,050 430 | 0,951 9907 |
| 0,0493 | 0,99879 | 0,04928 | 0,04934 | 1,050 535 | 0,951 8955 |
| 0,0494 | 0,99878 | 0,04938 | 0,04944 | 1,050 641 | 0,951 8003 |
| 0,0495 | 0,99878 | 0,04948 | 0,04954 | 1,050 746 | 0,951 7052 |
| 0,0496 | 0,99877 | 0,04958 | 0,04964 | 1,050 851 | 0,951 6100 |
| 0,0497 | 0,99877 | 0,04968 | 0,04974 | 1,050 956 | 0,951 5148 |
| 0,0498 | 0,99876 | 0,04978 | 0,04984 | 1,051 061 | 0,951 4197 |
| 0,0499 | 0,99876 | 0,04988 | 0,04994 | 1,051 166 | 0,951 3246 |

| $x$ | Cof $x$ | Sin $x$ | Tg $x$ | $\varphi$ |
|---|---|---|---|---|
| **0,0450** | 1,00101 | 0,04502 | 0,04497 | 2° 34′ 41,92″ |
| 0,0451 | 1,00102 | 0,04512 | 0,04507 | 2 35 02,54 |
| 0,0452 | 1,00102 | 0,04522 | 0,04517 | 2 35 23,17 |
| 0,0453 | 1,00103 | 0,04532 | 0,04527 | 2 35 43,80 |
| 0,0454 | 1,00103 | 0,04542 | 0,04537 | 2 36 04,42 |
| 0,0455 | 1,00104 | 0,04552 | 0,04547 | 2 36 25,05 |
| 0,0456 | 1,00104 | 0,04562 | 0,04557 | 2 36 45,68 |
| 0,0457 | 1,00104 | 0,04572 | 0,04567 | 2 37 06,30 |
| 0,0458 | 1,00105 | 0,04582 | 0,04577 | 2 37 26,93 |
| 0,0459 | 1,00105 | 0,04592 | 0,04587 | 2 37 47,55 |
| **0,0460** | 1,00106 | 0,04602 | 0,04597 | 2 38 08,18 |
| 0,0461 | 1,00106 | 0,04612 | 0,04607 | 2 38 28,81 |
| 0,0462 | 1,00107 | 0,04622 | 0,04617 | 2 38 49,43 |
| 0,0463 | 1,00107 | 0,04632 | 0,04627 | 2 39 10,06 |
| 0,0464 | 1,00108 | 0,04642 | 0,04637 | 2 39 30,69 |
| 0,0465 | 1,00108 | 0,04652 | 0,04647 | 2 39 51,31 |
| 0,0466 | 1,00109 | 0,04662 | 0,04657 | 2 40 11,94 |
| 0,0467 | 1,00109 | 0,04672 | 0,04667 | 2 40 32,57 |
| 0,0468 | 1,00110 | 0,04682 | 0,04677 | 2 40 53,19 |
| 0,0469 | 1,00110 | 0,04692 | 0,04687 | 2 41 13,82 |
| **0,0470** | 1,00110 | 0,04702 | 0,04697 | 2 41 34,45 |
| 0,0471 | 1,00111 | 0,04712 | 0,04707 | 2 41 55,07 |
| 0,0472 | 1,00111 | 0,04722 | 0,04716 | 2 42 15,70 |
| 0,0473 | 1,00112 | 0,04732 | 0,04726 | 2 42 36,33 |
| 0,0474 | 1,00112 | 0,04742 | 0,04736 | 2 42 56,95 |
| 0,0475 | 1,00113 | 0,04752 | 0,04746 | 2 43 17,58 |
| 0,0476 | 1,00113 | 0,04762 | 0,04756 | 2 43 38,20 |
| 0,0477 | 1,00114 | 0,04772 | 0,04766 | 2 43 58,83 |
| 0,0478 | 1,00114 | 0,04782 | 0,04776 | 2 44 19,46 |
| 0,0479 | 1,00115 | 0,04792 | 0,04786 | 2 44 40,08 |
| **0,0480** | 1,00115 | 0,04802 | 0,04796 | 2 45 00,71 |
| 0,0481 | 1,00116 | 0,04812 | 0,04806 | 2 45 21,34 |
| 0,0482 | 1,00116 | 0,04822 | 0,04816 | 2 45 41,96 |
| 0,0483 | 1,00117 | 0,04832 | 0,04826 | 2 46 02,59 |
| 0,0484 | 1,00117 | 0,04842 | 0,04836 | 2 46 23,22 |
| 0,0485 | 1,00118 | 0,04852 | 0,04846 | 2 46 43,84 |
| 0,0486 | 1,00118 | 0,04862 | 0,04856 | 2 47 04,47 |
| 0,0487 | 1,00119 | 0,04872 | 0,04866 | 2 47 25,10 |
| 0,0488 | 1,00119 | 0,04882 | 0,04876 | 2 47 45,72 |
| 0,0489 | 1,00120 | 0,04892 | 0,04886 | 2 48 06,35 |
| **0,0490** | 1,00120 | 0,04902 | 0,04896 | 2 48 26,98 |
| 0,0491 | 1,00121 | 0,04912 | 0,04906 | 2 48 47,60 |
| 0,0492 | 1,00121 | 0,04922 | 0,04916 | 2 49 08,23 |
| 0,0493 | 1,00122 | 0,04932 | 0,04926 | 2 49 28,85 |
| 0,0494 | 1,00122 | 0,04942 | 0,04936 | 2 49 49,48 |
| 0,0495 | 1,00123 | 0,04952 | 0,04946 | 2 50 10,11 |
| 0,0496 | 1,00123 | 0,04962 | 0,04956 | 2 50 30,73 |
| 0,0497 | 1,00124 | 0,04972 | 0,04966 | 2 50 51,36 |
| 0,0498 | 1,00124 | 0,04982 | 0,04976 | 2 51 11,99 |
| 0,0499 | 1,00125 | 0,04992 | 0,04986 | 2 51 32,61 |

| $x$ | $\cos x$ | $\sin x$ | $\operatorname{tg} x$ | $e^x$ | $e^{-x}$ |
|---|---|---|---|---|---|
| **0,0500** | 0,99875 | 0,04998 | 0,05004 | 1,051 271 | 0,951 2294 |
| 0,0501 | 0,99875 | 0,05008 | 0,05014 | 1,051 376 | 0,951 1343 |
| 0,0502 | 0,99874 | 0,05018 | 0,05024 | 1,051 481 | 0,951 0392 |
| 0,0503 | 0,99874 | 0,05028 | 0,05034 | 1,051 587 | 0,950 9441 |
| 0,0504 | 0,99873 | 0,05038 | 0,05044 | 1,051 692 | 0,950 8490 |
| 0,0505 | 0,99873 | 0,05048 | 0,05054 | 1,051 797 | 0,950 7539 |
| 0,0506 | 0,99872 | 0,05058 | 0,05064 | 1,051 902 | 0,950 6589 |
| 0,0507 | 0,99872 | 0,05068 | 0,05074 | 1,052 007 | 0,950 5638 |
| 0,0508 | 0,99871 | 0,05078 | 0,05084 | 1,052 112 | 0,950 4687 |
| 0,0509 | 0,99870 | 0,05088 | 0,05094 | 1,052 218 | 0,950 3737 |
| **0,0510** | 0,99870 | 0,05098 | 0,05104 | 1,052 323 | 0,950 2787 |
| 0,0511 | 0,99869 | 0,05108 | 0,05114 | 1,052 428 | 0,950 1836 |
| 0,0512 | 0,99869 | 0,05118 | 0,05124 | 1,052 533 | 0,950 0886 |
| 0,0513 | 0,99868 | 0,05128 | 0,05135 | 1,052 639 | 0,949 9936 |
| 0,0514 | 0,99868 | 0,05138 | 0,05145 | 1,052 744 | 0,949 8986 |
| 0,0515 | 0,99867 | 0,05148 | 0,05155 | 1,052 849 | 0,949 8037 |
| 0,0516 | 0,99867 | 0,05158 | 0,05165 | 1,052 954 | 0,949 7087 |
| 0,0517 | 0,99866 | 0,05168 | 0,05175 | 1,053 060 | 0,949 6137 |
| 0,0518 | 0,99866 | 0,05178 | 0,05185 | 1,053 165 | 0,949 5188 |
| 0,0519 | 0,99865 | 0,05188 | 0,05195 | 1,053 270 | 0,949 4238 |
| **0,0520** | 0,99865 | 0,05198 | 0,05205 | 1,053 376 | 0,949 3289 |
| 0,0521 | 0,99864 | 0,05208 | 0,05215 | 1,053 481 | 0,949 2339 |
| 0,0522 | 0,99864 | 0,05218 | 0,05225 | 1,053 586 | 0,949 1390 |
| 0,0523 | 0,99863 | 0,05228 | 0,05235 | 1,053 692 | 0,949 0441 |
| 0,0524 | 0,99863 | 0,05238 | 0,05245 | 1,053 797 | 0,948 9492 |
| 0,0525 | 0,99862 | 0,05248 | 0,05255 | 1,053 903 | 0,948 8543 |
| 0,0526 | 0,99862 | 0,05258 | 0,05265 | 1,054 008 | 0,948 7594 |
| 0,0527 | 0,99861 | 0,05268 | 0,05275 | 1,054 113 | 0,948 6646 |
| 0,0528 | 0,99861 | 0,05278 | 0,05285 | 1,054 219 | 0,948 5697 |
| 0,0529 | 0,99860 | 0,05288 | 0,05295 | 1,054 324 | 0,948 4749 |
| **0,0530** | 0,99860 | 0,05298 | 0,05305 | 1,054 430 | 0,948 3800 |
| 0,0531 | 0,99859 | 0,05308 | 0,05315 | 1,054 535 | 0,948 2852 |
| 0,0532 | 0,99859 | 0,05317 | 0,05325 | 1,054 641 | 0,948 1904 |
| 0,0533 | 0,99858 | 0,05327 | 0,05335 | 1,054 746 | 0,948 0955 |
| 0,0534 | 0,99857 | 0,05337 | 0,05345 | 1,054 852 | 0,948 0007 |
| 0,0535 | 0,99857 | 0,05347 | 0,05355 | 1,054 957 | 0,947 9059 |
| 0,0536 | 0,99856 | 0,05357 | 0,05365 | 1,055 062 | 0,947 8112 |
| 0,0537 | 0,99856 | 0,05367 | 0,05375 | 1,055 168 | 0,947 7164 |
| 0,0538 | 0,99855 | 0,05377 | 0,05385 | 1,055 274 | 0,947 6216 |
| 0,0539 | 0,99855 | 0,05387 | 0,05395 | 1,055 379 | 0,947 5269 |
| **0,0540** | 0,99854 | 0,05397 | 0,05405 | 1,055 485 | 0,947 4321 |
| 0,0541 | 0,99854 | 0,05407 | 0,05415 | 1,055 590 | 0,947 3374 |
| 0,0542 | 0,99853 | 0,05417 | 0,05425 | 1,055 696 | 0,947 2426 |
| 0,0543 | 0,99853 | 0,05427 | 0,05435 | 1,055 801 | 0,947 1479 |
| 0,0544 | 0,99852 | 0,05437 | 0,05445 | 1,055 907 | 0,947 0532 |
| 0,0545 | 0,99852 | 0,05447 | 0,05455 | 1,056 012 | 0,946 9585 |
| 0,0546 | 0,99851 | 0,05457 | 0,05465 | 1,056 118 | 0,946 8638 |
| 0,0547 | 0,99850 | 0,05467 | 0,05475 | 1,056 224 | 0,946 7691 |
| 0,0548 | 0,99850 | 0,05477 | 0,05485 | 1,056 329 | 0,946 6745 |
| 0,0549 | 0,99849 | 0,05487 | 0,05496 | 1,056 435 | 0,946 5798 |

| x | Cof x | Sin x | Tg x | φ |
|---|---|---|---|---|
| **0,0500** | 1,00125 | 0,05002 | 0,04996 | 2° 51′ 53,24″ |
| 0,0501 | 1,00126 | 0,05012 | 0,05006 | 2 52 13,87 |
| 0,0502 | 1,00126 | 0,05022 | 0,05016 | 2 52 34,49 |
| 0,0503 | 1,00127 | 0,05032 | 0,05026 | 2 52 55,12 |
| 0,0504 | 1,00127 | 0,05042 | 0,05036 | 2 53 15,75 |
| 0,0505 | 1,00128 | 0,05052 | 0,05046 | 2 53 36,37 |
| 0,0506 | 1,00128 | 0,05062 | 0,05056 | 2 53 57,00 |
| 0,0507 | 1,00129 | 0,05072 | 0,05066 | 2 54 17,63 |
| 0,0508 | 1,00129 | 0,05082 | 0,05076 | 2 54 38,25 |
| 0,0509 | 1,00130 | 0,05092 | 0,05086 | 2 54 58,88 |
| 0,0510 | 1,00130 | 0,05102 | 0,05096 | 2 55 19,51 |
| 0,0511 | 1,00131 | 0,05112 | 0,05106 | 2 55 40,13 |
| 0,0512 | 1,00131 | 0,05122 | 0,05116 | 2 56 00,76 |
| 0,0513 | 1,00132 | 0,05132 | 0,05126 | 2 56 21,38 |
| 0,0514 | 1,00132 | 0,05142 | 0,05135 | 2 56 42,01 |
| 0,0515 | 1,00133 | 0,05152 | 0,05145 | 2 57 02,64 |
| 0,0516 | 1,00133 | 0,05162 | 0,05155 | 2 57 23,26 |
| 0,0517 | 1,00134 | 0,05172 | 0,05165 | 2 57 43,89 |
| 0,0518 | 1,00134 | 0,05182 | 0,05175 | 2 58 04,52 |
| 0,0519 | 1,00135 | 0,05192 | 0,05185 | 2 58 25,14 |
| **0,0520** | 1,00135 | 0,05202 | 0,05195 | 2 58 45,77 |
| 0,0521 | 1,00136 | 0,05212 | 0,05205 | 2 59 06,40 |
| 0,0522 | 1,00136 | 0,05222 | 0,05215 | 2 59 27,02 |
| 0,0523 | 1,00137 | 0,05232 | 0,05225 | 2 59 47,65 |
| 0,0524 | 1,00137 | 0,05242 | 0,05235 | 3 00 08,28 |
| 0,0525 | 1,00138 | 0,05252 | 0,05245 | 3 00 28,90 |
| 0,0526 | 1,00138 | 0,05262 | 0,05255 | 3 00 49,53 |
| 0,0527 | 1,00139 | 0,05272 | 0,05265 | 3 01 10,16 |
| 0,0528 | 1,00139 | 0,05282 | 0,05275 | 3 01 30,78 |
| 0,0529 | 1,00140 | 0,05292 | 0,05285 | 3 01 51,41 |
| **0,0530** | 1,00140 | 0,05302 | 0,05295 | 3 02 12,03 |
| 0,0531 | 1,00141 | 0,05312 | 0,05305 | 3 02 32,66 |
| 0,0532 | 1,00142 | 0,05323 | 0,05315 | 3 02 53,29 |
| 0,0533 | 1,00142 | 0,05333 | 0,05325 | 3 03 13,91 |
| 0,0534 | 1,00143 | 0,05343 | 0,05335 | 3 03 34,54 |
| 0,0535 | 1,00143 | 0,05353 | 0,05345 | 3 03 55,17 |
| 0,0536 | 1,00144 | 0,05363 | 0,05355 | 3 04 15,79 |
| 0,0537 | 1,00144 | 0,05373 | 0,05365 | 3 04 36,42 |
| 0,0538 | 1,00145 | 0,05383 | 0,05375 | 3 04 57,05 |
| 0,0539 | 1,00145 | 0,05393 | 0,05385 | 3 05 17,67 |
| **0,0540** | 1,00146 | 0,05403 | 0,05395 | 3 05 38,30 |
| 0,0541 | 1,00146 | 0,05413 | 0,05405 | 3 05 58,93 |
| 0,0542 | 1,00147 | 0,05423 | 0,05415 | 3 06 19,55 |
| 0,0543 | 1,00147 | 0,05433 | 0,05425 | 3 06 40,18 |
| 0,0544 | 1,00148 | 0,05443 | 0,05435 | 3 07 00,81 |
| 0,0545 | 1,00149 | 0,05453 | 0,05445 | 3 07 21,43 |
| 0,0546 | 1,00149 | 0,05463 | 0,05455 | 3 07 42,06 |
| 0,0547 | 1,00150 | 0,05473 | 0,05465 | 3 08 02,68 |
| 0,0548 | 1,00150 | 0,05483 | 0,05475 | 3 08 23,31 |
| 0,0549 | 1,00151 | 0,05493 | 0,05484 | 3 08 43,94 |

| $x$ | $\cos x$ | $\sin x$ | $\operatorname{tg} x$ | $e^x$ | $e^{-x}$ |
|---|---|---|---|---|---|
| **0,0550** | 0,99849 | 0,05497 | 0,05506 | 1,056 541 | 0,946 4851 |
| 0,0551 | 0,99848 | 0,05507 | 0,05516 | 1,056 646 | 0,946 3905 |
| 0,0552 | 0,99848 | 0,05517 | 0,05526 | 1,056 752 | 0,946 2959 |
| 0,0553 | 0,99847 | 0,05527 | 0,05536 | 1,056 858 | 0,946 2012 |
| 0,0554 | 0,99847 | 0,05537 | 0,05546 | 1,056 963 | 0,946 1066 |
| 0,0555 | 0,99846 | 0,05547 | 0,05556 | 1,057 069 | 0,946 0120 |
| 0,0556 | 0,99845 | 0,05557 | 0,05566 | 1,057 175 | 0,945 9174 |
| 0,0557 | 0,99845 | 0,05567 | 0,05576 | 1,057 280 | 0,945 8228 |
| 0,0558 | 0,99844 | 0,05577 | 0,05586 | 1,057 386 | 0,945 7283 |
| 0,0559 | 0,99844 | 0,05587 | 0,05596 | 1,057 492 | 0,945 6337 |
| **0,0560** | 0,99843 | 0,05597 | 0,05606 | 1,057 598 | 0,945 5391 |
| 0,0561 | 0,99843 | 0,05607 | 0,05616 | 1,057 703 | 0,945 4446 |
| 0,0562 | 0,99842 | 0,05617 | 0,05626 | 1,057 809 | 0,945 3500 |
| 0,0563 | 0,99842 | 0,05627 | 0,05636 | 1,057 915 | 0,945 2555 |
| 0,0564 | 0,99841 | 0,05637 | 0,05646 | 1,058 021 | 0,945 1610 |
| 0,0565 | 0,99840 | 0,05647 | 0,05656 | 1,058 127 | 0,945 0665 |
| 0,0566 | 0,99840 | 0,05657 | 0,05666 | 1,058 232 | 0,944 9720 |
| 0,0567 | 0,99839 | 0,05667 | 0,05676 | 1,058 338 | 0,944 8775 |
| 0,0568 | 0,99839 | 0,05677 | 0,05686 | 1,058 444 | 0,944 7830 |
| 0,0569 | 0,99838 | 0,05687 | 0,05696 | 1,058 550 | 0,944 6885 |
| **0,0570** | 0,99838 | 0,05697 | 0,05706 | 1,058 656 | 0,944 5941 |
| 0,0571 | 0,99837 | 0,05707 | 0,05716 | 1,058 762 | 0,944 4996 |
| 0,0572 | 0,99836 | 0,05717 | 0,05726 | 1,058 868 | 0,944 4052 |
| 0,0573 | 0,99836 | 0,05727 | 0,05736 | 1,058 973 | 0,944 3107 |
| 0,0574 | 0,99835 | 0,05737 | 0,05746 | 1,059 079 | 0,944 2163 |
| 0,0575 | 0,99835 | 0,05747 | 0,05756 | 1,059 185 | 0,944 1219 |
| 0,0576 | 0,99834 | 0,05757 | 0,05766 | 1,059 291 | 0,944 0275 |
| 0,0577 | 0,99834 | 0,05767 | 0,05776 | 1,059 397 | 0,943 9331 |
| 0,0578 | 0,99833 | 0,05777 | 0,05786 | 1,059 503 | 0,943 8387 |
| 0,0579 | 0,99832 | 0,05787 | 0,05796 | 1,059 609 | 0,943 7443 |
| **0,0580** | 0,99832 | 0,05797 | 0,05807 | 1,059 715 | 0,943 6499 |
| 0,0581 | 0,99831 | 0,05807 | 0,05817 | 1,059 821 | 0,943 5556 |
| 0,0582 | 0,99831 | 0,05817 | 0,05827 | 1,059 927 | 0,943 4612 |
| 0,0583 | 0,99830 | 0,05827 | 0,05837 | 1,060 033 | 0,943 3669 |
| 0,0584 | 0,99830 | 0,05837 | 0,05847 | 1,060 139 | 0,943 2726 |
| 0,0585 | 0,99829 | 0,05847 | 0,05857 | 1,060 245 | 0,943 1782 |
| 0,0586 | 0,99828 | 0,05857 | 0,05867 | 1,060 351 | 0,943 0839 |
| 0,0587 | 0,99828 | 0,05867 | 0,05877 | 1,060 457 | 0,942 9896 |
| 0,0588 | 0,99827 | 0,05877 | 0,05887 | 1,060 563 | 0,942 8953 |
| 0,0589 | 0,99827 | 0,05887 | 0,05897 | 1,060 669 | 0,942 8010 |
| **0,0590** | 0,99826 | 0,05897 | 0,05907 | 1,060 775 | 0,942 7068 |
| 0,0591 | 0,99825 | 0,05907 | 0,05917 | 1,060 881 | 0,942 6125 |
| 0,0592 | 0,99825 | 0,05917 | 0,05927 | 1,060 987 | 0,942 5182 |
| 0,0593 | 0,99824 | 0,05927 | 0,05937 | 1,061 094 | 0,942 4240 |
| 0,0594 | 0,99824 | 0,05937 | 0,05947 | 1,061 200 | 0,942 3298 |
| 0,0595 | 0,99823 | 0,05946 | 0,05957 | 1,061 306 | 0,942 2355 |
| 0,0596 | 0,99822 | 0,05956 | 0,05967 | 1,061 412 | 0,942 1413 |
| 0,0597 | 0,99822 | 0,05966 | 0,05977 | 1,061 518 | 0,942 0471 |
| 0,0598 | 0,99821 | 0,05976 | 0,05987 | 1,061 624 | 0,941 9529 |
| 0,0599 | 0,99821 | 0,05986 | 0,05997 | 1,061 730 | 0,941 8587 |

| $x$ | Cos $x$ | Sin $x$ | Tg $x$ | $\varphi$ |
|---|---|---|---|---|
| **0,0550** | 1,00151 | 0,05503 | 0,05494 | 3° 09′ 04,56″ |
| 0,0551 | 1,00152 | 0,05513 | 0,05504 | 3 09 25,19 |
| 0,0552 | 1,00152 | 0,05523 | 0,05514 | 3 09 45,82 |
| 0,0553 | 1,00153 | 0,05533 | 0,05524 | 3 10 06,44 |
| 0,0554 | 1,00153 | 0,05543 | 0,05534 | 3 10 27,07 |
| 0,0555 | 1,00154 | 0,05553 | 0,05544 | 3 10 47,70 |
| 0,0556 | 1,00155 | 0,05563 | 0,05554 | 3 11 08,32 |
| 0,0557 | 1,00155 | 0,05573 | 0,05564 | 3 11 28,95 |
| 0,0558 | 1,00156 | 0,05583 | 0,05574 | 3 11 49,58 |
| 0,0559 | 1,00156 | 0,05593 | 0,05584 | 3 12 10,20 |
| **0,0560** | 1,00157 | 0,05603 | 0,05594 | 3 12 30,83 |
| 0,0561 | 1,00157 | 0,05613 | 0,05604 | 3 12 51,46 |
| 0,0562 | 1,00158 | 0,05623 | 0,05614 | 3 13 12,08 |
| 0,0563 | 1,00159 | 0,05633 | 0,05624 | 3 13 32,71 |
| 0,0564 | 1,00159 | 0,05643 | 0,05634 | 3 13 53,34 |
| 0,0565 | 1,00160 | 0,05653 | 0,05644 | 3 14 13,96 |
| 0,0566 | 1,00160 | 0,05663 | 0,05654 | 3 14 34,59 |
| 0,0567 | 1,00161 | 0,05673 | 0,05664 | 3 14 55,21 |
| 0,0568 | 1,00161 | 0,05683 | 0,05674 | 3 15 15,84 |
| 0,0569 | 1,00162 | 0,05693 | 0,05684 | 3 15 36,47 |
| **0,0570** | 1,00162 | 0,05703 | 0,05694 | 3 15 57,09 |
| 0,0571 | 1,00163 | 0,05713 | 0,05704 | 3 16 17,72 |
| 0,0572 | 1,00164 | 0,05723 | 0,05714 | 3 16 38,35 |
| 0,0573 | 1,00164 | 0,05733 | 0,05724 | 3 16 58,97 |
| 0,0574 | 1,00165 | 0,05743 | 0,05734 | 3 17 19,60 |
| 0,0575 | 1,00165 | 0,05753 | 0,05744 | 3 17 40,23 |
| 0,0576 | 1,00166 | 0,05763 | 0,05754 | 3 18 00,85 |
| 0,0577 | 1,00167 | 0,05773 | 0,05764 | 3 18 21,48 |
| 0,0578 | 1,00167 | 0,05783 | 0,05774 | 3 18 42,11 |
| 0,0579 | 1,00168 | 0,05793 | 0,05784 | 3 19 02,73 |
| **0,0580** | 1,00168 | 0,05803 | 0,05794 | 3 19 23,36 |
| 0,0581 | 1,00169 | 0,05813 | 0,05803 | 3 19 43,99 |
| 0,0582 | 1,00169 | 0,05823 | 0,05813 | 3 20 04,61 |
| 0,0583 | 1,00170 | 0,05833 | 0,05823 | 3 20 25,24 |
| 0,0584 | 1,00171 | 0,05843 | 0,05833 | 3 20 45,86 |
| 0,0585 | 1,00171 | 0,05853 | 0,05843 | 3 21 06,49 |
| 0,0586 | 1,00172 | 0,05863 | 0,05853 | 3 21 27,12 |
| 0,0587 | 1,00172 | 0,05873 | 0,05863 | 3 21 47,74 |
| 0,0588 | 1,00173 | 0,05883 | 0,05873 | 3 22 08,37 |
| 0,0589 | 1,00174 | 0,05893 | 0,05883 | 3 22 29,00 |
| **0,0590** | 1,00174 | 0,05903 | 0,05893 | 3 22 49,62 |
| 0,0591 | 1,00175 | 0,05913 | 0,05903 | 3 23 10,25 |
| 0,0592 | 1,00175 | 0,05923 | 0,05913 | 3 23 30,88 |
| 0,0593 | 1,00176 | 0,05933 | 0,05923 | 3 23 51,50 |
| 0,0594 | 1,00176 | 0,05943 | 0,05933 | 3 24 12,13 |
| 0,0595 | 1,00177 | 0,05954 | 0,05943 | 3 24 32,76 |
| 0,0596 | 1,00178 | 0,05964 | 0,05953 | 3 24 53,38 |
| 0,0597 | 1,00178 | 0,05974 | 0,05963 | 3 25 14,01 |
| 0,0598 | 1,00179 | 0,05984 | 0,05973 | 3 25 34,64 |
| 0,0599 | 1,00179 | 0,05994 | 0,05983 | 3 25 55,26 |

| x | cos x | sin x | tg x | $e^x$ | $e^{-x}$ |
|---|---|---|---|---|---|
| **0,0600** | 0,99820 | 0,05996 | 0,06007 | 1,061 837 | 0,941 7645 |
| 0,0601 | 0,99819 | 0,06006 | 0,06017 | 1,061 943 | 0,941 6704 |
| 0,0602 | 0,99819 | 0,06016 | 0,06027 | 1,062 049 | 0,941 5762 |
| 0,0603 | 0,99818 | 0,06026 | 0,06037 | 1,062 155 | 0,941 4820 |
| 0,0604 | 0,99818 | 0,06036 | 0,06047 | 1,062 261 | 0,941 3879 |
| 0,0605 | 0,99817 | 0,06046 | 0,06057 | 1,062 368 | 0,941 2938 |
| 0,0606 | 0,99816 | 0,06056 | 0,06067 | 1,062 474 | 0,941 1996 |
| 0,0607 | 0,99816 | 0,06066 | 0,06077 | 1,062 580 | 0,941 1055 |
| 0,0608 | 0,99815 | 0,06076 | 0,06088 | 1,062 686 | 0,941 0114 |
| 0,0609 | 0,99815 | 0,06086 | 0,06098 | 1,062 793 | 0,940 9173 |
| **0,0610** | 0,99814 | 0,06096 | 0,06108 | 1,062 899 | 0,940 8232 |
| 0,0611 | 0,99813 | 0,06106 | 0,06118 | 1,063 005 | 0,940 7292 |
| 0,0612 | 0,99813 | 0,06116 | 0,06128 | 1,063 112 | 0,940 6351 |
| 0,0613 | 0,99812 | 0,06126 | 0,06138 | 1,063 218 | 0,940 5410 |
| 0,0614 | 0,99812 | 0,06136 | 0,06148 | 1,063 324 | 0,940 4470 |
| 0,0615 | 0,99811 | 0,06146 | 0,06158 | 1,063 430 | 0,940 3529 |
| 0,0616 | 0,99810 | 0,06156 | 0,06168 | 1,063 537 | 0,940 2589 |
| 0,0617 | 0,99810 | 0,06166 | 0,06178 | 1,063 643 | 0,940 1649 |
| 0,0618 | 0,99809 | 0,06176 | 0,06188 | 1,063 750 | 0,940 0709 |
| 0,0619 | 0,99808 | 0,06186 | 0,06198 | 1,063 856 | 0,939 9769 |
| **0,0620** | 0,99808 | 0,06196 | 0,06208 | 1,063 962 | 0,939 8829 |
| 0,0621 | 0,99807 | 0,06206 | 0,06218 | 1,064 069 | 0,939 7889 |
| 0,0622 | 0,99807 | 0,06216 | 0,06228 | 1,064 175 | 0,939 6949 |
| 0,0623 | 0,99806 | 0,06226 | 0,06238 | 1,064 282 | 0,939 6010 |
| 0,0624 | 0,99805 | 0,06236 | 0,06248 | 1,064 388 | 0,939 5070 |
| 0,0625 | 0,99805 | 0,06246 | 0,06258 | 1,064 494 | 0,939 4131 |
| 0,0626 | 0,99804 | 0,06256 | 0,06268 | 1,064 601 | 0,939 3191 |
| 0,0627 | 0,99804 | 0,06266 | 0,06278 | 1,064 707 | 0,939 2252 |
| 0,0628 | 0,99803 | 0,06276 | 0,06288 | 1,064 814 | 0,939 1313 |
| 0,0629 | 0,99802 | 0,06286 | 0,06298 | 1,064 920 | 0,939 0374 |
| **0,0630** | 0,99802 | 0,06296 | 0,06308 | 1,065 027 | 0,938 9435 |
| 0,0631 | 0,99801 | 0,06306 | 0,06318 | 1,065 133 | 0,938 8496 |
| 0,0632 | 0,99800 | 0,06316 | 0,06328 | 1,065 240 | 0,938 7557 |
| 0,0633 | 0,99800 | 0,06326 | 0,06338 | 1,065 346 | 0,938 6618 |
| 0,0634 | 0,99799 | 0,06336 | 0,06349 | 1,065 453 | 0,938 5680 |
| 0,0635 | 0,99798 | 0,06346 | 0,06359 | 1,065 559 | 0,938 4741 |
| 0,0636 | 0,99798 | 0,06356 | 0,06369 | 1,065 666 | 0,938 3803 |
| 0,0637 | 0,99797 | 0,06366 | 0,06379 | 1,065 773 | 0,938 2864 |
| 0,0638 | 0,99797 | 0,06376 | 0,06389 | 1,065 879 | 0,938 1926 |
| 0,0639 | 0,99796 | 0,06386 | 0,06399 | 1,065 986 | 0,938 0988 |
| **0,0640** | 0,99795 | 0,06396 | 0,06409 | 1,066 092 | 0,938 0050 |
| 0,0641 | 0,99795 | 0,06406 | 0,06419 | 1,066 199 | 0,937 9112 |
| 0,0642 | 0,99794 | 0,06416 | 0,06429 | 1,066 306 | 0,937 8174 |
| 0,0643 | 0,99793 | 0,06426 | 0,06439 | 1,066 412 | 0,937 7236 |
| 0,0644 | 0,99793 | 0,06436 | 0,06449 | 1,066 519 | 0,937 6299 |
| 0,0645 | 0,99792 | 0,06446 | 0,06459 | 1,066 626 | 0,937 5361 |
| 0,0646 | 0,99791 | 0,06456 | 0,06469 | 1,066 732 | 0,937 4424 |
| 0,0647 | 0,99791 | 0,06465 | 0,06479 | 1,066 839 | 0,937 3486 |
| 0,0648 | 0,99790 | 0,06475 | 0,06489 | 1,066 946 | 0,937 2549 |
| 0,0649 | 0,99789 | 0,06485 | 0,06499 | 1,067 052 | 0,937 1612 |

| x | Cos x | Sin x | Tg x | φ |
|---|---|---|---|---|
| **0,0600** | 1,00180 | 0,06004 | 0,05993 | 3° 26′ 15,89″ |
| 0,0601 | 1,00181 | 0,06014 | 0,06003 | 3 26 36,51 |
| 0,0602 | 1,00181 | 0,06024 | 0,06013 | 3 26 57,14 |
| 0,0603 | 1,00182 | 0,06034 | 0,06023 | 3 27 17,77 |
| 0,0604 | 1,00182 | 0,06044 | 0,06033 | 3 27 38,39 |
| 0,0605 | 1,00183 | 0,06054 | 0,06043 | 3 27 59,02 |
| 0,0606 | 1,00184 | 0,06064 | 0,06053 | 3 28 19,65 |
| 0,0607 | 1,00184 | 0,06074 | 0,06063 | 3 28 40,27 |
| 0,0608 | 1,00185 | 0,06084 | 0,06073 | 3 29 00,90 |
| 0,0609 | 1,00185 | 0,06094 | 0,06082 | 3 29 21,53 |
| **0,0610** | 1,00186 | 0,06104 | 0,06092 | 3 29 42,15 |
| 0,0611 | 1,00187 | 0,06114 | 0,06102 | 3 30 02,78 |
| 0,0612 | 1,00187 | 0,06124 | 0,06112 | 3 30 23,41 |
| 0,0613 | 1,00188 | 0,06134 | 0,06122 | 3 30 44,03 |
| 0,0614 | 1,00189 | 0,06144 | 0,06132 | 3 31 04,66 |
| 0,0615 | 1,00189 | 0,06154 | 0,06142 | 3 31 25,29 |
| 0,0616 | 1,00190 | 0,06164 | 0,06152 | 3 31 45,91 |
| 0,0617 | 1,00190 | 0,06174 | 0,06162 | 3 32 06,54 |
| 0,0618 | 1,00191 | 0,06184 | 0,06172 | 3 32 27,17 |
| 0,0619 | 1,00192 | 0,06194 | 0,06182 | 3 32 47,79 |
| **0,0620** | 1,00192 | 0,06204 | 0,06192 | 3 33 08,42 |
| 0,0621 | 1,00193 | 0,06214 | 0,06202 | 3 33 29,04 |
| 0,0622 | 1,00194 | 0,06224 | 0,06212 | 3 33 49,67 |
| 0,0623 | 1,00194 | 0,06234 | 0,06222 | 3 34 10,30 |
| 0,0624 | 1,00195 | 0,06244 | 0,06232 | 3 34 30,92 |
| 0,0625 | 1,00195 | 0,06254 | 0,06242 | 3 34 51,55 |
| 0,0626 | 1,00196 | 0,06264 | 0,06252 | 3 35 12,18 |
| 0,0627 | 1,00197 | 0,06274 | 0,06262 | 3 35 32,80 |
| 0,0628 | 1,00197 | 0,06284 | 0,06272 | 3 35 53,43 |
| 0,0629 | 1,00198 | 0,06294 | 0,06282 | 3 36 14,06 |
| **0,0630** | 1,00199 | 0,06304 | 0,06292 | 3 36 34,68 |
| 0,0631 | 1,00199 | 0,06314 | 0,06302 | 3 36 55,31 |
| 0,0632 | 1,00200 | 0,06324 | 0,06312 | 3 37 15,94 |
| 0,0633 | 1,00200 | 0,06334 | 0,06322 | 3 37 36,56 |
| 0,0634 | 1,00201 | 0,06344 | 0,06332 | 3 37 57,19 |
| 0,0635 | 1,00202 | 0,06354 | 0,06342 | 3 38 17,82 |
| 0,0636 | 1,00202 | 0,06364 | 0,06351 | 3 38 38,44 |
| 0,0637 | 1,00203 | 0,06374 | 0,06361 | 3 38 59,07 |
| 0,0638 | 1,00204 | 0,06384 | 0,06371 | 3 39 19,69 |
| 0,0639 | 1,00204 | 0,06394 | 0,06381 | 3 39 40,32 |
| **0,0640** | 1,00205 | 0,06404 | 0,06391 | 3 40 00,95 |
| 0,0641 | 1,00206 | 0,06414 | 0,06401 | 3 40 21,57 |
| 0,0642 | 1,00206 | 0,06424 | 0,06411 | 3 40 42,20 |
| 0,0643 | 1,00207 | 0,06434 | 0,06421 | 3 41 02,83 |
| 0,0644 | 1,00207 | 0,06444 | 0,06431 | 3 41 23,45 |
| 0,0645 | 1,00208 | 0,06454 | 0,06441 | 3 41 44,08 |
| 0,0646 | 1,00209 | 0,06464 | 0,06451 | 3 42 04,71 |
| 0,0647 | 1,00209 | 0,06475 | 0,06461 | 3 42 25,33 |
| 0,0648 | 1,00210 | 0,06485 | 0,06471 | 3 42 45,96 |
| 0,0649 | 1,00211 | 0,06495 | 0,06481 | 3 43 06,59 |

| $x$ | $\cos x$ | $\sin x$ | $\operatorname{tg} x$ | $e^x$ | $e^{-x}$ |
|---|---|---|---|---|---|
| **0,0650** | 0,99789 | 0,06495 | 0,06509 | 1,067 159 | 0,937 0675 |
| 0,0651 | 0,99788 | 0,06505 | 0,06519 | 1,067 266 | 0,936 9738 |
| 0,0652 | 0,99788 | 0,06515 | 0,06529 | 1,067 372 | 0,936 8801 |
| 0,0653 | 0,99787 | 0,06525 | 0,06539 | 1,067 479 | 0,936 7864 |
| 0,0654 | 0,99786 | 0,06535 | 0,06549 | 1,067 586 | 0,936 6927 |
| 0,0655 | 0,99786 | 0,06545 | 0,06559 | 1,067 693 | 0,936 5990 |
| 0,0656 | 0,99785 | 0,06555 | 0,06569 | 1,067 800 | 0,936 5054 |
| 0,0657 | 0,99784 | 0,06565 | 0,06579 | 1,067 906 | 0,936 4117 |
| 0,0658 | 0,99784 | 0,06575 | 0,06590 | 1,068 013 | 0,936 3181 |
| 0,0659 | 0,99783 | 0,06585 | 0,06600 | 1,068 120 | 0,936 2245 |
| **0,0660** | 0,99782 | 0,06595 | 0,06610 | 1,068 227 | 0,936 1309 |
| 0,0661 | 0,99782 | 0,06605 | 0,06620 | 1,068 334 | 0,936 0373 |
| 0,0662 | 0,99781 | 0,06615 | 0,06630 | 1,068 440 | 0,935 9437 |
| 0,0663 | 0,99780 | 0,06625 | 0,06640 | 1,068 547 | 0,935 8501 |
| 0,0664 | 0,99780 | 0,06635 | 0,06650 | 1,068 654 | 0,935 7565 |
| 0,0665 | 0,99779 | 0,06645 | 0,06660 | 1,068 761 | 0,935 6629 |
| 0,0666 | 0,99778 | 0,06655 | 0,06670 | 1,068 868 | 0,935 5694 |
| 0,0667 | 0,99778 | 0,06665 | 0,06680 | 1,068 975 | 0,935 4758 |
| 0,0668 | 0,99777 | 0,06675 | 0,06690 | 1,069 082 | 0,935 3823 |
| 0,0669 | 0,99776 | 0,06685 | 0,06700 | 1,069 189 | 0,935 2887 |
| **0,0670** | 0,99776 | 0,06695 | 0,06710 | 1,069 295 | 0,935 1952 |
| 0,0671 | 0,99775 | 0,06705 | 0,06720 | 1,069 402 | 0,935 1017 |
| 0,0672 | 0,99774 | 0,06715 | 0,06730 | 1,069 509 | 0,935 0082 |
| 0,0673 | 0,99774 | 0,06725 | 0,06740 | 1,069 616 | 0,934 9147 |
| 0,0674 | 0,99773 | 0,06735 | 0,06750 | 1,069 723 | 0,934 8212 |
| 0,0675 | 0,99772 | 0,06745 | 0,06760 | 1,069 830 | 0,934 7277 |
| 0,0676 | 0,99772 | 0,06755 | 0,06770 | 1,069 937 | 0,934 6343 |
| 0,0677 | 0,99771 | 0,06765 | 0,06780 | 1,070 044 | 0,934 5408 |
| 0,0678 | 0,99770 | 0,06775 | 0,06790 | 1,070 151 | 0,934 4473 |
| 0,0679 | 0,99770 | 0,06785 | 0,06800 | 1,070 258 | 0,934 3539 |
| **0,0680** | 0,99769 | 0,06795 | 0,06811 | 1,070 365 | 0,934 2605 |
| 0,0681 | 0,99768 | 0,06805 | 0,06821 | 1,070 472 | 0,934 1671 |
| 0,0682 | 0,99768 | 0,06815 | 0,06831 | 1,070 579 | 0,934 0736 |
| 0,0683 | 0,99767 | 0,06825 | 0,06841 | 1,070 686 | 0,933 9802 |
| 0,0684 | 0,99766 | 0,06835 | 0,06851 | 1,070 794 | 0,933 8868 |
| 0,0685 | 0,99765 | 0,06845 | 0,06861 | 1,070 901 | 0,933 7935 |
| 0,0686 | 0,99765 | 0,06855 | 0,06871 | 1,071 008 | 0,933 7001 |
| 0,0687 | 0,99764 | 0,06865 | 0,06881 | 1,071 115 | 0,933 6067 |
| 0,0688 | 0,99763 | 0,06875 | 0,06891 | 1,071 222 | 0,933 5134 |
| 0,0689 | 0,99763 | 0,06885 | 0,06901 | 1,071 329 | 0,933 4200 |
| **0,0690** | 0,99762 | 0,06895 | 0,06911 | 1,071 436 | 0,933 3267 |
| 0,0691 | 0,99761 | 0,06905 | 0,06921 | 1,071 543 | 0,933 2334 |
| 0,0692 | 0,99761 | 0,06914 | 0,06931 | 1,071 651 | 0,933 1400 |
| 0,0693 | 0,99760 | 0,06924 | 0,06941 | 1,071 758 | 0,933 0467 |
| 0,0694 | 0,99759 | 0,06934 | 0,06951 | 1,071 865 | 0,932 9534 |
| 0,0695 | 0,99759 | 0,06944 | 0,06961 | 1,071 972 | 0,932 8601 |
| 0,0696 | 0,99758 | 0,06954 | 0,06971 | 1,072 079 | 0,932 7669 |
| 0,0697 | 0,99757 | 0,06964 | 0,06981 | 1,072 186 | 0,932 6736 |
| 0,0698 | 0,99756 | 0,06974 | 0,06991 | 1,072 294 | 0,932 5803 |
| 0,0699 | 0,99756 | 0,06984 | 0,07001 | 1,072 401 | 0,932 4871 |

| $x$ | Cos $x$ | Sin $x$ | Tg $x$ | $\varphi$ |
|---|---|---|---|---|
| **0,0650** | 1,00211 | 0,06505 | 0,06491 | 3° 43′ 27,21″ |
| 0,0651 | 1,00212 | 0,06515 | 0,06501 | 3 43 47,84 |
| 0,0652 | 1,00213 | 0,06525 | 0,06511 | 3 44 08,47 |
| 0,0653 | 1,00213 | 0,06535 | 0,06521 | 3 44 29,09 |
| 0,0654 | 1,00214 | 0,06545 | 0,06531 | 3 44 49,72 |
| 0,0655 | 1,00215 | 0,06555 | 0,06541 | 3 45 10,34 |
| 0,0656 | 1,00215 | 0,06565 | 0,06551 | 3 45 30,97 |
| 0,0657 | 1,00216 | 0,06575 | 0,06561 | 3 45 51,60 |
| 0,0658 | 1,00217 | 0,06585 | 0,06571 | 3 46 12,22 |
| 0,0659 | 1,00217 | 0,06595 | 0,06580 | 3 46 32,85 |
| **0,0660** | 1,00218 | 0,06605 | 0,06590 | 3 46 53,48 |
| 0,0661 | 1,00219 | 0,06615 | 0,06600 | 3 47 14,10 |
| 0,0662 | 1,00219 | 0,06625 | 0,06610 | 3 47 34,73 |
| 0,0663 | 1,00220 | 0,06635 | 0,06620 | 3 47 55,36 |
| 0,0664 | 1,00221 | 0,06645 | 0,06630 | 3 48 15,98 |
| 0,0665 | 1,00221 | 0,06655 | 0,06640 | 3 48 36,61 |
| 0,0666 | 1,00222 | 0,06665 | 0,06650 | 3 48 57,24 |
| 0,0667 | 1,00223 | 0,06675 | 0,06660 | 3 49 17,86 |
| 0,0668 | 1,00223 | 0,06685 | 0,06670 | 3 49 38,49 |
| 0,0669 | 1,00224 | 0,06695 | 0,06680 | 3 49 59,12 |
| **0,0670** | 1,00225 | 0,06705 | 0,06690 | 3 50 19,74 |
| 0,0671 | 1,00225 | 0,06715 | 0,06700 | 3 50 40,37 |
| 0,0672 | 1,00226 | 0,06725 | 0,06710 | 3 51 00,99 |
| 0,0673 | 1,00227 | 0,06735 | 0,06720 | 3 51 21,62 |
| 0,0674 | 1,00227 | 0,06745 | 0,06730 | 3 51 42,25 |
| 0,0675 | 1,00228 | 0,06755 | 0,06740 | 3 52 02,87 |
| 0,0676 | 1,00229 | 0,06765 | 0,06750 | 3 52 23,50 |
| 0,0677 | 1,00229 | 0,06775 | 0,06760 | 3 52 44,13 |
| 0,0678 | 1,00230 | 0,06785 | 0,06770 | 3 53 04,75 |
| 0,0679 | 1,00231 | 0,06795 | 0,06780 | 3 53 25,38 |
| **0,0680** | 1,00231 | 0,06805 | 0,06790 | 3 53 46,01 |
| 0,0681 | 1,00232 | 0,06815 | 0,06799 | 3 54 06,63 |
| 0,0682 | 1,00233 | 0,06825 | 0,06809 | 3 54 27,26 |
| 0,0683 | 1,00233 | 0,06835 | 0,06819 | 3 54 47,89 |
| 0,0684 | 1,00234 | 0,06845 | 0,06829 | 3 55 08,51 |
| 0,0685 | 1,00235 | 0,06855 | 0,06839 | 3 55 29,14 |
| 0,0686 | 1,00235 | 0,06865 | 0,06849 | 3 55 49,77 |
| 0,0687 | 1,00236 | 0,06875 | 0,06859 | 3 56 10,39 |
| 0,0688 | 1,00237 | 0,06885 | 0,06869 | 3 56 31,02 |
| 0,0689 | 1,00237 | 0,06895 | 0,06879 | 3 56 51,65 |
| **0,0690** | 1,00238 | 0,06905 | 0,06889 | 3 57 12,27 |
| 0,0691 | 1,00239 | 0,06916 | 0,06899 | 3 57 32,90 |
| 0,0692 | 1,00240 | 0,06926 | 0,06909 | 3 57 53,52 |
| 0,0693 | 1,00240 | 0,06936 | 0,06919 | 3 58 14,15 |
| 0,0694 | 1,00241 | 0,06946 | 0,06929 | 3 58 34,78 |
| 0,0695 | 1,00242 | 0,06956 | 0,06939 | 3 58 55,40 |
| 0,0696 | 1,00242 | 0,06966 | 0,06949 | 3 59 16,03 |
| 0,0697 | 1,00243 | 0,06976 | 0,06959 | 3 59 36,66 |
| 0,0698 | 1,00244 | 0,06986 | 0,06969 | 3 59 57,28 |
| 0,0699 | 1,00244 | 0,06996 | 0,06979 | 4 00 17,91 |

| $x$ | $\cos x$ | $\sin x$ | $\operatorname{tg} x$ | $e^x$ | $e^{-x}$ |
|---|---|---|---|---|---|
| **0,0700** | 0,99755 | 0,06994 | 0,07011 | 1,072 508 | 0,932 3938 |
| 0,0701 | 0,99754 | 0,07004 | 0,07022 | 1,072 615 | 0,932 3006 |
| 0,0702 | 0,99754 | 0,07014 | 0,07032 | 1,072 723 | 0,932 2074 |
| 0,0703 | 0,99753 | 0,07024 | 0,07042 | 1,072 830 | 0,932 1141 |
| 0,0704 | 0,99752 | 0,07034 | 0,07052 | 1,072 937 | 0,932 0209 |
| 0,0705 | 0,99752 | 0,07044 | 0,07062 | 1,073 045 | 0,931 9277 |
| 0,0706 | 0,99751 | 0,07054 | 0,07072 | 1,073 152 | 0,931 8346 |
| 0,0707 | 0,99750 | 0,07064 | 0,07082 | 1,073 259 | 0,931 7414 |
| 0,0708 | 0,99749 | 0,07074 | 0,07092 | 1,073 367 | 0,931 6482 |
| 0,0709 | 0,99749 | 0,07084 | 0,07102 | 1,073 474 | 0,931 5550 |
| **0,0710** | 0,99748 | 0,07094 | 0,07112 | 1,073 581 | 0,931 4619 |
| 0,0711 | 0,99747 | 0,07104 | 0,07122 | 1,073 689 | 0,931 3688 |
| 0,0712 | 0,99747 | 0,07114 | 0,07132 | 1,073 796 | 0,931 2756 |
| 0,0713 | 0,99746 | 0,07124 | 0,07142 | 1,073 903 | 0,931 1825 |
| 0,0714 | 0,99745 | 0,07134 | 0,07152 | 1,074 011 | 0,931 0894 |
| 0,0715 | 0,99744 | 0,07144 | 0,07162 | 1,074 118 | 0,930 9963 |
| 0,0716 | 0,99744 | 0,07154 | 0,07172 | 1,074 226 | 0,930 9032 |
| 0,0717 | 0,99743 | 0,07164 | 0,07182 | 1,074 333 | 0,930 8101 |
| 0,0718 | 0,99742 | 0,07174 | 0,07192 | 1,074 440 | 0,930 7170 |
| 0,0719 | 0,99742 | 0,07184 | 0,07202 | 1,074 548 | 0,930 6240 |
| **0,0720** | 0,99741 | 0,07194 | 0,07212 | 1,074 655 | 0,930 5309 |
| 0,0721 | 0,99740 | 0,07204 | 0,07223 | 1,074 763 | 0,930 4378 |
| 0,0722 | 0,99739 | 0,07214 | 0,07233 | 1,074 870 | 0,930 3448 |
| 0,0723 | 0,99739 | 0,07224 | 0,07243 | 1,074 978 | 0,930 2518 |
| 0,0724 | 0,99738 | 0,07234 | 0,07253 | 1,075 085 | 0,930 1588 |
| 0,0725 | 0,99737 | 0,07244 | 0,07263 | 1,075 193 | 0,930 0657 |
| 0,0726 | 0,99737 | 0,07254 | 0,07273 | 1,075 300 | 0,929 9727 |
| 0,0727 | 0,99736 | 0,07264 | 0,07283 | 1,075 408 | 0,929 8798 |
| 0,0728 | 0,99735 | 0,07274 | 0,07293 | 1,075 515 | 0,929 7868 |
| 0,0729 | 0,99734 | 0,07284 | 0,07303 | 1,075 623 | 0,929 6938 |
| **0,0730** | 0,99734 | 0,07294 | 0,07313 | 1,075 731 | 0,929 6008 |
| 0,0731 | 0,99733 | 0,07303 | 0,07323 | 1,075 838 | 0,929 5079 |
| 0,0732 | 0,99732 | 0,07313 | 0,07333 | 1,075 946 | 0,929 4149 |
| 0,0733 | 0,99731 | 0,07323 | 0,07343 | 1,076 053 | 0,929 3220 |
| 0,0734 | 0,99731 | 0,07333 | 0,07353 | 1,076 161 | 0,929 2291 |
| 0,0735 | 0,99730 | 0,07343 | 0,07363 | 1,076 269 | 0,929 1361 |
| 0,0736 | 0,99729 | 0,07353 | 0,07373 | 1,076 376 | 0,929 0432 |
| 0,0737 | 0,99729 | 0,07363 | 0,07383 | 1,076 484 | 0,928 9503 |
| 0,0738 | 0,99728 | 0,07373 | 0,07393 | 1,076 591 | 0,928 8574 |
| 0,0739 | 0,99727 | 0,07383 | 0,07403 | 1,076 699 | 0,928 7646 |
| **0,0740** | 0,99726 | 0,07393 | 0,07414 | 1,076 807 | 0,928 6717 |
| 0,0741 | 0,99726 | 0,07403 | 0,07424 | 1,076 914 | 0,928 5788 |
| 0,0742 | 0,99725 | 0,07413 | 0,07434 | 1,077 022 | 0,928 4860 |
| 0,0743 | 0,99724 | 0,07423 | 0,07444 | 1,077 130 | 0,928 3931 |
| 0,0744 | 0,99723 | 0,07433 | 0,07454 | 1,077 238 | 0,928 3003 |
| 0,0745 | 0,99723 | 0,07443 | 0,07464 | 1,077 345 | 0,928 2075 |
| 0,0746 | 0,99722 | 0,07453 | 0,07474 | 1,077 453 | 0,928 1147 |
| 0,0747 | 0,99721 | 0,07463 | 0,07484 | 1,077 561 | 0,928 0219 |
| 0,0748 | 0,99720 | 0,07473 | 0,07494 | 1,077 669 | 0,927 9291 |
| 0,0749 | 0,99720 | 0,07483 | 0,07504 | 1,077 776 | 0,927 8363 |

| $x$ | Cof $x$ | Sin $x$ | Tg $x$ | $\varphi$ |
|---|---|---|---|---|
| **0,0700** | 1,00245 | 0,07006 | 0,06989 | 4°00′ 38,54″ |
| 0,0701 | 1,00246 | 0,07016 | 0,06999 | 4 00 59,16 |
| 0,0702 | 1,00247 | 0,07026 | 0,07008 | 4 01 19,79 |
| 0,0703 | 1,00247 | 0,07036 | 0,07018 | 4 01 40,42 |
| 0,0704 | 1,00248 | 0,07046 | 0,07028 | 4 02 01,04 |
| 0,0705 | 1,00249 | 0,07056 | 0,07038 | 4 02 21,67 |
| 0,0706 | 1,00249 | 0,07066 | 0,07048 | 4 02 42,30 |
| 0,0707 | 1,00250 | 0,07076 | 0,07058 | 4 03 02,92 |
| 0,0708 | 1,00251 | 0,07086 | 0,07068 | 4 03 23,55 |
| 0,0709 | 1,00251 | 0,07096 | 0,07078 | 4 03 44,17 |
| **0,0710** | 1,00252 | 0,07106 | 0,07088 | 4 04 04,80 |
| 0,0711 | 1,00253 | 0,07116 | 0,07098 | 4 04 25,43 |
| 0,0712 | 1,00254 | 0,07126 | 0,07108 | 4 04 46,05 |
| 0,0713 | 1,00254 | 0,07136 | 0,07118 | 4 05 06,68 |
| 0,0714 | 1,00255 | 0,07146 | 0,07128 | 4 05 27,31 |
| 0,0715 | 1,00256 | 0,07156 | 0,07138 | 4 05 47,93 |
| 0,0716 | 1,00256 | 0,07166 | 0,07148 | 4 06 08,56 |
| 0,0717 | 1,00257 | 0,07176 | 0,07158 | 4 06 29,19 |
| 0,0718 | 1,00258 | 0,07186 | 0,07168 | 4 06 49,81 |
| 0,0719 | 1,00259 | 0,07196 | 0,07178 | 4 07 10,44 |
| **0,0720** | 1,00259 | 0,07206 | 0,07188 | 4 07 31,07 |
| 0,0721 | 1,00260 | 0,07216 | 0,07198 | 4 07 51,69 |
| 0,0722 | 1,00261 | 0,07226 | 0,07207 | 4 08 12,32 |
| 0,0723 | 1,00261 | 0,07236 | 0,07217 | 4 08 32,95 |
| 0,0724 | 1,00262 | 0,07246 | 0,07227 | 4 08 53,57 |
| 0,0725 | 1,00263 | 0,07256 | 0,07237 | 4 09 14,20 |
| 0,0726 | 1,00264 | 0,07266 | 0,07247 | 4 09 34,82 |
| 0,0727 | 1,00264 | 0,07276 | 0,07257 | 4 09 55,45 |
| 0,0728 | 1,00265 | 0,07286 | 0,07267 | 4 10 16,08 |
| 0,0729 | 1,00266 | 0,07296 | 0,07277 | 4 10 36,70 |
| **0,0730** | 1,00267 | 0,07306 | 0,07287 | 4 10 57,33 |
| 0,0731 | 1,00267 | 0,07317 | 0,07297 | 4 11 17,96 |
| 0,0732 | 1,00268 | 0,07327 | 0,07307 | 4 11 38,58 |
| 0,0733 | 1,00269 | 0,07337 | 0,07317 | 4 11 59,21 |
| 0,0734 | 1,00269 | 0,07347 | 0,07327 | 4 12 19,84 |
| 0,0735 | 1,00270 | 0,07357 | 0,07337 | 4 12 40,46 |
| 0,0736 | 1,00271 | 0,07367 | 0,07347 | 4 13 01,09 |
| 0,0737 | 1,00272 | 0,07377 | 0,07357 | 4 13 21,72 |
| 0,0738 | 1,00272 | 0,07387 | 0,07367 | 4 13 42,34 |
| 0,0739 | 1,00273 | 0,07397 | 0,07377 | 4 14 02,97 |
| **0,0740** | 1,00274 | 0,07407 | 0,07387 | 4 14 23,60 |
| 0,0741 | 1,00275 | 0,07417 | 0,07396 | 4 14 44,22 |
| 0,0742 | 1,00275 | 0,07427 | 0,07406 | 4 15 04,85 |
| 0,0743 | 1,00276 | 0,07437 | 0,07416 | 4 15 25,48 |
| 0,0744 | 1,00277 | 0,07447 | 0,07426 | 4 15 46,10 |
| 0,0745 | 1,00278 | 0,07457 | 0,07436 | 4 16 06,73 |
| 0,0746 | 1,00278 | 0,07467 | 0,07446 | 4 16 27,35 |
| 0,0747 | 1,00279 | 0,07477 | 0,07456 | 4 16 47,98 |
| 0,0748 | 1,00280 | 0,07487 | 0,07466 | 4 17 08,61 |
| 0,0749 | 1,00281 | 0,07497 | 0,07476 | 4 17 29,23 |

| $x$ | $\cos x$ | $\sin x$ | $\operatorname{tg} x$ | $e^x$ | $e^{-x}$ |
|---|---|---|---|---|---|
| **0,0750** | 0,99719 | 0,07493 | 0,07514 | 1,077 884 | 0,927 7435 |
| 0,0751 | 0,99718 | 0,07503 | 0,07524 | 1,077 992 | 0,927 6507 |
| 0,0752 | 0,99717 | 0,07513 | 0,07534 | 1,078 100 | 0,927 5580 |
| 0,0753 | 0,99717 | 0,07523 | 0,07544 | 1,078 208 | 0,927 4652 |
| 0,0754 | 0,99716 | 0,07533 | 0,07554 | 1,078 315 | 0,927 3725 |
| 0,0755 | 0,99715 | 0,07543 | 0,07564 | 1,078 423 | 0,927 2797 |
| 0,0756 | 0,99714 | 0,07553 | 0,07574 | 1,078 531 | 0,927 1870 |
| 0,0757 | 0,99714 | 0,07563 | 0,07584 | 1,078 639 | 0,927 0943 |
| 0,0758 | 0,99713 | 0,07573 | 0,07595 | 1,078 747 | 0,927 0016 |
| 0,0759 | 0,99712 | 0,07583 | 0,07605 | 1,078 855 | 0,926 9089 |
| **0,0760** | 0,99711 | 0,07593 | 0,07615 | 1,078 963 | 0,926 8162 |
| 0,0761 | 0,99711 | 0,07603 | 0,07625 | 1,079 070 | 0,926 7235 |
| 0,0762 | 0,99710 | 0,07613 | 0,07635 | 1,079 178 | 0,926 6309 |
| 0,0763 | 0,99709 | 0,07623 | 0,07645 | 1,079 286 | 0,926 5382 |
| 0,0764 | 0,99708 | 0,07633 | 0,07655 | 1,079 394 | 0,926 4456 |
| 0,0765 | 0,99708 | 0,07643 | 0,07665 | 1,079 502 | 0,926 3529 |
| 0,0766 | 0,99707 | 0,07653 | 0,07675 | 1,079 610 | 0,926 2603 |
| 0,0767 | 0,99706 | 0,07662 | 0,07685 | 1,079 718 | 0,926 1677 |
| 0,0768 | 0,99705 | 0,07672 | 0,07695 | 1,079 826 | 0,926 0751 |
| 0,0769 | 0,99704 | 0,07682 | 0,07705 | 1,079 934 | 0,925 9824 |
| **0,0770** | 0,99704 | 0,07692 | 0,07715 | 1,080 042 | 0,925 8899 |
| 0,0771 | 0,99703 | 0,07702 | 0,07725 | 1,080 150 | 0,925 7973 |
| 0,0772 | 0,99702 | 0,07712 | 0,07735 | 1,080 258 | 0,925 7047 |
| 0,0773 | 0,99701 | 0,07722 | 0,07745 | 1,080 366 | 0,925 6121 |
| 0,0774 | 0,99701 | 0,07732 | 0,07755 | 1,080 474 | 0,925 5196 |
| 0,0775 | 0,99700 | 0,07742 | 0,07766 | 1,080 582 | 0,925 4270 |
| 0,0776 | 0,99699 | 0,07752 | 0,07776 | 1,080 690 | 0,925 3345 |
| 0,0777 | 0,99698 | 0,07762 | 0,07786 | 1,080 798 | 0,925 2420 |
| 0,0778 | 0,99698 | 0,07772 | 0,07796 | 1,080 906 | 0,925 1494 |
| 0,0779 | 0,99697 | 0,07782 | 0,07806 | 1,081 015 | 0,925 0569 |
| **0,0780** | 0,99696 | 0,07792 | 0,07816 | 1,081 123 | 0,924 9644 |
| 0,0781 | 0,99695 | 0,07802 | 0,07826 | 1,081 231 | 0,924 8719 |
| 0,0782 | 0,99694 | 0,07812 | 0,07836 | 1,081 339 | 0,924 7795 |
| 0,0783 | 0,99694 | 0,07822 | 0,07846 | 1,081 447 | 0,924 6870 |
| 0,0784 | 0,99693 | 0 07832 | 0,07856 | 1,081 555 | 0,924 5945 |
| 0,0785 | 0,99692 | 0,07842 | 0,07866 | 1,081 663 | 0,924 5021 |
| 0,0786 | 0,99691 | 0,07852 | 0,07876 | 1,081 772 | 0,924 4096 |
| 0,0787 | 0,99690 | 0,07862 | 0,07886 | 1,081 880 | 0,924 3172 |
| 0,0788 | 0,99690 | 0,07872 | 0,07896 | 1,081 988 | 0,924 2248 |
| 0,0789 | 0,99689 | 0,07882 | 0,07906 | 1,082 096 | 0,924 1323 |
| **0,0790** | 0,99688 | 0,07892 | 0,07916 | 1,082 204 | 0,924 0399 |
| 0,0791 | 0,99687 | 0,07902 | 0,07927 | 1,082 313 | 0,923 9475 |
| 0,0792 | 0,99687 | 0,07912 | 0,07937 | 1,082 421 | 0,923 8551 |
| 0,0793 | 0,99686 | 0,07922 | 0,07947 | 1,082 529 | 0,923 7628 |
| 0,0794 | 0,99685 | 0,07932 | 0,07957 | 1,082 637 | 0,923 6704 |
| 0,0795 | 0,99684 | 0,07942 | 0,07967 | 1,082 746 | 0,923 5780 |
| 0,0796 | 0,99683 | 0,07952 | 0,07977 | 1,082 854 | 0,923 4857 |
| 0,0797 | 0,99683 | 0,07962 | 0,07987 | 1,082 962 | 0,923 3933 |
| 0,0798 | 0,99682 | 0,07972 | 0,07997 | 1,082 070 | 0,923 3010 |
| 0,0799 | 0,99681 | 0,07982 | 0,08007 | 1,083 179 | 0,923 2087 |

| x | Cos x | Sin x | Tg x | φ |
|---|---|---|---|---|
| **0,0750** | 1,00281 | 0,07507 | 0,07486 | 4° 17′ 49,86″ |
| 0,0751 | 1,00282 | 0,07517 | 0,07496 | 4 18 10,49 |
| 0,0752 | 1,00283 | 0,07527 | 0,07506 | 4 18 31,11 |
| 0,0753 | 1,00284 | 0,07537 | 0,07516 | 4 18 51,74 |
| 0,0754 | 1,00284 | 0,07547 | 0,07526 | 4 19 12,37 |
| 0,0755 | 1,00285 | 0,07557 | 0,07536 | 4 19 32,99 |
| 0,0756 | 1,00286 | 0,07567 | 0,07546 | 4 19 53,62 |
| 0,0757 | 1,00287 | 0,07577 | 0,07556 | 4 20 14,25 |
| 0,0758 | 1,00287 | 0,07587 | 0,07566 | 4 20 34,87 |
| 0,0759 | 1,00288 | 0,07597 | 0,07575 | 4 20 55,50 |
| **0,0760** | 1,00289 | 0,07607 | 0,07585 | 4 21 16,13 |
| 0,0761 | 1,00290 | 0,07617 | 0,07595 | 4 21 36,75 |
| 0,0762 | 1,00290 | 0,07627 | 0,07605 | 4 21 57,38 |
| 0,0763 | 1,00291 | 0,07637 | 0,07615 | 4 22 18,00 |
| 0,0764 | 1,00292 | 0,07647 | 0,07625 | 4 22 38,63 |
| 0,0765 | 1,00293 | 0,07657 | 0,07635 | 4 22 59,26 |
| 0,0766 | 1,00294 | 0,07667 | 0,07645 | 4 23 19,88 |
| 0,0767 | 1,00294 | 0,07678 | 0,07655 | 4 23 40,51 |
| 0,0768 | 1,00295 | 0,07688 | 0,07665 | 4 24 01,14 |
| 0,0769 | 1,00296 | 0,07698 | 0,07675 | 4 24 21,76 |
| **0,0770** | 1,00297 | 0,07708 | 0,07685 | 4 24 42,39 |
| 0,0771 | 1,00297 | 0,07718 | 0,07695 | 4 25 03,02 |
| 0,0772 | 1,00298 | 0,07728 | 0,07705 | 4 25 23,64 |
| 0,0773 | 1,00299 | 0,07738 | 0,07715 | 4 25 44,27 |
| 0,0774 | 1,00300 | 0,07748 | 0,07725 | 4 26 04,90 |
| 0,0775 | 1,00300 | 0,07758 | 0,07735 | 4 26 25,52 |
| 0,0776 | 1,00301 | 0,07768 | 0,07744 | 4 26 46,15 |
| 0,0777 | 1,00302 | 0,07778 | 0,07754 | 4 27 06,78 |
| 0,0778 | 1,00303 | 0,07788 | 0,07764 | 4 27 27,40 |
| 0,0779 | 1,00304 | 0,07798 | 0,07774 | 4 27 48,03 |
| **0,0780** | 1,00304 | 0,07808 | 0,07784 | 4 28 08,65 |
| 0,0781 | 1,00305 | 0,07818 | 0,07794 | 4 28 29,28 |
| 0,0782 | 1,00306 | 0,07828 | 0,07804 | 4 28 49,91 |
| 0,0783 | 1,00307 | 0,07838 | 0,07814 | 4 29 10,53 |
| 0,0784 | 1,00307 | 0,07848 | 0,07824 | 4 29 31,16 |
| 0,0785 | 1,00308 | 0,07858 | 0,07834 | 4 29 51,79 |
| 0,0786 | 1,00309 | 0,07868 | 0,07844 | 4 30 12,41 |
| 0,0787 | 1,00310 | 0,07878 | 0,07854 | 4 30 33,04 |
| 0,0788 | 1,00311 | 0,07888 | 0,07864 | 4 30 53,67 |
| 0,0789 | 1,00311 | 0,07898 | 0,07874 | 4 31 14,29 |
| **0,0790** | 1,00312 | 0,07908 | 0,07884 | 4 31 34,92 |
| 0,0791 | 1,00313 | 0,07918 | 0,07894 | 4 31 55,55 |
| 0,0792 | 1,00314 | 0,07928 | 0,07903 | 4 32 16,17 |
| 0,0793 | 1,00315 | 0,07938 | 0,07913 | 4 32 36,80 |
| 0,0794 | 1,00315 | 0,07948 | 0,07923 | 4 32 57,43 |
| 0,0795 | 1,00316 | 0,07958 | 0,07933 | 4 33 18,05 |
| 0,0796 | 1,00317 | 0,07968 | 0,07943 | 4 33 38,68 |
| 0,0797 | 1,00318 | 0,07978 | 0,07953 | 4 33 59,31 |
| 0,0798 | 1,00319 | 0,07988 | 0,07963 | 4 34 19,93 |
| 0,0799 | 1,00319 | 0,07999 | 0,07973 | 4 34 40,56 |

| $x$ | cos $x$ | sin $x$ | tg $x$ | $e^x$ | $e^{-x}$ |
|---|---|---|---|---|---|
| **0,0800** | 0,99680 | 0,07991 | 0,08017 | 1,083 287 | 0,923 1163 |
| 0,0801 | 0,99679 | 0,08001 | 0,08027 | 1,083 395 | 0,923 0240 |
| 0,0802 | 0,99679 | 0,08011 | 0,08037 | 1,083 504 | 0,922 9317 |
| 0,0803 | 0,99678 | 0,08021 | 0,08047 | 1,083 612 | 0,922 8395 |
| 0,0804 | 0,99677 | 0,08031 | 0,08057 | 1,083 720 | 0,922 7472 |
| 0,0805 | 0,99676 | 0,08041 | 0,08067 | 1,083 829 | 0,922 6549 |
| 0,0806 | 0,99675 | 0,08051 | 0,08077 | 1,083 937 | 0,922 5626 |
| 0,0807 | 0,99675 | 0,08061 | 0,08088 | 1,084 046 | 0,922 4704 |
| 0,0808 | 0,99674 | 0,08071 | 0,08098 | 1,084 154 | 0,922 3781 |
| 0,0809 | 0,99673 | 0,08081 | 0,08108 | 1,084 262 | 0,922 2859 |
| **0,0810** | 0,99672 | 0,08091 | 0,08118 | 1,084 371 | 0,922 1937 |
| 0,0811 | 0,99671 | 0,08101 | 0,08128 | 1,084 479 | 0,922 1015 |
| 0,0812 | 0,99671 | 0,08111 | 0,08138 | 1,084 588 | 0,922 0093 |
| 0,0813 | 0,99670 | 0,08121 | 0,08148 | 1,084 696 | 0,921 9171 |
| 0,0814 | 0,99669 | 0,08131 | 0,08158 | 1,084 805 | 0,921 8249 |
| 0,0815 | 0,99668 | 0,08141 | 0,08168 | 1,084 913 | 0,921 7327 |
| 0,0816 | 0,99667 | 0,08151 | 0,08178 | 1,085 022 | 0,921 6405 |
| 0,0817 | 0,99666 | 0,08161 | 0,08188 | 1,085 130 | 0,921 5484 |
| 0,0818 | 0,99666 | 0,08171 | 0,08198 | 1,085 239 | 0,921 4562 |
| 0,0819 | 0,99665 | 0,08181 | 0,08208 | 1,085 347 | 0,921 3641 |
| **0,0820** | 0,99664 | 0,08191 | 0,08218 | 1,085 456 | 0,921 2720 |
| 0,0821 | 0,99663 | 0,08201 | 0,08228 | 1,085 564 | 0,921 1798 |
| 0,0822 | 0,99662 | 0,08211 | 0,08239 | 1,085 673 | 0,921 0877 |
| 0,0823 | 0,99662 | 0,08221 | 0,08249 | 1,085 781 | 0,920 9956 |
| 0,0824 | 0,99661 | 0,08231 | 0,08259 | 1,085 890 | 0,920 9035 |
| 0,0825 | 0,99660 | 0,08241 | 0,08269 | 1,085 999 | 0,920 8114 |
| 0,0826 | 0,99659 | 0,08251 | 0,08279 | 1,086 107 | 0,920 7194 |
| 0,0827 | 0,99658 | 0,08261 | 0,08289 | 1,086 216 | 0,920 6273 |
| 0,0828 | 0,99657 | 0,08271 | 0,08299 | 1,086 325 | 0,920 5352 |
| 0,0829 | 0,99657 | 0,08281 | 0,08309 | 1,086 433 | 0,920 4432 |
| **0,0830** | 0,99656 | 0,08290 | 0,08319 | 1,086 542 | 0,920 3511 |
| 0,0831 | 0,99655 | 0,08300 | 0,08329 | 1,086 650 | 0,920 2591 |
| 0,0832 | 0,99654 | 0,08310 | 0,08339 | 1,086 759 | 0,920 1671 |
| 0,0833 | 0,99653 | 0,08320 | 0,08349 | 1,086 868 | 0,920 0751 |
| 0,0834 | 0,99652 | 0,08330 | 0,08359 | 1,086 977 | 0,919 9831 |
| 0,0835 | 0,99652 | 0,08340 | 0,08369 | 1,087 085 | 0,919 8911 |
| 0,0836 | 0,99651 | 0,08350 | 0,08380 | 1,087 194 | 0,919 7991 |
| 0,0837 | 0,99650 | 0,08360 | 0,08390 | 1,087 303 | 0,919 7071 |
| 0, 838 | 0,99649 | 0,08370 | 0,08400 | 1,087 411 | 0,919 6152 |
| 0,0839 | 0,99648 | 0,08380 | 0,08410 | 1,087 520 | 0,919 5232 |
| **0,0840** | 0,99647 | 0,08390 | 0,08420 | 1,087 629 | 0,919 4313 |
| 0,0841 | 0,99647 | 0,08400 | 0,08430 | 1,087 738 | 0,919 3393 |
| 0,0842 | 0,99646 | 0,08410 | 0,08440 | 1,087 846 | 0,919 2474 |
| 0,0843 | 0,99645 | 0,08420 | 0,08450 | 1,087 955 | 0,919 1555 |
| 0,0844 | 0,99644 | 0,08430 | 0,08460 | 1,088 064 | 0,919 0636 |
| 0,0845 | 0,99643 | 0,08440 | 0,08470 | 1,088 173 | 0,918 9717 |
| 0,0846 | 0,99642 | 0,08450 | 0,08480 | 1,088 282 | 0,918 8798 |
| 0,0847 | 0,99642 | 0,08460 | 0,08490 | 1,088 391 | 0,918 7879 |
| 0,0848 | 0,99641 | 0,08470 | 0,08500 | 1,088 499 | 0,918 6960 |
| 0,0849 | 0,99640 | 0,08480 | 0,08510 | 1,088 608 | 0,918 6041 |

| $x$ | Cos $x$ | Sin $x$ | Tg $x$ | $\varphi$ |
|---|---|---|---|---|
| **0,0800** | 1,00320 | 0,08009 | 0,07983 | 4°35′01,18″ |
| 0,0801 | 1,00321 | 0,08019 | 0,07993 | 4 35 21,81 |
| 0,0802 | 1,00322 | 0,08029 | 0,08003 | 4 35 42,44 |
| 0,0803 | 1,00323 | 0,08039 | 0,08013 | 4 36 03,06 |
| 0,0804 | 1,00323 | 0,08049 | 0,08023 | 4 36 23,69 |
| 0,0805 | 1,00324 | 0,08059 | 0,08033 | 4 36 44,32 |
| 0,0806 | 1,00325 | 0,08069 | 0,08043 | 4 37 04,94 |
| 0,0807 | 1,00326 | 0,08079 | 0,08053 | 4 37 25,57 |
| 0,0808 | 1,00327 | 0,08089 | 0,08062 | 4 37 46,20 |
| 0,0809 | 1,00327 | 0,08099 | 0,08072 | 4 38 06,82 |
| **0,0810** | 1,00328 | 0,08109 | 0,08082 | 4 38 27,45 |
| 0,0811 | 1,00329 | 0,08119 | 0,08092 | 4 38 48,08 |
| 0,0812 | 1,00330 | 0,08129 | 0,08102 | 4 39 08,70 |
| 0,0813 | 1,00331 | 0,08139 | 0,08112 | 4 39 29,33 |
| 0,0814 | 1,00331 | 0,08149 | 0,08122 | 4 39 49,96 |
| 0,0815 | 1,00332 | 0,08159 | 0,08132 | 4 40 10,58 |
| 0,0816 | 1,00333 | 0,08169 | 0,08142 | 4 40 31,21 |
| 0,0817 | 1,00334 | 0,08179 | 0,08152 | 4 40 51,83 |
| 0,0818 | 1,00335 | 0,08189 | 0,08162 | 4 41 12,46 |
| 0,0819 | 1,00336 | 0,08199 | 0,08172 | 4 41 33,09 |
| **0,0820** | 1,00336 | 0,08209 | 0,08182 | 4 41 53,71 |
| 0,0821 | 1,00337 | 0,08219 | 0,08192 | 4 42 14,34 |
| 0,0822 | 1,00338 | 0,08229 | 0,08202 | 4 42 34,97 |
| 0,0823 | 1,00339 | 0,08239 | 0,08211 | 4 42 55,59 |
| 0,0824 | 1,00340 | 0,08249 | 0,08221 | 4 43 16,22 |
| 0,0825 | 1,00341 | 0,08259 | 0,08231 | 4 43 36,85 |
| 0,0826 | 1,00341 | 0,08269 | 0,08241 | 4 43 57,47 |
| 0,0827 | 1,00342 | 0,08279 | 0,08251 | 4 44 18,10 |
| 0,0828 | 1,00343 | 0,08289 | 0,08261 | 4 44 38,73 |
| 0,0829 | 1,00344 | 0,08299 | 0,08271 | 4 44 59,35 |
| **0,0830** | 1,00345 | 0,08310 | 0,08281 | 4 45 19,98 |
| 0,0831 | 1,00345 | 0,08320 | 0,08291 | 4 45 40,61 |
| 0,0832 | 1,00346 | 0,08330 | 0,08301 | 4 46 01,23 |
| 0,0833 | 1,00347 | 0,08340 | 0,08311 | 4 46 21,86 |
| 0,0834 | 1,00348 | 0,08350 | 0,08321 | 4 46 42,48 |
| 0,0835 | 1,00349 | 0,08360 | 0,08331 | 4 47 03,11 |
| 0,0836 | 1,00350 | 0,08370 | 0,08341 | 4 47 23,74 |
| 0,0837 | 1,00350 | 0,08380 | 0,08351 | 4 47 44,36 |
| 0,0838 | 1,00351 | 0,08390 | 0,08360 | 4 48 04,99 |
| 0,0839 | 1,00352 | 0,08400 | 0,08370 | 4 48 25,62 |
| **0,0840** | 1,00353 | 0,08410 | 0,08380 | 4 48 46,24 |
| 0,0841 | 1,00354 | 0,08420 | 0,08390 | 4 49 06,87 |
| 0,0842 | 1,00355 | 0,08430 | 0,08400 | 4 49 27,50 |
| 0,0843 | 1,00356 | 0,08440 | 0,08410 | 4 49 48,12 |
| 0,0844 | 1,00356 | 0,08450 | 0,08420 | 4 50 08,75 |
| 0,0845 | 1,00357 | 0,08460 | 0,08430 | 4 50 29,38 |
| 0,0846 | 1,00358 | 0,08470 | 0,08440 | 4 50 50,00 |
| 0,0847 | 1,00359 | 0,08480 | 0,08450 | 4 51 10,63 |
| 0,0848 | 1,00360 | 0,08490 | 0,08460 | 4 51 31,26 |
| 0,0849 | 1,00361 | 0,08500 | 0,08470 | 4 51 51,88 |

| $x$ | $\cos x$ | $\sin x$ | $\operatorname{tg} x$ | $e^x$ | $e^{-x}$ |
|---|---|---|---|---|---|
| **0,0850** | 0,99639 | 0,08490 | 0,08521 | 1,088 717 | 0,918 5123 |
| 0,0851 | 0,99638 | 0,08500 | 0,08531 | 1,088 826 | 0,918 4204 |
| 0,0852 | 0,99637 | 0,08510 | 0,08541 | 1,088 935 | 0,918 3286 |
| 0,0853 | 0,99636 | 0,08520 | 0,08551 | 1,089 044 | 0,918 2368 |
| 0,0854 | 0,99636 | 0,08530 | 0,08561 | 1,089 153 | 0,918 1450 |
| 0,0855 | 0,99635 | 0,08540 | 0,08571 | 1,089 262 | 0,918 0531 |
| 0,0856 | 0,99634 | 0,08550 | 0,08581 | 1,089 370 | 0,917 9613 |
| 0,0857 | 0,99633 | 0,08560 | 0,08591 | 1,089 479 | 0,917 8696 |
| 0,0858 | 0,99632 | 0,08569 | 0,08601 | 1,089 588 | 0,917 7778 |
| 0,0859 | 0,99631 | 0,08579 | 0,08611 | 1,089 697 | 0,917 6860 |
| **0,0860** | 0,99630 | 0,08589 | 0,08621 | 1,089 806 | 0,917 5942 |
| 0,0861 | 0,99630 | 0,08599 | 0,08631 | 1,089 915 | 0,917 5025 |
| 0,0862 | 0,99629 | 0,08609 | 0,08641 | 1,090 024 | 0,917 4107 |
| 0,0863 | 0,99628 | 0,08619 | 0,08651 | 1,090 133 | 0,917 3190 |
| 0,0864 | 0,99627 | 0,08629 | 0,08662 | 1,090 242 | 0,917 2273 |
| 0,0865 | 0,99626 | 0,08639 | 0,08672 | 1,090 351 | 0,917 1355 |
| 0,0866 | 0,99625 | 0,08649 | 0,08682 | 1,090 460 | 0,917 0438 |
| 0,0867 | 0,99624 | 0,08659 | 0,08692 | 1,090 569 | 0,916 9521 |
| 0,0868 | 0,99624 | 0,08669 | 0,08702 | 1,090 679 | 0,916 8604 |
| 0,0869 | 0,99623 | 0,08679 | 0,08712 | 1,090 788 | 0,916 7688 |
| **0,0870** | 0,99622 | 0,08689 | 0,08722 | 1,090 897 | 0,916 6771 |
| 0,0871 | 0,99621 | 0,08699 | 0,08732 | 1,091 006 | 0,916 5854 |
| 0,0872 | 0,99620 | 0,08709 | 0,08742 | 1,091 115 | 0,916 4938 |
| 0,0873 | 0,99619 | 0,08719 | 0,08752 | 1,091 224 | 0,916 4021 |
| 0,0874 | 0,99618 | 0,08729 | 0,08762 | 1,091 333 | 0,916 3105 |
| 0,0875 | 0,99617 | 0,08739 | 0,08772 | 1,091 442 | 0,916 2189 |
| 0,0876 | 0,99617 | 0,08749 | 0,08782 | 1,091 551 | 0,916 1273 |
| 0,0877 | 0,99616 | 0,08759 | 0,08793 | 1,091 661 | 0,916 0356 |
| 0,0878 | 0,99615 | 0,08769 | 0,08803 | 1,091 770 | 0,915 9440 |
| 0,0879 | 0,99614 | 0,08779 | 0,08813 | 1,091 879 | 0,915 8525 |
| **0,0880** | 0,99613 | 0,08789 | 0,08823 | 1,091 988 | 0,915 7609 |
| 0,0881 | 0,99612 | 0,08799 | 0,08833 | 1,092 097 | 0,915 6693 |
| 0,0882 | 0,99611 | 0,08809 | 0,08843 | 1,092 207 | 0,915 5777 |
| 0,0883 | 0,99610 | 0,08819 | 0,08853 | 1,092 316 | 0,915 4862 |
| 0,0884 | 0,99610 | 0,08828 | 0,08863 | 1,092 425 | 0,915 3946 |
| 0,0885 | 0,99609 | 0,08838 | 0,08873 | 1,092 534 | 0,915 3031 |
| 0,0886 | 0,99608 | 0,08848 | 0,08883 | 1,092 644 | 0,915 2116 |
| 0,0887 | 0,99607 | 0,08858 | 0,08893 | 1,092 753 | 0,915 1201 |
| 0,0888 | 0,99606 | 0,08868 | 0,08903 | 1,092 862 | 0,915 0286 |
| 0,0889 | 0,99605 | 0,08878 | 0,08913 | 1,092 971 | 0,915 9371 |
| **0,0890** | 0,99604 | 0,08888 | 0,08924 | 1,093 081 | 0,914 8456 |
| 0,0891 | 0,99603 | 0,08898 | 0,08934 | 1,093 190 | 0,914 7541 |
| 0,0892 | 0,99602 | 0,08908 | 0,08944 | 1,093 299 | 0,914 6626 |
| 0,0893 | 0,99602 | 0,08918 | 0,08954 | 1,093 409 | 0,914 5712 |
| 0,0894 | 0,99601 | 0,08928 | 0,08964 | 1,093 518 | 0,914 4797 |
| 0,0895 | 0,99600 | 0,08938 | 0,08974 | 1,093 627 | 0,914 3883 |
| 0,0896 | 0,99599 | 0,08948 | 0,08984 | 1,093 737 | 0,914 2968 |
| 0,0897 | 0,99598 | 0,08958 | 0,08994 | 1,093 846 | 0,914 2054 |
| 0,0898 | 0,99597 | 0,08968 | 0,09004 | 1,093 955 | 0,914 1140 |
| 0,0899 | 0,99596 | 0,08978 | 0,09014 | 1,094 065 | 0,914 0226 |

| $x$ | Cos $x$ | Sin $x$ | Tg $x$ | $\varphi$ |
|---|---|---|---|---|
| **0,0850** | 1,00361 | 0,08510 | 0,08480 | 4° 52′ 12,51″ |
| 0,0851 | 1,00362 | 0,08520 | 0,08490 | 4 52 33,14 |
| 0,0852 | 1,00363 | 0,08530 | 0,08499 | 4 52 53,76 |
| 0,0853 | 1,00364 | 0,08540 | 0,08509 | 4 53 14,39 |
| 0,0854 | 1,00365 | 0,08550 | 0,08519 | 4 53 35,01 |
| 0,0855 | 1,00366 | 0,08560 | 0,08529 | 4 53 55,64 |
| 0,0856 | 1,00367 | 0,08570 | 0,08539 | 4 54 16,27 |
| 0,0857 | 1,00367 | 0,08580 | 0,08549 | 4 54 36,89 |
| 0,0858 | 1,00368 | 0,08591 | 0,08559 | 4 54 57,52 |
| 0,0859 | 1,00369 | 0,08601 | 0,08569 | 4 55 18,15 |
| **0,0860** | 1,00370 | 0,08611 | 0,08579 | 4 55 38,77 |
| 0,0861 | 1,00371 | 0,08621 | 0,08589 | 4 55 59,40 |
| 0,0862 | 1,00372 | 0,08631 | 0,08599 | 4 56 20,03 |
| 0,0863 | 1,00373 | 0,08641 | 0,08609 | 4 56 40,65 |
| 0,0864 | 1,00373 | 0,08651 | 0,08619 | 4 57 01,28 |
| 0,0865 | 1,00374 | 0,08661 | 0,08628 | 4 57 21,91 |
| 0,0866 | 1,00375 | 0,08671 | 0,08638 | 4 57 42,53 |
| 0,0867 | 1,00376 | 0,08681 | 0,08648 | 4 58 03,16 |
| 0,0868 | 1,00377 | 0,08691 | 0,08658 | 4 58 23,79 |
| 0,0869 | 1,00378 | 0,08701 | 0,08668 | 4 58 44,41 |
| **0,0870** | 1,00379 | 0,08711 | 0,08678 | 4 59 05,04 |
| 0,0871 | 1,00380 | 0,08721 | 0,08688 | 4 59 25,66 |
| 0,0872 | 1,00380 | 0,08731 | 0,08698 | 4 59 46,29 |
| 0,0873 | 1,00381 | 0,08741 | 0,08708 | 5 00 06,92 |
| 0,0874 | 1,00382 | 0,08751 | 0,08718 | 5 00 27,54 |
| 0,0875 | 1,00383 | 0,08761 | 0,08728 | 5 00 48,17 |
| 0,0876 | 1,00384 | 0,08771 | 0,08738 | 5 01 08,80 |
| 0,0877 | 1,00385 | 0,08781 | 0,08748 | 5 01 29,42 |
| 0,0878 | 1,00386 | 0,08791 | 0,08758 | 5 01 50,05 |
| 0,0879 | 1,00387 | 0,08801 | 0,08767 | 5 02 10,68 |
| **0,0880** | 1,00387 | 0,08811 | 0,08777 | 5 02 31,30 |
| 0,0881 | 1,00388 | 0,08821 | 0,08787 | 5 02 51,93 |
| 0,0882 | 1,00389 | 0,08831 | 0,08797 | 5 03 12,56 |
| 0,0883 | 1,00390 | 0,08841 | 0,08807 | 5 03 33,18 |
| 0,0884 | 1,00391 | 0,08852 | 0,08817 | 5 03 53,81 |
| 0,0885 | 1,00392 | 0,08862 | 0,08827 | 5 04 14,44 |
| 0,0886 | 1,00393 | 0,08872 | 0,08837 | 5 04 35,06 |
| 0,0887 | 1,00394 | 0,08882 | 0,08847 | 5 04 55,69 |
| 0,0888 | 1,00395 | 0,08892 | 0,08857 | 5 05 16,31 |
| 0,0889 | 1,00395 | 0,08902 | 0,08867 | 5 05 36,94 |
| **0,0890** | 1,00396 | 0,08912 | 0,08877 | 5 05 57,57 |
| 0,0891 | 1,00397 | 0,08922 | 0,08886 | 5 06 18,19 |
| 0,0892 | 1,00398 | 0,08932 | 0,08896 | 5 06 38,82 |
| 0,0893 | 1,00399 | 0,08942 | 0,08906 | 5 06 59,45 |
| 0,0894 | 1,00400 | 0,08952 | 0,08916 | 5 07 20,07 |
| 0,0895 | 1,00401 | 0,08962 | 0,08926 | 5 07 40,70 |
| 0,0896 | 1,00402 | 0,08972 | 0,08936 | 5 08 01,33 |
| 0,0897 | 1,00403 | 0,08982 | 0,08946 | 5 08 21,95 |
| 0,0898 | 1,00403 | 0,08992 | 0,08956 | 5 08 42,58 |
| 0,0899 | 1,00404 | 0,09002 | 0,08966 | 5 09 03,21 |

| $x$ | cos $x$ | sin $x$ | tg $x$ | $e^x$ | $e^{-x}$ |
|---|---|---|---|---|---|
| **0,0900** | 0,99595 | 0,08988 | 0,09024 | 1,094 174 | 0,913 9312 |
| 0,0901 | 0,99594 | 0,08998 | 0,09034 | 1,094 284 | 0,913 8398 |
| 0,0902 | 0,99593 | 0,09008 | 0,09044 | 1,094 393 | 0,913 7484 |
| 0,0903 | 0,99593 | 0,09018 | 0,09055 | 1,094 503 | 0,913 6570 |
| 0,0904 | 0,99592 | 0,09028 | 0,09065 | 1,094 612 | 0,913 5657 |
| 0,0905 | 0,99591 | 0,09038 | 0,09075 | 1,094 722 | 0,913 4743 |
| 0,0906 | 0,99590 | 0,09048 | 0,09085 | 1,094 831 | 0,913 3830 |
| 0,0907 | 0,99589 | 0,09058 | 0,09095 | 1,094 940 | 0,913 2917 |
| 0,0908 | 0,99588 | 0,09068 | 0,09105 | 1,095 050 | 0,913 2003 |
| 0,0909 | 0,99587 | 0,09077 | 0,09115 | 1,095 159 | 0,913 1090 |
| **0,0910** | 0,99586 | 0,09087 | 0,09125 | 1,095 269 | 0,913 0177 |
| 0,0911 | 0,99585 | 0,09097 | 0,09135 | 1,095 379 | 0,912 9264 |
| 0,0912 | 0,99584 | 0,09107 | 0,09145 | 1,095 488 | 0,912 8351 |
| 0,0913 | 0,99584 | 0,09117 | 0,09155 | 1,095 598 | 0,912 7438 |
| 0,0914 | 0,99583 | 0,09127 | 0,09166 | 1,095 707 | 0,912 6526 |
| 0,0915 | 0,99582 | 0,09137 | 0,09176 | 1,095 817 | 0,912 5613 |
| 0,0916 | 0,99581 | 0,09147 | 0,09186 | 1,095 926 | 0,912 4701 |
| 0,0917 | 0,99580 | 0,09157 | 0,09196 | 1,096 036 | 0,912 3788 |
| 0,0918 | 0,99579 | 0,09167 | 0,09206 | 1,096 146 | 0,912 2876 |
| 0,0919 | 0,99578 | 0,09177 | 0,09216 | 1,096 255 | 0,912 1964 |
| **0,0920** | 0,99577 | 0,09187 | 0,09226 | 1,096 365 | 0,912 1051 |
| 0,0921 | 0,99576 | 0,09197 | 0,09236 | 1,096 474 | 0,912 0139 |
| 0,0922 | 0,99575 | 0,09207 | 0,09246 | 1,096 584 | 0,911 9227 |
| 0,0923 | 0,99574 | 0,09217 | 0,09256 | 1,096 694 | 0,911 8316 |
| 0,0924 | 0,99573 | 0,09227 | 0,09266 | 1,096 803 | 0,911 7404 |
| 0,0925 | 0,99572 | 0,09237 | 0,09276 | 1,096 913 | 0,911 6492 |
| 0,0926 | 0,99572 | 0,09247 | 0,09287 | 1,097 023 | 0,911 5581 |
| 0,0927 | 0,99571 | 0,09257 | 0,09297 | 1,097 133 | 0,911 4669 |
| 0,0928 | 0,99570 | 0,09267 | 0,09307 | 1,097 242 | 0,911 3758 |
| 0,0929 | 0,99569 | 0,09277 | 0,09317 | 1,097 352 | 0,911 2846 |
| **0,0930** | 0,99568 | 0,09287 | 0,09327 | 1,097 462 | 0,911 1935 |
| 0,0931 | 0,99567 | 0,09297 | 0,09337 | 1,097 571 | 0,911 1024 |
| 0,0932 | 0,99566 | 0,09307 | 0,09347 | 1,097 681 | 0,911 0113 |
| 0,0933 | 0,99565 | 0,09316 | 0,09357 | 1,097 791 | 0,910 9202 |
| 0,0934 | 0,99564 | 0,09326 | 0,09367 | 1,097 901 | 0,910 8291 |
| 0,0935 | 0,99563 | 0,09336 | 0,09377 | 1,098 011 | 0,910 7380 |
| 0,0936 | 0,99562 | 0,09346 | 0,09387 | 1,098 120 | 0,910 6469 |
| 0,0937 | 0,99561 | 0,09356 | 0,09398 | 1,098 230 | 0,910 5559 |
| 0,0938 | 0,99560 | 0,09366 | 0,09408 | 1,098 340 | 0,910 4648 |
| 0,0939 | 0,99559 | 0,09376 | 0,09418 | 1,098 450 | 0,910 3738 |
| **0,0940** | 0,99559 | 0,09386 | 0,09428 | 1,098 560 | 0,910 2828 |
| 0,0941 | 0,99558 | 0,09396 | 0,09438 | 1,098 670 | 0,910 1917 |
| 0,0942 | 0,99557 | 0,09406 | 0,09448 | 1,098 779 | 0,910 1007 |
| 0,0943 | 0,99556 | 0,09416 | 0,09458 | 1,098 889 | 0,910 0097 |
| 0,0944 | 0,99555 | 0,09426 | 0,09468 | 1,098 999 | 0,909 9187 |
| 0,0945 | 0,99554 | 0,09436 | 0,09478 | 1,099 109 | 0,909 8277 |
| 0,0946 | 0,99553 | 0,09446 | 0,09488 | 1,099 219 | 0,909 7368 |
| 0,0947 | 0,99552 | 0,09456 | 0,09498 | 1,099 329 | 0,909 6458 |
| 0,0948 | 0,99551 | 0,09466 | 0,09509 | 1,099 439 | 0,909 5548 |
| 0,0949 | 0,99550 | 0,09476 | 0,09519 | 1,099 549 | 0,909 4639 |

| x | Cos x | Sin x | Tg x | φ |
|---|---|---|---|---|
| **0,0900** | 1,00405 | 0,09012 | 0,08976 | 5° 09′ 23,83″ |
| 0,0901 | 1,00406 | 0,09022 | 0,08986 | 5 09 44,46 |
| 0,0902 | 1,00407 | 0,09032 | 0,08996 | 5 10 05,09 |
| 0,0903 | 1,00408 | 0,09042 | 0,09006 | 5 10 25,71 |
| 0,0904 | 1,00409 | 0,09052 | 0,09015 | 5 10 46,34 |
| 0,0905 | 1,00410 | 0,09062 | 0,09025 | 5 11 06,96 |
| 0,0906 | 1,00411 | 0,09072 | 0,09035 | 5 11 27,59 |
| 0,0907 | 1,00412 | 0,09082 | 0,09045 | 5 11 48,22 |
| 0,0908 | 1,00413 | 0,09092 | 0,09055 | 5 12 08,84 |
| 0,0909 | 1,00413 | 0,09103 | 0,09065 | 5 12 29,47 |
| **0,0910** | 1,00414 | 0,09113 | 0,09075 | 5 12 50,10 |
| 0,0911 | 1,00415 | 0,09123 | 0,09085 | 5 13 10,72 |
| 0,0912 | 1,00416 | 0,09133 | 0,09095 | 5 13 31,35 |
| 0,0913 | 1,00417 | 0,09143 | 0,09105 | 5 13 51,98 |
| 0,0914 | 1,00418 | 0,09153 | 0,09115 | 5 14 12,60 |
| 0,0915 | 1,00419 | 0,09163 | 0,09125 | 5 14 33,23 |
| 0,0916 | 1,00420 | 0,09173 | 0,09134 | 5 14 53,86 |
| 0,0917 | 1,00421 | 0,09183 | 0,09144 | 5 15 14,48 |
| 0,0918 | 1,00422 | 0,09193 | 0,09154 | 5 15 35,11 |
| 0,0919 | 1,00423 | 0,09203 | 0,09164 | 5 15 55,74 |
| **0,0920** | 1,00423 | 0,09213 | 0,09174 | 5 16 16,36 |
| 0,0921 | 1,00424 | 0,09223 | 0,09184 | 5 16 36,99 |
| 0,0922 | 1,00425 | 0,09233 | 0,09194 | 5 16 57,62 |
| 0,0923 | 1,00426 | 0,09243 | 0,09204 | 5 17 18,24 |
| 0,0924 | 1,00427 | 0,09253 | 0,09214 | 5 17 38,87 |
| 0,0925 | 1,00428 | 0,09263 | 0,09224 | 5 17 59,49 |
| 0,0926 | 1,00429 | 0,09273 | 0,09234 | 5 18 20,12 |
| 0,0927 | 1,00430 | 0,09283 | 0,09244 | 5 18 40,75 |
| 0,0928 | 1,00431 | 0,09293 | 0,09253 | 5 19 01,37 |
| 0,0929 | 1,00432 | 0,09303 | 0,09263 | 5 19 22,00 |
| **0,0930** | 1,00433 | 0,09313 | 0,09273 | 5 19 42,63 |
| 0,0931 | 1,00434 | 0,09323 | 0,09283 | 5 20 03,25 |
| 0,0932 | 1,00435 | 0,09333 | 0,09293 | 5 20 23,88 |
| 0,0933 | 1,00436 | 0,09344 | 0,09303 | 5 20 44,51 |
| 0,0934 | 1,00436 | 0,09354 | 0,09313 | 5 21 05,13 |
| 0,0935 | 1,00437 | 0,09364 | 0,09323 | 5 21 25,76 |
| 0,0936 | 1,00438 | 0,09374 | 0,09333 | 5 21 46,39 |
| 0,0937 | 1,00439 | 0,09384 | 0,09343 | 5 22 07,01 |
| 0,0938 | 1,00440 | 0,09394 | 0,09353 | 5 22 27,64 |
| 0,0939 | 1,00441 | 0,09404 | 0,09362 | 5 22 48,27 |
| **0,0940** | 1,00442 | 0,09414 | 0,09372 | 5 23 08,89 |
| 0,0941 | 1,00443 | 0,09424 | 0,09382 | 5 23 29,52 |
| 0,0942 | 1,00444 | 0,09434 | 0,09392 | 5 23 50,14 |
| 0,0943 | 1,00445 | 0,09444 | 0,09402 | 5 24 10,77 |
| 0,0944 | 1,00446 | 0,09454 | 0,09412 | 5 24 31,40 |
| 0,0945 | 1,00447 | 0,09464 | 0,09422 | 5 24 52,02 |
| 0,0946 | 1,00448 | 0,09474 | 0,09432 | 5 25 12,65 |
| 0,0947 | 1,00449 | 0,09484 | 0,09442 | 5 25 33,28 |
| 0,0948 | 1,00450 | 0,09494 | 0,09452 | 5 25 53,90 |
| 0,0949 | 1,00451 | 0,09504 | 0,09462 | 5 26 14,53 |

| $x$ | $\cos x$ | $\sin x$ | $\operatorname{tg} x$ | $e^x$ | $e^{-x}$ |
|---|---|---|---|---|---|
| **0,0950** | 0,99549 | 0,09486 | 0,09529 | 1,099 659 | 0,909 3729 |
| 0,0951 | 0,99548 | 0,09496 | 0,09539 | 1,099 769 | 0,909 2820 |
| 0,0952 | 0,99547 | 0,09506 | 0,09549 | 1,099 879 | 0,909 1911 |
| 0,0953 | 0,99546 | 0,09516 | 0,09559 | 1,099 989 | 0,909 1002 |
| 0,0954 | 0,99545 | 0,09526 | 0,09569 | 1,100 099 | 0,909 0093 |
| 0,0955 | 0,99544 | 0,09535 | 0,09579 | 1,100 209 | 0,908 9184 |
| 0,0956 | 0,99543 | 0,09545 | 0,09589 | 1,100 319 | 0,908 8275 |
| 0,0957 | 0,99542 | 0,09555 | 0,09599 | 1,100 429 | 0,908 7366 |
| 0,0958 | 0,99541 | 0,09565 | 0,09609 | 1,100 539 | 0,908 6457 |
| 0,0959 | 0,99541 | 0,09575 | 0,09620 | 1,100 649 | 0,908 5549 |
| **0,0960** | 0,99540 | 0,09585 | 0,09630 | 1,100 759 | 0,908 4640 |
| 0,0961 | 0,99539 | 0,09595 | 0,09640 | 1,100 869 | 0,908 3732 |
| 0,0962 | 0,99538 | 0,09605 | 0,09650 | 1,100 979 | 0,908 2823 |
| 0,0963 | 0,99537 | 0,09615 | 0,09660 | 1,101 089 | 0,908 1915 |
| 0,0964 | 0,99536 | 0,09625 | 0,09670 | 1,101 199 | 0,908 1007 |
| 0,0965 | 0,99535 | 0,09635 | 0,09680 | 1,101 310 | 0,908 0099 |
| 0,0966 | 0,99534 | 0,09645 | 0,09690 | 1,101 420 | 0,907 9191 |
| 0,0967 | 0,99533 | 0,09655 | 0,09700 | 1,101 530 | 0,907 8283 |
| 0,0968 | 0,99532 | 0,09665 | 0,09710 | 1,101 640 | 0,907 7375 |
| 0,0969 | 0,99531 | 0,09675 | 0,09720 | 1,101 750 | 0,907 6468 |
| **0,0970** | 0,99530 | 0,09685 | 0,09731 | 1,101 860 | 0,907 5560 |
| 0,0971 | 0,99529 | 0,09695 | 0,09741 | 1,101 971 | 0,907 4653 |
| 0,0972 | 0,99528 | 0,09705 | 0,09751 | 1,102 081 | 0,907 3745 |
| 0,0973 | 0,99527 | 0,09715 | 0,09761 | 1,102 191 | 0,907 2838 |
| 0,0974 | 0,99526 | 0,09725 | 0,09771 | 1,102 301 | 0,907 1931 |
| 0,0975 | 0,99525 | 0,09735 | 0,09781 | 1,102 411 | 0,907 1023 |
| 0,0976 | 0,99524 | 0,09745 | 0,09791 | 1,102 522 | 0,907 0116 |
| 0,0977 | 0,99523 | 0,09754 | 0,09801 | 1,102 632 | 0,906 9209 |
| 0,0978 | 0,99522 | 0,09764 | 0,09811 | 1,102 742 | 0,906 8303 |
| 0,0979 | 0,99521 | 0,09774 | 0,09821 | 1,102 852 | 0,906 7396 |
| **0,0980** | 0,99520 | 0,09784 | 0,09831 | 1,102 963 | 0,906 6489 |
| 0,0981 | 0,99519 | 0,09794 | 0,09842 | 1,103 073 | 0,906 5582 |
| 0,0982 | 0,99518 | 0,09804 | 0,09852 | 1,103 183 | 0,906 4676 |
| 0,0983 | 0,99517 | 0,09814 | 0,09862 | 1,103 294 | 0,906 3770 |
| 0,0984 | 0,99516 | 0,09824 | 0,09872 | 1,103 404 | 0,906 2863 |
| 0,0985 | 0,99515 | 0,09834 | 0,09882 | 1,103 514 | 0,906 1957 |
| 0,0986 | 0,99514 | 0,09844 | 0,09892 | 1,103 625 | 0,906 1051 |
| 0,0987 | 0,99513 | 0,09854 | 0,09902 | 1,103 735 | 0,906 0145 |
| 0,0988 | 0,99512 | 0,09864 | 0,09912 | 1,103 846 | 0,905 9239 |
| 0,0989 | 0,99511 | 0,09874 | 0,09922 | 1,103 956 | 0,905 8333 |
| **0,0990** | 0,99510 | 0,09884 | 0,09932 | 1,104 066 | 0,905 7427 |
| 0,0991 | 0,99509 | 0,09894 | 0,09943 | 1,104 177 | 0,905 6521 |
| 0,0992 | 0,99508 | 0,09904 | 0,09953 | 1,104 287 | 0,905 5616 |
| 0,0993 | 0,99507 | 0,09914 | 0,09963 | 1,104 398 | 0,905 4710 |
| 0,0994 | 0,99506 | 0,09924 | 0,09973 | 1,104 508 | 0,905 3805 |
| 0,0995 | 0,99505 | 0,09934 | 0,09983 | 1,104 618 | 0,905 2899 |
| 0,0996 | 0,99504 | 0,09944 | 0,09993 | 1,104 729 | 0,905 1994 |
| 0,0997 | 0,99503 | 0,09953 | 0,10003 | 1,104 839 | 0,905 1089 |
| 0,0998 | 0,99502 | 0,09963 | 0,10013 | 1,104 950 | 0,905 0184 |
| 0,0999 | 0,99501 | 0,09973 | 0,10023 | 1,105 060 | 0,904 9279 |

| $x$ | Cof $x$ | Sin $x$ | Tg $x$ | $\varphi$ |
|---|---|---|---|---|
| **0,0950** | 1,00452 | 0,09514 | 0,09472 | 5° 26′ 35,16″ |
| 0,0951 | 1,00453 | 0,09524 | 0,09481 | 5 26 55,78 |
| 0,0952 | 1,00453 | 0,09534 | 0,09491 | 5 27 16,41 |
| 0,0953 | 1,00454 | 0,09544 | 0,09501 | 5 27 37,04 |
| 0,0954 | 1,00455 | 0,09554 | 0,09511 | 5 27 57,66 |
| 0,0955 | 1,00456 | 0,09565 | 0,09521 | 5 28 18,29 |
| 0,0956 | 1,00457 | 0,09575 | 0,09531 | 5 28 38,92 |
| 0,0957 | 1,00458 | 0,09585 | 0,09541 | 5 28 59,54 |
| 0,0958 | 1,00459 | 0,09595 | 0,09551 | 5 29 20,17 |
| 0,0959 | 1,00460 | 0,09605 | 0,09561 | 5 29 40,79 |
| **0,0960** | 1,00461 | 0,09615 | 0,09571 | 5 30 01,42 |
| 0,0961 | 1,00462 | 0,09625 | 0,09581 | 5 30 22,05 |
| 0,0962 | 1,00463 | 0,09635 | 0,09590 | 5 30 42,67 |
| 0,0963 | 1,00464 | 0,09645 | 0,09600 | 5 31 03,30 |
| 0,0964 | 1,00465 | 0,09655 | 0,09610 | 5 31 23,93 |
| 0,0965 | 1,00466 | 0,09665 | 0,09620 | 5 31 44,55 |
| 0,0966 | 1,00467 | 0,09675 | 0,09630 | 5 32 05,18 |
| 0,0967 | 1,00468 | 0,09685 | 0,09640 | 5 32 25,81 |
| 0,0968 | 1,00469 | 0,09695 | 0,09650 | 5 32 46,43 |
| 0,0969 | 1,00470 | 0,09705 | 0,09660 | 5 33 07,06 |
| **0,0970** | 1,00471 | 0,09715 | 0,09670 | 5 33 27,69 |
| 0,0971 | 1,00472 | 0,09725 | 0,09680 | 5 33 48,31 |
| 0,0972 | 1,00473 | 0,09735 | 0,09690 | 5 34 08,94 |
| 0,0973 | 1,00474 | 0,09745 | 0,09699 | 5 34 29,57 |
| 0,0974 | 1,00475 | 0,09755 | 0,09709 | 5 34 50,19 |
| 0,0975 | 1,00476 | 0,09765 | 0,09719 | 5 35 10,82 |
| 0,0976 | 1,00477 | 0,09776 | 0,09729 | 5 35 31,45 |
| 0,0977 | 1,00478 | 0,09786 | 0,09739 | 5 35 52,07 |
| 0,0978 | 1,00479 | 0,09796 | 0,09749 | 5 36 12,70 |
| 0,0979 | 1,00480 | 0,09806 | 0,09759 | 5 36 33,32 |
| **0,0980** | 1,00481 | 0,09816 | 0,09769 | 5 36 53,95 |
| 0,0981 | 1,00482 | 0,09826 | 0,09779 | 5 37 14,58 |
| 0,0982 | 1,00483 | 0,09836 | 0,09789 | 5 37 35,20 |
| 0,0983 | 1,00484 | 0,09846 | 0,09798 | 5 37 55,83 |
| 0,0984 | 1,00485 | 0,09856 | 0,09808 | 5 38 16,46 |
| 0,0985 | 1,00486 | 0,09866 | 0,09818 | 5 38 37,08 |
| 0,0986 | 1,00486 | 0,09876 | 0,09828 | 5 38 57,71 |
| 0,0987 | 1,00487 | 0,09886 | 0,09838 | 5 39 18,34 |
| 0,0988 | 1,00488 | 0,09896 | 0,09848 | 5 39 38,96 |
| 0,0989 | 1,00489 | 0,09906 | 0,09858 | 5 39 59,59 |
| **0,0990** | 1,00490 | 0,09916 | 0,09868 | 5 40 20,22 |
| 0,0991 | 1,00491 | 0,09926 | 0,09878 | 5 40 40,84 |
| 0,0992 | 1,00492 | 0,09936 | 0,09888 | 5 41 01,47 |
| 0,0993 | 1,00493 | 0,09946 | 0,09897 | 5 41 22,10 |
| 0,0994 | 1,00494 | 0,09956 | 0,09907 | 5 41 42,72 |
| 0,0995 | 1,00495 | 0,09966 | 0,09917 | 5 42 03,35 |
| 0,0996 | 1,00496 | 0,09976 | 0,09927 | 5 42 23,97 |
| 0,0997 | 1,00497 | 0,09987 | 0,09937 | 5 42 44,60 |
| 0,0998 | 1,00498 | 0,09997 | 0,09947 | 5 43 05,23 |
| 0,0999 | 1,00499 | 0,10007 | 0,09957 | 5 43 25,85 |

| $x$ | $\cos x$ | $\sin x$ | $\operatorname{tg} x$ | $e^{x}$ | $e^{-x}$ |
|---|---|---|---|---|---|
| **0,100** | 0,99500 | 0,09983 | 0,10033 | 1,105 171 | 0,904 8374 |
| 0,101 | 0,99490 | 0,10083 | 0,10134 | 1,106 277 | 0,903 9330 |
| 0,102 | 0,99480 | 0,10182 | 0,10236 | 1,107 383 | 0,903 0296 |
| 0,103 | 0,99470 | 0,10282 | 0,10337 | 1,108 491 | 0,902 1270 |
| 0,104 | 0,99460 | 0,10381 | 0,10438 | 1,109 600 | 0,901 2253 |
| 0,105 | 0,99449 | 0,10481 | 0,10539 | 1,110 711 | 0,900 3245 |
| 0,106 | 0,99439 | 0,10580 | 0,10640 | 1,111 822 | 0,899 4246 |
| 0,107 | 0,99428 | 0,10680 | 0,10741 | 1,112 934 | 0,898 5257 |
| 0,108 | 0,99417 | 0,10779 | 0,10842 | 1,114 048 | 0,897 6276 |
| 0,109 | 0,99407 | 0,10878 | 0,10943 | 1,115 162 | 0,896 7304 |
| **0,110** | 0,99396 | 0,10978 | 0,11045 | 1,116 278 | 0,895 8341 |
| 0,111 | 0,99385 | 0,11077 | 0,11146 | 1,117 395 | 0,894 9387 |
| 0,112 | 0,99373 | 0,11177 | 0,11247 | 1,118 513 | 0,894 0443 |
| 0,113 | 0,99362 | 0,11276 | 0,11348 | 1,119 632 | 0,893 1507 |
| 0,114 | 0,99351 | 0,11375 | 0,11450 | 1,120 752 | 0,892 2580 |
| 0,115 | 0,99339 | 0,11475 | 0,11551 | 1,121 873 | 0,891 3661 |
| 0,116 | 0,99328 | 0,11574 | 0,11652 | 1,122 996 | 0,890 4752 |
| 0,117 | 0,99316 | 0,11673 | 0,11754 | 1,124 119 | 0,889 5852 |
| 0,118 | 0,99305 | 0,11773 | 0,11855 | 1,125 244 | 0,888 6961 |
| 0,119 | 0,99293 | 0,11872 | 0,11956 | 1,126 370 | 0,887 8078 |
| **0,120** | 0,99281 | 0,11971 | 0,12058 | 1,127 497 | 0,886 9204 |
| 0,121 | 0,99269 | 0,12070 | 0,12159 | 1,128 625 | 0,886 0340 |
| 0,122 | 0,99257 | 0,12170 | 0,12261 | 1,129 754 | 0,885 1484 |
| 0,123 | 0,99245 | 0,12269 | 0,12362 | 1,130 884 | 0,884 2637 |
| 0,124 | 0,99232 | 0,12368 | 0,12464 | 1,132 016 | 0,883 3798 |
| 0,125 | 0,99220 | 0,12467 | 0,12566 | 1,133 148 | 0,882 4969 |
| 0,126 | 0,99207 | 0,12567 | 0,12667 | 1,134 282 | 0,881 6148 |
| 0,127 | 0,99195 | 0,12666 | 0,12769 | 1,135 417 | 0,880 7337 |
| 0,128 | 0,99182 | 0,12765 | 0,12870 | 1,136 553 | 0,879 8534 |
| 0,129 | 0,99169 | 0,12864 | 0,12972 | 1,137 690 | 0,878 9740 |
| **0,130** | 0,99156 | 0,12963 | 0,13074 | 1,138 828 | 0,878 0954 |
| 0,131 | 0,99143 | 0,13063 | 0,13175 | 1,139 968 | 0,877 2178 |
| 0,132 | 0,99130 | 0,13162 | 0,13277 | 1,141 108 | 0,876 3410 |
| 0,133 | 0,99117 | 0,13261 | 0,13379 | 1,142 250 | 0,875 4651 |
| 0,134 | 0,99104 | 0,13360 | 0,13481 | 1,143 393 | 0,874 5901 |
| 0,135 | 0,99090 | 0,13459 | 0,13583 | 1,144 537 | 0,873 7159 |
| 0,136 | 0,99077 | 0,13558 | 0,13684 | 1,145 682 | 0,872 8426 |
| 0,137 | 0,99063 | 0,13657 | 0,13786 | 1,146 828 | 0,871 9702 |
| 0,138 | 0,99049 | 0,13756 | 0,13888 | 1,147 976 | 0,871 0987 |
| 0,139 | 0,99036 | 0,13855 | 0,13990 | 1,149 124 | 0,870 2280 |
| **0,140** | 0,99022 | 0,13954 | 0,14092 | 1,150 274 | 0,869 3582 |
| 0,141 | 0,99008 | 0,14053 | 0,14194 | 1,151 425 | 0,868 4893 |
| 0,142 | 0,98993 | 0,14152 | 0,14296 | 1,152 577 | 0,867 6213 |
| 0,143 | 0,98979 | 0,14251 | 0,14398 | 1,153 730 | 0,866 7541 |
| 0,144 | 0,98965 | 0,14350 | 0,14500 | 1,154 884 | 0,865 8877 |
| 0,145 | 0,98951 | 0,14449 | 0,14602 | 1,156 040 | 0,865 0223 |
| 0,146 | 0,98936 | 0,14548 | 0,14705 | 1,157 196 | 0,864 1577 |
| 0,147 | 0,98921 | 0,14647 | 0,14807 | 1,158 354 | 0,863 2940 |
| 0,148 | 0,98907 | 0,14746 | 0,14909 | 1,159 513 | 0,862 4311 |
| 0,149 | 0,98892 | 0,14845 | 0,15011 | 1,160 673 | 0,861 5691 |

| $x$ | Cos $x$ | Sin $x$ | Tg $x$ | $\varphi$ |
|---|---|---|---|---|
| **0,100** | 1,00500 | 0,10017 | 0,09967 | 5° 43′ 46,48″ |
| 0,101 | 1,00510 | 0,10117 | 0,10066 | 5 47 12,75 |
| 0,102 | 1,00521 | 0,10218 | 0,10165 | 5 50 39,01 |
| 0,103 | 1,00531 | 0,10318 | 0,10264 | 5 54 05,28 |
| 0,104 | 1,00541 | 0,10419 | 0,10363 | 5 57 31,54 |
| 0,105 | 1,00552 | 0,10519 | 0,10462 | 6 00 57,80 |
| 0,106 | 1,00562 | 0,10620 | 0,10560 | 6 04 24,07 |
| 0,107 | 1,00573 | 0,10720 | 0,10659 | 6 07 50,33 |
| 0,108 | 1,00584 | 0,10821 | 0,10758 | 6 11 16,60 |
| 0,109 | 1,00595 | 0,10922 | 0,10857 | 6 14 42,86 |
| **0,110** | 1,00606 | 0,11022 | 0,10956 | 6 18 09,13 |
| 0,111 | 1,00617 | 0,11123 | 0,11055 | 6 21 35,39 |
| 0,112 | 1,00628 | 0,11223 | 0,11153 | 6 25 01,66 |
| 0,113 | 1,00639 | 0,11324 | 0,11252 | 6 28 27,92 |
| 0,114 | 1,00651 | 0,11425 | 0,11351 | 6 31 54,19 |
| 0,115 | 1,00662 | 0,11525 | 0,11450 | 6 35 20,45 |
| 0,116 | 1,00674 | 0,11626 | 0,11548 | 6 38 46,72 |
| 0,117 | 1,00685 | 0,11727 | 0,11647 | 6 42 12,98 |
| 0,118 | 1,00697 | 0,11827 | 0,11746 | 6 45 39,25 |
| 0,119 | 1,00709 | 0,11928 | 0,11844 | 6 49 05,51 |
| **0,120** | 1,00721 | 0,12029 | 0,11943 | 6 52 31,78 |
| 0,121 | 1,00733 | 0,12130 | 0,12041 | 6 55 58,04 |
| 0,122 | 1,00745 | 0,12230 | 0,12140 | 6 59 24,31 |
| 0,123 | 1,00757 | 0,12331 | 0,12238 | 7 02 50,57 |
| 0,124 | 1,00770 | 0,12432 | 0,12337 | 7 06 16,84 |
| 0,125 | 1,00782 | 0,12533 | 0,12435 | 7 09 43,10 |
| 0,126 | 1,00795 | 0,12633 | 0,12534 | 7 13 09,37 |
| 0,127 | 1,00808 | 0,12734 | 0,12632 | 7 16 35,63 |
| 0,128 | 1,00820 | 0,12835 | 0,12731 | 7 20 01,90 |
| 0,129 | 1,00833 | 0,12936 | 0,12829 | 7 23 28,16 |
| **0,130** | 1,00846 | 0,13037 | 0,12927 | 7 26 54,42 |
| 0,131 | 1,00859 | 0,13138 | 0,13026 | 7 30 20,69 |
| 0,132 | 1,00872 | 0,13238 | 0,13124 | 7 33 46,95 |
| 0,133 | 1,00886 | 0,13339 | 0,13222 | 7 37 13,22 |
| 0,134 | 1,00899 | 0,13440 | 0,13320 | 7 40 39,48 |
| 0,135 | 1,00913 | 0,13541 | 0,13419 | 7 44 05,75 |
| 0,136 | 1,00926 | 0,13642 | 0,13517 | 7 47 32,01 |
| 0,137 | 1,00940 | 0,13743 | 0,13615 | 7 50 58,28 |
| 0,138 | 1,00954 | 0,13844 | 0,13713 | 7 54 24,54 |
| 0,139 | 1,00968 | 0,13945 | 0,13811 | 7 57 50,81 |
| **0,140** | 1,00982 | 0,14046 | 0,13909 | 8 01 17,07 |
| 0,141 | 1,00996 | 0,14147 | 0,14007 | 8 04 43,34 |
| 0,142 | 1,01010 | 0,14248 | 0,14105 | 8 08 09,60 |
| 0,143 | 1,01024 | 0,14349 | 0,14203 | 8 11 35,87 |
| 0,144 | 1,01039 | 0,14450 | 0,14301 | 8 15 02,13 |
| 0,145 | 1,01053 | 0,14551 | 0,14399 | 8 18 28,40 |
| 0,146 | 1,01068 | 0,14652 | 0,14497 | 8 21 54,66 |
| 0,147 | 1,01082 | 0,14753 | 0,14595 | 8 25 20,93 |
| 0,148 | 1,01097 | 0,14854 | 0,14693 | 8 28 47,19 |
| 0,149 | 1,01112 | 0,14955 | 0,14791 | 8 32 13,46 |

| $x$ | $\cos x$ | $\sin x$ | $\operatorname{tg} x$ | $e^x$ | $e^{-x}$ |
|---|---|---|---|---|---|
| **0,150** | 0,98877 | 0,14944 | 0,15114 | 1,161 834 | 0,860 7080 |
| 0,151 | 0,98862 | 0,15043 | 0,15216 | 1,162 997 | 0,859 8477 |
| 0,152 | 0,98847 | 0,15142 | 0,15318 | 1,164 160 | 0,858 9883 |
| 0,153 | 0,98832 | 0,15240 | 0,15421 | 1,165 325 | 0,858 1297 |
| 0,154 | 0,98817 | 0,15339 | 0,15523 | 1,166 491 | 0,857 2720 |
| 0,155 | 0,98801 | 0,15438 | 0,15625 | 1,167 658 | 0,856 4152 |
| 0,156 | 0,98786 | 0,15537 | 0,15728 | 1,168 826 | 0,855 5592 |
| 0,157 | 0,98770 | 0,15636 | 0,15830 | 1,169 996 | 0,854 7041 |
| 0,158 | 0,98754 | 0,15734 | 0,15933 | 1,171 166 | 0,853 8498 |
| 0,159 | 0,98739 | 0,15833 | 0,16035 | 1,172 338 | 0,852 9964 |
| **0,160** | 0,98723 | 0,15932 | 0,16138 | 1,173 511 | 0,852 1438 |
| 0,161 | 0,98707 | 0,16031 | 0,16241 | 1,174 685 | 0,851 2921 |
| 0,162 | 0,98691 | 0,16129 | 0,16343 | 1,175 860 | 0,850 4412 |
| 0,163 | 0,98674 | 0,16228 | 0,16446 | 1,177 037 | 0,849 5912 |
| 0,164 | 0,98658 | 0,16327 | 0,16549 | 1,178 214 | 0,848 7420 |
| 0,165 | 0,98642 | 0,16425 | 0,16651 | 1,179 393 | 0,847 8937 |
| 0,166 | 0,98625 | 0,16524 | 0,16754 | 1,180 573 | 0,847 0462 |
| 0,167 | 0,98609 | 0,16622 | 0,16857 | 1,181 754 | 0,846 1996 |
| 0,168 | 0,98592 | 0,16721 | 0,16960 | 1,182 937 | 0,845 3538 |
| 0,169 | 0,98575 | 0,16820 | 0,17063 | 1,184 120 | 0,844 5089 |
| **0,170** | 0,98558 | 0,16918 | 0,17166 | 1,185 305 | 0,843 6648 |
| 0,171 | 0,98542 | 0,17017 | 0,17269 | 1,186 491 | 0,842 8216 |
| 0,172 | 0,98524 | 0,17115 | 0,17372 | 1,187 678 | 0,841 9792 |
| 0,173 | 0,98507 | 0,17214 | 0,17475 | 1,188 866 | 0,841 1376 |
| 0,174 | 0,98490 | 0,17312 | 0,17578 | 1,190 056 | 0,840 2969 |
| 0,175 | 0,98473 | 0,17411 | 0,17681 | 1,191 246 | 0,839 4570 |
| 0,176 | 0,98455 | 0,17509 | 0,17784 | 1,192 438 | 0,838 6180 |
| 0,177 | 0,98438 | 0,17608 | 0,17887 | 1,193 631 | 0,837 7798 |
| 0,178 | 0,98420 | 0,17706 | 0,17990 | 1,194 825 | 0,836 9424 |
| 0,179 | 0,98402 | 0,17805 | 0,18094 | 1,196 021 | 0,836 1059 |
| **0,180** | 0,98384 | 0,17903 | 0,18197 | 1,197 217 | 0,835 2702 |
| 0,181 | 0,98366 | 0,18001 | 0,18300 | 1,198 415 | 0,834 4354 |
| 0,182 | 0,98348 | 0,18100 | 0,18404 | 1,199 614 | 0,833 6013 |
| 0,183 | 0,98330 | 0,18198 | 0,18507 | 1,200 814 | 0,832 7682 |
| 0,184 | 0,98312 | 0,18296 | 0,18611 | 1,202 016 | 0,831 9358 |
| 0,185 | 0,98294 | 0,18395 | 0,18714 | 1,203 218 | 0,831 1043 |
| 0,186 | 0,98275 | 0,18493 | 0,18818 | 1,204 422 | 0,830 2736 |
| 0,187 | 0,98257 | 0,18591 | 0,18921 | 1,205 627 | 0,829 4437 |
| 0,188 | 0,98238 | 0,18689 | 0,19025 | 1,206 834 | 0,828 6147 |
| 0,189 | 0,98219 | 0,18788 | 0,19128 | 1,208 041 | 0,827 7865 |
| **0,190** | 0,98200 | 0,18886 | 0,19232 | 1,209 250 | 0,826 9591 |
| 0,191 | 0,98181 | 0,18984 | 0,19336 | 1,210 459 | 0,826 1326 |
| 0,192 | 0,98162 | 0,19082 | 0,19439 | 1,211 671 | 0,825 3069 |
| 0,193 | 0,98143 | 0,19180 | 0,19543 | 1,212 883 | 0,824 4820 |
| 0,194 | 0,98124 | 0,19279 | 0,19647 | 1,214 096 | 0,823 6579 |
| 0,195 | 0 98105 | 0,19377 | 0,19751 | 1,215 311 | 0,822 8347 |
| 0,196 | 0,98085 | 0,19475 | 0,19855 | 1,216 527 | 0,822 0122 |
| 0,197 | 0,98066 | 0,19573 | 0,19959 | 1,217 744 | 0,821 1906 |
| 0,198 | 0,98046 | 0,19671 | 0,20063 | 1,218 962 | 0,820 3699 |
| 0,199 | 0,98026 | 0,19769 | 0,20167 | 1,220 182 | 0,819 5499 |

| $x$ | Cos $x$ | Sin $x$ | Tg $x$ | $\varphi$ |
|---|---|---|---|---|
| **0,150** | 1,01127 | 0,15056 | 0,14889 | 8° 35′ 39,72″ |
| 0,151 | 1,01142 | 0,15157 | 0,14986 | 8 39 05,99 |
| 0,152 | 1,01157 | 0,15259 | 0,15084 | 8 42 32,25 |
| 0,153 | 1,01173 | 0,15360 | 0,15182 | 8 45 58,52 |
| 0,154 | 1,01188 | 0,15461 | 0,15279 | 8 49 24,78 |
| 0,155 | 1,01204 | 0,15562 | 0,15377 | 8 52 51,04 |
| 0,156 | 1,01219 | 0,15663 | 0,15475 | 8 56 17,31 |
| 0,157 | 1,01235 | 0,15765 | 0,15572 | 8 59 43,57 |
| 0,158 | 1,01251 | 0,15866 | 0,15670 | 9 03 09,84 |
| 0,159 | 1,01267 | 0,15967 | 0,15767 | 9 06 36,10 |
| **0,160** | 1,01283 | 0,16068 | 0,15865 | 9 10 02,37 |
| 0,161 | 1,01299 | 0,16170 | 0,15962 | 9 13 28,63 |
| 0,162 | 1,01315 | 0,16271 | 0,16060 | 9 16 54,90 |
| 0,163 | 1,01331 | 0,16372 | 0,16157 | 9 20 21,16 |
| 0,164 | 1,01348 | 0,16474 | 0,16254 | 9 23 47,43 |
| 0,165 | 1,01364 | 0,16575 | 0,16352 | 9 27 13,69 |
| 0,166 | 1,01381 | 0,16676 | 0,16449 | 9 30 39,96 |
| 0,167 | 1,01398 | 0,16778 | 0,16546 | 9 34 06,22 |
| 0,168 | 1,01415 | 0,16879 | 0,16644 | 9 37 32,49 |
| 0,169 | 1,01431 | 0,16981 | 0,16741 | 9 40 58,75 |
| **0,170** | 1,01448 | 0,17082 | 0,16838 | 9 44 25,02 |
| 0,171 | 1,01466 | 0,17183 | 0,16935 | 9 47 51,28 |
| 0,172 | 1,01483 | 0,17285 | 0,17032 | 9 51 17,55 |
| 0,173 | 1,01500 | 0,17386 | 0,17129 | 9 54 43,81 |
| 0,174 | 1,01518 | 0,17488 | 0,17227 | 9 58 10,08 |
| 0,175 | 1,01535 | 0,17589 | 0,17324 | 10 01 36,34 |
| 0,176 | 1,01553 | 0,17691 | 0,17420 | 10 05 02,61 |
| 0,177 | 1,01571 | 0,17793 | 0,17517 | 10 08 28,87 |
| 0,178 | 1,01588 | 0,17894 | 0,17614 | 10 11 55,14 |
| 0,179 | 1,01606 | 0,17996 | 0,17711 | 10 15 21,40 |
| **0,180** | 1,01624 | 0,18097 | 0,17808 | 10 18 47,67 |
| 0,181 | 1,01643 | 0,18199 | 0,17905 | 10 22 13,93 |
| 0,182 | 1,01661 | 0,18301 | 0,18002 | 10 25 40,19 |
| 0,183 | 1,01679 | 0,18402 | 0,18098 | 10 29 06,46 |
| 0,184 | 1,01698 | 0,18504 | 0,18195 | 10 32 32,72 |
| 0,185 | 1,01716 | 0,18606 | 0,18292 | 10 35 58,99 |
| 0,186 | 1,01735 | 0,18707 | 0,18388 | 10 39 25,25 |
| 0,187 | 1,01754 | 0,18809 | 0,18485 | 10 42 51,52 |
| 0,188 | 1,01772 | 0,18911 | 0,18582 | 10 46 17,78 |
| 0,189 | 1,01791 | 0,19013 | 0,18678 | 10 49 44,05 |
| **0,190** | 1,01810 | 0,19115 | 0,18775 | 10 53 10,31 |
| 0,191 | 1,01830 | 0,19216 | 0,18871 | 10 56 36,58 |
| 0,192 | 1,01849 | 0,19318 | 0,18967 | 11 00 02,84 |
| 0,193 | 1,01868 | 0,19420 | 0,19064 | 11 03 29,11 |
| 0,194 | 1,01888 | 0,19522 | 0,19160 | 11 06 55,37 |
| 0,195 | 1,01907 | 0,19624 | 0,19257 | 11 10 21,64 |
| 0,196 | 1,01027 | 0,19726 | 0,19353 | 11 13 47,90 |
| 0,197 | 1,01947 | 0,19828 | 0,19449 | 11 17 14,17 |
| 0,198 | 1,01967 | 0,19930 | 0,19545 | 11 20 40,43 |
| 0,199 | 1,01987 | 0,20032 | 0,19641 | 11 24 06,70 |

| $x$ | $\cos x$ | $\sin x$ | $\operatorname{tg} x$ | $e^x$ | $e^{-x}$ |
|---|---|---|---|---|---|
| **0,200** | 0,98007 | 0,19867 | 0,20271 | 1,221 403 | 0,818 7308 |
| 0,201 | 0,97987 | 0,19965 | 0,20375 | 1,222 625 | 0,817 9124 |
| 0,202 | 0,97967 | 0,20063 | 0,20479 | 1,223 848 | 0,817 0949 |
| 0,203 | 0,97947 | 0,20161 | 0,20584 | 1,225 072 | 0,816 2782 |
| 0,204 | 0,97926 | 0,20259 | 0,20688 | 1,226 298 | 0,815 4624 |
| 0,205 | 0,97906 | 0,20357 | 0,20792 | 1,227 525 | 0,814 6473 |
| 0,206 | 0,97886 | 0,20455 | 0,20896 | 1,228 753 | 0,813 8331 |
| 0,207 | 0,97865 | 0,20552 | 0,21001 | 1,229 983 | 0,813 0196 |
| 0,208 | 0,97845 | 0,20650 | 0,21105 | 1,231 213 | 0,812 2070 |
| 0,209 | 0,97824 | 0,20748 | 0,21210 | 1,232 445 | 0,811 3952 |
| **0,210** | 0,97803 | 0,20846 | 0,21314 | 1,233 678 | 0,810 5842 |
| 0,211 | 0,97782 | 0,20944 | 0,21419 | 1,234 912 | 0,809 7741 |
| 0,212 | 0,97761 | 0,21042 | 0,21523 | 1,236 148 | 0,808 9647 |
| 0,213 | 0,97740 | 0,21139 | 0,21628 | 1,237 385 | 0,808 1561 |
| 0,214 | 0,97719 | 0,21237 | 0,21733 | 1,238 623 | 0,807 3484 |
| 0,215 | 0,97698 | 0,21335 | 0,21838 | 1,239 862 | 0,806 5414 |
| 0,216 | 0,97676 | 0,21432 | 0,21942 | 1,241 102 | 0,805 7353 |
| 0,217 | 0,97655 | 0,21530 | 0,22047 | 1,242 344 | 0,804 9300 |
| 0,218 | 0,97633 | 0,21628 | 0,22152 | 1,243 587 | 0,804 1254 |
| 0,219 | 0,97612 | 0,21725 | 0,22257 | 1,244 831 | 0,803 3217 |
| **0,220** | 0,97590 | 0,21823 | 0,22362 | 1,246 077 | 0,802 5188 |
| 0,221 | 0,97568 | 0,21921 | 0,22467 | 1,247 323 | 0,801 7167 |
| 0,222 | 0,97546 | 0,22018 | 0,22572 | 1,248 571 | 0,800 9154 |
| 0,223 | 0,97524 | 0,22116 | 0,22677 | 1,249 821 | 0,800 1148 |
| 0,224 | 0,97502 | 0,22213 | 0,22782 | 1,251 071 | 0,799 3151 |
| 0,225 | 0,97479 | 0,22311 | 0,22888 | 1,252 323 | 0,798 5162 |
| 0,226 | 0,97457 | 0,22408 | 0,22993 | 1,253 576 | 0,797 7181 |
| 0,227 | 0,97435 | 0,22506 | 0,23098 | 1,254 830 | 0,796 9208 |
| 0,228 | 0,97412 | 0,22603 | 0,23203 | 1,256 085 | 0,796 1243 |
| 0,229 | 0,97389 | 0,22700 | 0,23309 | 1,257 342 | 0,795 3285 |
| **0,230** | 0,97367 | 0,22798 | 0,23414 | 1,258 600 | 0,794 5336 |
| 0,231 | 0,97344 | 0,22895 | 0,23520 | 1,259 859 | 0,793 7395 |
| 0,232 | 0,97321 | 0,22992 | 0,23625 | 1,261 120 | 0,792 9461 |
| 0,233 | 0,97298 | 0,23090 | 0,23731 | 1,262 381 | 0,792 1536 |
| 0,234 | 0,97275 | 0,23187 | 0,23837 | 1,263 644 | 0,791 3618 |
| 0,235 | 0,97251 | 0,23284 | 0,23942 | 1,264 909 | 0,790 5708 |
| 0,236 | 0,97228 | 0,23382 | 0,24048 | 1,266 174 | 0,789 7807 |
| 0,237 | 0,97205 | 0,23479 | 0,24154 | 1,267 441 | 0,788 9913 |
| 0,238 | 0,97181 | 0,23576 | 0,24260 | 1,268 709 | 0,788 2027 |
| 0,239 | 0,97158 | 0,23673 | 0,24366 | 1,269 979 | 0,787 4149 |
| **0,240** | 0,97134 | 0,23770 | 0,24472 | 1,271 249 | 0,786 6279 |
| 0,241 | 0,97110 | 0,23867 | 0,24578 | 1,272 521 | 0,785 8416 |
| 0,242 | 0,97086 | 0,23964 | 0,24684 | 1,273 794 | 0,785 0562 |
| 0,243 | 0,97062 | 0,24062 | 0,24790 | 1,275 069 | 0,784 2715 |
| 0,244 | 0,97038 | 0,24159 | 0,24896 | 1,276 344 | 0,783 4876 |
| 0,245 | 0,97014 | 0,24256 | 0,25002 | 1,277 621 | 0,782 7045 |
| 0,246 | 0,96989 | 0,24353 | 0,25109 | 1,278 900 | 0,781 9222 |
| 0,247 | 0,96965 | 0,24450 | 0,25215 | 1,280 179 | 0,781 1407 |
| 0,248 | 0,96941 | 0,24547 | 0,25321 | 1,281 460 | 0,780 3599 |
| 0,249 | 0,96916 | 0,24643 | 0,25428 | 1,282 742 | 0,779 5800 |

| x | Cos x | Sin x | Tg x | φ |
|---|---|---|---|---|
| **0,200** | 1,02007 | 0,20134 | 0,19738 | 11° 27′ 32,96″ |
| 0,201 | 1,02027 | 0,20236 | 0,19834 | 11 30 59,23 |
| 0,202 | 1,02047 | 0,20338 | 0,19930 | 11 34 25,49 |
| 0,203 | 1,02068 | 0,20440 | 0,20026 | 11 37 51,76 |
| 0,204 | 1,02088 | 0,20542 | 0,20122 | 11 41 18,02 |
| 0,205 | 1,02109 | 0,20644 | 0,20218 | 11 44 44,29 |
| 0,206 | 1,02129 | 0,20746 | 0,20313 | 11 48 10,55 |
| 0,207 | 1,02150 | 0,20848 | 0,20409 | 11 51 36,81 |
| 0,208 | 1,02171 | 0,20950 | 0,20505 | 11 55 03,08 |
| 0,209 | 1,02192 | 0,21052 | 0,20601 | 11 58 29,34 |
| **0,210** | 1,02213 | 0,21155 | 0,20697 | 12 01 55,61 |
| 0,211 | 1,02234 | 0,21257 | 0,20792 | 12 05 21,87 |
| 0,212 | 1,02256 | 0,21359 | 0,20888 | 12 08 48,14 |
| 0,213 | 1,02277 | 0,21461 | 0,20984 | 12 12 14,40 |
| 0,214 | 1,02299 | 0,21564 | 0,21079 | 12 15 40,67 |
| 0,215 | 1,02320 | 0,21666 | 0,21175 | 12 19 06,93 |
| 0,216 | 1,02342 | 0,21768 | 0,21270 | 12 22 33,20 |
| 0,217 | 1,02364 | 0,21871 | 0,21366 | 12 25 59,46 |
| 0,218 | 1,02386 | 0,21973 | 0,21461 | 12 29 25,73 |
| 0,219 | 1,02408 | 0,22075 | 0,21556 | 12 32 51,99 |
| **0,220** | 1,02430 | 0,22178 | 0,21652 | 12 36 18,26 |
| 0,221 | 1,02452 | 0,22280 | 0,21747 | 12 39 44,52 |
| 0,222 | 1,02474 | 0,22383 | 0,21842 | 12 43 10,79 |
| 0,223 | 1,02497 | 0,22485 | 0,21938 | 12 46 37,05 |
| 0,224 | 1,02519 | 0,22588 | 0,22033 | 12 50 03,32 |
| 0,225 | 1,02542 | 0,22690 | 0,22128 | 12 53 29,58 |
| 0,226 | 1,02565 | 0,22793 | 0,22223 | 12 56 55,85 |
| 0,227 | 1,02588 | 0,22895 | 0,22318 | 13 00 22,11 |
| 0,228 | 1,02610 | 0,22998 | 0,22413 | 13 03 48,38 |
| 0,229 | 1,02634 | 0,23101 | 0,22508 | 13 07 14,64 |
| **0,230** | 1,02657 | 0,23203 | 0,22603 | 13 10 40,91 |
| 0,231 | 1,02680 | 0,23306 | 0,22698 | 13 14 07,17 |
| 0,232 | 1,02703 | 0,23409 | 0,22793 | 13 17 33,44 |
| 0,233 | 1,02727 | 0,23511 | 0,22887 | 13 20 59,70 |
| 0,234 | 1,02750 | 0,23614 | 0,22982 | 13 24 25,96 |
| 0,235 | 1,02774 | 0,23717 | 0,23077 | 13 27 52,23 |
| 0,236 | 1,02798 | 0,23820 | 0,23171 | 13 31 18,49 |
| 0,237 | 1,02822 | 0,23922 | 0,23266 | 13 34 44,76 |
| 0,238 | 1,02846 | 0,24025 | 0,23361 | 13 38 11,02 |
| 0,239 | 1,02870 | 0,24128 | 0,23455 | 13 41 37,29 |
| **0,240** | 1,02894 | 0,24231 | 0,23550 | 13 45 03,55 |
| 0,241 | 1,02918 | 0,24334 | 0,23644 | 13 48 29,82 |
| 0,242 | 1,02943 | 0,24437 | 0,23738 | 13 51 56,08 |
| 0,243 | 1,02967 | 0,24540 | 0,23833 | 13 55 22,35 |
| 0,244 | 1,02992 | 0,24643 | 0,23927 | 13 58 48,61 |
| 0,245 | 1,03016 | 0,24746 | 0,24021 | 14 02 14,88 |
| 0,246 | 1,03041 | 0,24849 | 0,24115 | 14 05 41,14 |
| 0,247 | 1,03066 | 0,24952 | 0,24210 | 14 09 07,41 |
| 0,248 | 1,03091 | 0,25055 | 0,24304 | 14 12 33,67 |
| 0,249 | 1,03116 | 0,25158 | 0,24398 | 14 15 59,94 |

| $x$ | $\cos x$ | $\sin x$ | $\operatorname{tg} x$ | $e^{x}$ | $e^{-x}$ |
|---|---|---|---|---|---|
| **0,250** | 0,96891 | 0,24740 | 0,25534 | 1,284 025 | 0,778 8008 |
| 0,251 | 0 96866 | 0,24837 | 0,25641 | 1,285 310 | 0,778 0224 |
| 0,252 | 0,96842 | 0,24934 | 0,25747 | 1,286 596 | 0,777 2447 |
| 0,253 | 0,96817 | 0,25031 | 0,25854 | 1,287 883 | 0,776 4679 |
| 0,254 | 0,96792 | 0,25128 | 0,25961 | 1,289 172 | 0,775 6918 |
| 0,255 | 0,96766 | 0,25225 | 0,26067 | 1,290 462 | 0,774 9165 |
| 0,256 | 0,96741 | 0,25321 | 0,26174 | 1,291 753 | 0,774 1420 |
| 0,257 | 0,96716 | 0,25418 | 0,26281 | 1,293 045 | 0,773 3682 |
| 0,258 | 0,96690 | 0,25515 | 0,26388 | 1,294 339 | 0,772 5952 |
| 0,259 | 0,96665 | 0,25611 | 0,26495 | 1,295 634 | 0,771 8230 |
| **0,260** | 0,96639 | 0,25708 | 0,26602 | 1,296 930 | 0,771 0516 |
| 0,261 | 0,96613 | 0,25805 | 0,26709 | 1,298 228 | 0,770 2809 |
| 0,262 | 0,96587 | 0,25901 | 0,26816 | 1,299 527 | 0,769 5110 |
| 0,263 | 0,96561 | 0,25998 | 0,26924 | 1,300 827 | 0,768 7419 |
| 0,264 | 0,96535 | 0,26094 | 0,27031 | 1,302 128 | 0,767 9735 |
| 0,265 | 0,96509 | 0,26191 | 0,27138 | 1,303 431 | 0,767 2059 |
| 0,266 | 0,96483 | 0,26287 | 0,27246 | 1,304 735 | 0,766 4391 |
| 0,267 | 0,96457 | 0,26384 | 0,27353 | 1,306 040 | 0,765 6731 |
| 0,268 | 0,96430 | 0,26480 | 0,27461 | 1,307 347 | 0,764 9078 |
| 0,269 | 0,96404 | 0,26577 | 0,27568 | 1,308 655 | 0,764 1433 |
| **0,270** | 0,96377 | 0,26673 | 0,27676 | 1,309 964 | 0,763 3795 |
| 0,271 | 0,96350 | 0,26770 | 0,27784 | 1,311 275 | 0,762 6165 |
| 0,272 | 0,96324 | 0,26866 | 0,27891 | 1,312 587 | 0,761 8543 |
| 0,273 | 0,96297 | 0,26962 | 0,27999 | 1,313 900 | 0,761 0928 |
| 0,274 | 0,96270 | 0,27058 | 0,28107 | 1,315 215 | 0,760 3321 |
| 0,275 | 0,96243 | 0,27155 | 0,28215 | 1,316 531 | 0,759 5721 |
| 0,276 | 0,96215 | 0,27251 | 0,28323 | 1,317 848 | 0,758 8129 |
| 0,277 | 0,96188 | 0,27347 | 0,28431 | 1,319 166 | 0,758 0545 |
| 0,278 | 0,96161 | 0,27443 | 0,28539 | 1,320 486 | 0,757 2968 |
| 0,279 | 0,96133 | 0,27539 | 0,28647 | 1,321 807 | 0,756 5399 |
| **0,280** | 0,96106 | 0,27636 | 0,28755 | 1,323 130 | 0,755 7837 |
| 0,281 | 0,96078 | 0,27732 | 0,28864 | 1,324 454 | 0,755 0283 |
| 0,282 | 0,96050 | 0,27828 | 0,28972 | 1,325 779 | 0,754 2737 |
| 0,283 | 0,96022 | 0,27924 | 0,29081 | 1,327 105 | 0,753 5198 |
| 0,284 | 0,95994 | 0,28020 | 0,29189 | 1,328 433 | 0,752 7666 |
| 0,285 | 0,95966 | 0,28116 | 0,29298 | 1,329 762 | 0,752 0143 |
| 0,286 | 0,95938 | 0,28212 | 0,29406 | 1,331 092 | 0,751 2626 |
| 0,287 | 0,95910 | 0,28308 | 0,29515 | 1,332 424 | 0,750 5117 |
| 0,288 | 0,95881 | 0,28404 | 0,29624 | 1,333 757 | 0,749 7616 |
| 0,289 | 0,95853 | 0,28499 | 0,29732 | 1,335 092 | 0,749 0122 |
| **0,290** | 0,95824 | 0,28595 | 0,29841 | 1,336 427 | 0,748 2636 |
| 0,291 | 0,95796 | 0,28691 | 0,29950 | 1,337 765 | 0,747 5157 |
| 0,292 | 0,95767 | 0,28787 | 0,30059 | 1,339 103 | 0,746 7685 |
| 0,293 | 0,95738 | 0,28883 | 0,30168 | 1,340 443 | 0,746 0221 |
| 0,294 | 0,95709 | 0,28978 | 0,30277 | 1,341 784 | 0,745 2765 |
| 0,295 | 0,95680 | 0,29074 | 0,30387 | 1,343 126 | 0,744 5316 |
| 0,296 | 0,95651 | 0,29170 | 0,30496 | 1,344 470 | 0,743 7874 |
| 0,297 | 0,95622 | 0,29265 | 0,30605 | 1,345 815 | 0,743 0440 |
| 0,298 | 0,95593 | 0,29361 | 0,30715 | 1,347 162 | 0,742 3013 |
| 0,299 | 0,95563 | 0,29456 | 0,30824 | 1,348 510 | 0,741 5594 |

| $x$ | Cos $x$ | Sin $x$ | Tg $x$ | $\varphi$ |
|---|---|---|---|---|
| **0,250** | 1,03141 | 0,25261 | 0,24492 | 14° 19′ 26,20″ |
| 0,251 | 1,03167 | 0,25364 | 0,24586 | 14 22 52,47 |
| 0,252 | 1,03192 | 0,25468 | 0,24680 | 14 26 18,73 |
| 0,253 | 1,03218 | 0,25571 | 0,24774 | 14 29 45,00 |
| 0,254 | 1,03243 | 0,25674 | 0,24868 | 14 33 11,26 |
| 0,255 | 1,03269 | 0,25777 | 0,24961 | 14 36 37,53 |
| 0,256 | 1,03295 | 0,25881 | 0,25055 | 14 40 03,79 |
| 0,257 | 1,03321 | 0,25984 | 0,25149 | 14 43 30,06 |
| 0,258 | 1,03347 | 0,26087 | 0,25242 | 14 46 56,32 |
| 0,259 | 1,03373 | 0,26191 | 0,25336 | 14 50 22,58 |
| **0,260** | 1,03399 | 0,26294 | 0,25430 | 14 53 48,85 |
| 0,261 | 1,03425 | 0,26397 | 0,25523 | 14 57 15,11 |
| 0,262 | 1,03452 | 0,26501 | 0,25617 | 15 00 41,38 |
| 0,263 | 1,03478 | 0,26604 | 0,25710 | 15 04 07,64 |
| 0,264 | 1,03505 | 0,26708 | 0,25803 | 15 07 33,91 |
| 0,265 | 1,03532 | 0,26811 | 0,25897 | 15 11 00,17 |
| 0,266 | 1,03559 | 0,26915 | 0,25990 | 15 14 26,44 |
| 0,267 | 1,03586 | 0,27018 | 0,26083 | 15 17 52,70 |
| 0,268 | 1,03613 | 0,27122 | 0,26176 | 15 21 18,97 |
| 0,269 | 1,03640 | 0,27226 | 0,26269 | 15 24 45,23 |
| **0,270** | 1,03667 | 0,27329 | 0,26362 | 15 28 11,50 |
| 0,271 | 1,03695 | 0,27433 | 0,26456 | 15 31 37,76 |
| 0,272 | 1,03722 | 0,27537 | 0,26548 | 15 35 04,03 |
| 0,273 | 1,03750 | 0,27640 | 0,26641 | 15 38 30,29 |
| 0,274 | 1,03777 | 0,27744 | 0,26734 | 15 41 56,56 |
| 0,275 | 1,03805 | 0,27848 | 0,26827 | 15 45 22,82 |
| 0,276 | 1,03833 | 0,27952 | 0,26920 | 15 48 49,09 |
| 0,277 | 1,03861 | 0,28056 | 0,27013 | 15 52 15,35 |
| 0,278 | 1,03889 | 0,28159 | 0,27105 | 15 55 41,62 |
| 0,279 | 1,03917 | 0,28263 | 0,27198 | 15 59 07,88 |
| **0,280** | 1,03946 | 0,28367 | 0,27291 | 16 02 34,15 |
| 0,281 | 1,03974 | 0,28471 | 0,27383 | 16 06 00,41 |
| 0,282 | 1,04003 | 0,28575 | 0,27476 | 16 09 26,68 |
| 0,283 | 1,04031 | 0,28679 | 0,27568 | 16 12 52,94 |
| 0,284 | 1,04060 | 0,28783 | 0,27660 | 16 16 19,20 |
| 0,285 | 1,04089 | 0,28887 | 0,27753 | 16 19 45,47 |
| 0,286 | 1,04118 | 0,28991 | 0,27845 | 16 23 11,73 |
| 0,287 | 1,04147 | 0,29096 | 0,27937 | 16 26 38,00 |
| 0,288 | 1,04176 | 0,29200 | 0,28029 | 16 30 04,26 |
| 0,289 | 1,04205 | 0,29304 | 0,28121 | 16 33 30,53 |
| **0,290** | 1,04235 | 0,29408 | 0,28213 | 16 36 56,79 |
| 0,291 | 1,04264 | 0,29512 | 0,28305 | 16 40 23,06 |
| 0,292 | 1,04294 | 0,29617 | 0,28397 | 16 43 49,32 |
| 0,293 | 1,04323 | 0,29721 | 0,28489 | 16 47 15,59 |
| 0,294 | 1,04353 | 0,29825 | 0,28581 | 16 50 41,85 |
| 0,295 | 1,04383 | 0,29930 | 0,28673 | 16 54 08,12 |
| 0,296 | 1,04413 | 0,30034 | 0,28765 | 16 57 34,38 |
| 0,297 | 1,04443 | 0,30139 | 0,28856 | 17 01 00,65 |
| 0,298 | 1,04473 | 0,30243 | 0,28948 | 17 04 26,91 |
| 0,299 | 1,04503 | 0,30348 | 0,29040 | 17 07 53,18 |

| $x$ | $\cos x$ | $\sin x$ | $\operatorname{tg} x$ | $e^x$ | $e^{-x}$ |
|---|---|---|---|---|---|
| **0,300** | 0,95534 | 0,29552 | 0,30934 | 1,349 859 | 0,740 8182 |
| 0,301 | 0,95504 | 0,29648 | 0,31043 | 1,351 209 | 0,740 0778 |
| 0,302 | 0,95474 | 0,29743 | 0,31153 | 1,352 561 | 0,739 3381 |
| 0,303 | 0,95445 | 0,29838 | 0,31263 | 1,353 914 | 0,738 5991 |
| 0,304 | 0,95415 | 0,29934 | 0,31372 | 1,355 269 | 0,737 8609 |
| 0,305 | 0,95385 | 0,30029 | 0,31482 | 1,356 625 | 0,737 1234 |
| 0,306 | 0,95355 | 0,30125 | 0,31592 | 1,357 982 | 0,736 3866 |
| 0,307 | 0,95324 | 0,30220 | 0,31702 | 1,359 341 | 0,735 6506 |
| 0,308 | 0,95294 | 0,30315 | 0,31812 | 1,360 701 | 0,734 9153 |
| 0,309 | 0,95264 | 0,30411 | 0,31923 | 1,362 062 | 0,734 1808 |
| **0,310** | 0,95233 | 0,30506 | 0,32033 | 1,363 425 | 0,733 4470 |
| 0,311 | 0,95203 | 0,30601 | 0,32143 | 1,364 789 | 0,732 7139 |
| 0,312 | 0,95172 | 0,30696 | 0,32253 | 1,366 155 | 0,731 9815 |
| 0,313 | 0,95141 | 0,30791 | 0,32364 | 1,367 522 | 0,731 2499 |
| 0,314 | 0,95111 | 0,30887 | 0,32474 | 1,368 890 | 0,730 5190 |
| 0,315 | 0,95080 | 0,30982 | 0,32585 | 1,370 259 | 0,729 7889 |
| 0,316 | 0,95049 | 0,31077 | 0,32696 | 1,371 630 | 0,729 0595 |
| 0,317 | 0,95017 | 0,31172 | 0,32806 | 1,373 003 | 0,728 3308 |
| 0,318 | 0,94986 | 0,31267 | 0,32917 | 1,374 376 | 0,727 6028 |
| 0,319 | 0,94955 | 0,31362 | 0,33028 | 1,375 751 | 0,726 8755 |
| **0,320** | 0,94924 | 0,31457 | 0,33139 | 1,377 128 | 0,726 1490 |
| 0,321 | 0,94892 | 0,31552 | 0,33250 | 1,378 506 | 0,725 4233 |
| 0,322 | 0,94860 | 0,31646 | 0,33361 | 1,379 885 | 0,724 6982 |
| 0,323 | 0,94829 | 0,31741 | 0,33472 | 1,381 265 | 0,723 9739 |
| 0,324 | 0,94797 | 0,31836 | 0,33583 | 1,382 647 | 0,723 2502 |
| 0,325 | 0,94765 | 0,31931 | 0,33695 | 1,384 031 | 0,722 5274 |
| 0,326 | 0,94733 | 0,32026 | 0,33806 | 1,385 415 | 0,721 8052 |
| 0,327 | 0,94701 | 0,32120 | 0,33918 | 1,386 801 | 0,721 0837 |
| 0,328 | 0,94669 | 0,32215 | 0,34029 | 1,388 189 | 0,720 3630 |
| 0,329 | 0,94637 | 0,32310 | 0,34141 | 1,389 578 | 0,719 6430 |
| **0,330** | 0,94604 | 0,32404 | 0,34252 | 1,390 968 | 0,718 9237 |
| 0,331 | 0,94572 | 0,32499 | 0,34364 | 1,392 360 | 0,718 2052 |
| 0,332 | 0,94539 | 0,32593 | 0,34476 | 1,393 753 | 0,717 4873 |
| 0,333 | 0,94507 | 0,32688 | 0,34588 | 1,395 147 | 0,716 7702 |
| 0,334 | 0,94474 | 0,32782 | 0,34700 | 1,396 543 | 0,716 0538 |
| 0,335 | 0,94441 | 0,32877 | 0,34812 | 1,397 940 | 0,715 3381 |
| 0,336 | 0,94408 | 0,32971 | 0,34924 | 1,399 339 | 0,714 6231 |
| 0,337 | 0,94375 | 0,33066 | 0,35037 | 1,400 739 | 0,713 9088 |
| 0,338 | 0,94342 | 0,33160 | 0,35149 | 1,402 141 | 0,713 1953 |
| 0,339 | 0,94309 | 0,33254 | 0,35261 | 1,403 543 | 0,712 4824 |
| **0,340** | 0,94275 | 0,33349 | 0,35374 | 1,404 948 | 0,711 7703 |
| 0,341 | 0,94242 | 0,33443 | 0,35486 | 1,406 353 | 0,711 0589 |
| 0,342 | 0,94209 | 0,33537 | 0,35599 | 1,407 760 | 0,710 3482 |
| 0,343 | 0,94175 | 0,33631 | 0,35712 | 1,409 169 | 0,709 6382 |
| 0,344 | 0,94141 | 0,33726 | 0,35824 | 1,410 579 | 0,708 9289 |
| 0,345 | 0,94108 | 0,33820 | 0,35937 | 1,411 990 | 0,708 2204 |
| 0,346 | 0,94074 | 0,33914 | 0,36050 | 1,413 403 | 0,707 5125 |
| 0,347 | 0,94040 | 0,34008 | 0,36163 | 1,414 817 | 0,706 8053 |
| 0,348 | 0,94006 | 0,34102 | 0,36276 | 1,416 232 | 0,706 0989 |
| 0,349 | 0,93972 | 0,34196 | 0,36390 | 1,417 649 | 0,705 3931 |

| $x$ | Cof $x$ | Sin $x$ | Tg $x$ | $\varphi$ |
|---|---|---|---|---|
| **0,300** | 1,04534 | 0,30452 | 0,29131 | 17° 11′ 19,44″ |
| 0,301 | 1,04564 | 0,30557 | 0,29223 | 17 14 45,71 |
| 0,302 | 1,04595 | 0,30661 | 0,29314 | 17 18 11,97 |
| 0,303 | 1,04626 | 0,30766 | 0,29406 | 17 21 38,24 |
| 0,304 | 1,04656 | 0,30870 | 0,29497 | 17 25 04,50 |
| 0,305 | 1,04687 | 0,30975 | 0,29588 | 17 28 30,77 |
| 0,306 | 1,04718 | 0,31080 | 0,29679 | 17 31 57,03 |
| 0,307 | 1,04750 | 0,31185 | 0,29771 | 17 35 23,30 |
| 0,308 | 1,04781 | 0,31289 | 0,29862 | 17 38 49,56 |
| 0,309 | 1,04812 | 0,31394 | 0,29953 | 17 42 15,83 |
| **0,310** | 1,04844 | 0,31499 | 0,30044 | 17 45 42,09 |
| 0,311 | 1,04875 | 0,31604 | 0,30135 | 17 49 08,35 |
| 0,312 | 1,04907 | 0,31709 | 0,30226 | 17 52 34,62 |
| 0,313 | 1,04939 | 0,31814 | 0,30316 | 17 56 00,88 |
| 0,314 | 1,04970 | 0,31919 | 0,30407 | 17 59 27,15 |
| 0,315 | 1,05002 | 0,32024 | 0,30498 | 18 02 53,41 |
| 0,316 | 1,05034 | 0,32129 | 0,30589 | 18 06 19,68 |
| 0,317 | 1,05067 | 0,32234 | 0,30679 | 18 09 45,94 |
| 0,318 | 1,05099 | 0,32339 | 0,30770 | 18 13 12,21 |
| 0,319 | 1,05131 | 0,32444 | 0,30860 | 18 16 38,47 |
| **0,320** | 1,05164 | 0,32549 | 0,30951 | 18 20 04,74 |
| 0,321 | 1,05196 | 0,32654 | 0,31041 | 18 23 31,00 |
| 0,322 | 1,05229 | 0,32759 | 0,31131 | 18 26 57,27 |
| 0,323 | 1,05262 | 0,32865 | 0,31222 | 18 30 23,53 |
| 0,324 | 1,05295 | 0,32970 | 0,31312 | 18 33 49,80 |
| 0,325 | 1,05328 | 0,33075 | 0,31402 | 18 37 16,06 |
| 0,326 | 1,05361 | 0,33181 | 0,31492 | 18 40 42,33 |
| 0,327 | 1,05394 | 0,33286 | 0,31582 | 18 44 08,59 |
| 0,328 | 1,05428 | 0,33391 | 0,31672 | 18 47 34,86 |
| 0,329 | 1,05461 | 0,33497 | 0,31762 | 18 51 01,12 |
| **0,330** | 1,05495 | 0,33602 | 0,31852 | 18 54 27,39 |
| 0,331 | 1,05528 | 0,33708 | 0,31942 | 18 57 53,65 |
| 0,332 | 1,05562 | 0,33813 | 0,32032 | 19 01 19,92 |
| 0,333 | 1,05596 | 0,33919 | 0,32121 | 19 04 46,18 |
| 0,334 | 1,05630 | 0,34024 | 0,32211 | 19 08 12,45 |
| 0,335 | 1,05664 | 0,34130 | 0,32301 | 19 11 38,71 |
| 0,336 | 1,05698 | 0,34236 | 0,32390 | 19 15 04,97 |
| 0,337 | 1,05732 | 0,34342 | 0,32480 | 19 18 31,24 |
| 0,338 | 1,05767 | 0,34447 | 0,32569 | 19 21 57,50 |
| 0,339 | 1,05801 | 0,34553 | 0,32658 | 19 25 23,77 |
| **0,340** | 1,05836 | 0,34659 | 0,32748 | 19 28 50,03 |
| 0,341 | 1,05871 | 0,34765 | 0,32837 | 19 32 16,30 |
| 0,342 | 1,05905 | 0,34871 | 0,32926 | 19 35 42,56 |
| 0,343 | 1,05940 | 0,34977 | 0,33015 | 19 39 08,83 |
| 0,344 | 1,05975 | 0,35082 | 0,33104 | 19 42 35,09 |
| 0,345 | 1,06011 | 0,35188 | 0,33193 | 19 46 01,36 |
| 0,346 | 1,06046 | 0,35295 | 0,33282 | 19 49 27,62 |
| 0,347 | 1,06081 | 0,35401 | 0,33371 | 19 52 53,89 |
| 0,348 | 1,06117 | 0,35507 | 0,33460 | 19 56 20,15 |
| 0,349 | 1,06152 | 0,35613 | 0,33549 | 19 59 46,42 |

| $x$ | $\cos x$ | $\sin x$ | $\operatorname{tg} x$ | $e^x$ | $e^{-x}$ |
|---|---|---|---|---|---|
| **0,350** | 0,93937 | 0,34290 | 0,36503 | 1,419 068 | 0,704 6881 |
| 0,351 | 0,93903 | 0,34384 | 0,36616 | 1,420 487 | 0,703 9838 |
| 0,352 | 0,93869 | 0,34478 | 0,36730 | 1,421 909 | 0,703 2801 |
| 0,353 | 0,93834 | 0,34571 | 0,36843 | 1,423 331 | 0,702 5772 |
| 0,354 | 0,93799 | 0,34665 | 0,36957 | 1,424 755 | 0,701 8750 |
| 0,355 | 0,93765 | 0,34759 | 0,37071 | 1,426 181 | 0,701 1734 |
| 0,356 | 0,93730 | 0,34853 | 0,37184 | 1,427 608 | 0,700 4726 |
| 0,357 | 0,93695 | 0,34946 | 0,37298 | 1,429 036 | 0,699 7725 |
| 0,358 | 0,93660 | 0,35040 | 0,37412 | 1,430 466 | 0,699 0731 |
| 0,359 | 0,93625 | 0,35134 | 0,37526 | 1,431 897 | 0,698 3744 |
| **0,360** | 0,93590 | 0,35227 | 0,37640 | 1,433 329 | 0,697 6763 |
| 0,361 | 0,93554 | 0,35321 | 0,37754 | 1,434 763 | 0,696 9790 |
| 0,362 | 0,93519 | 0,35415 | 0,37869 | 1,436 199 | 0,696 2824 |
| 0,363 | 0,93484 | 0,35508 | 0,37983 | 1,437 636 | 0,695 5864 |
| 0,364 | 0,93448 | 0,35601 | 0,38098 | 1,439 074 | 0,694 8912 |
| 0,365 | 0,93412 | 0,35695 | 0,38212 | 1,440 514 | 0,694 1967 |
| 0,366 | 0,93377 | 0,35788 | 0,38327 | 1,441 955 | 0,693 5028 |
| 0,367 | 0,93341 | 0,35882 | 0,38442 | 1,443 398 | 0,692 8096 |
| 0,368 | 0,93305 | 0,35975 | 0,38556 | 1,444 842 | 0,692 1172 |
| 0,369 | 0,93269 | 0,36068 | 0,38671 | 1,446 288 | 0,691 4254 |
| **0,370** | 0,93233 | 0,36162 | 0,38786 | 1,447 735 | 0,690 7343 |
| 0,371 | 0,93197 | 0,36255 | 0,38901 | 1,449 183 | 0,690 0439 |
| 0,372 | 0,93160 | 0,36348 | 0,39017 | 1,450 633 | 0,689 3542 |
| 0,373 | 0,93124 | 0,36441 | 0,39132 | 1,452 084 | 0,688 6652 |
| 0,374 | 0,93087 | 0,36534 | 0,39247 | 1,453 537 | 0,687 9769 |
| 0,375 | 0,93051 | 0,36627 | 0,39363 | 1,454 991 | 0,687 2893 |
| 0,376 | 0,93014 | 0,36720 | 0,39478 | 1,456 447 | 0,686 6023 |
| 0,377 | 0,92977 | 0,36813 | 0,39594 | 1,457 904 | 0,685 9161 |
| 0,378 | 0,92940 | 0,36906 | 0,39710 | 1,459 363 | 0,685 2305 |
| 0,379 | 0,92904 | 0,36999 | 0,39825 | 1,460 823 | 0,684 5456 |
| **0,380** | 0,92866 | 0,37092 | 0,39941 | 1,462 285 | 0,683 8614 |
| 0,381 | 0,92829 | 0,37185 | 0,40057 | 1,463 748 | 0,683 1779 |
| 0,382 | 0,92792 | 0,37278 | 0,40173 | 1,465 212 | 0,682 4951 |
| 0,383 | 0,92755 | 0,37370 | 0,40290 | 1,466 678 | 0,681 8129 |
| 0,384 | 0,92717 | 0,37463 | 0,40406 | 1,468 145 | 0,681 1314 |
| 0,385 | 0,92680 | 0,37556 | 0,40522 | 1,469 614 | 0,680 4506 |
| 0,386 | 0,92642 | 0,37649 | 0,40639 | 1,471 085 | 0,679 7705 |
| 0,387 | 0,92605 | 0,37741 | 0,40755 | 1,472 556 | 0,679 0911 |
| 0,388 | 0,92567 | 0,37834 | 0,40872 | 1,474 030 | 0,678 4123 |
| 0,389 | 0,92529 | 0,37926 | 0,40989 | 1,475 505 | 0,677 7343 |
| **0,390** | 0,92491 | 0,38019 | 0,41105 | 1,476 981 | 0,677 0569 |
| 0,391 | 0,92453 | 0,38111 | 0,41222 | 1,478 459 | 0,676 3802 |
| 0,392 | 0,92415 | 0,38204 | 0,41339 | 1,479 938 | 0,675 7041 |
| 0,393 | 0,92376 | 0,38296 | 0,41457 | 1,481 418 | 0,675 0287 |
| 0,394 | 0,92338 | 0,38388 | 0,41574 | 1,482 901 | 0,674 3541 |
| 0,395 | 0,92300 | 0,38481 | 0,41691 | 1,484 384 | 0,673 6800 |
| 0,396 | 0,92261 | 0,38573 | 0,41809 | 1,485 869 | 0,673 0067 |
| 0,397 | 0,92223 | 0,38665 | 0,41926 | 1,487 356 | 0,672 3340 |
| 0,398 | 0,92184 | 0,38758 | 0,42044 | 1,488 844 | 0,671 6620 |
| 0,399 | 0,92145 | 0,38850 | 0,42161 | 1,490 334 | 0,670 9907 |

| $x$ | Cos $x$ | Sin $x$ | Tg $x$ | $\varphi$ |
|---|---|---|---|---|
| **0,350** | 1,06188 | 0,35719 | 0,33638 | 20° 03′ 12,68″ |
| 0,351 | 1,06224 | 0,35825 | 0,33726 | 20 06 38,95 |
| 0,352 | 1,06259 | 0,35931 | 0,33815 | 20 10 05,21 |
| 0,353 | 1,06295 | 0,36038 | 0,33903 | 20 13 31,48 |
| 0,354 | 1,06332 | 0,36144 | 0,33992 | 20 16 57,74 |
| 0,355 | 1,06368 | 0,36250 | 0,34080 | 20 20 24,01 |
| 0,356 | 1,06404 | 0,36357 | 0,34169 | 20 23 50,27 |
| 0,357 | 1,06440 | 0,36463 | 0,34257 | 20 27 16,54 |
| 0,358 | 1,06477 | 0,36570 | 0,34345 | 20 30 42,80 |
| 0,359 | 1,06514 | 0,36676 | 0,34433 | 20 34 09,07 |
| **0,360** | 1,06550 | 0,36783 | 0,34521 | 20 37 35,33 |
| 0,361 | 1,06587 | 0,36889 | 0,34609 | 20 41 01,60 |
| 0,362 | 1,06624 | 0,36996 | 0,34697 | 20 44 27,86 |
| 0,363 | 1,06661 | 0,37102 | 0,34785 | 20 47 54,12 |
| 0,364 | 1,06698 | 0,37209 | 0,34873 | 20 51 20,39 |
| 0,365 | 1,06736 | 0,37316 | 0,34961 | 20 54 46,65 |
| 0,366 | 1,06773 | 0,37423 | 0,35049 | 20 58 12,92 |
| 0,367 | 1,06810 | 0,37529 | 0,35136 | 21 01 39,18 |
| 0,368 | 1,06848 | 0,37636 | 0,35224 | 21 05 05,45 |
| 0,369 | 1,06886 | 0,37743 | 0,35312 | 21 08 31,71 |
| **0,370** | 1,06923 | 0,37850 | 0,35399 | 21 11 57,98 |
| 0,371 | 1,06961 | 0,37957 | 0,35487 | 21 15 24,24 |
| 0,372 | 1,06999 | 0,38064 | 0,35574 | 21 18 50,51 |
| 0,373 | 1,07037 | 0,38171 | 0,35661 | 21 22 16,77 |
| 0,374 | 1,07076 | 0,38278 | 0,35749 | 21 25 43,04 |
| 0,375 | 1,07114 | 0,38385 | 0,35836 | 21 29 09,30 |
| 0,376 | 1,07152 | 0,38492 | 0,35923 | 21 32 35,57 |
| 0,377 | 1,07191 | 0,38599 | 0,36010 | 21 36 01,83 |
| 0,378 | 1,07230 | 0,38707 | 0,36097 | 21 39 28,10 |
| 0,379 | 1,07268 | 0,38814 | 0,36184 | 21 42 54,36 |
| **0,380** | 1,07307 | 0,38921 | 0,36271 | 21 46 20,63 |
| 0,381 | 1,07346 | 0,39028 | 0,36358 | 21 49 46,89 |
| 0,382 | 1,07385 | 0,39136 | 0,36444 | 21 53 13,16 |
| 0,383 | 1,07425 | 0,39243 | 0,36531 | 21 56 39,42 |
| 0.384 | 1,07464 | 0,39351 | 0,36618 | 22 00 05,69 |
| 0,385 | 1,07503 | 0,39458 | 0,36704 | 22 03 31,95 |
| 0,386 | 1,07543 | 0,39566 | 0,36791 | 22 06 58,22 |
| 0,387 | 1,07582 | 0,39673 | 0,36877 | 22 10 24,48 |
| 0,388 | 1,07622 | 0,39781 | 0,36963 | 22 13 50,74 |
| 0,389 | 1,07662 | 0,39889 | 0,37050 | 22 17 17,01 |
| **0,390** | 1,07702 | 0,39996 | 0,37136 | 22 20 43,27 |
| 0,391 | 1,07742 | 0,40104 | 0,37222 | 22 24 09,54 |
| 0,392 | 1,07782 | 0,40212 | 0,37308 | 22 27 35,80 |
| 0,393 | 1,07822 | 0,40319 | 0,37394 | 22 31 02,07 |
| 0,394 | 1,07863 | 0,40427 | 0,37480 | 22 34 28,33 |
| 0,395 | 1,07903 | 0,40535 | 0,37566 | 22 37 54,60 |
| 0,396 | 1,07944 | 0,40643 | 0,37652 | 22 41 20,86 |
| 0,397 | 1,07984 | 0,40751 | 0,37738 | 22 44 47,13 |
| 0,398 | 1,08025 | 0,40859 | 0,37824 | 22 48 13,39 |
| 0,399 | 1,08066 | 0,40967 | 0,37909 | 22 51 39,66 |

| $x$ | $\cos x$ | $\sin x$ | $\operatorname{tg} x$ | $e^x$ | $e^{-x}$ |
|---|---|---|---|---|---|
| **0,400** | 0,92106 | 0,38942 | 0,42279 | 1,491 825 | 0,670 3200 |
| 0,401 | 0,92067 | 0,39034 | 0,42397 | 1,493 317 | 0,669 6501 |
| 0,402 | 0,92028 | 0,39126 | 0,42515 | 1,494 811 | 0,668 9807 |
| 0,403 | 0,91989 | 0,39218 | 0,42633 | 1,496 307 | 0,668 3121 |
| 0,404 | 0,91950 | 0,39310 | 0,42752 | 1,497 804 | 0,667 6441 |
| 0,405 | 0,91910 | 0,39402 | 0,42870 | 1,499 303 | 0,666 9768 |
| 0,406 | 0,91871 | 0,39494 | 0,42988 | 1,500 803 | 0,666 3102 |
| 0,407 | 0,91831 | 0,39586 | 0,43107 | 1,502 304 | 0,665 6442 |
| 0,408 | 0,91792 | 0,39677 | 0,43226 | 1,503 807 | 0,664 9789 |
| 0,409 | 0,91752 | 0,39769 | 0,43344 | 1,505 312 | 0,664 3142 |
| **0,410** | 0,91712 | 0,39861 | 0,43463 | 1,506 818 | 0,663 6503 |
| 0,411 | 0,91672 | 0,39953 | 0,43582 | 1,508 325 | 0,662 9869 |
| 0,412 | 0,91632 | 0,40044 | 0,43701 | 1,509 834 | 0,662 3243 |
| 0,413 | 0,91592 | 0,40136 | 0,43820 | 1,511 345 | 0,661 6623 |
| 0,414 | 0,91552 | 0,40227 | 0,43940 | 1,512 857 | 0,661 0010 |
| 0,415 | 0,91512 | 0,40319 | 0,44059 | 1,514 371 | 0,660 3403 |
| 0,416 | 0,91471 | 0,40410 | 0,44178 | 1,515 886 | 0,659 6803 |
| 0,417 | 0,91431 | 0,40502 | 0,44298 | 1,517 403 | 0,659 0209 |
| 0,418 | 0,91390 | 0,40593 | 0,44418 | 1,518 921 | 0,658 3622 |
| 0,419 | 0,91350 | 0,40685 | 0,44537 | 1,520 440 | 0,657 7042 |
| **0,420** | 0,91309 | 0,40776 | 0,44657 | 1,521 962 | 0,657 0468 |
| 0,421 | 0,91268 | 0,40867 | 0,44777 | 1,523 484 | 0,656 3901 |
| 0,422 | 0,91227 | 0,40959 | 0,44897 | 1,525 009 | 0,655 7340 |
| 0,423 | 0,91186 | 0,41050 | 0,45018 | 1,526 534 | 0,655 0786 |
| 0,424 | 0,91145 | 0,41141 | 0,45138 | 1,528 062 | 0,654 4239 |
| 0,425 | 0,91104 | 0,41232 | 0,45258 | 1,529 590 | 0,653 7698 |
| 0,426 | 0,91063 | 0,41323 | 0,45379 | 1,531 121 | 0,653 1163 |
| 0,427 | 0,91021 | 0,41414 | 0,45500 | 1,532 653 | 0,652 4636 |
| 0,428 | 0,90980 | 0,41505 | 0,45620 | 1,534 186 | 0,651 8114 |
| 0,429 | 0,90938 | 0,41596 | 0,45741 | 1,535 721 | 0,651 1599 |
| **0,430** | 0,90897 | 0,41687 | 0,45862 | 1,537 258 | 0,650 5091 |
| 0,431 | 0,90855 | 0,41778 | 0,45983 | 1,538 796 | 0,649 8589 |
| 0,432 | 0,90813 | 0,41869 | 0,46104 | 1,540 335 | 0,649 2094 |
| 0,433 | 0,90771 | 0,41960 | 0,46226 | 1,541 876 | 0,648 5605 |
| 0,434 | 0,90729 | 0,42050 | 0,46347 | 1,543 419 | 0,647 9123 |
| 0,435 | 0,90687 | 0,42141 | 0,46469 | 1,544 963 | 0,647 2647 |
| 0,436 | 0,90645 | 0,42232 | 0,46590 | 1,546 509 | 0,646 6177 |
| 0,437 | 0,90603 | 0,42322 | 0,46712 | 1,548 056 | 0,645 9714 |
| 0,438 | 0,90560 | 0,42413 | 0,46834 | 1,549 605 | 0,645 3258 |
| 0,439 | 0,90518 | 0,42503 | 0,46956 | 1,551 155 | 0,644 6808 |
| **0,440** | 0,90475 | 0,42594 | 0,47078 | 1,552 707 | 0,644 0364 |
| 0,441 | 0,90433 | 0,42684 | 0,47200 | 1,554 261 | 0,643 3927 |
| 0,442 | 0,90390 | 0,42775 | 0,47323 | 1,555 816 | 0,642 7496 |
| 0,443 | 0,90347 | 0,42865 | 0,47445 | 1,557 372 | 0,642 1072 |
| 0,444 | 0,90304 | 0,42956 | 0,47568 | 1,558 930 | 0,641 4654 |
| 0,445 | 0,90261 | 0,43046 | 0,47690 | 1,560 490 | 0,640 8243 |
| 0,446 | 0,90218 | 0,43136 | 0,47813 | 1,562 051 | 0,640 1838 |
| 0,447 | 0,90175 | 0,43226 | 0,47936 | 1,563 614 | 0,639 5439 |
| 0,448 | 0,90132 | 0,43316 | 0,48059 | 1,565 179 | 0,638 9047 |
| 0,449 | 0,90088 | 0,43406 | 0,48182 | 1,566 745 | 0,638 2661 |

| $x$ | Cof $x$ | Sin $x$ | Tg $x$ | $\varphi$ |
|---|---|---|---|---|
| **0,400** | 1,08107 | 0,41075 | 0,37995 | 22° 55′ 05,92″ |
| 0,401 | 1,08148 | 0,41183 | 0,38080 | 22 58 32,19 |
| 0,402 | 1,08190 | 0,41292 | 0,38166 | 23 01 58,45 |
| 0,403 | 1,08231 | 0,41400 | 0,38251 | 23 05 24,72 |
| 0,404 | 1,08272 | 0,41508 | 0,38337 | 23 08 50,98 |
| 0,405 | 1,08314 | 0,41616 | 0,38422 | 23 12 17,25 |
| 0,406 | 1,08356 | 0,41725 | 0,38507 | 23 15 43,51 |
| 0,407 | 1,08397 | 0,41833 | 0,38592 | 23 19 09,78 |
| 0,408 | 1,08439 | 0,41941 | 0,38677 | 23 22 36,04 |
| 0,409 | 1 08481 | 0,42050 | 0,38762 | 23 26 02,31 |
| **0,410** | 1,08523 | 0,42158 | 0,38847 | 23 29 28,57 |
| 0,411 | 1,08566 | 0,42267 | 0,38932 | 23 32 54,84 |
| 0,412 | 1,08608 | 0,42376 | 0,39017 | 23 36 21,10 |
| 0,413 | 1,08650 | 0,42484 | 0,39102 | 23 39 47,36 |
| 0,414 | 1,08693 | 0,42593 | 0,39186 | 23 43 13,63 |
| 0,415 | 1,08736 | 0,42702 | 0,39271 | 23 46 39,89 |
| 0,416 | 1,08778 | 0,42810 | 0,39356 | 23 50 06,16 |
| 0,417 | 1,08821 | 0,42919 | 0,39440 | 23 53 32,42 |
| 0,418 | 1,08864 | 0,43028 | 0,39524 | 23 56 58,69 |
| 0,419 | 1,08907 | 0,43137 | 0,39609 | 24 00 24,95 |
| **0,420** | 1,08950 | 0,43246 | 0,39693 | 24 03 51,22 |
| 0,421 | 1,08994 | 0,43355 | 0,39777 | 24 07 17,48 |
| 0,422 | 1,09037 | 0,43464 | 0,39861 | 24 10 43,75 |
| 0,423 | 1,09081 | 0,43573 | 0,39945 | 24 14 10,01 |
| 0,424 | 1,09124 | 0,43682 | 0,40029 | 24 17 36,28 |
| 0,425 | 1,09168 | 0,43791 | 0,40113 | 24 21 02,54 |
| 0,426 | 1,09212 | 0,43900 | 0,40197 | 24 24 28,81 |
| 0,427 | 1,09256 | 0,44009 | 0,40281 | 24 27 55,07 |
| 0,428 | 1,09300 | 0,44119 | 0,40365 | 24 31 21,34 |
| 0,429 | 1,09344 | 0,44228 | 0,40449 | 24 34 47,60 |
| **0,430** | 1,09388 | 0,44337 | 0,40532 | 24 38 13,87 |
| 0,431 | 1,09433 | 0,44447 | 0,40616 | 24 41 40,13 |
| 0,432 | 1,09477 | 0,44556 | 0,40699 | 24 45 06,40 |
| 0,433 | 1,09522 | 0,44666 | 0,40783 | 24 48 32,66 |
| 0,434 | 1,09567 | 0,44775 | 0,40866 | 24 51 58,93 |
| 0,435 | 1,09611 | 0,44885 | 0,40949 | 24 55 25,19 |
| 0,436 | 1,09656 | 0,44995 | 0,41032 | 24 58 51,46 |
| 0,437 | 1,09701 | 0,45104 | 0,41115 | 25 02 17,72 |
| 0,438 | 1,09747 | 0,45214 | 0,41199 | 25 05 43,99 |
| 0,439 | 1,09792 | 0,45324 | 0,41282 | 25 09 10,25 |
| **0,440** | 1,09837 | 0,45434 | 0,41364 | 25 12 36,51 |
| 0,441 | 1,09883 | 0,45543 | 0,41447 | 25 16 02,78 |
| 0,442 | 1,09928 | 0,45653 | 0,41530 | 25 19 29,04 |
| 0,443 | 1,09974 | 0,45763 | 0,41613 | 25 22 55,31 |
| 0,444 | 1,10020 | 0,45873 | 0,41695 | 25 26 21,57 |
| 0,445 | 1,10066 | 0,45983 | 0,41778 | 25 29 47,84 |
| 0,446 | 1,10112 | 0,46093 | 0,41861 | 25 33 14,10 |
| 0,447 | 1,10158 | 0,46204 | 0,41943 | 25 36 40,37 |
| 0,448 | 1,10204 | 0,46314 | 0,42025 | 25 40 06,63 |
| 0,449 | 1,10251 | 0,46424 | 0,42108 | 25 43 32,90 |

| $x$ | $\cos x$ | $\sin x$ | $\operatorname{tg} x$ | $e^x$ | $e^{-x}$ |
|---|---|---|---|---|---|
| **0,450** | 0,90045 | 0,43497 | 0,48306 | 1,568 312 | 0,637 6282 |
| 0,451 | 0,90001 | 0,43587 | 0,48429 | 1,569 881 | 0,636 9908 |
| 0,452 | 0,89958 | 0,43677 | 0,48552 | 1,571 452 | 0,636 3542 |
| 0,453 | 0,89914 | 0,43766 | 0,48676 | 1,573 024 | 0,635 7181 |
| 0,454 | 0,89870 | 0,43856 | 0,48800 | 1,574 598 | 0,635 0827 |
| 0,455 | 0,89826 | 0,43946 | 0,48924 | 1,576 173 | 0,634 4480 |
| 0,456 | 0,89782 | 0,44036 | 0,49048 | 1,577 750 | 0,633 8138 |
| 0,457 | 0,89738 | 0,44126 | 0,49172 | 1,579 329 | 0,633 1803 |
| 0,458 | 0,89694 | 0,44216 | 0,49296 | 1,580 909 | 0,632 5475 |
| 0,459 | 0,89650 | 0,44305 | 0,49420 | 1,582 491 | 0,631 9152 |
| **0,460** | 0,89605 | 0,44395 | 0,49545 | 1,584 074 | 0,631 2836 |
| 0,461 | 0,89561 | 0,44484 | 0,49669 | 1,585 659 | 0,630 6527 |
| 0,462 | 0,89516 | 0,44574 | 0,49794 | 1,587 245 | 0,630 0223 |
| 0,463 | 0,89472 | 0,44663 | 0,49919 | 1,588 833 | 0,629 3926 |
| 0,464 | 0,89427 | 0,44753 | 0,50044 | 1,590 423 | 0,628 7636 |
| 0,465 | 0,89382 | 0,44842 | 0,50169 | 1,592 014 | 0,628 1351 |
| 0,466 | 0,89337 | 0,44932 | 0,50294 | 1,593 607 | 0,627 5073 |
| 0,467 | 0,89292 | 0,45021 | 0,50420 | 1,595 201 | 0,626 8801 |
| 0,468 | 0,89247 | 0,45110 | 0,50545 | 1,596 797 | 0,626 2535 |
| 0,469 | 0,89202 | 0,45199 | 0,50671 | 1,598 395 | 0,625 6276 |
| **0,470** | 0,89157 | 0,45289 | 0,50797 | 1,599 994 | 0,625 0023 |
| 0.471 | 0,89111 | 0,45378 | 0,50922 | 1,601 595 | 0,624 3776 |
| 0,472 | 0,89066 | 0,45467 | 0,51048 | 1,603 197 | 0,623 7535 |
| 0,473 | 0,89021 | 0,45556 | 0,51175 | 1,604 801 | 0,623 1301 |
| 0,474 | 0,88975 | 0,45645 | 0,51301 | 1,606 407 | 0,622 5073 |
| 0,475 | 0,88929 | 0,45734 | 0,51427 | 1,608 014 | 0,621 8851 |
| 0,476 | 0,88883 | 0,45823 | 0,51554 | 1,609 623 | 0,621 2635 |
| 0,477 | 0,88838 | 0,45912 | 0,51680 | 1,611 233 | 0,620 6425 |
| 0,478 | 0,88792 | 0,46000 | 0,51807 | 1,612 845 | 0,620 0222 |
| 0,479 | 0,88746 | 0,46089 | 0,51934 | 1,614 459 | 0,619 4025 |
| **0,480** | 0,88699 | 0,46178 | 0,52061 | 1,616 074 | 0,618 7834 |
| 0,481 | 0,88653 | 0,46267 | 0,52188 | 1,617 691 | 0,618 1649 |
| 0,482 | 0,88607 | 0,46355 | 0,52316 | 1,619 310 | 0,617 5471 |
| 0,483 | 0,88561 | 0,46444 | 0,52443 | 1,620 930 | 0,616 9298 |
| 0,484 | 0,88514 | 0,46532 | 0,52571 | 1,622 552 | 0,616 3132 |
| 0,485 | 0,88467 | 0,46621 | 0,52698 | 1,624 175 | 0,615 6972 |
| 0,486 | 0,88421 | 0,46709 | 0,52826 | 1,625 800 | 0,615 0818 |
| 0,487 | 0,88374 | 0,46798 | 0,52954 | 1,627 427 | 0,614 4670 |
| 0,488 | 0,88327 | 0,46886 | 0,53082 | 1,629 055 | 0,613 8529 |
| 0,489 | 0,88280 | 0,46974 | 0,53210 | 1,630 685 | 0,613 2393 |
| **0,490** | 0,88233 | 0,47063 | 0,53339 | 1,632 316 | 0,612 6264 |
| 0,491 | 0,88186 | 0,47151 | 0,53467 | 1,633 949 | 0,612 0141 |
| 0,492 | 0,88139 | 0,47239 | 0,53596 | 1,635 584 | 0,611 4024 |
| 0,493 | 0,88092 | 0,47327 | 0,53725 | 1,637 221 | 0,610 7913 |
| 0,494 | 0,88044 | 0,47415 | 0,53854 | 1,638 859 | 0,610 1808 |
| 0,495 | 0,87997 | 0,47503 | 0,53983 | 1,640 498 | 0,609 5709 |
| 0,496 | 0,87949 | 0,47591 | 0,54112 | 1,642 140 | 0,608 9616 |
| 0,497 | 0,87902 | 0,47679 | 0,54241 | 1,643 783 | 0,608 3530 |
| 0,498 | 0,87854 | 0,47767 | 0,54371 | 1,645 427 | 0,607 7449 |
| 0,499 | 0,87806 | 0,47855 | 0,54500 | 1,647 073 | 0,607 1375 |

| $x$ | Cos $x$ | Sin $x$ | Tg $x$ | $\varphi$ |
|---|---|---|---|---|
| **0,450** | 1,10297 | 0,46534 | 0,42190 | 25° 46′ 59,16″ |
| 0,451 | 1,10344 | 0,46645 | 0,42272 | 25 50 25,43 |
| 0,452 | 1,10390 | 0,46755 | 0,42354 | 25 53 51,69 |
| 0,453 | 1,10437 | 0,46865 | 0,42436 | 25 57 17,96 |
| 0,454 | 1,10484 | 0,46976 | 0,42518 | 26 00 44,22 |
| 0,455 | 1,10531 | 0,47086 | 0,42600 | 26 04 10,49 |
| 0,456 | 1,10578 | 0,47197 | 0,42682 | 26 07 36,75 |
| 0,457 | 1,10625 | 0,47307 | 0,42764 | 26 11 03,02 |
| 0,458 | 1,10673 | 0,47418 | 0,42845 | 26 14 29,28 |
| 0,459 | 1,10720 | 0,47529 | 0,42927 | 26 17 55,55 |
| **0,460** | 1,10768 | 0,47640 | 0,43008 | 26 21 21,81 |
| 0,461 | 1,10816 | 0,47750 | 0,43090 | 26 24 48,08 |
| 0,462 | 1,10863 | 0,47861 | 0,43171 | 26 28 14,34 |
| 0,463 | 1,10911 | 0,47972 | 0,43253 | 26 31 40,61 |
| 0,464 | 1,10959 | 0,48083 | 0,43334 | 26 35 06,87 |
| 0,465 | 1,11007 | 0,48194 | 0,43415 | 26 38 33,13 |
| 0,466 | 1,11056 | 0,48305 | 0,43496 | 26 41 59,40 |
| 0,467 | 1,11104 | 0,48416 | 0,43577 | 26 45 25,66 |
| 0,468 | 1,11153 | 0,48527 | 0,43658 | 26 48 51,93 |
| 0,469 | 1,11201 | 0,48638 | 0,43739 | 26 52 18,19 |
| **0,470** | 1,11250 | 0,48750 | 0,43820 | 26 55 44,46 |
| 0,471 | 1,11299 | 0,48861 | 0,43901 | 26 59 10,72 |
| 0,472 | 1,11348 | 0,48972 | 0,43981 | 27 02 36,99 |
| 0,473 | 1,11397 | 0,49084 | 0,44062 | 27 06 03,25 |
| 0,474 | 1,11446 | 0,49195 | 0,44143 | 27 09 29,52 |
| 0,475 | 1,11495 | 0,49306 | 0,44223 | 27 12 55,78 |
| 0,476 | 1,11544 | 0,49418 | 0,44303 | 27 16 22,05 |
| 0,477 | 1,11594 | 0,49530 | 0,44384 | 27 19 48,31 |
| 0,478 | 1,11643 | 0,49641 | 0,44464 | 27 23 14,58 |
| 0,479 | 1,11693 | 0,49753 | 0,44544 | 27 26 40,84 |
| **0,480** | 1,11743 | 0,49865 | 0,44624 | 27 30 07,11 |
| 0,481 | 1,11793 | 0,49976 | 0,44704 | 27 33 33,37 |
| 0,482 | 1,11843 | 0,50088 | 0,44784 | 27 36 59,64 |
| 0,483 | 1,11893 | 0,50200 | 0,44864 | 27 40 25,90 |
| 0,484 | 1,11943 | 0,50312 | 0,44944 | 27 43 52,17 |
| 0,485 | 1,11994 | 0,50424 | 0,45024 | 27 47 18,43 |
| 0,486 | 1,12044 | 0,50536 | 0,45104 | 27 50 44,70 |
| 0,487 | 1,12095 | 0,50648 | 0,45183 | 27 54 10,96 |
| 0,488 | 1,12145 | 0,50760 | 0,45263 | 27 57 37,23 |
| 0,489 | 1,12196 | 0,50872 | 0,45342 | 28 01 03,49 |
| **0,490** | 1,12247 | 0,50984 | 0,45422 | 28 04 29,76 |
| 0,491 | 1,12298 | 0,51097 | 0,45501 | 28 07 56,02 |
| 0,492 | 1,12349 | 0,51209 | 0,45580 | 28 11 22,28 |
| 0,493 | 1,12401 | 0,51321 | 0,45659 | 28 14 48,55 |
| 0,494 | 1,12452 | 0,51434 | 0,45739 | 28 18 14,81 |
| 0,495 | 1,12503 | 0,51546 | 0,45818 | 28 21 41,08 |
| 0,496 | 1,12555 | 0,51659 | 0,45897 | 28 25 07,34 |
| 0,497 | 1,12607 | 0,51771 | 0,45975 | 28 28 33,61 |
| 0,498 | 1,12659 | 0,51884 | 0,46054 | 28 31 59,87 |
| 0,499 | 1,12711 | 0,51997 | 0,46133 | 28 35 26,14 |

| $x$ | $\cos x$ | $\sin x$ | $\operatorname{tg} x$ | $e^x$ | $e^{-x}$ |
|---|---|---|---|---|---|
| **0,500** | 0,87758 | 0,47943 | 0,54630 | 1,648 721 | 0,606 5307 |
| 0,501 | 0,87710 | 0,48030 | 0,54760 | 1,650 371 | 0,605 9244 |
| 0,502 | 0,87662 | 0,48118 | 0,54890 | 1,652 022 | 0,605 3188 |
| 0,503 | 0,87614 | 0,48206 | 0,55020 | 1,653 675 | 0,604 7138 |
| 0,504 | 0,87566 | 0,48293 | 0,55151 | 1,655 329 | 0,604 1094 |
| 0,505 | 0,87517 | 0,48381 | 0,55281 | 1,656 986 | 0,603 5056 |
| 0,506 | 0,87469 | 0,48468 | 0,55412 | 1,658 643 | 0,602 9024 |
| 0,507 | 0,87421 | 0,48556 | 0,55543 | 1,660 303 | 0,602 2998 |
| 0,508 | 0,87372 | 0,48643 | 0,55674 | 1,661 964 | 0,601 6978 |
| 0,509 | 0,87323 | 0,48730 | 0,55805 | 1,663 627 | 0,601 0964 |
| **0,510** | 0,87274 | 0,48818 | 0,55936 | 1,665 291 | 0,600 4956 |
| 0,511 | 0,87226 | 0,48905 | 0,56067 | 1,666 957 | 0,599 8954 |
| 0,512 | 0,87177 | 0,48992 | 0,56199 | 1,668 625 | 0,599 2958 |
| 0,513 | 0,87128 | 0,49079 | 0,56330 | 1,670 295 | 0,598 6968 |
| 0,514 | 0,87078 | 0,49166 | 0,56462 | 1,671 966 | 0,598 0984 |
| 0,515 | 0,87029 | 0,49253 | 0,56594 | 1,673 639 | 0,597 5006 |
| 0,516 | 0,86980 | 0,49340 | 0,56726 | 1,675 313 | 0,596 9034 |
| 0,517 | 0,86931 | 0,49427 | 0,56859 | 1,676 989 | 0,596 3068 |
| 0,518 | 0,86881 | 0,49514 | 0,56991 | 1,678 667 | 0,595 7108 |
| 0,519 | 0,86832 | 0,49601 | 0,57123 | 1,680 346 | 0,595 1154 |
| **0,520** | 0,86782 | 0,49688 | 0,57256 | 1,682 028 | 0,594 5205 |
| 0,521 | 0,86732 | 0,49775 | 0,57389 | 1,683 711 | 0,593 9263 |
| 0,522 | 0,86682 | 0,49861 | 0,57522 | 1,685 395 | 0,593 3327 |
| 0,523 | 0,86632 | 0,49948 | 0,57655 | 1,687 081 | 0,592 7397 |
| 0,524 | 0,86582 | 0,50035 | 0,57789 | 1,688 769 | 0,592 1472 |
| 0,525 | 0,86532 | 0,50121 | 0,57922 | 1,690 459 | 0,591 5554 |
| 0,526 | 0,86482 | 0,50208 | 0,58056 | 1,692 150 | 0,590 9641 |
| 0,527 | 0,86432 | 0,50294 | 0,58189 | 1,693 843 | 0,590 3734 |
| 0,528 | 0,86382 | 0,50381 | 0,58323 | 1,695 538 | 0,589 7834 |
| 0,529 | 0,86331 | 0,50467 | 0,58457 | 1,697 234 | 0,589 1939 |
| **0,530** | 0,86281 | 0,50553 | 0,58592 | 1,698 932 | 0,588 6050 |
| 0,531 | 0,86230 | 0,50640 | 0,58726 | 1,700 632 | 0,588 0167 |
| 0,532 | 0,86179 | 0,50726 | 0,58861 | 1,702 334 | 0,587 4289 |
| 0,533 | 0,86129 | 0,50812 | 0,58995 | 1,704 037 | 0,586 8418 |
| 0,534 | 0,86078 | 0,50898 | 0,59130 | 1,705 742 | 0,586 2553 |
| 0,535 | 0,86027 | 0,50984 | 0,59265 | 1,707 448 | 0,585 6693 |
| 0,536 | 0,85976 | 0,51070 | 0,59401 | 1,709 157 | 0,585 0839 |
| 0,537 | 0,85925 | 0,51156 | 0,59536 | 1,710 867 | 0,584 4991 |
| 0,538 | 0,85874 | 0,51242 | 0,59671 | 1,712 578 | 0,583 9149 |
| 0,539 | 0,85822 | 0,51328 | 0,59807 | 1,714 292 | 0,583 3313 |
| **0,540** | 0,85771 | 0,51414 | 0,59943 | 1,716 007 | 0,582 7483 |
| 0,541 | 0,85719 | 0,51499 | 0,60079 | 1,717 724 | 0,582 1658 |
| 0,542 | 0,85668 | 0,51585 | 0,60215 | 1,719 442 | 0,581 5839 |
| 0,543 | 0,85616 | 0,51671 | 0,60351 | 1,721 163 | 0,581 0026 |
| 0,544 | 0,85565 | 0,51756 | 0,60488 | 1,722 885 | 0,580 4219 |
| 0,545 | 0,85513 | 0,51842 | 0,60625 | 1,724 608 | 0,579 8418 |
| 0,546 | 0,85461 | 0,51927 | 0,60762 | 1,726 334 | 0,579 2622 |
| 0,547 | 0,85409 | 0,52013 | 0,60899 | 1,728 061 | 0,578 6833 |
| 0,548 | 0,85357 | 0,52098 | 0,61036 | 1,729 790 | 0,578 1049 |
| 0,549 | 0,85305 | 0,52183 | 0,61173 | 1,731 521 | 0,577 5270 |

| $x$ | Cos $x$ | Sin $x$ | Tg $x$ | $\varphi$ |
|---|---|---|---|---|
| **0,500** | 1,12763 | 0,52110 | 0,46212 | 28° 38′ 52,40″ |
| 0,501 | 1,12815 | 0,52222 | 0,46290 | 28 42 18,67 |
| 0,502 | 1,12867 | 0,52335 | 0,46369 | 28 45 44,93 |
| 0,503 | 1,12919 | 0,52448 | 0,46447 | 28 49 11,20 |
| 0,504 | 1,12972 | 0,52561 | 0,46526 | 28 52 37,46 |
| 0,505 | 1,13025 | 0,52674 | 0,46604 | 28 56 03,73 |
| 0,506 | 1,13077 | 0,52787 | 0,46682 | 28 59 29,99 |
| 0,507 | 1,13130 | 0,52900 | 0,46760 | 29 02 56,26 |
| 0,508 | 1,13183 | 0,53013 | 0,46839 | 29 06 22,52 |
| 0,509 | 1,13236 | 0,53127 | 0,46917 | 29 09 48,79 |
| **0,510** | 1,13289 | 0,53240 | 0,46995 | 29 13 15,05 |
| 0,511 | 1,13343 | 0,53353 | 0,47072 | 29 16 41,32 |
| 0,512 | 1,13396 | 0,53466 | 0,47150 | 29 20 07,58 |
| 0,513 | 1,13450 | 0,53580 | 0,47228 | 29 23 33,85 |
| 0,514 | 1,13503 | 0,53693 | 0,47306 | 29 27 00,11 |
| 0,515 | 1,13557 | 0,53807 | 0,47383 | 29 30 26,38 |
| 0,516 | 1,13611 | 0,53920 | 0,47461 | 29 33 52,64 |
| 0,517 | 1,13665 | 0,54034 | 0,47538 | 29 37 18,90 |
| 0,518 | 1,13719 | 0,54148 | 0,47615 | 29 40 45,17 |
| 0,519 | 1,13773 | 0,54262 | 0,47693 | 29 44 11,43 |
| **0,520** | 1,13827 | 0,54375 | 0,47770 | 29 47 37,70 |
| 0,521 | 1,13882 | 0,54489 | 0,47847 | 29 51 03,96 |
| 0,522 | 1,13936 | 0,54603 | 0,47924 | 29 54 30,23 |
| 0,523 | 1,13991 | 0,54717 | 0,48001 | 29 57 56,49 |
| 0,524 | 1,14046 | 0,54831 | 0,48078 | 30 01 22,76 |
| 0,525 | 1,14101 | 0,54945 | 0,48155 | 30 04 49,02 |
| 0,526 | 1,14156 | 0,55059 | 0,48232 | 30 08 15,29 |
| 0,527 | 1,14211 | 0,55173 | 0,48308 | 30 11 41,55 |
| 0,528 | 1,14266 | 0,55288 | 0,48385 | 30 15 07,82 |
| 0,529 | 1,14321 | 0,55402 | 0,48462 | 30 18 34,08 |
| **0,530** | 1,14377 | 0,55516 | 0,48538 | 30 22 00,35 |
| 0,531 | 1,14432 | 0,55631 | 0,48615 | 30 25 26,61 |
| 0,532 | 1,14488 | 0,55745 | 0,48691 | 30 28 52,88 |
| 0,533 | 1,14544 | 0,55860 | 0,48767 | 30 32 19,14 |
| 0,534 | 1,14600 | 0,55974 | 0,48843 | 30 35 45,41 |
| 0,535 | 1,14656 | 0,56089 | 0,48919 | 30 39 11,67 |
| 0,536 | 1,14712 | 0,56204 | 0,48995 | 30 42 37,94 |
| 0,537 | 1,14768 | 0,56318 | 0,49071 | 30 46 04,20 |
| 0,538 | 1,14825 | 0,56433 | 0,49147 | 30 49 30,47 |
| 0,539 | 1,14881 | 0,56548 | 0,49223 | 30 52 56,73 |
| **0,540** | 1,14938 | 0,56663 | 0,49299 | 30 56 23,00 |
| 0,541 | 1,14994 | 0,56778 | 0,49374 | 30 59 49,26 |
| 0,542 | 1,15051 | 0,56893 | 0,49450 | 31 03 15,52 |
| 0,543 | 1,15108 | 0,57008 | 0,49526 | 31 06 41,79 |
| 0,544 | 1,15165 | 0,57123 | 0,49601 | 31 10 08,05 |
| 0,545 | 1,15223 | 0,57238 | 0,49676 | 31 13 34,32 |
| 0,546 | 1,15280 | 0,57354 | 0,49752 | 31 17 00,58 |
| 0,547 | 1,15337 | 0,57469 | 0,49827 | 31 20 26,85 |
| 0,548 | 1,15395 | 0,57584 | 0,49902 | 31 23 53,11 |
| 0,549 | 1,15452 | 0,57700 | 0,49977 | 31 27 19,38 |

| $x$ | $\cos x$ | $\sin x$ | $\operatorname{tg} x$ | $e^{x}$ | $e^{-x}$ |
|---|---|---|---|---|---|
| **0,550** | 0,85252 | 0,52269 | 0,61311 | 1,733 253 | 0,576 9498 |
| 0,551 | 0,85200 | 0,52354 | 0,61448 | 1,734 987 | 0,576 3731 |
| 0,552 | 0,85148 | 0,52439 | 0,61586 | 1,736 723 | 0,575 7971 |
| 0,553 | 0,85095 | 0,52524 | 0,61724 | 1,738 461 | 0,575 2216 |
| 0,554 | 0,85043 | 0,52609 | 0,61862 | 1,740 200 | 0,574 6466 |
| 0,555 | 0,84990 | 0,52694 | 0,62001 | 1,741 941 | 0,574 0723 |
| 0,556 | 0,84937 | 0,52779 | 0,62139 | 1,743 684 | 0,573 4985 |
| 0,557 | 0,84884 | 0,52864 | 0,62278 | 1,745 428 | 0,572 9253 |
| 0,558 | 0,84832 | 0,52949 | 0,62417 | 1,747 175 | 0,572 3526 |
| 0,559 | 0,84779 | 0,53034 | 0,62556 | 1,748 923 | 0,571 7806 |
| **0,560** | 0,84726 | 0,53119 | 0,62695 | 1,750 673 | 0,571 2091 |
| 0,561 | 0,84672 | 0,53203 | 0,62834 | 1,752 424 | 0,570 6381 |
| 0,562 | 0,84619 | 0,53288 | 0,62974 | 1,754 177 | 0,570 0678 |
| 0,563 | 0,84566 | 0,53373 | 0,63114 | 1,755 932 | 0,569 4980 |
| 0,564 | 0,84512 | 0,53457 | 0,63254 | 1,757 689 | 0,568 9288 |
| 0,565 | 0,84459 | 0,53542 | 0,63394 | 1,759 448 | 0,568 3601 |
| 0,566 | 0,84405 | 0,53626 | 0,63534 | 1,761 208 | 0,567 7921 |
| 0,567 | 0,84352 | 0,53710 | 0,63674 | 1,762 970 | 0,567 2246 |
| 0,568 | 0,84298 | 0,53795 | 0,63815 | 1,764 734 | 0,566 6576 |
| 0,569 | 0,84244 | 0,53879 | 0,63956 | 1,766 500 | 0,566 0912 |
| **0,570** | 0,84190 | 0,53963 | 0,64097 | 1,768 267 | 0,565 5254 |
| 0,571 | 0,84136 | 0,54047 | 0,64238 | 1,770 036 | 0,564 9602 |
| 0,572 | 0,84082 | 0,54131 | 0,64379 | 1,771 807 | 0,564 3955 |
| 0,573 | 0,84028 | 0,54216 | 0,64521 | 1,773 580 | 0,563 8314 |
| 0,574 | 0,83974 | 0,54300 | 0,64663 | 1,775 354 | 0,563 2679 |
| 0,575 | 0,83919 | 0,54383 | 0,64805 | 1,777 131 | 0,562 7049 |
| 0,576 | 0,83865 | 0,54467 | 0,64947 | 1,778 909 | 0,562 1424 |
| 0,577 | 0,83810 | 0,54551 | 0,65089 | 1,780 688 | 0,561 5806 |
| 0,578 | 0,83756 | 0,54635 | 0,65231 | 1,782 470 | 0,561 0193 |
| 0,579 | 0,83701 | 0,54719 | 0,65374 | 1,784 253 | 0,560 4585 |
| **0,580** | 0,83646 | 0,54802 | 0,65517 | 1,786 038 | 0,559 8984 |
| 0,581 | 0,83591 | 0,54886 | 0,65660 | 1,787 825 | 0,559 3387 |
| 0,582 | 0,83536 | 0,54970 | 0,65803 | 1,789 614 | 0,558 7797 |
| 0,583 | 0,83481 | 0,55053 | 0,65946 | 1,791 405 | 0,558 2212 |
| 0,584 | 0,83426 | 0,55137 | 0,66090 | 1,793 197 | 0,557 6632 |
| 0,585 | 0,83371 | 0,55220 | 0,66234 | 1,794 991 | 0,557 1059 |
| 0,586 | 0,83316 | 0,55303 | 0,66378 | 1,796 787 | 0,556 5490 |
| 0,587 | 0,83261 | 0,55387 | 0,66522 | 1,798 585 | 0,555 9928 |
| 0,588 | 0,83205 | 0,55470 | 0,66666 | 1,800 384 | 0,555 4370 |
| 0,589 | 0,83150 | 0,55553 | 0,66811 | 1,802 185 | 0,554 8819 |
| **0,590** | 0,83094 | 0,55636 | 0,66956 | 1,803 988 | 0,554 3273 |
| 0,591 | 0,83038 | 0,55719 | 0,67100 | 1,805 793 | 0,553 7732 |
| 0,592 | 0,82983 | 0,55802 | 0,67246 | 1,807 600 | 0,553 2197 |
| 0,593 | 0,82927 | 0,55885 | 0,67391 | 1,809 409 | 0,552 6668 |
| 0,594 | 0,82871 | 0,55968 | 0,67536 | 1,811 219 | 0,552 1144 |
| 0,595 | 0,82815 | 0,56051 | 0,67682 | 1,813 031 | 0,551 5626 |
| 0,596 | 0,82759 | 0,56134 | 0,67828 | 1,814 845 | 0,551 0113 |
| 0,597 | 0,82703 | 0,56216 | 0,67974 | 1,816 661 | 0,550 4605 |
| 0,598 | 0,82646 | 0,56299 | 0,68120 | 1,818 478 | 0,549 9104 |
| 0,599 | 0,82590 | 0,56382 | 0,68267 | 1,820 298 | 0,549 3607 |

| $x$ | Cos $x$ | Sin $x$ | Tg $x$ | $\varphi$ |
|---|---|---|---|---|
| **0,550** | 1,15510 | 0,57815 | 0,50052 | 31° 30′ 45,64″ |
| 0,551 | 1,15568 | 0,57931 | 0,50127 | 31 34 11,91 |
| 0,552 | 1,15626 | 0,58046 | 0,50202 | 31 37 38,17 |
| 0,553 | 1,15684 | 0,58162 | 0,50277 | 31 41 04,44 |
| 0,554 | 1,15742 | 0,58278 | 0,50351 | 31 44 30,70 |
| 0,555 | 1,15801 | 0,58393 | 0,50426 | 31 47 56,97 |
| 0,556 | 1,15859 | 0,58509 | 0,50500 | 31 51 23,23 |
| 0,557 | 1,15918 | 0,58625 | 0,50575 | 31 54 49,50 |
| 0,558 | 1,15976 | 0,58741 | 0,50649 | 31 58 15,76 |
| 0,559 | 1,16035 | 0,58857 | 0,50724 | 32 01 42,03 |
| **0,560** | 1,16094 | 0,58973 | 0,50798 | 32 05 08,29 |
| 0,561 | 1,16153 | 0,59089 | 0,50872 | 32 08 34,56 |
| 0,562 | 1,16212 | 0,59205 | 0,50946 | 32 12 00,82 |
| 0,563 | 1,16272 | 0,59322 | 0,51020 | 32 15 27,09 |
| 0,564 | 1,16331 | 0,59438 | 0,51094 | 32 18 53,35 |
| 0,565 | 1,16390 | 0,59554 | 0,51168 | 32 22 19,62 |
| 0,566 | 1,16450 | 0,59671 | 0,51242 | 32 25 45,88 |
| 0,567 | 1,16510 | 0,59787 | 0,51315 | 32 29 12,15 |
| 0,568 | 1,16570 | 0,59904 | 0,51389 | 32 32 38,41 |
| 0,569 | 1,16630 | 0,60020 | 0,51462 | 32 36 04,67 |
| **0,570** | 1,16690 | 0,60137 | 0,51536 | 32 39 30,94 |
| 0,571 | 1,16750 | 0,60254 | 0,51609 | 32 42 57,20 |
| 0,572 | 1,16810 | 0,60371 | 0,51683 | 32 46 23,47 |
| 0,573 | 1,16871 | 0,60487 | 0,51756 | 32 49 49,73 |
| 0,574 | 1,16931 | 0,60604 | 0,51829 | 32 53 16,00 |
| 0,575 | 1,16992 | 0,60721 | 0,51902 | 32 56 42,26 |
| 0,576 | 1,17053 | 0,60838 | 0,51975 | 33 00 08,53 |
| 0,577 | 1,17113 | 0,60955 | 0,52048 | 33 03 34,79 |
| 0,578 | 1,17174 | 0,61073 | 0,52121 | 33 07 01,06 |
| 0,579 | 1,17236 | 0,61190 | 0,52194 | 33 10 27,32 |
| **0,580** | 1,17297 | 0,61307 | 0,52267 | 33 13 53,59 |
| 0,581 | 1,17358 | 0,61424 | 0,52339 | 33 17 19,85 |
| 0,582 | 1,17420 | 0,61542 | 0,52412 | 33 20 46,12 |
| 0,583 | 1,17481 | 0,61659 | 0,52484 | 33 24 12,38 |
| 0,584 | 1,17543 | 0,61777 | 0,52557 | 33 27 38,65 |
| 0,585 | 1,17605 | 0,61894 | 0,52629 | 33 31 04,91 |
| 0,586 | 1,17667 | 0,62012 | 0,52701 | 33 34 31,18 |
| 0,587 | 1,17729 | 0,62130 | 0,52773 | 33 37 57,44 |
| 0,588 | 1,17791 | 0,62247 | 0,52846 | 33 41 23,71 |
| 0,589 | 1,17853 | 0,62365 | 0,52918 | 33 44 49,97 |
| **0,590** | 1,17916 | 0,62483 | 0,52990 | 33 48 16,24 |
| 0,591 | 1,17978 | 0,62601 | 0,53061 | 33 51 42,50 |
| 0,592 | 1,18041 | 0,62719 | 0,53133 | 33 55 08,77 |
| 0,593 | 1,18104 | 0,62837 | 0,53205 | 33 58 35,03 |
| 0,594 | 1,18167 | 0,62955 | 0,53277 | 34 02 01,29 |
| 0,595 | 1,18230 | 0,63073 | 0,53348 | 34 05 27,56 |
| 0,596 | 1,18293 | 0,63192 | 0,53420 | 34 08 53,82 |
| 0,597 | 1,18356 | 0,63310 | 0,53491 | 34 12 20,09 |
| 0,598 | 1,18419 | 0,63428 | 0,53562 | 34 15 46,35 |
| 0,599 | 1,18483 | 0,63547 | 0,53634 | 34 19 12,62 |

| $x$ | $\cos x$ | $\sin x$ | $\operatorname{tg} x$ | $e^x$ | $e^{-x}$ |
|---|---|---|---|---|---|
| **0,600** | 0,82534 | 0,56464 | 0,68414 | 1,822 119 | 0,548 8116 |
| 0,601 | 0,82477 | 0,56547 | 0,68561 | 1,823 942 | 0,548 2631 |
| 0,602 | 0,82420 | 0,56629 | 0,68708 | 1,825 767 | 0,547 7151 |
| 0,603 | 0,82364 | 0,56712 | 0,68855 | 1,827 593 | 0,547 1677 |
| 0,604 | 0,82307 | 0,56794 | 0,69003 | 1,829 422 | 0,546 6208 |
| 0,605 | 0,82250 | 0,56876 | 0,69150 | 1,831 252 | 0,546 0744 |
| 0,606 | 0,82193 | 0,56958 | 0,69298 | 1,833 084 | 0,545 5286 |
| 0,607 | 0,82136 | 0,57041 | 0,69446 | 1,834 918 | 0,544 9834 |
| 0,608 | 0,82079 | 0,57123 | 0,69595 | 1,836 754 | 0,544 4387 |
| 0,609 | 0,82022 | 0,57205 | 0,69743 | 1,838 592 | 0,543 8945 |
| **0,610** | 0,81965 | 0,57287 | 0,69892 | 1,840 431 | 0,543 3509 |
| 0,611 | 0,81907 | 0,57369 | 0,70041 | 1,842 273 | 0,542 8078 |
| 0,612 | 0,81850 | 0,57451 | 0,70190 | 1,844 116 | 0,542 2653 |
| 0,613 | 0,81793 | 0,57532 | 0,70339 | 1,845 961 | 0,541 7233 |
| 0,614 | 0,81735 | 0,57614 | 0,70489 | 1,847 808 | 0,541 1818 |
| 0,615 | 0,81677 | 0,57696 | 0,70639 | 1,849 657 | 0,540 6409 |
| 0,616 | 0,81620 | 0,57778 | 0,70789 | 1,851 507 | 0,540 1005 |
| 0,617 | 0,81562 | 0,57859 | 0,70939 | 1,853 360 | 0,539 5607 |
| 0,618 | 0,81504 | 0,57941 | 0,71089 | 1,855 214 | 0,539 0214 |
| 0,619 | 0,81446 | 0,58022 | 0,71240 | 1,857 070 | 0,538 4827 |
| **0,620** | 0,81388 | 0,58104 | 0,71391 | 1,858 928 | 0,537 9444 |
| 0,621 | 0,81330 | 0,58185 | 0,71542 | 1,860 788 | 0,537 4068 |
| 0,622 | 0,81271 | 0,58266 | 0,71693 | 1,862 650 | 0,536 8696 |
| 0,623 | 0,81213 | 0,58347 | 0,71845 | 1,864 513 | 0,536 3330 |
| 0,624 | 0,81155 | 0,58429 | 0,71997 | 1,866 379 | 0,535 7970 |
| 0,625 | 0,81096 | 0,58510 | 0,72148 | 1,868 246 | 0,535 2614 |
| 0,626 | 0,81038 | 0,58591 | 0,72301 | 1,870 115 | 0,534 7264 |
| 0,627 | 0,80979 | 0,58672 | 0,72453 | 1,871 986 | 0,534 1920 |
| 0,628 | 0,80920 | 0,58753 | 0,72606 | 1,873 859 | 0,533 6581 |
| 0,629 | 0,80862 | 0,58834 | 0,72758 | 1,875 734 | 0,533 1247 |
| **0,630** | 0,80803 | 0,58914 | 0,72911 | 1,877 611 | 0,532 5918 |
| 0,631 | 0,80744 | 0,58995 | 0,73065 | 1,879 489 | 0,532 0595 |
| 0,632 | 0,80685 | 0,59076 | 0,73218 | 1,881 370 | 0,531 5277 |
| 0,633 | 0,80626 | 0,59157 | 0,73372 | 1,883 252 | 0,530 9964 |
| 0,634 | 0,80566 | 0,59237 | 0,73526 | 1,885 136 | 0,530 4657 |
| 0,635 | 0,80507 | 0,59318 | 0,73680 | 1,887 022 | 0,529 9355 |
| 0,636 | 0,80448 | 0,59398 | 0,73834 | 1,888 910 | 0,529 4058 |
| 0,637 | 0,80388 | 0,59479 | 0,73989 | 1,890 800 | 0,528 8767 |
| 0,638 | 0,80329 | 0,59559 | 0,74144 | 1,892 692 | 0,528 3481 |
| 0,639 | 0,80269 | 0,59639 | 0,74299 | 1,894 585 | 0,527 8200 |
| **0,640** | 0,80210 | 0,59720 | 0,74454 | 1,896 481 | 0,527 2924 |
| 0,641 | 0,80150 | 0,59800 | 0,74610 | 1,898 378 | 0,526 7654 |
| 0,642 | 0,80090 | 0,59880 | 0,74766 | 1,900 278 | 0,526 2389 |
| 0,643 | 0,80030 | 0,59960 | 0,74922 | 1,902 179 | 0,525 7129 |
| 0,644 | 0,79970 | 0,60040 | 0,75078 | 1,904 082 | 0,525 1875 |
| 0,645 | 0,79910 | 0,60120 | 0,75234 | 1,905 987 | 0,524 6625 |
| 0,646 | 0,79850 | 0,60200 | 0,75391 | 1,907 894 | 0,524 1381 |
| 0,647 | 0,79790 | 0,60280 | 0,75548 | 1,909 803 | 0,523 6143 |
| 0,648 | 0,79729 | 0,60359 | 0,75705 | 1,911 714 | 0,523 0909 |
| 0,649 | 0,79669 | 0,60439 | 0,75863 | 1,913 626 | 0,522 5681 |

| $x$ | $\mathfrak{Cof}\,x$ | $\mathfrak{Sin}\,x$ | $\mathfrak{Tg}\,x$ | $\varphi$ |
|---|---|---|---|---|
| **0,600** | 1,18547 | 0,63665 | 0,53705 | 34° 22′ 38,88″ |
| 0,601 | 1,18610 | 0,63784 | 0,53776 | 34 26 05,15 |
| 0,602 | 1,18674 | 0,63903 | 0,53847 | 34 29 31,41 |
| 0,603 | 1,18738 | 0,64021 | 0,53918 | 34 32 57,68 |
| 0,604 | 1,18802 | 0,64140 | 0,53989 | 34 36 23,94 |
| 0,605 | 1,18866 | 0,64259 | 0,54060 | 34 39 50,21 |
| 0,606 | 1,18931 | 0,64378 | 0,54131 | 34 43 16,47 |
| 0,607 | 1,18995 | 0,64497 | 0,54201 | 34 46 42,74 |
| 0,608 | 1,19060 | 0,64616 | 0,54272 | 34 50 09,00 |
| 0,609 | 1,19124 | 0,64735 | 0,54342 | 34 53 35,27 |
| **0,610** | 1,19189 | 0,64854 | 0,54413 | 34 57 01,53 |
| 0,611 | 1,19254 | 0,64973 | 0,54483 | 35 00 27,80 |
| 0,612 | 1,19319 | 0,65093 | 0,54553 | 35 03 54,06 |
| 0,613 | 1,19384 | 0,65212 | 0,54624 | 35 07 20,33 |
| 0,614 | 1,19449 | 0,65331 | 0,54694 | 35 10 46,59 |
| 0,615 | 1,19515 | 0,65451 | 0,54764 | 35 14 12,86 |
| 0,616 | 1,19580 | 0,65570 | 0,54834 | 35 17 39,12 |
| 0,617 | 1,19646 | 0,65690 | 0,54904 | 35 21 05,39 |
| 0,618 | 1,19712 | 0,65810 | 0,54973 | 35 24 31,65 |
| 0,619 | 1,19778 | 0,65929 | 0,55043 | 35 27 57,92 |
| **0,620** | 1,19844 | 0,66049 | 0,55113 | 35 31 24,18 |
| 0,621 | 1,19910 | 0,66169 | 0,55182 | 35 34 50,44 |
| 0,622 | 1,19976 | 0,66289 | 0,55252 | 35 38 16,71 |
| 0,623 | 1,20042 | 0,66409 | 0,55321 | 35 41 42,97 |
| 0,624 | 1,20109 | 0,66529 | 0,55391 | 35 45 09,24 |
| 0,625 | 1,20175 | 0,66649 | 0,55460 | 35 48 35,50 |
| 0,626 | 1,20242 | 0,66769 | 0,55529 | 35 52 01,77 |
| 0,627 | 1,20309 | 0,66890 | 0,55598 | 35 55 28,03 |
| 0,628 | 1,20376 | 0,67010 | 0,55667 | 35 58 54,30 |
| 0,629 | 1,20443 | 0,67130 | 0,55736 | 36 02 20,56 |
| **0,630** | 1,20510 | 0,67251 | 0,55805 | 36 05 46,83 |
| 0,631 | 1,20577 | 0,67371 | 0,55874 | 36 09 13,09 |
| 0,632 | 1,20645 | 0,67492 | 0,55943 | 36 12 39,36 |
| 0,633 | 1,20712 | 0,67613 | 0,56011 | 36 16 05,62 |
| 0,634 | 1,20780 | 0,67734 | 0,56080 | 36 19 31,89 |
| 0,635 | 1,20848 | 0,67854 | 0,56149 | 36 22 58,15 |
| 0,636 | 1,20916 | 0,67975 | 0,56217 | 36 26 24,42 |
| 0,637 | 1,20984 | 0,68096 | 0,56285 | 36 29 50,68 |
| 0,638 | 1,21052 | 0,68217 | 0,56354 | 36 33 16,95 |
| 0,639 | 1,21120 | 0,68338 | 0,56422 | 36 36 43,21 |
| **0,640** | 1,21189 | 0,68459 | 0,56490 | 36 40 09,48 |
| 0,641 | 1,21257 | 0,68581 | 0,56558 | 36 43 35,74 |
| 0,642 | 1,21326 | 0,68702 | 0,56626 | 36 47 02,01 |
| 0,643 | 1,21395 | 0,68823 | 0,56694 | 36 50 28,27 |
| 0,644 | 1,21463 | 0,68945 | 0,56762 | 36 53 54,54 |
| 0,645 | 1,21532 | 0,69066 | 0,56829 | 36 57 20,80 |
| 0,646 | 1,21602 | 0,69188 | 0,56897 | 37 00 47,06 |
| 0,647 | 1,21671 | 0,69309 | 0,56965 | 37 04 13,33 |
| 0,648 | 1,21740 | 0,69431 | 0,57032 | 37 07 39,59 |
| 0,649 | 1,21810 | 0,69553 | 0,57100 | 37 11 05,86 |

| $x$ | $\cos x$ | $\sin x$ | $\operatorname{tg} x$ | $e^x$ | $e^{-x}$ |
|---|---|---|---|---|---|
| **0,650** | 0,79608 | 0,60519 | 0,76020 | 1,915 541 | 0,522 0458 |
| 0,651 | 0,79548 | 0,60598 | 0,76178 | 1,917 457 | 0,521 5240 |
| 0,652 | 0,79487 | 0,60678 | 0,76337 | 1,919 376 | 0,521 0027 |
| 0,653 | 0,79426 | 0,60757 | 0,76495 | 1,921 296 | 0,520 4820 |
| 0,654 | 0,79366 | 0,60837 | 0,76654 | 1,923 218 | 0,519 9618 |
| 0,655 | 0,79305 | 0,60916 | 0,76812 | 1,925 143 | 0,519 4421 |
| 0,656 | 0,79244 | 0,60995 | 0,76972 | 1,927 069 | 0,518 9229 |
| 0,657 | 0,79183 | 0,61074 | 0,77131 | 1,928 997 | 0,518 4042 |
| 0,658 | 0,79122 | 0,61154 | 0,77291 | 1,930 927 | 0,517 8861 |
| 0,659 | 0,79060 | 0,61233 | 0,77450 | 1,932 859 | 0,517 3684 |
| **0,660** | 0,78999 | 0,61312 | 0,77610 | 1,934 792 | 0,516 8513 |
| 0,661 | 0,78938 | 0,61391 | 0,77771 | 1,936 728 | 0,516 3347 |
| 0,662 | 0,78876 | 0,61470 | 0,77931 | 1,938 666 | 0,515 8187 |
| 0,663 | 0,78815 | 0,61548 | 0,78092 | 1,940 605 | 0,515 3031 |
| 0,664 | 0,78753 | 0,61627 | 0,78253 | 1,942 547 | 0,514 7881 |
| 0,665 | 0,78692 | 0,61706 | 0,78415 | 1,944 491 | 0,514 2735 |
| 0,666 | 0,78630 | 0,61785 | 0,78576 | 1,946 436 | 0,513 7595 |
| 0,667 | 0,78568 | 0,61863 | 0,78738 | 1,948 383 | 0,513 2460 |
| 0,668 | 0,78506 | 0,61942 | 0,78900 | 1,950 333 | 0,512 7330 |
| 0,669 | 0,78444 | 0,62020 | 0,79063 | 1,952 284 | 0,512 2205 |
| **0,670** | 0,78382 | 0,62099 | 0,79225 | 1,954 237 | 0,511 7086 |
| 0,671 | 0,78320 | 0,62177 | 0,79388 | 1,956 193 | 0,511 1971 |
| 0,672 | 0,78258 | 0,62255 | 0,79551 | 1,958 150 | 0,510 6862 |
| 0,673 | 0,78196 | 0,62333 | 0,79715 | 1,960 109 | 0,510 1758 |
| 0,674 | 0,78133 | 0,62412 | 0,79879 | 1,962 070 | 0,509 6658 |
| 0,675 | 0,78071 | 0,62490 | 0,80042 | 1,964 033 | 0,509 1564 |
| 0,676 | 0,78008 | 0,62568 | 0,80207 | 1,965 998 | 0,508 6475 |
| 0,677 | 0,77946 | 0,62646 | 0,80371 | 1,967 965 | 0,508 1391 |
| 0,678 | 0,77883 | 0,62724 | 0,80536 | 1,969 934 | 0,507 6312 |
| 0,679 | 0,77820 | 0,62802 | 0,80701 | 1,971 905 | 0,507 1239 |
| **0,680** | 0,77757 | 0,62879 | 0,80866 | 1,973 878 | 0,506 6170 |
| 0,681 | 0,77694 | 0,62957 | 0,81032 | 1,975 853 | 0,506 1106 |
| 0,682 | 0,77631 | 0,63035 | 0,81197 | 1,977 829 | 0,505 6048 |
| 0,683 | 0,77568 | 0,63112 | 0,81364 | 1,979 808 | 0,505 0994 |
| 0,684 | 0,77505 | 0,63190 | 0,81530 | 1,981 789 | 0,504 5946 |
| 0,685 | 0,77442 | 0,63267 | 0,81696 | 1,983 772 | 0,504 0902 |
| 0,686 | 0,77379 | 0,63345 | 0,81863 | 1,985 757 | 0,503 5864 |
| 0,687 | 0,77315 | 0,63422 | 0,82031 | 1,987 743 | 0,503 0831 |
| 0,688 | 0,77252 | 0,63499 | 0,82198 | 1,989 732 | 0,502 5802 |
| 0,689 | 0,77188 | 0,63577 | 0,82366 | 1,991 723 | 0,502 0779 |
| **0,690** | 0,77125 | 0,63654 | 0,82534 | 1,993 716 | 0,501 5761 |
| 0,691 | 0,77061 | 0,63731 | 0,82702 | 1,995 710 | 0,501 0747 |
| 0,692 | 0,76997 | 0,63808 | 0,82870 | 1,997 707 | 0,500 5739 |
| 0,693 | 0,76933 | 0,63885 | 0,83039 | 1,999 706 | 0,500 0736 |
| 0,694 | 0,76869 | 0,63962 | 0,83208 | 2,001 706 | 0,499 5738 |
| 0,695 | 0,76805 | 0,64039 | 0,83378 | 2,003 709 | 0,499 0744 |
| 0,696 | 0,76741 | 0,64115 | 0,83547 | 2,005 714 | 0,498 5756 |
| 0,697 | 0,76677 | 0,64192 | 0,83717 | 2,007 721 | 0,498 0773 |
| 0,698 | 0,76613 | 0,64269 | 0,83888 | 2,009 729 | 0,497 5795 |
| 0,699 | 0,76549 | 0,64345 | 0,84058 | 2,011 740 | 0,497 0821 |

| x | Cos x | Sin x | Tg x | φ |
|---|---|---|---|---|
| **0,650** | 1,21879 | 0,69675 | 0,57167 | 37° 14′ 32,12″ |
| 0,651 | 1,21949 | 0,69797 | 0,57234 | 37 17 58,39 |
| 0,652 | 1,22019 | 0,69919 | 0,57301 | 37 21 24,65 |
| 0,653 | 1,22089 | 0,70041 | 0,57369 | 37 24 50,92 |
| 0,654 | 1,22159 | 0,70163 | 0,57436 | 37 28 17,18 |
| 0,655 | 1,22229 | 0,70285 | 0,57503 | 37 31 43,45 |
| 0,656 | 1,22300 | 0,70407 | 0,57570 | 37 35 09,71 |
| 0,657 | 1,22370 | 0,70530 | 0,57636 | 37 38 35,98 |
| 0,658 | 1,22441 | 0,70652 | 0,57703 | 37 42 02,24 |
| 0,659 | 1,22511 | 0,70775 | 0,57770 | 37 45 28,51 |
| **0,660** | 1,22582 | 0,70897 | 0,57836 | 37 48 54,77 |
| 0,661 | 1,22653 | 0,71020 | 0,57903 | 37 52 21,04 |
| 0,662 | 1,22724 | 0,71142 | 0,57969 | 37 55 47,30 |
| 0,663 | 1,22795 | 0,71265 | 0,58036 | 37 59 13,57 |
| 0,664 | 1,22867 | 0,71388 | 0,58102 | 38 02 39,83 |
| 0,665 | 1,22938 | 0,71511 | 0,58168 | 38 06 06,10 |
| 0,666 | 1,23010 | 0,71634 | 0,58234 | 38 09 32,36 |
| 0,667 | 1,23081 | 0,71757 | 0,58300 | 38 12 58,63 |
| 0,668 | 1,23153 | 0,71880 | 0,58366 | 38 16 24,89 |
| 0,669 | 1,23225 | 0,72003 | 0,58432 | 38 19 51,16 |
| **0,670** | 1,23297 | 0,72126 | 0,58498 | 38 23 17,42 |
| 0,671 | 1,23369 | 0,72250 | 0,58564 | 38 26 43,68 |
| 0,672 | 1,23442 | 0,72373 | 0,58629 | 38 30 09,95 |
| 0,673 | 1,23514 | 0,72497 | 0,58695 | 38 33 36,21 |
| 0,674 | 1,23587 | 0,72620 | 0,58760 | 38 37 02,48 |
| 0,675 | 1,23659 | 0,72744 | 0,58826 | 38 40 28,74 |
| 0,676 | 1,23732 | 0,72868 | 0,58891 | 38 43 55,01 |
| 0,677 | 1,23805 | 0,72991 | 0,58957 | 38 47 21,27 |
| 0,678 | 1,23878 | 0,73115 | 0,59022 | 38 50 47,54 |
| 0,679 | 1,23951 | 0,73239 | 0,59087 | 38 54 13,80 |
| **0,680** | 1,24025 | 0,73363 | 0,59152 | 38 57 40,07 |
| 0,681 | 1,24098 | 0,73487 | 0,59217 | 39 01 06,33 |
| 0,682 | 1,24172 | 0,73611 | 0,59282 | 39 04 32,60 |
| 0,683 | 1,24245 | 0,73735 | 0,59347 | 39 07 58,86 |
| 0,684 | 1,24319 | 0,73860 | 0,59411 | 39 11 25,13 |
| 0,685 | 1,24393 | 0,73984 | 0,59476 | 39 14 51,39 |
| 0,686 | 1,24467 | 0,74109 | 0,59541 | 39 18 17,66 |
| 0,687 | 1,24541 | 0,74233 | 0,59605 | 39 21 43,92 |
| 0,688 | 1,24616 | 0,74358 | 0,59670 | 39 25 10,19 |
| 0,689 | 1,24690 | 0,74482 | 0,59734 | 39 28 36,45 |
| **0,690** | 1,24765 | 0,74607 | 0,59798 | 39 32 02,72 |
| 0,691 | 1,24839 | 0,74732 | 0,59862 | 39 35 28,98 |
| 0,692 | 1,24914 | 0,74857 | 0,59927 | 39 38 55,25 |
| 0,693 | 1,24989 | 0,74982 | 0,59991 | 39 42 21,51 |
| 0,694 | 1,25064 | 0,75107 | 0,60055 | 39 45 47,78 |
| 0,695 | 1,25139 | 0,75232 | 0,60118 | 39 49 14,04 |
| 0,696 | 1,25214 | 0,75357 | 0,60182 | 39 52 40,31 |
| 0,697 | 1,25290 | 0,75482 | 0,60246 | 39 56 06,57 |
| 0,698 | 1,25365 | 0,75607 | 0,60310 | 39 59 32,83 |
| 0,699 | 1,25441 | 0,75733 | 0,60373 | 40 02 59,10 |

| $x$ | $\cos x$ | $\sin x$ | $\operatorname{tg} x$ | $e^x$ | $e^{-x}$ |
|---|---|---|---|---|---|
| **0,700** | 0,76484 | 0,64422 | 0,84229 | 2,013 753 | 0,496 5853 |
| 0,701 | 0,76420 | 0,64498 | 0,84400 | 2,015 767 | 0,496 0890 |
| 0,702 | 0,76355 | 0,64575 | 0,84571 | 2,017 784 | 0,495 5931 |
| 0,703 | 0,76291 | 0,64651 | 0,84743 | 2,019 803 | 0,495 0978 |
| 0,704 | 0,76226 | 0,64727 | 0,84915 | 2,021 824 | 0,494 6029 |
| 0,705 | 0,76161 | 0,64803 | 0,85087 | 2,023 847 | 0,494 1086 |
| 0,706 | 0,76096 | 0,64880 | 0,85260 | 2,025 872 | 0,493 6147 |
| 0,707 | 0,76031 | 0,64956 | 0,85433 | 2,027 898 | 0,493 1213 |
| 0,708 | 0,75966 | 0,65032 | 0,85606 | 2,029 927 | 0,492 6285 |
| 0,709 | 0,75901 | 0,65108 | 0,85779 | 2,031 958 | 0,492 1361 |
| **0,710** | 0,75836 | 0,65183 | 0,85953 | 2,033 991 | 0,491 6442 |
| 0,711 | 0,75771 | 0,65259 | 0,86127 | 2,036 026 | 0,491 1528 |
| 0,712 | 0,75706 | 0,65335 | 0,86301 | 2,038 063 | 0,490 6619 |
| 0,713 | 0,75640 | 0,65411 | 0,86476 | 2,040 102 | 0,490 1715 |
| 0,714 | 0,75575 | 0,65486 | 0,86651 | 2,042 144 | 0,489 6815 |
| 0,715 | 0,75509 | 0,65562 | 0,86826 | 2,044 187 | 0,489 1921 |
| 0,716 | 0,75444 | 0,65637 | 0,87002 | 2,046 232 | 0,488 7032 |
| 0,717 | 0,75378 | 0,65713 | 0,87177 | 2,048 279 | 0,488 2147 |
| 0,718 | 0,75312 | 0,65788 | 0,87354 | 2,050 328 | 0,487 7267 |
| 0,719 | 0,75246 | 0,65863 | 0,87530 | 2,052 380 | 0,487 2393 |
| **0,720** | 0,75181 | 0,65938 | 0,87707 | 2,054 433 | 0,486 7523 |
| 0,721 | 0,75115 | 0,66014 | 0,87884 | 2,056 489 | 0,486 2657 |
| 0,722 | 0,75049 | 0,66089 | 0,88061 | 2,058 546 | 0,485 7797 |
| 0,723 | 0,74982 | 0,66164 | 0,88239 | 2,060 606 | 0,485 2942 |
| 0,724 | 0,74916 | 0,66239 | 0,88417 | 2,062 667 | 0,484 8091 |
| 0,725 | 0,74850 | 0,66314 | 0,88595 | 2,064 731 | 0,484 3246 |
| 0,726 | 0,74784 | 0,66388 | 0,88774 | 2,066 797 | 0,483 8405 |
| 0,727 | 0,74717 | 0,66463 | 0,88953 | 2,068 865 | 0,483 3569 |
| 0,728 | 0,74651 | 0,66538 | 0,89132 | 2,070 935 | 0,482 8738 |
| 0,729 | 0,74584 | 0,66612 | 0,89312 | 2,073 007 | 0,482 3911 |
| **0,730** | 0,74517 | 0,66687 | 0,89492 | 2,075 081 | 0,481 9090 |
| 0,731 | 0,74451 | 0,66761 | 0,89672 | 2,077 157 | 0,481 4273 |
| 0,732 | 0,74384 | 0,66836 | 0,89853 | 2,079 235 | 0,480 9461 |
| 0,733 | 0,74317 | 0,66910 | 0,90033 | 2,081 315 | 0,480 4654 |
| 0,734 | 0,74250 | 0,66984 | 0,90215 | 2,083 398 | 0,479 9852 |
| 0,735 | 0,74183 | 0,67059 | 0,90396 | 2,085 482 | 0,479 5055 |
| 0,736 | 0,74116 | 0,67133 | 0,90578 | 2,087 569 | 0,479 0262 |
| 0,737 | 0,74049 | 0,67207 | 0,90760 | 2,089 657 | 0,478 5474 |
| 0,738 | 0,73982 | 0,67281 | 0,90943 | 2,091 748 | 0,478 0691 |
| 0,739 | 0,73914 | 0,67355 | 0,91126 | 2,093 841 | 0,477 5913 |
| **0,740** | 0,73847 | 0,67429 | 0,91309 | 2,095 936 | 0,477 1139 |
| 0,741 | 0,73779 | 0,67503 | 0,91492 | 2,098 032 | 0,476 6370 |
| 0,742 | 0,73712 | 0,67576 | 0,91676 | 2,100 132 | 0,476 1606 |
| 0,743 | 0,73644 | 0,67650 | 0,91861 | 2,102 233 | 0,475 6847 |
| 0,744 | 0,73577 | 0,67724 | 0,92045 | 2,104 336 | 0,475 2093 |
| 0,745 | 0,73509 | 0,67797 | 0,92230 | 2,106 441 | 0,474 7343 |
| 0,746 | 0,73441 | 0,67871 | 0,92415 | 2,108 549 | 0,474 2598 |
| 0,747 | 0,73373 | 0,67944 | 0,92601 | 2,110 659 | 0,473 7858 |
| 0,748 | 0,73305 | 0,68017 | 0,92787 | 2,112 770 | 0,473 3122 |
| 0,749 | 0,73237 | 0,68091 | 0,92973 | 2,114 884 | 0,472 8392 |

| $x$ | Cos $x$ | Sin $x$ | Tg $x$ | $\varphi$ |
|---|---|---|---|---|
| **0,700** | 1,25517 | 0,75858 | 0,60437 | 40° 06′ 25,30″ |
| 0,701 | 1,25593 | 0,75984 | 0,60500 | 40 09 51,63 |
| 0,702 | 1,25669 | 0,76110 | 0,60564 | 40 13 17,89 |
| 0,703 | 1,25745 | 0,76235 | 0,60627 | 40 16 44,16 |
| 0,704 | 1,25821 | 0,76361 | 0,60690 | 40 20 10,42 |
| 0,705 | 1,25898 | 0,76487 | 0,60753 | 40 23 36,69 |
| 0,706 | 1,25974 | 0,76613 | 0,60816 | 40 27 02,95 |
| 0,707 | 1,26051 | 0,76739 | 0,60879 | 40 30 29,22 |
| 0,708 | 1,26128 | 0,76865 | 0,60942 | 40 33 55,48 |
| 0,709 | 1,26205 | 0,76991 | 0,61005 | 40 37 21,75 |
| **0,710** | 1,26282 | 0,77117 | 0,61068 | 40 40 48,01 |
| 0,711 | 1,26359 | 0,77244 | 0,61130 | 40 44 14,28 |
| 0,712 | 1,26436 | 0,77370 | 0,61193 | 40 47 40,54 |
| 0,713 | 1,26514 | 0,77497 | 0,61255 | 40 51 06,81 |
| 0,714 | 1,26591 | 0,77623 | 0,61318 | 40 54 33,07 |
| 0,715 | 1,26669 | 0,77750 | 0,61380 | 40 57 59,34 |
| 0,716 | 1,26747 | 0,77876 | 0,61443 | 41 01 25,60 |
| 0,717 | 1,26825 | 0,78003 | 0,61505 | 41 04 51,87 |
| 0,718 | 1,26903 | 0,78130 | 0,61567 | 41 08 18,13 |
| 0,719 | 1,26981 | 0,78257 | 0,61629 | 41 11 44,40 |
| **0,720** | 1,27059 | 0,78384 | 0,61691 | 41 15 10,66 |
| 0,721 | 1,27138 | 0,78511 | 0,61753 | 41 18 36,93 |
| 0,722 | 1,27216 | 0,78638 | 0,61815 | 41 22 03,19 |
| 0,723 | 1,27295 | 0,78766 | 0,61876 | 41 25 29,45 |
| 0,724 | 1,27374 | 0,78893 | 0,61938 | 41 28 55,72 |
| 0,725 | 1,27453 | 0,79020 | 0,62000 | 41 32 21,98 |
| 0,726 | 1,27532 | 0,79148 | 0,62061 | 41 35 48,25 |
| 0,727 | 1,27611 | 0,79275 | 0,62123 | 41 39 14,51 |
| 0,728 | 1,27690 | 0,79403 | 0,62184 | 41 42 40,78 |
| 0,729 | 1,27770 | 0,79531 | 0,62245 | 41 46 07,04 |
| **0,730** | 1,27849 | 0,79659 | 0,62307 | 41 49 33,31 |
| 0,731 | 1,27929 | 0,79786 | 0,62368 | 41 52 59,57 |
| 0,732 | 1,28009 | 0,79914 | 0,62429 | 41 56 25,84 |
| 0,733 | 1,28089 | 0,80042 | 0,62490 | 41 59 52,10 |
| 0,734 | 1,28169 | 0,80171 | 0,62551 | 42 03 18,37 |
| 0,735 | 1,28249 | 0,80299 | 0,62611 | 42 06 44,63 |
| 0,736 | 1,28330 | 0,80427 | 0,62672 | 42 10 10,90 |
| 0,737 | 1,28410 | 0,80555 | 0,62733 | 42 13 37,16 |
| 0,738 | 1,28491 | 0,80684 | 0,62794 | 42 17 03,43 |
| 0,739 | 1,28572 | 0,80812 | 0,62854 | 42 20 29,69 |
| **0,740** | 1,28652 | 0,80941 | 0,62915 | 42 23 55,96 |
| 0,741 | 1,28733 | 0,81070 | 0,62975 | 42 27 22,22 |
| 0,742 | 1,28815 | 0,81199 | 0,63035 | 42 30 48,49 |
| 0,743 | 1,28896 | 0,81327 | 0,63095 | 42 34 14,75 |
| 0,744 | 1,28977 | 0,81456 | 0,63156 | 42 37 41,02 |
| 0,745 | 1,29059 | 0,81585 | 0,63216 | 42 41 07,28 |
| 0,746 | 1,29140 | 0,81714 | 0,63276 | 42 44 33,55 |
| 0,747 | 1,29222 | 0,81844 | 0,63336 | 42 47 59,81 |
| 0,748 | 1,29304 | 0,81973 | 0,63395 | 42 51 26,08 |
| 0,749 | 1,29386 | 0,82102 | 0,63455 | 42 54 52,34 |

| $x$ | $\cos x$ | $\sin x$ | $\operatorname{tg} x$ | $e^x$ | $e^{-x}$ |
|---|---|---|---|---|---|
| **0,750** | 0,73169 | 0,68164 | 0,93160 | 2,117 000 | 0,472 3666 |
| 0,751 | 0,73101 | 0,68237 | 0,93347 | 2,119 118 | 0,471 8944 |
| 0,752 | 0,73032 | 0,68310 | 0,93534 | 2,121 238 | 0,471 4228 |
| 0,753 | 0,72964 | 0,68383 | 0,93722 | 2,123 361 | 0,470 9516 |
| 0,754 | 0,72896 | 0,68456 | 0,93910 | 2,125 485 | 0,470 4809 |
| 0,755 | 0,72827 | 0,68529 | 0,94098 | 2,127 612 | 0,470 0106 |
| 0,756 | 0,72759 | 0,68602 | 0,94287 | 2,129 740 | 0,469 5408 |
| 0,757 | 0,72690 | 0,68674 | 0,94476 | 2,131 871 | 0,469 0715 |
| 0,758 | 0,72621 | 0,68747 | 0,94665 | 2,134 004 | 0,468 6027 |
| 0,759 | 0,72552 | 0,68820 | 0,94855 | 2,136 139 | 0,468 1343 |
| **0,760** | 0,72484 | 0,68892 | 0,95045 | 2,138 276 | 0,467 6664 |
| 0,761 | 0,72415 | 0,68965 | 0,95236 | 2,140 416 | 0,467 1990 |
| 0,762 | 0,72346 | 0,69037 | 0,95427 | 2,142 557 | 0,466 7320 |
| 0,763 | 0,72277 | 0,69109 | 0,95618 | 2,144 701 | 0,466 2655 |
| 0,764 | 0,72207 | 0,69182 | 0,95809 | 2,146 846 | 0,465 7995 |
| 0,765 | 0,72138 | 0,69254 | 0,96001 | 2,148 994 | 0,465 3339 |
| 0,766 | 0,72069 | 0,69326 | 0,96194 | 2,151 144 | 0,464 8688 |
| 0,767 | 0,72000 | 0,69398 | 0,96386 | 2,153 297 | 0,464 4042 |
| 0,768 | 0,71930 | 0,69470 | 0,96580 | 2,155 451 | 0,463 9400 |
| 0,769 | 0,71861 | 0,69542 | 0,96773 | 2,157 608 | 0,463 4763 |
| **0,770** | 0,71791 | 0,69614 | 0,96967 | 2,159 766 | 0,463 0131 |
| 0,771 | 0,71721 | 0,69685 | 0,97161 | 2,161 927 | 0,462 5503 |
| 0,772 | 0,71652 | 0,69757 | 0,97356 | 2,164 090 | 0,462 0880 |
| 0,773 | 0,71582 | 0,69829 | 0,97551 | 2,166 255 | 0,461 6261 |
| 0,774 | 0,71512 | 0,69900 | 0,97746 | 2,168 423 | 0,461 1647 |
| 0,775 | 0,71442 | 0,69972 | 0,97942 | 2,170 592 | 0,460 7038 |
| 0,776 | 0,71372 | 0,70043 | 0,98138 | 2,172 764 | 0,460 2433 |
| 0,777 | 0,71302 | 0,70114 | 0,98334 | 2,174 938 | 0,459 7833 |
| 0,778 | 0,71232 | 0,70186 | 0,98531 | 2,177 114 | 0,459 3237 |
| 0,779 | 0,71162 | 0,70257 | 0,98728 | 2,179 292 | 0,458 8646 |
| **0,780** | 0,71091 | 0,70328 | 0,98926 | 2,181 472 | 0,458 4060 |
| 0,781 | 0,71021 | 0,70399 | 0,99124 | 2,183 655 | 0,457 9478 |
| 0,782 | 0,70951 | 0,70470 | 0,99323 | 2,185 840 | 0,457 4901 |
| 0,783 | 0,70880 | 0,70541 | 0,99522 | 2,188 027 | 0,457 0329 |
| 0,784 | 0,70809 | 0,70612 | 0,99721 | 2,190 216 | 0,456 5760 |
| 0,785 | 0,70739 | 0,70683 | 0,99920 | 2,192 407 | 0,456 1197 |
| $^1/_4\pi = 0{,}785\ldots$ | 0,70711 | 0,70711 | 1 | 2,193 280 | 0,455 9381 |
| 0,786 | 0,70668 | 0,70753 | 1,00120 | 2,194 600 | 0,455 6638 |
| 0,787 | 0,70597 | 0,70824 | 1,00321 | 2,196 796 | 0,455 2084 |
| 0,788 | 0,70526 | 0,70894 | 1,00522 | 2,198 994 | 0,454 7534 |
| 0,789 | 0,70456 | 0,70965 | 1,00723 | 2,201 194 | 0,454 2989 |
| **0,790** | 0,70385 | 0,71035 | 1,00925 | 2,203 396 | 0,453 8448 |
| 0,791 | 0,70313 | 0,71106 | 1,01127 | 2,205 601 | 0,453 3912 |
| 0,792 | 0,70242 | 0,71176 | 1,01329 | 2,207 808 | 0,452 9380 |
| 0,793 | 0,70171 | 0,71246 | 1,01532 | 2,210 017 | 0,452 4853 |
| 0,794 | 0,70100 | 0,71316 | 1,01735 | 2,212 228 | 0,452 0330 |
| 0,795 | 0,70028 | 0,71386 | 1,01939 | 2,214 441 | 0,451 5812 |
| 0,796 | 0,69957 | 0,71456 | 1,02143 | 2,216 657 | 0,451 1299 |
| 0,797 | 0,69886 | 0,71526 | 1,02348 | 2,218 874 | 0,450 6790 |
| 0,798 | 0.69814 | 0,71596 | 1,02553 | 2,221 094 | 0,450 2285 |
| 0,799 | 0,69742 | 0,71666 | 1,02758 | 2,223 316 | 0,449 7785 |

| $x$ | Cos $x$ | Sin $x$ | Tg $x$ | $\varphi$ |
|---|---|---|---|---|
| **0,750** | 1,29468 | 0,82232 | 0,63515 | 42° 58′ 18,60″ |
| 0,751 | 1,29551 | 0,82361 | 0,63575 | 43 01 44,87 |
| 0,752 | 1,29633 | 0,82491 | 0,63634 | 43 05 11,13 |
| 0,753 | 1,29716 | 0,82620 | 0,63694 | 43 08 37,40 |
| 0,754 | 1,29798 | 0,82750 | 0,63753 | 43 12 03,66 |
| 0,755 | 1,29881 | 0,82880 | 0,63812 | 43 15 29,93 |
| 0,756 | 1,29964 | 0,83010 | 0,63871 | 43 18 56,19 |
| 0,757 | 1,30047 | 0,83140 | 0,63931 | 43 22 22,46 |
| 0,758 | 1,30130 | 0,83270 | 0,63990 | 43 25 48,72 |
| 0,759 | 1,30214 | 0,83400 | 0,64049 | 43 29 14,99 |
| **0,760** | 1,30297 | 0,83530 | 0,64108 | 43 32 41,25 |
| 0,761 | 1,30381 | 0,83661 | 0,64167 | 43 36 07,52 |
| 0,762 | 1,30464 | 0,83791 | 0,64225 | 43 39 33,78 |
| 0,763 | 1,30548 | 0,83922 | 0,64284 | 43 43 00,05 |
| 0,764 | 1,30632 | 0,84052 | 0,64343 | 43 46 26,31 |
| 0,765 | 1,30716 | 0,84183 | 0,64401 | 43 49 52,58 |
| 0,766 | 1,30801 | 0,84314 | 0,64460 | 43 53 18,84 |
| 0,767 | 1,30885 | 0,84445 | 0,64518 | 43 56 45,11 |
| 0,768 | 1,30970 | 0,84576 | 0,64576 | 44 00 11,37 |
| 0,769 | 1,31054 | 0,84707 | 0,64635 | 44 03 37,64 |
| **0,770** | 1,31139 | 0,84838 | 0,64693 | 44 07 03,90 |
| 0,771 | 1,31224 | 0,84969 | 0,64751 | 44 10 30,17 |
| 0,772 | 1,31309 | 0,85100 | 0,64809 | 44 13 56,43 |
| 0,773 | 1,31394 | 0,85231 | 0,64867 | 44 17 22,70 |
| 0,774 | 1,31479 | 0,85363 | 0,64925 | 44 20 48,96 |
| 0,775 | 1,31565 | 0,85494 | 0,64983 | 44 24 15,22 |
| 0,776 | 1,31650 | 0,85626 | 0,65040 | 44 27 41,49 |
| 0,777 | 1,31736 | 0,85758 | 0,65098 | 44 31 07,75 |
| 0,778 | 1,31822 | 0,85889 | 0,65156 | 44 34 34,02 |
| 0,779 | 1,31908 | 0,86021 | 0,65213 | 44 38 00,28 |
| **0,780** | 1,31994 | 0,86153 | 0,65271 | 44 41 26,55 |
| 0,781 | 1,32080 | 0,86285 | 0,65328 | 44 44 52,81 |
| 0,782 | 1,32166 | 0,86417 | 0,65385 | 44 48 19,08 |
| 0,783 | 1,32253 | 0,86550 | 0,65443 | 44 51 45,34 |
| 0,784 | 1,32340 | 0,86682 | 0,65500 | 44 55 11,61 |
| 0,785 | 1,32426 | 0,86814 | 0,65557 | 44 58 37,87 |
| $^1/_4\pi$=0,785··· | 1,32461 | 0,86867 | 0,65579 | 45 |
| 0,786 | 1,32513 | 0,86947 | 0,65614 | 45 02 04,14 |
| 0,787 | 1,32600 | 0,87079 | 0,65671 | 45 05 30,40 |
| 0,788 | 1,32687 | 0,87212 | 0,65727 | 45 08 56,67 |
| 0,789 | 1,32775 | 0,87345 | 0,65784 | 45 12 22,93 |
| **0,790** | 1,32862 | 0,87478 | 0,65841 | 45 15 49,20 |
| 0,791 | 1,32950 | 0,87610 | 0,65898 | 45 19 15,46 |
| 0,792 | 1,33037 | 0,87743 | 0,65954 | 45 22 41,73 |
| 0,793 | 1,33125 | 0,87877 | 0,66011 | 45 26 07,99 |
| 0,794 | 1,33213 | 0,88010 | 0,66067 | 45 29 34,26 |
| 0,795 | 1,33301 | 0,88143 | 0,66123 | 45 33 00,52 |
| 0,796 | 1,33389 | 0,88276 | 0,66179 | 45 36 26,79 |
| 0,797 | 1,33478 | 0,88410 | 0,66236 | 45 39 53,05 |
| 0,798 | 1,33566 | 0,88543 | 0,66292 | 45 43 19,32 |
| 0,799 | 1,33655 | 0,88677 | 0,66348 | 45 46 45,58 |

| x | cos x | sin x | tg x | $e^x$ | $e^{-x}$ |
|---|---|---|---|---|---|
| **0,800** | 0,69671 | 0,71736 | 1,02964 | 2,225 541 | 0,449 3290 |
| 0,801 | 0,69599 | 0,71805 | 1,03170 | 2,227 768 | 0,448 8799 |
| 0,802 | 0,69527 | 0,71875 | 1,03377 | 2,229 996 | 0,448 4312 |
| 0,803 | 0,69455 | 0,71944 | 1,03584 | 2,232 228 | 0,447 9830 |
| 0,804 | 0,69383 | 0,72014 | 1,03791 | 2,234 461 | 0,447 5352 |
| 0,805 | 0,69311 | 0,72083 | 1,03999 | 2,236 696 | 0,447 0879 |
| 0,806 | 0,69239 | 0,72152 | 1,04208 | 2,238 934 | 0,446 6411 |
| 0,807 | 0,69167 | 0,72222 | 1,04416 | 2,241 174 | 0,446 1946 |
| 0,808 | 0,69095 | 0,72291 | 1,04626 | 2,243 417 | 0,445 7487 |
| 0,809 | 0,69022 | 0,72360 | 1,04835 | 2,245 661 | 0,445 3031 |
| **0,810** | 0,68950 | 0,72429 | 1,05046 | 2,247 908 | 0,444 8581 |
| 0,811 | 0,68877 | 0,72498 | 1,05256 | 2,250 157 | 0,444 4134 |
| 0,812 | 0,68805 | 0,72566 | 1,05467 | 2,252 408 | 0,443 9692 |
| 0,813 | 0,68732 | 0,72635 | 1,05679 | 2,254 662 | 0,443 5255 |
| 0,814 | 0,68660 | 0,72704 | 1,05890 | 2,256 918 | 0,443 0822 |
| 0,815 | 0,68587 | 0,72773 | 1,06103 | 2,259 176 | 0,442 6393 |
| 0,816 | 0,68514 | 0,72841 | 1,06316 | 2,261 436 | 0,442 1969 |
| 0,817 | 0,68441 | 0,72910 | 1,06529 | 2,263 699 | 0,441 7549 |
| 0,818 | 0,68368 | 0,72978 | 1,06743 | 2,265 963 | 0,441 3134 |
| 0,819 | 0,68295 | 0,73046 | 1,06957 | 2,268 230 | 0,440 8723 |
| **0,820** | 0,68222 | 0,73115 | 1,07171 | 2,270 500 | 0,440 4317 |
| 0,821 | 0,68149 | 0,73183 | 1,07386 | 2,272 771 | 0,439 9914 |
| 0,822 | 0,68076 | 0,73251 | 1,07602 | 2,275 045 | 0,439 5517 |
| 0,823 | 0,68002 | 0,73319 | 1,07818 | 2,277 322 | 0,439 1123 |
| 0,824 | 0,67929 | 0,73387 | 1,08035 | 2,279 600 | 0,438 6734 |
| 0,825 | 0,67856 | 0,73455 | 1,08251 | 2,281 881 | 0,438 2350 |
| 0,826 | 0,67782 | 0,73523 | 1,08469 | 2,284 164 | 0,437 7970 |
| 0,827 | 0,67709 | 0,73590 | 1,08687 | 2,286 449 | 0,437 3594 |
| 0,828 | 0,67635 | 0,73658 | 1,08905 | 2,288 737 | 0,436 9223 |
| 0,829 | 0,67561 | 0,73726 | 1,09124 | 2,291 027 | 0,436 4856 |
| **0,830** | 0,67488 | 0,73793 | 1,09343 | 2,293 319 | 0,436 0493 |
| 0,831 | 0,67414 | 0,73861 | 1,09563 | 2,295 613 | 0,435 6135 |
| 0,832 | 0,67340 | 0,73928 | 1,09783 | 2,297 910 | 0,435 1781 |
| 0,833 | 0,67266 | 0,73995 | 1,10004 | 2,300 209 | 0,434 7431 |
| 0,834 | 0,67192 | 0,74062 | 1,10225 | 2,302 510 | 0,434 3086 |
| 0,835 | 0,67118 | 0,74130 | 1,10447 | 2,304 814 | 0,433 8745 |
| 0,836 | 0,67044 | 0,74197 | 1,10669 | 2,307 120 | 0,433 4408 |
| 0,837 | 0,66969 | 0,74264 | 1,10892 | 2,309 428 | 0,433 0076 |
| 0,838 | 0,66895 | 0,74331 | 1,11115 | 2,311 739 | 0,432 5748 |
| 0,839 | 0,66821 | 0,74398 | 1,11339 | 2,314 052 | 0,432 1424 |
| **0.840** | 0,66746 | 0,74464 | 1,11563 | 2,316 367 | 0,431 7105 |
| 0,841 | 0,66672 | 0,74531 | 1,11788 | 2,318 685 | 0,431 2790 |
| 0,842 | 0,66597 | 0,74598 | 1,12013 | 2,321 004 | 0,430 8480 |
| 0,843 | 0,66523 | 0,74664 | 1,12239 | 2,323 327 | 0,430 4173 |
| 0,844 | 0,66448 | 0,74731 | 1,12465 | 2,325 651 | 0,429 9871 |
| 0,845 | 0,66373 | 0,74797 | 1,12692 | 2,327 978 | 0,429 5574 |
| 0,846 | 0,66298 | 0,74863 | 1,12919 | 2,330 307 | 0,429 1280 |
| 0,847 | 0,66223 | 0,74930 | 1,13147 | 2,332 638 | 0,428 6991 |
| 0,848 | 0,66148 | 0,74996 | 1,13375 | 2,334 972 | 0,428 2706 |
| 0,849 | 0,66073 | 0,75062 | 1,13604 | 2,337 308 | 0,427 8426 |

| $x$ | $\mathfrak{Cos}\,x$ | $\mathfrak{Sin}\,x$ | $\mathfrak{Tg}\,x$ | $\varphi$ |
|---|---|---|---|---|
| **0,800** | 1,33743 | 0,88811 | 0,66404 | 45° 50′ 11,84″ |
| 0,801 | 1,33832 | 0,88944 | 0,66460 | 45 53 38,11 |
| 0,802 | 1,33921 | 0,89078 | 0,66515 | 45 57 04,37 |
| 0,803 | 1,34011 | 0,89212 | 0,66571 | 46 00 30,64 |
| 0,804 | 1,34100 | 0,89346 | 0,66627 | 46 03 56,90 |
| 0,805 | 1,34189 | 0,89480 | 0,66682 | 46 07 23,17 |
| 0,806 | 1,34279 | 0,89615 | 0,66738 | 46 10 49,43 |
| 0,807 | 1,34368 | 0,89749 | 0,66793 | 46 14 15,70 |
| 0,808 | 1,34458 | 0,89883 | 0,66849 | 46 17 41,96 |
| 0,809 | 1,34548 | 0,90018 | 0,66904 | 46 21 08,23 |
| **0,810** | 1,34638 | 0,90152 | 0,66959 | 46 24 34,49 |
| 0,811 | 1,34729 | 0,90287 | 0,67014 | 46 28 00,76 |
| 0,812 | 1,34819 | 0,90422 | 0,67069 | 46 31 27,02 |
| 0,813 | 1,34909 | 0,90557 | 0,67124 | 46 34 53,29 |
| 0,814 | 1,35000 | 0,90692 | 0,67179 | 46 38 19,55 |
| 0,815 | 1,35091 | 0,90827 | 0,67234 | 46 41 45,82 |
| 0,816 | 1,35182 | 0,90962 | 0,67289 | 46 45 12,08 |
| 0,817 | 1,35273 | 0,91097 | 0,67343 | 46 48 38,35 |
| 0,818 | 1,35364 | 0,91232 | 0,67398 | 46 52 04,61 |
| 0,819 | 1,35455 | 0,91368 | 0,67453 | 46 55 30,88 |
| **0,820** | 1,35547 | 0,91503 | 0,67507 | 46 58 57,14 |
| 0,821 | 1,35638 | 0,91639 | 0,67561 | 47 02 23,41 |
| 0,822 | 1,35730 | 0,91775 | 0,67616 | 47 05 49,67 |
| 0,823 | 1,35822 | 0,91910 | 0,67670 | 47 09 15,94 |
| 0,824 | 1,35914 | 0,92046 | 0,67724 | 47 12 42,20 |
| 0,825 | 1,36006 | 0,92182 | 0,67778 | 47 16 08,47 |
| 0,826 | 1,36098 | 0,92318 | 0,67832 | 47 19 34,73 |
| 0,827 | 1,36190 | 0,92454 | 0,67886 | 47 23 00,99 |
| 0,828 | 1,36283 | 0,92591 | 0,67940 | 47 26 27,26 |
| 0,829 | 1,36376 | 0,92727 | 0,67994 | 47 29 53,52 |
| **0,830** | 1,36468 | 0,92863 | 0,68048 | 47 33 19,79 |
| 0,831 | 1,36561 | 0,93000 | 0,68101 | 47 36 46,05 |
| 0,832 | 1,36654 | 0,93137 | 0,68155 | 47 40 12,32 |
| 0,833 | 1,36748 | 0,93273 | 0,68208 | 47 43 38,58 |
| 0,834 | 1,36841 | 0,93410 | 0,68262 | 47 47 04,85 |
| 0,835 | 1,36934 | 0,93547 | 0,68315 | 47 50 31,11 |
| 0,836 | 1,37028 | 0,93684 | 0,68368 | 47 53 57,38 |
| 0,837 | 1,37122 | 0,93821 | 0,68422 | 47 57 23,64 |
| 0,838 | 1,37216 | 0,93958 | 0,68475 | 48 00 49,91 |
| 0,839 | 1,37310 | 0,94095 | 0,68528 | 48 04 16,17 |
| **0,840** | 1,37404 | 0,94233 | 0,68581 | 48 07 42,44 |
| 0,841 | 1,37498 | 0,94370 | 0,68634 | 48 11 08,70 |
| 0,842 | 1,37593 | 0,94508 | 0,68687 | 48 14 34,97 |
| 0,843 | 1,37687 | 0,94645 | 0,68739 | 48 18 01,23 |
| 0,844 | 1,37782 | 0,94783 | 0,68792 | 48 21 27,50 |
| 0,845 | 1,37877 | 0,94921 | 0,68845 | 48 24 53,76 |
| 0,846 | 1,37972 | 0,95059 | 0,68897 | 48 28 20,03 |
| 0,847 | 1,38067 | 0,95197 | 0,68950 | 48 31 46,29 |
| 0,848 | 1,38162 | 0,95335 | 0,69002 | 48 35 12,56 |
| 0,849 | 1,38258 | 0,95473 | 0,69055 | 48 38 38,82 |

| $x$ | $\cos x$ | $\sin x$ | $\operatorname{tg} x$ | $e^x$ | $e^{-x}$ |
|---|---|---|---|---|---|
| **0,850** | 0,65998 | 0,75128 | 1,13833 | 2,339 647 | 0,427 4149 |
| 0,851 | 0,65923 | 0,75194 | 1,14063 | 2,341 988 | 0,426 9877 |
| 0,852 | 0,65848 | 0,75260 | 1,14293 | 2,344 331 | 0,426 5610 |
| 0,853 | 0,65773 | 0,75326 | 1,14524 | 2,346 676 | 0,426 1346 |
| 0,854 | 0,65697 | 0,75391 | 1,14756 | 2,349 024 | 0,425 7087 |
| 0,855 | 0,65622 | 0,75457 | 1,14988 | 2,351 374 | 0,425 2832 |
| 0,856 | 0,65546 | 0,75523 | 1,15220 | 2,353 727 | 0,424 8581 |
| 0,857 | 0,65471 | 0,75588 | 1,15453 | 2,356 082 | 0,424 4335 |
| 0,858 | 0,65395 | 0,75654 | 1,15687 | 2,358 439 | 0,424 0093 |
| 0,859 | 0,65319 | 0,75719 | 1,15921 | 2,360 799 | 0,423 5855 |
| **0,860** | 0,65244 | 0,75784 | 1,16156 | 2,363 161 | 0,423 1621 |
| 0,861 | 0,65168 | 0,75849 | 1,16391 | 2,365 525 | 0,422 7391 |
| 0,862 | 0,65092 | 0,75915 | 1,16627 | 2,367 892 | 0,422 3166 |
| 0,863 | 0,65016 | 0,75980 | 1,16863 | 2,370 261 | 0,421 8945 |
| 0,864 | 0,64940 | 0,76045 | 1,17100 | 2,372 632 | 0,421 4728 |
| 0,865 | 0,64864 | 0,76110 | 1,17337 | 2,375 006 | 0,421 0516 |
| 0,866 | 0,64788 | 0,76174 | 1,17575 | 2,377 382 | 0,420 6307 |
| 0,867 | 0,64712 | 0,76239 | 1,17814 | 2,379 761 | 0,420 2103 |
| 0,868 | 0,64635 | 0,76304 | 1,18053 | 2,382 142 | 0,419 7903 |
| 0,869 | 0,64559 | 0,76368 | 1,18292 | 2,384 525 | 0,419 3707 |
| **0,870** | 0,64483 | 0,76433 | 1,18532 | 2,386 911 | 0,418 9515 |
| 0,871 | 0,64406 | 0,76497 | 1,18773 | 2,389 299 | 0,418 5328 |
| 0,872 | 0,64330 | 0,76562 | 1,19015 | 2,391 689 | 0,418 1145 |
| 0,873 | 0,64253 | 0,76626 | 1,19257 | 2,394 082 | 0,417 6966 |
| 0,874 | 0,64176 | 0,76690 | 1,19499 | 2,396 478 | 0,417 2791 |
| 0,875 | 0,64100 | 0,76754 | 1,19742 | 2,398 875 | 0,416 8620 |
| 0,876 | 0,64023 | 0,76818 | 1,19986 | 2,401 275 | 0,416 4454 |
| 0,877 | 0,63946 | 0,76882 | 1,20230 | 2,403 678 | 0,416 0291 |
| 0,878 | 0,63869 | 0,76946 | 1,20475 | 2,406 083 | 0,415 6133 |
| 0,879 | 0,63792 | 0,77010 | 1,20720 | 2,408 490 | 0,415 1979 |
| **0,880** | 0,63715 | 0,77074 | 1,20966 | 2,410 900 | 0,414 7829 |
| 0,881 | 0,63638 | 0,77138 | 1,21213 | 2,413 312 | 0,414 3683 |
| 0,882 | 0,63561 | 0,77201 | 1,21460 | 2,415 726 | 0,413 9542 |
| 0,883 | 0,63484 | 0,77265 | 1,21708 | 2,418 143 | 0,413 5404 |
| 0,884 | 0,63406 | 0,77328 | 1,21957 | 2,420 563 | 0,413 1271 |
| 0,885 | 0,63329 | 0,77391 | 1,22206 | 2,422 984 | 0,412 7142 |
| 0,886 | 0,63252 | 0,77455 | 1,22455 | 2,425 409 | 0,412 3017 |
| 0,887 | 0,63174 | 0,77518 | 1,22705 | 2,427 835 | 0,411 8896 |
| 0,888 | 0,63096 | 0,77581 | 1,22956 | 2,430 264 | 0,411 4779 |
| 0,889 | 0,63019 | 0,77644 | 1,23208 | 2,432 696 | 0,411 0666 |
| **0,890** | 0,62941 | 0,77707 | 1,23460 | 2,435 130 | 0,410 6558 |
| 0,891 | 0,62863 | 0,77770 | 1,23713 | 2,437 566 | 0,410 2453 |
| 0,892 | 0,62786 | 0,77833 | 1,23966 | 2,440 005 | 0,409 8353 |
| 0,893 | 0,62708 | 0,77896 | 1,24220 | 2,442 446 | 0,409 4256 |
| 0,894 | 0,62630 | 0,77958 | 1,24475 | 2,444 890 | 0,409 0164 |
| 0,895 | 0,62552 | 0,78021 | 1,24730 | 2,447 336 | 0,408 6076 |
| 0,896 | 0,62474 | 0,78083 | 1,24986 | 2,449 784 | 0,408 1992 |
| 0,897 | 0,62396 | 0,78146 | 1,25242 | 2,452 235 | 0,407 7912 |
| 0,898 | 0,62318 | 0,78208 | 1,25500 | 2,454 689 | 0,407 3836 |
| 0,899 | 0,62239 | 0,78270 | 1,25757 | 2,457 145 | 0,406 9764 |

| $x$ | Cos $x$ | Sin $x$ | Tg $x$ | $\varphi$ |
|---|---|---|---|---|
| **0,850** | 1,38353 | 0,95612 | 0,69107 | 48° 42′ 05,09″ |
| 0,851 | 1,38449 | 0,95750 | 0,69159 | 48 45 31,35 |
| 0,852 | 1,38545 | 0,95888 | 0,69211 | 48 48 57,61 |
| 0,853 | 1,38641 | 0,96027 | 0,69263 | 48 52 23,88 |
| 0,854 | 1,38737 | 0,96166 | 0,69315 | 48 55 50,14 |
| 0,855 | 1,38833 | 0,96305 | 0,69367 | 48 59 16,41 |
| 0,856 | 1,38929 | 0,96443 | 0,69419 | 49 02 42,67 |
| 0,857 | 1,39026 | 0,96582 | 0,69471 | 49 06 08,94 |
| 0,858 | 1,39122 | 0,96721 | 0,69523 | 49 09 35,20 |
| 0,859 | 1,39219 | 0,96861 | 0,69574 | 49 13 01,47 |
| **0,860** | 1,39316 | 0,97000 | 0,69626 | 49 16 27,73 |
| 0,861 | 1,39413 | 0,97139 | 0,69677 | 49 19 54,00 |
| 0,862 | 1,39510 | 0,97279 | 0,69729 | 49 23 20,26 |
| 0,863 | 1,39608 | 0,97418 | 0,69780 | 49 26 46,53 |
| 0,864 | 1,39705 | 0,97558 | 0,69831 | 49 30 12,79 |
| 0,865 | 1,39803 | 0,97698 | 0,69882 | 49 33 39,06 |
| 0,866 | 1,39901 | 0,97838 | 0,69934 | 49 37 05,32 |
| 0,867 | 1,39999 | 0,97978 | 0,69985 | 49 40 31,59 |
| 0,868 | 1,40097 | 0,98118 | 0,70036 | 49 43 57,85 |
| 0,869 | 1,40195 | 0,98258 | 0,70087 | 49 47 24,12 |
| **0,870** | 1,40293 | 0,98398 | 0,70137 | 49 50 50,38 |
| 0,871 | 1,40392 | 0,98538 | 0,70188 | 49 54 16,65 |
| 0,872 | 1,40490 | 0,98679 | 0,70239 | 49 57 42,91 |
| 0,873 | 1,40589 | 0,98819 | 0,70290 | 50 01 09,18 |
| 0,874 | 1,40688 | 0,98960 | 0,70340 | 50 04 35,44 |
| 0,875 | 1,40787 | 0,99101 | 0,70391 | 50 08 01,71 |
| 0,876 | 1,40886 | 0,99241 | 0,70441 | 50 11 27,97 |
| 0,877 | 1,40985 | 0,99382 | 0,70491 | 50 14 54,24 |
| 0,878 | 1,41085 | 0,99523 | 0,70542 | 50 18 20,50 |
| 0,879 | 1,41184 | 0,99665 | 0,70592 | 50 21 46,76 |
| **0,880** | 1,41284 | 0,99806 | 0,70642 | 50 25 13,03 |
| 0,881 | 1,41384 | 0,99947 | 0,70692 | 50 28 39,29 |
| 0,882 | 1,41484 | 1,00089 | 0,70742 | 50 32 05,56 |
| 0,883 | 1,41584 | 1,00230 | 0,70792 | 50 35 31,82 |
| 0,884 | 1,41684 | 1,00372 | 0,70842 | 50 38 58,09 |
| 0,885 | 1,41785 | 1,00514 | 0,70892 | 50 42 24,35 |
| 0,886 | 1,41886 | 1,00655 | 0,70941 | 50 45 50,62 |
| 0,887 | 1,41986 | 1,00797 | 0,70991 | 50 49 16,88 |
| 0,888 | 1,42087 | 1,00939 | 0,71040 | 50 52 43,15 |
| 0,889 | 1,42188 | 1,01081 | 0,71090 | 50 56 09,41 |
| **0,890** | 1,42289 | 1,01224 | 0,71139 | 50 59 35,68 |
| 0,891 | 1,42391 | 1,01366 | 0,71189 | 51 03 01,94 |
| 0,892 | 1,42492 | 1,01508 | 0,71238 | 51 06 28,21 |
| 0,893 | 1,42594 | 1,01651 | 0,71287 | 51 09 54,47 |
| 0,894 | 1,42695 | 1,01794 | 0,71336 | 51 13 20,74 |
| 0,895 | 1,42797 | 1,01936 | 0,71385 | 51 16 47,00 |
| 0,896 | 1,42899 | 1,02079 | 0,71434 | 51 20 13,27 |
| 0,897 | 1,43001 | 1,02222 | 0,71483 | 51 23 39,53 |
| 0,898 | 1,43104 | 1,02365 | 0,71532 | 51 27 05,80 |
| 0,899 | 1,43206 | 1,02508 | 0,71581 | 51 30 32,06 |

| $x$ | $\cos x$ | $\sin x$ | $\operatorname{tg} x$ | $e^x$ | $e^{-x}$ |
|---|---|---|---|---|---|
| **0,900** | 0,62161 | 0,78333 | 1,26016 | 2,459 603 | 0,406 5697 |
| 0,901 | 0,62083 | 0,78395 | 1,26275 | 2,462 064 | 0,406 1633 |
| 0,902 | 0,62004 | 0,78457 | 1,26535 | 2,464 527 | 0,405 7573 |
| 0,903 | 0,61926 | 0,78519 | 1,26795 | 2,466 993 | 0,405 3518 |
| 0,904 | 0,61847 | 0,78581 | 1,27056 | 2,469 461 | 0,404 9466 |
| 0,905 | 0,61769 | 0,78643 | 1,27318 | 2,471 932 | 0,404 5419 |
| 0,906 | 0,61690 | 0,78704 | 1,27580 | 2,474 405 | 0,404 1375 |
| 0,907 | 0,61611 | 0,78766 | 1,27844 | 2,476 881 | 0,403 7336 |
| 0,908 | 0,61532 | 0,78827 | 1,28107 | 2,479 359 | 0,403 3301 |
| 0,909 | 0,61453 | 0,78889 | 1,28372 | 2,481 839 | 0,402 9269 |
| **0,910** | 0,61375 | 0,78950 | 1,28637 | 2,484 323 | 0,402 5242 |
| 0,911 | 0,61296 | 0,79012 | 1,28903 | 2,486 808 | 0,402 1219 |
| 0,912 | 0,61217 | 0,79073 | 1,29169 | 2,489 296 | 0,401 7200 |
| 0,913 | 0,61137 | 0,79134 | 1,29436 | 2,491 787 | 0,401 3185 |
| 0,914 | 0,61058 | 0,79195 | 1,29704 | 2,494 280 | 0,400 9173 |
| 0,915 | 0,60979 | 0,79256 | 1,29973 | 2,496 775 | 0,400 5166 |
| 0,916 | 0,60900 | 0,79317 | 1,30242 | 2,499 273 | 0,400 1163 |
| 0,917 | 0,60820 | 0,79378 | 1,30512 | 2,501 774 | 0,399 7164 |
| 0,918 | 0,60741 | 0,79439 | 1,30783 | 2,504 277 | 0,399 3169 |
| 0,919 | 0,60662 | 0,79500 | 1,31054 | 2,506 782 | 0,398 9178 |
| **0,920** | 0,60582 | 0,79560 | 1,31326 | 2,509 290 | 0,398 5190 |
| 0,921 | 0,60502 | 0,79621 | 1,31599 | 2,511 801 | 0,398 1207 |
| 0,922 | 0,60423 | 0,79681 | 1,31873 | 2,514 314 | 0,397 7228 |
| 0,923 | 0,60343 | 0,79742 | 1,32147 | 2,516 830 | 0,397 3253 |
| 0,924 | 0,60263 | 0,79802 | 1,32422 | 2,519 348 | 0,396 9281 |
| 0,925 | 0,60183 | 0,79862 | 1,32698 | 2,521 868 | 0,396 5314 |
| 0,926 | 0,60104 | 0,79922 | 1,32974 | 2,524 391 | 0,396 1351 |
| 0,927 | 0,60024 | 0,79982 | 1,33251 | 2,526 917 | 0,395 7391 |
| 0,928 | 0,59944 | 0,80042 | 1,33529 | 2,529 445 | 0,395 3436 |
| 0,929 | 0,59864 | 0,80102 | 1,33808 | 2,531 976 | 0,394 9485 |
| **0,930** | 0,59783 | 0,80162 | 1,34087 | 2,534 509 | 0,394 5537 |
| 0,931 | 0,59703 | 0,80222 | 1,34368 | 2,537 045 | 0,394 1594 |
| 0,932 | 0,59623 | 0,80281 | 1,34648 | 2,539 583 | 0,393 7654 |
| 0,933 | 0,59543 | 0,80341 | 1,34930 | 2,542 124 | 0,393 3718 |
| 0,934 | 0,59462 | 0,80400 | 1,35213 | 2,544 668 | 0,392 9786 |
| 0,935 | 0,59382 | 0,80460 | 1,35496 | 2,547 213 | 0,392 5859 |
| 0,936 | 0,59301 | 0,80519 | 1,35780 | 2,549 762 | 0,392 1935 |
| 0,937 | 0,59221 | 0,80579 | 1,36065 | 2,552 313 | 0,391 8015 |
| 0,938 | 0,59140 | 0,80638 | 1,36350 | 2,554 867 | 0,391 4099 |
| 0,939 | 0,59060 | 0,80697 | 1,36636 | 2,557 423 | 0,391 0187 |
| **0,940** | 0,58979 | 0,80756 | 1,36923 | 2,559 981 | 0,390 6278 |
| 0,941 | 0,58898 | 0,80815 | 1,37211 | 2,562 543 | 0,390 2374 |
| 0,942 | 0,58817 | 0,80874 | 1,37500 | 2,565 107 | 0,389 8474 |
| 0,943 | 0,58736 | 0,80932 | 1,37789 | 2,567 673 | 0,389 4577 |
| 0,944 | 0,58655 | 0,80991 | 1,38080 | 2,570 242 | 0,389 0684 |
| 0,945 | 0,58574 | 0,81050 | 1,38371 | 2,572 813 | 0,388 6796 |
| 0,946 | 0,58493 | 0,81108 | 1,38663 | 2,575 387 | 0,388 2911 |
| 0,947 | 0,58412 | 0,81167 | 1,38955 | 2,577 964 | 0,387 9030 |
| 0,948 | 0,58331 | 0,81225 | 1,39249 | 2,580 543 | 0,387 5153 |
| 0,949 | 0,58250 | 0,81283 | 1,39543 | 2,583 125 | 0,387 1280 |

| $x$ | Cof $x$ | Sin $x$ | Tg $x$ | $\varphi$ |
|---|---|---|---|---|
| **0,900** | 1,43309 | 1,02652 | 0,71630 | 51° 33′ 58,33″ |
| 0,901 | 1,43411 | 1,02795 | 0,71678 | 51 37 24,59 |
| 0,902 | 1,43514 | 1,02938 | 0,71727 | 51 40 50,86 |
| 0,903 | 1,43617 | 1,03082 | 0,71776 | 51 44 17,12 |
| 0,904 | 1,43720 | 1,03226 | 0,71824 | 51 47 43,38 |
| 0,905 | 1,43824 | 1,03370 | 0,71872 | 51 51 09,65 |
| 0,906 | 1,43927 | 1,03513 | 0,71921 | 51 54 35,91 |
| 0,907 | 1,44031 | 1,03657 | 0,71969 | 51 58 02,18 |
| 0,908 | 1,44134 | 1,03801 | 0,72017 | 52 01 28,44 |
| 0,909 | 1,44238 | 1,03946 | 0,72065 | 52 04 54,71 |
| **0,910** | 1,44342 | 1,04090 | 0,72113 | 52 08 20,97 |
| 0,911 | 1,44446 | 1,04234 | 0,72161 | 52 11 47,24 |
| 0,912 | 1,44551 | 1,04379 | 0,72209 | 52 15 13,50 |
| 0,913 | 1,44655 | 1,04523 | 0,72257 | 52 18 39,77 |
| 0,914 | 1,44760 | 1,04668 | 0,72305 | 52 22 06,03 |
| 0,915 | 1,44865 | 1,04813 | 0,72352 | 52 25 32,30 |
| 0,916 | 1,44969 | 1,04958 | 0,72400 | 52 28 58,56 |
| 0,917 | 1,45075 | 1,05103 | 0,72448 | 52 32 24,83 |
| 0,918 | 1,45180 | 1,05248 | 0,72495 | 52 35 51,09 |
| 0,919 | 1,45285 | 1,05393 | 0,72542 | 52 39 17,36 |
| **0,920** | 1,45390 | 1,05539 | 0,72590 | 52 42 43,62 |
| 0,921 | 1,45496 | 1,05684 | 0,72637 | 52 46 09,89 |
| 0,922 | 1,45602 | 1,05830 | 0,72684 | 52 49 36,15 |
| 0,923 | 1,45708 | 1,05975 | 0,72731 | 52 53 02,42 |
| 0,924 | 1,45814 | 1,06121 | 0,72778 | 52 56 28,68 |
| 0,925 | 1,45920 | 1,06267 | 0,72825 | 52 59 54,95 |
| 0,926 | 1,46026 | 1,06413 | 0,72872 | 53 03 21,21 |
| 0,927 | 1,46133 | 1,06559 | 0,72919 | 53 06 47,48 |
| 0,928 | 1,46239 | 1,06705 | 0,72966 | 53 10 13,74 |
| 0,929 | 1,46346 | 1,06851 | 0,73013 | 53 13 40,01 |
| **0,930** | 1,46453 | 1,06998 | 0,73059 | 53 17 06,27 |
| 0,931 | 1,46560 | 1,07144 | 0,73106 | 53 20 32,53 |
| 0,932 | 1,46667 | 1,07291 | 0,73152 | 53 23 58,80 |
| 0,933 | 1,46775 | 1,07438 | 0,73199 | 53 27 25,06 |
| 0,934 | 1,46882 | 1,07584 | 0,73245 | 53 30 51,33 |
| 0,935 | 1,46990 | 1,07731 | 0,73292 | 53 34 17,59 |
| 0,936 | 1 47098 | 1,07878 | 0,73338 | 53 37 43,86 |
| 0,937 | 1,47206 | 1,08026 | 0,73384 | 53 41 10,12 |
| 0,938 | 1,47314 | 1,08173 | 0,73430 | 53 44 36,39 |
| 0,939 | 1,47422 | 1,08320 | 0,73476 | 53 48 02,65 |
| **0,940** | 1,47530 | 1,08468 | 0,73522 | 53 51 28,92 |
| 0,941 | 1,47639 | 1,08615 | 0,73568 | 53 54 55,18 |
| 0,942 | 1,47748 | 1,08763 | 0,73614 | 53 58 21,45 |
| 0,943 | 1,47857 | 1,08911 | 0,73660 | 54 01 47,71 |
| 0,944 | 1,47966 | 1,09059 | 0,73705 | 54 05 13,98 |
| 0,945 | 1,48075 | 1,09207 | 0,73751 | 54 08 40,24 |
| 0,946 | 1,48184 | 1,09355 | 0,73797 | 54 12 06,51 |
| 0,947 | 1,48293 | 1,09503 | 0,73842 | 54 15 32,77 |
| 0,948 | 1,48403 | 1,09651 | 0,73888 | 54 18 59,04 |
| 0,949 | 1,48513 | 1,09800 | 0,73933 | 54 22 25,30 |

| $x$ | $\cos x$ | $\sin x$ | $\operatorname{tg} x$ | $e^x$ | $e^{-x}$ |
|---|---|---|---|---|---|
| **0,950** | 0,58168 | 0,81342 | 1,39838 | 2,585 710 | 0,386 7410 |
| 0,951 | 0,58087 | 0,81400 | 1,40134 | 2,588 297 | 0,386 3545 |
| 0,952 | 0,58006 | 0,81458 | 1,40431 | 2,590 886 | 0,385 9683 |
| 0,953 | 0,57924 | 0,81516 | 1,40729 | 2,593 478 | 0,385 5825 |
| 0,954 | 0,57842 | 0,81574 | 1,41027 | 2,596 073 | 0,385 1971 |
| 0,955 | 0,57761 | 0,81631 | 1,41326 | 2,598 671 | 0,384 8121 |
| 0,956 | 0,57679 | 0,81689 | 1,41627 | 2,601 271 | 0,384 4275 |
| 0,957 | 0,57597 | 0,81747 | 1,41928 | 2,603 873 | 0,384 0433 |
| 0,958 | 0,57516 | 0,81804 | 1,42229 | 2,606 478 | 0,383 6594 |
| 0,959 | 0,57434 | 0,81862 | 1,42532 | 2,609 086 | 0,383 2760 |
| **0,960** | 0,57352 | 0,81919 | 1,42836 | 2,611 696 | 0,382 8929 |
| 0,961 | 0,57270 | 0,81976 | 1,43140 | 2,614 309 | 0,382 5102 |
| 0,962 | 0,57188 | 0,82034 | 1,43446 | 2,616 925 | 0,382 1279 |
| 0,963 | 0,57106 | 0,82091 | 1,43752 | 2,619 543 | 0,381 7459 |
| 0,964 | 0,57024 | 0,82148 | 1,44059 | 2,622 164 | 0,381 3644 |
| 0,965 | 0,56942 | 0,82205 | 1,44367 | 2,624 788 | 0,380 9832 |
| 0,966 | 0,56859 | 0,82262 | 1,44676 | 2,627 414 | 0,380 6024 |
| 0,967 | 0,56777 | 0,82319 | 1,44985 | 2,630 042 | 0,380 2220 |
| 0,968 | 0,56695 | 0,82375 | 1,45296 | 2,632 674 | 0,379 8420 |
| 0,969 | 0,56612 | 0,82432 | 1,45608 | 2,635 308 | 0,379 4623 |
| **0,970** | 0,56530 | 0,82489 | 1,45920 | 2,637 944 | 0,379 0830 |
| 0,971 | 0,56447 | 0,82545 | 1,46233 | 2,640 584 | 0,378 7041 |
| 0,972 | 0,56365 | 0,82601 | 1,46548 | 2,643 226 | 0,378 3256 |
| 0,973 | 0,56282 | 0,82658 | 1,46863 | 2,645 870 | 0,377 9475 |
| 0,974 | 0,56200 | 0,82714 | 1,47179 | 2,648 517 | 0,377 5697 |
| 0,975 | 0,56117 | 0,82770 | 1,47496 | 2,651 167 | 0,377 1924 |
| 0,976 | 0,56034 | 0,82826 | 1,47814 | 2,653 820 | 0,376 8153 |
| 0,977 | 0,55951 | 0,82882 | 1,48133 | 2,656 475 | 0,376 4387 |
| 0,978 | 0,55868 | 0,82938 | 1,48453 | 2,659 133 | 0,376 0625 |
| 0,979 | 0,55785 | 0,82994 | 1,48774 | 2,661 793 | 0,375 6866 |
| **0,980** | 0,55702 | 0,83050 | 1,49096 | 2,664 456 | 0,375 3111 |
| 0,981 | 0,55619 | 0,83105 | 1,49419 | 2,667 122 | 0,374 9360 |
| 0,982 | 0,55536 | 0,83161 | 1,49742 | 2,669 790 | 0,374 5612 |
| 0,983 | 0,55453 | 0,83216 | 1,50067 | 2,672 462 | 0,374 1869 |
| 0,984 | 0,55370 | 0,83272 | 1,50393 | 2,675 135 | 0,373 8129 |
| 0,985 | 0,55286 | 0,83327 | 1,50719 | 2,677 812 | 0,373 4392 |
| 0,986 | 0,55203 | 0,83382 | 1,51047 | 2,680 491 | 0,373 0660 |
| 0,987 | 0,55120 | 0,83438 | 1,51376 | 2,683 173 | 0,372 6931 |
| 0,988 | 0,55036 | 0,83493 | 1,51705 | 2,685 857 | 0,372 3206 |
| 0,989 | 0,54953 | 0,83548 | 1,52036 | 2,688 545 | 0,371 9485 |
| **0,990** | 0,54869 | 0,83603 | 1,52368 | 2,691 234 | 0,371 5767 |
| 0,991 | 0,54785 | 0,83657 | 1,52700 | 2,693 927 | 0,371 2053 |
| 0,992 | 0,54702 | 0,83712 | 1,53034 | 2,696 622 | 0,370 8343 |
| 0,993 | 0,54618 | 0,83767 | 1,53369 | 2,699 320 | 0,370 4636 |
| 0,994 | 0,54534 | 0,83821 | 1,53704 | 2,702 021 | 0,370 0934 |
| 0,995 | 0,54450 | 0,83876 | 1,54041 | 2,704 724 | 0,369 7234 |
| 0,996 | 0,54366 | 0,83930 | 1,54379 | 2,707 430 | 0,369 3539 |
| 0,997 | 0,54282 | 0,83985 | 1,54718 | 2,710 139 | 0,368 9847 |
| 0,998 | 0,54198 | 0,84039 | 1,55058 | 2,712 851 | 0,368 6159 |
| 0,999 | 0,54114 | 0,84093 | 1,55399 | 2,715 565 | 0,368 2475 |

| $x$ | Cos $x$ | Sin $x$ | Tg $x$ | $\varphi$ |
|---|---|---|---|---|
| **0,950** | 1,48623 | 1,09948 | 0,73978 | 54° 25′ 51,57″ |
| 0,951 | 1,48733 | 1,10097 | 0,74024 | 54 29 17,83 |
| 0,952 | 1,48843 | 1,10246 | 0,74069 | 54 32 44,10 |
| 0,953 | 1,48953 | 1,10395 | 0,74114 | 54 36 10,36 |
| 0,954 | 1,49064 | 1,10544 | 0,74159 | 54 39 36,63 |
| 0,955 | 1,49174 | 1,10693 | 0,74204 | 54 43 02,89 |
| 0,956 | 1,49285 | 1,10842 | 0,74249 | 54 46 29,15 |
| 0,957 | 1,49396 | 1,10991 | 0,74294 | 54 49 55,42 |
| 0,958 | 1,49507 | 1,11141 | 0,74338 | 54 53 21,68 |
| 0,959 | 1,49618 | 1,11291 | 0,74383 | 54 56 47,95 |
| **0,960** | 1,49729 | 1,11440 | 0,74428 | 55 00 14,21 |
| 0,961 | 1,49841 | 1,11590 | 0,74472 | 55 03 40,48 |
| 0,962 | 1,49953 | 1,11740 | 0,74517 | 55 07 06,74 |
| 0,963 | 1,50064 | 1,11890 | 0,74561 | 55 10 33,01 |
| 0,964 | 1,50176 | 1,12040 | 0,74606 | 55 13 59,27 |
| 0,965 | 1,50289 | 1,12190 | 0,74650 | 55 17 25,54 |
| 0,966 | 1,50401 | 1,12341 | 0,74694 | 55 20 51,80 |
| 0,967 | 1,50513 | 1,12491 | 0,74738 | 55 24 18,07 |
| 0,968 | 1,50626 | 1,12642 | 0,74782 | 55 27 44,33 |
| 0,969 | 1,50739 | 1,12792 | 0,74826 | 55 31 10,60 |
| **0,970** | 1,50851 | 1,12943 | 0,74870 | 55 34 36,86 |
| 0,971 | 1,50964 | 1,13094 | 0,74914 | 55 38 03,13 |
| 0,972 | 1,51078 | 1,13245 | 0,74958 | 55 41 29,39 |
| 0,973 | 1,51191 | 1,13396 | 0,75002 | 55 44 55,66 |
| 0,974 | 1,51304 | 1,13547 | 0,75046 | 55 48 21,92 |
| 0,975 | 1,51418 | 1,13699 | 0,75089 | 55 51 48,19 |
| 0,976 | 1,51532 | 1,13850 | 0,75133 | 55 55 14,45 |
| 0,977 | 1,51646 | 1,14002 | 0,75176 | 55 58 40,72 |
| 0,978 | 1,51760 | 1,14154 | 0,75220 | 56 02 06,98 |
| 0,979 | 1,51874 | 1,14305 | 0,75263 | 56 05 33,25 |
| **0,980** | 1,51988 | 1,14457 | 0,75307 | 56 08 59,51 |
| 0,981 | 1,52103 | 1,14609 | 0,75350 | 56 12 25,77 |
| 0,982 | 1,52218 | 1,14761 | 0,75393 | 56 15 52,04 |
| 0,983 | 1,52332 | 1,14914 | 0,75436 | 56 19 18,30 |
| 0,984 | 1,52447 | 1,15066 | 0,75479 | 56 22 44,57 |
| 0,985 | 1,52563 | 1,15219 | 0,75522 | 56 26 10,83 |
| 0,986 | 1,52678 | 1,15371 | 0,75565 | 56 29 37,10 |
| 0,987 | 1,52793 | 1,15524 | 0,75608 | 56 33 03,36 |
| 0,988 | 1,52909 | 1,15677 | 0,75651 | 56 36 29,63 |
| 0,989 | 1,53025 | 1,15830 | 0,75694 | 56 39 55,89 |
| **0,990** | 1,53141 | 1,15983 | 0,75736 | 56 43 22,16 |
| 0,991 | 1,53257 | 1,16136 | 0,75779 | 56 46 48,42 |
| 0,992 | 1,53373 | 1,16289 | 0,75821 | 56 50 14,69 |
| 0,993 | 1,53489 | 1,16443 | 0,75864 | 56 53 40,95 |
| 0,994 | 1,53606 | 1,16596 | 0,75906 | 56 57 07,22 |
| 0,995 | 1,53722 | 1,16750 | 0,75949 | 57 00 33,48 |
| 0,996 | 1,53839 | 1,16904 | 0,75991 | 57 03 59,75 |
| 0,997 | 1,53956 | 1,17058 | 0,76033 | 57 07 26,01 |
| 0,998 | 1,54073 | 1,17212 | 0,76075 | 57 10 52,28 |
| 0,999 | 1,54191 | 1,17366 | 0,76117 | 57 14 18,54 |

| $x$ | $\cos x$ | $\sin x$ | $\operatorname{tg} x$ | $e^x$ | $e^{-x}$ |
|---|---|---|---|---|---|
| **1,000** | 0,54030 | 0,84147 | 1,55741 | 2,718 282 | 0,367 8794 |
| 1,001 | 0,53946 | 0,84201 | 1,56084 | 2,721 001 | 0,367 5117 |
| 1,002 | 0,53862 | 0,84255 | 1,56428 | 2,723 724 | 0,367 1444 |
| 1,003 | 0,53778 | 0,84309 | 1,56773 | 2,726 449 | 0,366 7775 |
| 1,004 | 0,53693 | 0,84363 | 1,57120 | 2,729 177 | 0,366 4109 |
| 1,005 | 0,53609 | 0,84416 | 1,57467 | 2,731 907 | 0,366 0446 |
| 1,006 | 0,53524 | 0,84470 | 1,57815 | 2,734 641 | 0,365 6788 |
| 1,007 | 0,53440 | 0,84523 | 1,58165 | 2,737 377 | 0,365 3133 |
| 1,008 | 0,53355 | 0,84577 | 1,58516 | 2,740 115 | 0,364 9481 |
| 1,009 | 0,53271 | 0,84630 | 1,58868 | 2,742 857 | 0,364 5834 |
| **1,010** | 0,53186 | 0,84683 | 1,59221 | 2,745 601 | 0,364 2190 |
| 1,011 | 0,53101 | 0,84736 | 1,59575 | 2,748 348 | 0,363 8549 |
| 1,012 | 0,53017 | 0,84789 | 1,59930 | 2,751 098 | 0,363 4913 |
| 1,013 | 0,52932 | 0,84842 | 1,60286 | 2,753 850 | 0,363 1280 |
| 1,014 | 0,52847 | 0,84895 | 1,60644 | 2,756 605 | 0,362 7650 |
| 1,015 | 0,52762 | 0,84948 | 1,61002 | 2,759 363 | 0,362 4024 |
| 1,016 | 0,52677 | 0,85001 | 1,61362 | 2,762 124 | 0,362 0402 |
| 1,017 | 0,52592 | 0,85053 | 1,61723 | 2,764 888 | 0,361 6783 |
| 1,018 | 0,52507 | 0,85106 | 1,62085 | 2,767 654 | 0,361 3169 |
| 1,019 | 0,52422 | 0,85158 | 1,62449 | 2,770 423 | 0,360 9557 |
| **1,020** | 0,52337 | 0,85211 | 1,62813 | 2,773 195 | 0,360 5949 |
| 1,021 | 0,52251 | 0,85263 | 1,63179 | 2,775 969 | 0,360 2345 |
| 1,022 | 0,52166 | 0,85315 | 1,63546 | 2,778 747 | 0,359 8745 |
| 1,023 | 0,52081 | 0,85367 | 1,63914 | 2,781 527 | 0,359 5148 |
| 1,024 | 0,51995 | 0,85419 | 1,64283 | 2,784 310 | 0,359 1554 |
| 1,025 | 0,51910 | 0,85471 | 1,64653 | 2,787 095 | 0,358 7965 |
| 1,026 | 0,51824 | 0,85523 | 1,65025 | 2,789 884 | 0,358 4378 |
| 1,027 | 0,51739 | 0,85575 | 1,65398 | 2,792 675 | 0,358 0796 |
| 1,028 | 0,51653 | 0,85627 | 1,65772 | 2,795 469 | 0,357 7217 |
| 1,029 | 0,51568 | 0,85678 | 1,66148 | 2,798 266 | 0,357 3641 |
| **1,030** | 0,51482 | 0,85730 | 1,66524 | 2,801 066 | 0,357 0070 |
| 1,031 | 0,51396 | 0,85781 | 1,66902 | 2,803 868 | 0,356 6501 |
| 1,032 | 0,51310 | 0,85833 | 1,67282 | 2,806 674 | 0,356 2937 |
| 1,033 | 0,51224 | 0,85884 | 1,67662 | 2,809 482 | 0,355 9375 |
| 1,034 | 0,51139 | 0,85935 | 1,68044 | 2,812 293 | 0,355 5818 |
| 1,035 | 0,51053 | 0,85986 | 1,68427 | 2,815 106 | 0,355 2264 |
| 1,036 | 0,50967 | 0,86037 | 1,68811 | 2,817 923 | 0,354 8713 |
| 1,037 | 0,50881 | 0,86088 | 1,69197 | 2,820 742 | 0,354 5166 |
| 1,038 | 0,50794 | 0,86139 | 1,69584 | 2,823 564 | 0,354 1623 |
| 1,039 | 0,50708 | 0,86190 | 1,69972 | 2,826 389 | 0,353 8083 |
| **1,040** | 0,50622 | 0,86240 | 1,70361 | 2,829 217 | 0,353 4547 |
| 1,041 | 0,50536 | 0,86291 | 1,70752 | 2,832 048 | 0,353 1014 |
| 1,042 | 0,50449 | 0,86341 | 1,71145 | 2,834 881 | 0,352 7485 |
| 1,043 | 0,50363 | 0,86392 | 1,71538 | 2,837 717 | 0,352 3959 |
| 1,044 | 0,50277 | 0,86442 | 1,71933 | 2,840 557 | 0,352 0437 |
| 1,045 | 0,50190 | 0,86492 | 1,72329 | 2,843 399 | 0,351 6918 |
| 1,046 | 0,50104 | 0,86543 | 1,72727 | 2,846 243 | 0,351 3403 |
| 1,047 | 0,50017 | 0,86593 | 1,73126 | 2,849 091 | 0,350 9891 |
| 1,048 | 0,49930 | 0,86643 | 1,73527 | 2,851 942 | 0,350 6383 |
| 1,049 | 0,49844 | 0,86693 | 1,73928 | 2,854 795 | 0,350 2879 |

| $x$ | Cos $x$ | Sin $x$ | Tg $x$ | $\varphi$ |
|---|---|---|---|---|
| **1,000** | 1,54308 | 1,17520 | 0,76159 | 57° 17′ 44,81″ |
| 1,001 | 1,54426 | 1,17674 | 0,76201 | 57 21 11,07 |
| 1,002 | 1,54543 | 1,17829 | 0,76243 | 57 24 37,34 |
| 1,003 | 1,54661 | 1,17984 | 0,76285 | 57 28 03,60 |
| 1,004 | 1,54779 | 1,18138 | 0,76327 | 57 31 29,87 |
| 1,005 | 1,54898 | 1,18293 | 0,76369 | 57 34 56,13 |
| 1,006 | 1,55016 | 1,18448 | 0,76410 | 57 38 22,40 |
| 1,007 | 1,55134 | 1,18603 | 0,76452 | 57 41 48,66 |
| 1,008 | 1,55253 | 1,18758 | 0,76493 | 57 45 14,92 |
| 1,009 | 1,55372 | 1,18914 | 0,76535 | 57 48 41,19 |
| **1,010** | 1,55491 | 1,19069 | 0,76576 | 57 52 07,45 |
| 1,011 | 1,55610 | 1,19225 | 0,76618 | 57 55 33,72 |
| 1,012 | 1,55729 | 1,19380 | 0,76659 | 57 58 59,98 |
| 1,013 | 1,55849 | 1,19536 | 0,76700 | 58 02 26,25 |
| 1,014 | 1,55969 | 1,19692 | 0,76741 | 58 05 52,51 |
| 1,015 | 1,56088 | 1,19848 | 0,76782 | 58 09 18,78 |
| 1,016 | 1,56208 | 1,20004 | 0,76823 | 58 12 45,04 |
| 1,017 | 1,56328 | 1,20160 | 0,76864 | 58 16 11,31 |
| 1,018 | 1,56449 | 1,20317 | 0,76905 | 58 19 37,57 |
| 1,019 | 1,56569 | 1,20473 | 0,76946 | 58 23 03,84 |
| **1,020** | 1,56689 | 1,20630 | 0,76987 | 58 26 30,10 |
| 1,021 | 1,56810 | 1,20787 | 0,77027 | 58 29 56,37 |
| 1,022 | 1,56931 | 1,20944 | 0,77068 | 58 33 22,63 |
| 1,023 | 1,57052 | 1,21101 | 0,77109 | 58 36 48,90 |
| 1,024 | 1,57173 | 1,21258 | 0,77149 | 58 40 15,16 |
| 1,025 | 1,57295 | 1,21415 | 0,77190 | 58 43 41,43 |
| 1,026 | 1,57416 | 1,21572 | 0,77230 | 58 47 07,69 |
| 1,027 | 1,57538 | 1,21730 | 0,77270 | 58 50 33,96 |
| 1,028 | 1,57660 | 1,21887 | 0,77310 | 58 54 00,22 |
| 1,029 | 1,57782 | 1,22045 | 0,77351 | 58 57 26,49 |
| **1,030** | 1,57904 | 1,22203 | 0,77391 | 59 00 52,75 |
| 1,031 | 1,58026 | 1,22361 | 0,77431 | 59 04 19,02 |
| 1,032 | 1,58148 | 1,22519 | 0,77471 | 59 07 45,28 |
| 1,033 | 1,58271 | 1,22677 | 0 77511 | 59 11 11,54 |
| 1,034 | 1,58394 | 1,22836 | 0,77551 | 59 14 37,81 |
| 1,035 | 1,58517 | 1,22994 | 0,77591 | 59 18 04,07 |
| 1,036 | 1,58640 | 1,23153 | 0,77630 | 59 21 30,34 |
| 1,037 | 1,58763 | 1,23311 | 0,77670 | 59 24 56,60 |
| 1,038 | 1,58886 | 1,23470 | 0,77710 | 59 28 22,87 |
| 1,039 | 1,59010 | 1,23629 | 0,77749 | 59 31 49,13 |
| **1,040** | 1,59134 | 1,23788 | 0,77789 | 59 35 15,40 |
| 1,041 | 1,59257 | 1,23947 | 0,77828 | 59 38 41,66 |
| 1,042 | 1,59381 | 1,24107 | 0,77868 | 59 42 07,93 |
| 1,043 | 1,59506 | 1,24266 | 0,77907 | 59 45 34,19 |
| 1,044 | 1,59630 | 1,24426 | 0,77946 | 59 49 00,46 |
| 1,045 | 1,59755 | 1,24585 | 0,77985 | 59 52 26,72 |
| 1,046 | 1,59879 | 1,24745 | 0,78025 | 59 55 52,99 |
| 1,047 | 1,60004 | 1,24905 | 0,78064 | 59 59 19,25 |
| 1,048 | 1,60129 | 1,25065 | 0,78103 | 60 02 45,52 |
| 1,049 | 1,60254 | 1,25225 | 0,78142 | 60 06 11,78 |

| $x$ | $\cos x$ | $\sin x$ | $\operatorname{tg} x$ | $e^x$ | $e^{-x}$ |
|---|---|---|---|---|---|
| **1,050** | 0,49757 | 0,86742 | 1,74332 | 2,857 651 | 0,349 9377 |
| 1,051 | 0,49670 | 0,86792 | 1,74736 | 2,860 510 | 0,349 5880 |
| 1,052 | 0,49584 | 0,86842 | 1,75142 | 2,863 372 | 0,349 2386 |
| 1,053 | 0,49497 | 0,86891 | 1,75550 | 2,866 237 | 0,348 8895 |
| 1,054 | 0,49410 | 0,86941 | 1,75959 | 2,869 105 | 0,348 5408 |
| 1,055 | 0,49323 | 0,86990 | 1,76369 | 2,871 975 | 0,348 1924 |
| 1,056 | 0,49236 | 0,87039 | 1,76781 | 2,874 849 | 0,347 8444 |
| 1,057 | 0,49149 | 0,87088 | 1,77194 | 2,877 725 | 0,347 4967 |
| 1,058 | 0,49062 | 0,87138 | 1,77609 | 2,880 604 | 0,347 1494 |
| 1,059 | 0,48974 | 0,87187 | 1,78025 | 2,883 486 | 0,346 8024 |
| **1,060** | 0,48887 | 0,87236 | 1,78442 | 2,886 371 | 0,346 4558 |
| 1,061 | 0,48800 | 0,87284 | 1,78862 | 2,889 259 | 0,346 1095 |
| 1,062 | 0,48713 | 0,87333 | 1,79282 | 2,892 150 | 0,345 7636 |
| 1,063 | 0,48625 | 0,87382 | 1,79704 | 2,895 043 | 0,345 4180 |
| 1,064 | 0,48538 | 0,87430 | 1,80128 | 2,897 940 | 0,345 0728 |
| 1,065 | 0,48450 | 0,87479 | 1,80553 | 2,900 839 | 0,344 7279 |
| 1,066 | 0,48363 | 0,87527 | 1,80980 | 2,903 741 | 0,344 3833 |
| 1,067 | 0,48275 | 0,87576 | 1,81409 | 2,906 646 | 0,344 0391 |
| 1,068 | 0,48188 | 0,87624 | 1,81838 | 2,909 555 | 0,343 6952 |
| 1,069 | 0,48100 | 0,87672 | 1,82270 | 2,912 466 | 0,343 3517 |
| **1,070** | 0,48012 | 0,87720 | 1,82703 | 2,915 379 | 0,343 0085 |
| 1,071 | 0,47925 | 0,87768 | 1,83137 | 2,918 296 | 0,342 6657 |
| 1,072 | 0,47837 | 0,87816 | 1,83574 | 2,921 216 | 0,342 3232 |
| 1,073 | 0,47749 | 0,87864 | 1,84011 | 2,924 139 | 0,341 9810 |
| 1,074 | 0,47661 | 0,87911 | 1,84451 | 2,927 064 | 0,341 6392 |
| 1,075 | 0,47573 | 0,87959 | 1,84892 | 2,929 993 | 0,341 2978 |
| 1,076 | 0,47485 | 0,88007 | 1,85335 | 2,932 924 | 0,340 9566 |
| 1,077 | 0,47397 | 0,88054 | 1,85779 | 2,935 859 | 0,340 6158 |
| 1,078 | 0,47309 | 0,88101 | 1,86225 | 2,938 796 | 0,340 2754 |
| 1,079 | 0,47221 | 0,88149 | 1,86672 | 2,941 736 | 0,339 9353 |
| **1,080** | 0,47133 | 0,88196 | 1,87122 | 2,944 680 | 0,339 5955 |
| 1,081 | 0,47045 | 0,88243 | 1,87573 | 2,947 626 | 0,339 2561 |
| 1,082 | 0,46956 | 0,88290 | 1,88025 | 2,950 575 | 0,338 9170 |
| 1,083 | 0,46868 | 0,88337 | 1,88480 | 2,953 527 | 0,338 5783 |
| 1,084 | 0,46780 | 0,88384 | 1,88936 | 2,956 482 | 0,338 2399 |
| 1,085 | 0,46691 | 0,88430 | 1,89394 | 2,959 440 | 0,337 9018 |
| 1,086 | 0,46603 | 0,88477 | 1,89853 | 2,962 401 | 0,337 5641 |
| 1,087 | 0,46514 | 0,88524 | 1,90315 | 2,965 365 | 0,337 2267 |
| 1,088 | 0,46426 | 0,88570 | 1,90778 | 2,968 331 | 0,336 8896 |
| 1,089 | 0,46337 | 0,88616 | 1,91243 | 2,971 301 | 0,336 5529 |
| **1,090** | 0,46249 | 0,88663 | 1,91709 | 2,974 274 | 0,336 2165 |
| 1,091 | 0,46160 | 0,88709 | 1,92178 | 2,977 250 | 0,335 8804 |
| 1,092 | 0,46071 | 0,88755 | 1,92648 | 2,980 229 | 0,335 5447 |
| 1,093 | 0,45982 | 0,88801 | 1,93120 | 2,983 210 | 0,335 2094 |
| 1,094 | 0,45894 | 0,88847 | 1,93594 | 2,986 195 | 0,334 8743 |
| 1,095 | 0,45805 | 0,88893 | 1,94069 | 2,989 183 | 0,334 5396 |
| 1,096 | 0,45716 | 0,88939 | 1,94547 | 2,992 173 | 0,334 2052 |
| 1,097 | 0,45627 | 0,88984 | 1,95026 | 2,995 167 | 0,333 8712 |
| 1,098 | 0,45538 | 0,89030 | 1,95508 | 2,998 164 | 0,333 5375 |
| 1,099 | 0,45449 | 0,89075 | 1,95991 | 3,001 163 | 0,333 2041 |

| $x$ | Cos $x$ | Sin $x$ | Tg $x$ | $\varphi$ |
|---|---|---|---|---|
| **1,050** | 1,60379 | 1,25386 | 0,78181 | 60 09′ 38,05″ |
| 1,051 | 1,60505 | 1,25546 | 0,78219 | 60 13 04,31 |
| 1,052 | 1,60631 | 1,25707 | 0,78258 | 60 16 30,58 |
| 1,053 | 1,60756 | 1,25867 | 0,78297 | 60 19 56,84 |
| 1,054 | 1,60882 | 1,26028 | 0,78336 | 60 23 23,11 |
| 1,055 | 1,61008 | 1,26189 | 0,78374 | 60 26 49,37 |
| 1,056 | 1,61135 | 1,26350 | 0,78413 | 60 30 15,64 |
| 1,057 | 1,61261 | 1,26511 | 0,78451 | 60 33 41,90 |
| 1,058 | 1,61388 | 1,26673 | 0,78490 | 60 37 08,17 |
| 1,059 | 1,61514 | 1,26834 | 0,78528 | 60 40 34,43 |
| **1,060** | 1,61641 | 1,26996 | 0,78566 | 60 44 00,69 |
| 1,061 | 1,61768 | 1,27157 | 0,78605 | 60 47 26,96 |
| 1,062 | 1,61896 | 1,27319 | 0,78643 | 60 50 53,22 |
| 1,063 | 1,62023 | 1,27481 | 0,78681 | 60 54 19,49 |
| 1,064 | 1,62151 | 1,27643 | 0,78719 | 60 57 45,75 |
| 1,065 | 1,62278 | 1,27806 | 0,78757 | 61 01 12,02 |
| 1,066 | 1,62406 | 1,27968 | 0,78795 | 61 04 38,28 |
| 1,067 | 1,62534 | 1,28130 | 0,78833 | 61 08 04,55 |
| 1,068 | 1,62662 | 1,28293 | 0,78871 | 61 11 30,81 |
| 1,069 | 1,62791 | 1,28456 | 0,78908 | 61 14 57,08 |
| **1,070** | 1,62919 | 1,28619 | 0,78946 | 61 18 23,34 |
| 1,071 | 1,63048 | 1,28782 | 0,78984 | 61 21 49,61 |
| 1,072 | 1,63177 | 1,28945 | 0,79021 | 61 25 15,87 |
| 1,073 | 1,63306 | 1,29108 | 0,79059 | 61 28 42,14 |
| 1,074 | 1,63435 | 1,29271 | 0,79096 | 61 32 08,40 |
| 1,075 | 1,63565 | 1,29435 | 0,79134 | 61 35 34,67 |
| 1,076 | 1,63694 | 1,29598 | 0,79171 | 61 39 00,93 |
| 1,077 | 1,63824 | 1,29762 | 0,79208 | 61 42 27,20 |
| 1,078 | 1,63954 | 1,29926 | 0,79246 | 61 45 53,46 |
| 1,079 | 1,64084 | 1,30090 | 0,79283 | 61 49 19,73 |
| **1,080** | 1,64214 | 1,30254 | 0,79320 | 61 52 45,99 |
| 1,081 | 1,64344 | 1,30418 | 0,79357 | 61 56 12,26 |
| 1,082 | 1,64475 | 1,30583 | 0,79394 | 61 59 38,52 |
| 1,083 | 1,64605 | 1,30747 | 0,79431 | 62 03 04,79 |
| 1,084 | 1,64736 | 1,30912 | 0,79468 | 62 06 31,05 |
| 1,085 | 1,64867 | 1,31077 | 0,79505 | 62 09 57,31 |
| 1,086 | 1,64998 | 1,31242 | 0,79541 | 62 13 23,58 |
| 1,087 | 1,65130 | 1,31407 | 0,79578 | 62 16 49,84 |
| 1,088 | 1,65261 | 1,31572 | 0,79615 | 62 20 16,11 |
| 1,089 | 1,65393 | 1,31737 | 0,79651 | 62 23 42,37 |
| **1,090** | 1,65525 | 1,31903 | 0,79688 | 62 27 08,64 |
| 1,091 | 1,65657 | 1,32068 | 0,79724 | 62 30 34,90 |
| 1,092 | 1,65789 | 1,32234 | 0,79761 | 62 34 01,17 |
| 1,093 | 1,65921 | 1,32400 | 0,79797 | 62 37 27,43 |
| 1,094 | 1,66053 | 1,32566 | 0,79833 | 62 40 53,70 |
| 1,095 | 1,66186 | 1,32732 | 0,79870 | 62 44 19,96 |
| 1,096 | 1,66319 | 1,32898 | 0,79906 | 62 47 46,23 |
| 1,097 | 1,66452 | 1,33065 | 0,79942 | 62 51 12,49 |
| 1,098 | 1,66585 | 1,33231 | 0,79978 | 62 54 38,76 |
| 1,099 | 1,66718 | 1,33398 | 0,80014 | 62 58 05,02 |

| $x$ | $\cos x$ | $\sin x$ | $\operatorname{tg} x$ | $e^x$ | $e^{-x}$ |
|---|---|---|---|---|---|
| **1,100** | 0,45360 | 0,89121 | 1,96476 | 3,004 166 | 0,332 8711 |
| 1,101 | 0,45270 | 0,89166 | 1,96963 | 3,007 172 | 0,332 5384 |
| 1,102 | 0,45181 | 0,89211 | 1,97452 | 3,010 180 | 0,332 2060 |
| 1,103 | 0,45092 | 0,89256 | 1,97943 | 3,013 192 | 0,331 8740 |
| 1,104 | 0,45003 | 0,89301 | 1,98435 | 3,016 207 | 0,331 5423 |
| 1,105 | 0,44913 | 0,89346 | 1,98930 | 3,019 224 | 0,331 2109 |
| 1,106 | 0,44824 | 0,89391 | 1,99427 | 3,022 245 | 0,330 8798 |
| 1,107 | 0,44735 | 0,89436 | 1,99926 | 3,025 269 | 0,330 5491 |
| 1,108 | 0,44645 | 0,89481 | 2,00426 | 3,028 296 | 0,330 2187 |
| 1,109 | 0,44556 | 0,89525 | 2,00929 | 3,031 326 | 0,329 8887 |
| **1,110** | 0,44466 | 0,89570 | 2,01434 | 3,034 358 | 0,329 5590 |
| 1,111 | 0,44377 | 0,89614 | 2,01941 | 3,037 394 | 0,329 2296 |
| 1,112 | 0,44287 | 0,89659 | 2,02449 | 3,040 433 | 0,328 9005 |
| 1,113 | 0,44197 | 0,89703 | 2,02960 | 3,043 475 | 0,328 5718 |
| 1,114 | 0,44108 | 0,89747 | 2,03473 | 3,046 520 | 0,328 2434 |
| 1,115 | 0,44018 | 0,89791 | 2,03988 | 3,049 568 | 0,327 9153 |
| 1,116 | 0,43928 | 0,89835 | 2,04506 | 3,052 619 | 0,327 5875 |
| 1,117 | 0,43838 | 0,89879 | 2,05025 | 3,055 673 | 0,327 2601 |
| 1,118 | 0,43748 | 0,89923 | 2,05546 | 3,058 731 | 0,326 9330 |
| 1,119 | 0,43658 | 0,89966 | 2,06070 | 3,061 791 | 0,326 6062 |
| **1,120** | 0,43568 | 0,90010 | 2,06596 | 3,064 854 | 0,326 2798 |
| 1,121 | 0,43478 | 0,90054 | 2,07123 | 3,067 921 | 0,325 9537 |
| 1,122 | 0,43388 | 0,90097 | 2,07654 | 3,070 990 | 0,325 6279 |
| 1,123 | 0,43298 | 0,90140 | 2,08186 | 3,074 063 | 0,325 3024 |
| 1,124 | 0,43208 | 0,90184 | 2,08720 | 3,077 138 | 0,324 9773 |
| 1,125 | 0,43118 | 0,90227 | 2,09257 | 3,080 217 | 0,324 6525 |
| 1,126 | 0,43027 | 0,90270 | 2,09796 | 3,083 299 | 0,324 3280 |
| 1,127 | 0,42937 | 0,90313 | 2,10337 | 3,086 383 | 0,324 0038 |
| 1,128 | 0,42847 | 0,90356 | 2,10881 | 3,089 471 | 0,323 6800 |
| 1,129 | 0,42756 | 0,90399 | 2,11427 | 3,092 562 | 0,323 3565 |
| **1,130** | 0,42666 | 0,90441 | 2,11975 | 3,095 657 | 0,323 0333 |
| 1,131 | 0,42576 | 0,90484 | 2,12526 | 3,098 754 | 0,322 7104 |
| 1,132 | 0,42485 | 0,90526 | 2,13078 | 3,101 854 | 0,322 3878 |
| 1,133 | 0,42394 | 0,90569 | 2,13634 | 3,104 957 | 0,322 0656 |
| 1,134 | 0,42304 | 0,90611 | 2,14191 | 3,108 064 | 0,321 7437 |
| 1,135 | 0,42213 | 0,90653 | 2,14751 | 3,111 174 | 0,321 4221 |
| 1,136 | 0,42123 | 0,90696 | 2,15314 | 3,114 286 | 0,321 1009 |
| 1,137 | 0,42032 | 0,90738 | 2,15878 | 3,117 402 | 0,320 7799 |
| 1,138 | 0,41941 | 0,90780 | 2,16446 | 3,120 521 | 0,320 4593 |
| 1,139 | 0,41850 | 0,90822 | 2,17015 | 3,123 643 | 0,320 1390 |
| **1,140** | 0,41759 | 0,90863 | 2,17588 | 3,126 768 | 0,319 8190 |
| 1,141 | 0,41669 | 0,90905 | 2,18162 | 3,129 897 | 0,319 4994 |
| 1,142 | 0,41578 | 0,90947 | 2,18739 | 3,133 028 | 0,319 1800 |
| 1,143 | 0,41487 | 0,90988 | 2,19319 | 3,136 163 | 0,318 8610 |
| 1,144 | 0,41396 | 0,91030 | 2,19901 | 3,139 300 | 0,318 5423 |
| 1,145 | 0,41305 | 0,91071 | 2,20486 | 3,142 441 | 0,318 2239 |
| 1,146 | 0,41214 | 0,91112 | 2,21074 | 3,145 585 | 0,317 9059 |
| 1,147 | 0,41122 | 0,91153 | 2,21664 | 3,148 733 | 0,317 5881 |
| 1,148 | 0,41031 | 0,91195 | 2,22256 | 3,151 883 | 0,317 2707 |
| 1,149 | 0,40940 | 0,91235 | 2,22852 | 3,155 036 | 0,316 9536 |

| $x$ | Cof $x$ | Sin $x$ | Tg $x$ | $\varphi$ |
|---|---|---|---|---|
| **1,100** | 1,66852 | 1,33565 | 0,80050 | 63° 01′ 31,29″ |
| 1,101 | 1,66986 | 1,33732 | 0,80086 | 63 04 57,55 |
| 1,102 | 1,67119 | 1,33899 | 0,80122 | 63 08 23,82 |
| 1,103 | 1,67253 | 1,34066 | 0,80157 | 63 11 50,08 |
| 1,104 | 1,67387 | 1,34233 | 0,80193 | 63 15 16,35 |
| 1,105 | 1,67522 | 1,34401 | 0,80229 | 63 18 42,61 |
| 1,106 | 1,67656 | 1,34568 | 0,80264 | 63 22 08,88 |
| 1,107 | 1,67791 | 1,34736 | 0,80300 | 63 25 35,14 |
| 1,108 | 1,67926 | 1,34904 | 0,80335 | 63 29 01,41 |
| 1,109 | 1,68061 | 1,35072 | 0,80371 | 63 32 27,67 |
| **1,110** | 1,68196 | 1,35240 | 0,80406 | 63 35 53,93 |
| 1,111 | 1,68331 | 1,35408 | 0,80442 | 63 39 20,20 |
| 1,112 | 1,68467 | 1,35577 | 0,80477 | 63 42 46,46 |
| 1,113 | 1,68602 | 1,35745 | 0,80512 | 63 46 12,73 |
| 1,114 | 1,68738 | 1,35914 | 0,80547 | 63 49 38,99 |
| 1,115 | 1,68874 | 1,36083 | 0,80582 | 63 53 05,26 |
| 1,116 | 1,69010 | 1,36252 | 0,80617 | 63 56 31,52 |
| 1,117 | 1,69147 | 1,36421 | 0,80652 | 63 59 57,79 |
| 1,118 | 1,69283 | 1,36590 | 0,80687 | 64 03 24,05 |
| 1,119 | 1,69420 | 1,36759 | 0,80722 | 64 06 50,32 |
| **1,120** | 1,69557 | 1,36929 | 0,80757 | 64 10 16,58 |
| 1,121 | 1,69694 | 1,37098 | 0,80792 | 64 13 42,85 |
| 1,122 | 1,69831 | 1,37268 | 0,80826 | 64 17 09,11 |
| 1,123 | 1,69968 | 1,37438 | 0,80861 | 64 20 35,38 |
| 1,124 | 1,70106 | 1,37608 | 0,80896 | 64 24 01,64 |
| 1,125 | 1,70243 | 1,37778 | 0,80930 | 64 27 27,91 |
| 1,126 | 1,70381 | 1,37949 | 0,80965 | 64 30 54,17 |
| 1,127 | 1,70519 | 1,38119 | 0,80999 | 64 34 20,44 |
| 1,128 | 1,70658 | 1,38290 | 0,81033 | 64 37 46,70 |
| 1,129 | 1,70796 | 1,38460 | 0,81068 | 64 41 12,97 |
| **1,130** | 1,70934 | 1,38631 | 0,81102 | 64 44 39,23 |
| 1,131 | 1,71073 | 1,38802 | 0,81136 | 64 48 05,50 |
| 1,132 | 1,71212 | 1,38973 | 0,81170 | 64 51 31,76 |
| 1,133 | 1,71351 | 1,39145 | 0,81204 | 64 54 58,03 |
| 1,134 | 1,71490 | 1,39316 | 0,81238 | 64 58 24,29 |
| 1,135 | 1,71630 | 1,39488 | 0,81272 | 65 01 50,56 |
| 1,136 | 1,71769 | 1,39659 | 0,81306 | 65 05 16,82 |
| 1,137 | 1,71909 | 1,39831 | 0,81340 | 65 08 43,08 |
| 1,138 | 1,72049 | 1,40003 | 0,81374 | 65 12 09,35 |
| 1,139 | 1,72189 | 1,40175 | 0,81408 | 65 15 35,61 |
| **1,140** | 1,72329 | 1,40347 | 0,81441 | 65 19 01,88 |
| 1,141 | 1,72470 | 1,40520 | 0,81475 | 65 22 28,14 |
| 1,142 | 1,72610 | 1,40692 | 0,81509 | 65 25 54,41 |
| 1,143 | 1,72751 | 1,40865 | 0,81542 | 65 29 20,67 |
| 1,144 | 1,72892 | 1,41038 | 0,81576 | 65 32 46,94 |
| 1,145 | 1,73033 | 1,41211 | 0,81609 | 65 36 13,20 |
| 1,146 | 1,73175 | 1,41384 | 0,81642 | 65 39 39,47 |
| 1,147 | 1,73316 | 1,41557 | 0,81676 | 65 43 05,73 |
| 1,148 | 1,73458 | 1,41731 | 0,81709 | 65 46 32,00 |
| 1,149 | 1,73599 | 1,41904 | 0,81742 | 65 49 58,26 |

| $x$ | $\cos x$ | $\sin x$ | $\operatorname{tg} x$ | $e^x$ | $e^{-x}$ |
|---|---|---|---|---|---|
| **1,150** | 0,40849 | 0,91276 | 2,23450 | 3,158 193 | 0,316 6368 |
| 1,151 | 0,40757 | 0,91317 | 2,24050 | 3,161 353 | 0,316 3203 |
| 1,152 | 0,40666 | 0,91358 | 2,24654 | 3,164 516 | 0,316 0041 |
| 1,153 | 0,40575 | 0,91399 | 2,25260 | 3,167 682 | 0,315 6883 |
| 1,154 | 0,40483 | 0,91439 | 2,25869 | 3,170 851 | 0,315 3728 |
| 1,155 | 0,40392 | 0,91479 | 2,26480 | 3,174 023 | 0,315 0575 |
| 1,156 | 0,40300 | 0,91520 | 2,27094 | 3,177 199 | 0,314 7426 |
| 1,157 | 0,40209 | 0,91560 | 2,27712 | 3,180 378 | 0,314 4281 |
| 1,158 | 0,40117 | 0,91600 | 2,28331 | 3,183 560 | 0,314 1138 |
| 1,159 | 0,40026 | 0,91640 | 2,28954 | 3,186 745 | 0,313 7998 |
| **1,160** | 0,39934 | 0,91680 | 2,29580 | 3,189 933 | 0,313 4862 |
| 1,161 | 0,39842 | 0,91720 | 2,30208 | 3,193 125 | 0,313 1729 |
| 1,162 | 0,39751 | 0,91760 | 2,30840 | 3,196 320 | 0,312 8598 |
| 1,163 | 0,39659 | 0,91800 | 2,31474 | 3,199 517 | 0,312 5471 |
| 1,164 | 0,39567 | 0,91839 | 2,32111 | 3,202 719 | 0,312 2347 |
| 1,165 | 0,39475 | 0,91879 | 2,32752 | 3,205 923 | 0,311 9227 |
| 1,166 | 0,39383 | 0,91918 | 2,33395 | 3,209 130 | 0,311 6109 |
| 1,167 | 0,39291 | 0,91958 | 2,34041 | 3,212 341 | 0,311 2994 |
| 1,168 | 0,39199 | 0,91997 | 2,34690 | 3,215 555 | 0,310 9883 |
| 1,169 | 0,39107 | 0,92036 | 2,35343 | 3,218 772 | 0,310 6775 |
| **1,170** | 0,39015 | 0,92075 | 2,35998 | 3,221 993 | 0,310 3669 |
| 1,171 | 0,38923 | 0,92114 | 2,36657 | 3,225 216 | 0,310 0567 |
| 1,172 | 0,38831 | 0,92153 | 2,37318 | 3,228 443 | 0,309 7468 |
| 1,173 | 0,38739 | 0,92192 | 2,37983 | 3,231 673 | 0,309 4372 |
| 1,174 | 0,38647 | 0,92230 | 2,38651 | 3,234 906 | 0,309 1280 |
| 1,175 | 0,38554 | 0,92269 | 2,39322 | 3,238 143 | 0,308 8190 |
| 1,176 | 0,38462 | 0,92307 | 2,39996 | 3,241 383 | 0,308 5103 |
| 1,177 | 0,38370 | 0,92346 | 2,40674 | 3,244 626 | 0,308 2020 |
| 1,178 | 0,38277 | 0,92384 | 2,41355 | 3,247 872 | 0,307 8939 |
| 1,179 | 0,38185 | 0,92422 | 2,42039 | 3,251 121 | 0,307 5862 |
| **1,180** | 0,38092 | 0,92461 | 2,42727 | 3,254 374 | 0,307 2787 |
| 1,181 | 0,38000 | 0,92499 | 2,43417 | 3,257 630 | 0,306 9716 |
| 1,182 | 0,37907 | 0,92537 | 2,44112 | 3,260 889 | 0,306 6648 |
| 1,183 | 0,37815 | 0,92574 | 2,44809 | 3,264 152 | 0,306 3583 |
| 1,184 | 0,37722 | 0,92612 | 2,45510 | 3,267 418 | 0,306 0521 |
| 1,185 | 0,37630 | 0,92650 | 2,46215 | 3,270 687 | 0,305 7462 |
| 1,186 | 0,37537 | 0,92687 | 2,46923 | 3,273 959 | 0,305 4406 |
| 1,187 | 0,37444 | 0,92725 | 2,47634 | 3,277 235 | 0,305 1353 |
| 1,188 | 0,37352 | 0,92762 | 2,48349 | 3,280 514 | 0,304 8303 |
| 1,189 | 0,37259 | 0,92800 | 2,49068 | 3,283 796 | 0,304 5256 |
| **1,190** | 0,37166 | 0,92837 | 2,49790 | 3,287 081 | 0,304 2213 |
| 1,191 | 0,37073 | 0,92874 | 2,50516 | 3,290 370 | 0,303 9172 |
| 1,192 | 0,36980 | 0,92911 | 2,51245 | 3,293 662 | 0,303 6134 |
| 1,193 | 0,36887 | 0,92948 | 2,51978 | 3,296 957 | 0,303 3100 |
| 1,194 | 0,36794 | 0,92985 | 2,52715 | 3,300 256 | 0,303 0068 |
| 1,195 | 0,36701 | 0,93022 | 2,53456 | 3,303 558 | 0,302 7040 |
| 1,196 | 0,36608 | 0,93058 | 2,54200 | 3,306 863 | 0,302 4014 |
| 1,197 | 0,36515 | 0,93095 | 2,54948 | 3,310 172 | 0,302 0992 |
| 1,198 | 0,36422 | 0,93131 | 2,55700 | 3,313 483 | 0,301 7972 |
| 1,199 | 0,36329 | 0,93168 | 2,56456 | 3,316 798 | 0,301 4956 |

| $x$ | Cof $x$ | Sin $x$ | Tg $x$ | $\varphi$ |
|---|---|---|---|---|
| **1,150** | 1,73741 | 1,42078 | 0,81775 | 65° 53′ 24,53″ |
| 1,151 | 1,73884 | 1,42252 | 0,81809 | 65 56 50,79 |
| 1,152 | 1,74026 | 1,42426 | 0,81842 | 66 00 17,06 |
| 1,153 | 1,74168 | 1,42600 | 0,81875 | 66 03 43,32 |
| 1,154 | 1,74311 | 1,42774 | 0,81907 | 66 07 09,59 |
| 1,155 | 1,74454 | 1,42948 | 0,81940 | 66 10 35,85 |
| 1,156 | 1,74597 | 1,43123 | 0,81973 | 66 14 02,12 |
| 1,157 | 1,74740 | 1,43297 | 0,82006 | 66 17 28,38 |
| 1,158 | 1,74884 | 1,43472 | 0,82039 | 66 20 54,65 |
| 1,159 | 1,75027 | 1,43647 | 0,82071 | 66 24 20,91 |
| **1,160** | 1,75171 | 1,43822 | 0,82104 | 66 27 47,18 |
| 1,161 | 1,75315 | 1,43998 | 0,82137 | 66 31 13,44 |
| 1,162 | 1,75459 | 1,44173 | 0,82169 | 66 34 39,70 |
| 1,163 | 1,75603 | 1,44349 | 0,82202 | 66 38 05,97 |
| 1,164 | 1,75748 | 1,44524 | 0,82234 | 66 41 32,23 |
| 1,165 | 1,75892 | 1,44700 | 0,82266 | 66 44 58,50 |
| 1,166 | 1,76037 | 1,44876 | 0,82299 | 66 48 24,76 |
| 1,167 | 1,76182 | 1,45052 | 0,82331 | 66 51 51,03 |
| 1,168 | 1,76327 | 1,45228 | 0,82363 | 66 55 17,29 |
| 1,169 | 1,76472 | 1,45405 | 0,82395 | 66 58 43,56 |
| **1,170** | 1,76618 | 1,45581 | 0,82427 | 67 02 09,82 |
| 1,171 | 1,76764 | 1,45758 | 0,82459 | 67 05 36,09 |
| 1,172 | 1,76909 | 1,45935 | 0,82491 | 67 09 02,35 |
| 1,173 | 1,77056 | 1,46112 | 0,82523 | 67 12 28,62 |
| 1,174 | 1,77202 | 1,46289 | 0,82555 | 67 15 54,88 |
| 1,175 | 1,77348 | 1,46466 | 0,82587 | 67 19 21,15 |
| 1,176 | 1,77495 | 1,46644 | 0,82619 | 67 22 47,41 |
| 1,177 | 1,77641 | 1,46821 | 0,82650 | 67 26 13,68 |
| 1,178 | 1,77788 | 1,46999 | 0,82682 | 67 29 39,94 |
| 1,179 | 1,77935 | 1,47177 | 0,82714 | 67 33 06,21 |
| **1,180** | 1,78083 | 1,47355 | 0,82745 | 67 36 32,47 |
| 1,181 | 1,78230 | 1,47533 | 0,82777 | 67 39 58,74 |
| 1,182 | 1,78378 | 1,47711 | 0,82808 | 67 43 25,00 |
| 1,183 | 1,78526 | 1,47890 | 0,82840 | 67 46 51,27 |
| 1,184 | 1,78673 | 1,48068 | 0,82871 | 67 50 17,53 |
| 1,185 | 1,78822 | 1,48247 | 0,82902 | 67 53 43,80 |
| 1,186 | 1,78970 | 1,48426 | 0,82933 | 67 57 10,06 |
| 1,187 | 1,79119 | 1,48605 | 0,82965 | 68 00 36,33 |
| 1,188 | 1,79267 | 1,48784 | 0,82996 | 68 04 02,59 |
| 1,189 | 1,79416 | 1,48964 | 0,83027 | 68 07 28,85 |
| **1,190** | 1,79565 | 1,49143 | 0,83058 | 68 10 55,12 |
| 1,191 | 1,79714 | 1,49323 | 0,83089 | 68 14 21,38 |
| 1,192 | 1,79864 | 1,49502 | 0,83120 | 68 17 47,65 |
| 1,193 | 1,80013 | 1,49682 | 0,83151 | 68 21 13,91 |
| 1,194 | 1,80163 | 1,49862 | 0,83182 | 68 24 40,18 |
| 1,195 | 1,80313 | 1,50043 | 0,83212 | 68 28 06,44 |
| 1,196 | 1,80463 | 1,50223 | 0,83243 | 68 31 32,71 |
| 1,197 | 1,80614 | 1,50404 | 0,83274 | 68 34 58,97 |
| 1,198 | 1,80764 | 1,50584 | 0,83304 | 68 38 25,24 |
| 1,199 | 1,80915 | 1,50765 | 0,83335 | 68 41 51,50 |

| $x$ | $\cos x$ | $\sin x$ | $\operatorname{tg} x$ | $e^x$ | $e^{-x}$ |
|---|---|---|---|---|---|
| **1,200** | 0,36236 | 0,93204 | 2,57215 | 3,320 117 | 0,301 1942 |
| 1,201 | 0,36143 | 0,93240 | 2,57979 | 3,323 439 | 0,300 8932 |
| 1,202 | 0,36049 | 0,93276 | 2,58746 | 3,326 764 | 0,300 5924 |
| 1,203 | 0,35956 | 0,93312 | 2,59518 | 3,330 092 | 0,300 2920 |
| 1,204 | 0,35863 | 0,93348 | 2,60293 | 3,333 424 | 0,299 9918 |
| 1,205 | 0,35769 | 0,93384 | 2,61073 | 3,336 759 | 0,299 6920 |
| 1,206 | 0,35676 | 0,93420 | 2,61856 | 3,340 098 | 0,299 3925 |
| 1,207 | 0,35582 | 0,93455 | 2,62644 | 3,343 439 | 0,299 0932 |
| 1,208 | 0,35489 | 0,93491 | 2,63436 | 3,346 784 | 0,298 7943 |
| 1,209 | 0,35395 | 0,93526 | 2,64232 | 3,350 133 | 0,298 4956 |
| **1,210** | 0,35302 | 0,93562 | 2,65032 | 3,353 485 | 0,298 1973 |
| 1,211 | 0,35208 | 0,93597 | 2,65837 | 3,356 840 | 0,297 8992 |
| 1,212 | 0,35115 | 0,93632 | 2,66646 | 3,360 198 | 0,297 6015 |
| 1,213 | 0,35021 | 0,93667 | 2,67459 | 3,363 560 | 0,297 3040 |
| 1,214 | 0,34927 | 0,93702 | 2,68277 | 3,366 925 | 0,297 0069 |
| 1,215 | 0,34834 | 0,93737 | 2,69099 | 3,370 294 | 0,296 7100 |
| 1,216 | 0,34740 | 0,93772 | 2,69925 | 3,373 666 | 0,296 4135 |
| 1,217 | 0,34646 | 0,93806 | 2,70756 | 3,377 041 | 0,296 1172 |
| 1,218 | 0,34552 | 0,93841 | 2,71591 | 3,380 420 | 0,295 8212 |
| 1,219 | 0,34458 | 0,93876 | 2,72431 | 3,383 802 | 0,295 5255 |
| **1,220** | 0,34365 | 0,93910 | 2,73275 | 3,387 188 | 0,295 2302 |
| 1,221 | 0,34271 | 0,93944 | 2,74125 | 3,390 577 | 0,294 9351 |
| 1,222 | 0,34177 | 0,93978 | 2,74978 | 3,393 969 | 0,294 6403 |
| 1,223 | 0,34083 | 0,94013 | 2,75837 | 3,397 365 | 0,294 3458 |
| 1,224 | 0,33989 | 0,94047 | 2,76700 | 3,400 764 | 0,294 0516 |
| 1,225 | 0,33895 | 0,94081 | 2,77568 | 3,404 166 | 0,293 7577 |
| 1,226 | 0,33800 | 0,94114 | 2,78441 | 3,407 572 | 0,293 4641 |
| 1,227 | 0,33706 | 0,94148 | 2,79319 | 3,410 981 | 0,293 1708 |
| 1,228 | 0,33612 | 0,94182 | 2,80201 | 3,414 394 | 0,292 8777 |
| 1,229 | 0,33518 | 0,94215 | 2,81089 | 3,417 810 | 0,292 5850 |
| **1,230** | 0,33424 | 0,94249 | 2,81982 | 3,421 230 | 0,292 2926 |
| 1,231 | 0,33330 | 0,94282 | 2,82879 | 3,424 652 | 0,292 0004 |
| 1,232 | 0,33235 | 0,94316 | 2,83782 | 3,428 079 | 0,291 7086 |
| 1,233 | 0,33141 | 0,94349 | 2,84690 | 3,431 509 | 0,291 4170 |
| 1,234 | 0,33047 | 0,94382 | 2,85603 | 3,434 942 | 0,291 1257 |
| 1,235 | 0,32952 | 0,94415 | 2,86521 | 3,438 379 | 0,290 8348 |
| 1,236 | 0,32858 | 0,94448 | 2,87445 | 3,441 819 | 0,290 5441 |
| 1,237 | 0,32763 | 0,94481 | 2,88374 | 3,445 262 | 0,290 2537 |
| 1,238 | 0,32669 | 0,94513 | 2,89308 | 3,448 709 | 0,289 9636 |
| 1,239 | 0,32574 | 0,94546 | 2,90248 | 3,452 160 | 0,289 6737 |
| **1,240** | 0,32480 | 0,94578 | 2,91193 | 3,455 613 | 0,289 3842 |
| 1,241 | 0,32385 | 0,94611 | 2,92144 | 3,459 071 | 0,289 0950 |
| 1,242 | 0,32290 | 0,94643 | 2,93100 | 3,462 532 | 0,288 8060 |
| 1,243 | 0,32196 | 0,94675 | 2,94062 | 3,465 996 | 0,288 5174 |
| 1,244 | 0,32101 | 0,94708 | 2,95029 | 3,469 464 | 0,288 2290 |
| 1,245 | 0,32006 | 0,94740 | 2,96003 | 3,472 935 | 0,287 9409 |
| 1,246 | 0,31912 | 0,94772 | 2,96982 | 3,476 409 | 0,287 6531 |
| 1,247 | 0,31817 | 0,94803 | 2,97967 | 3,479 888 | 0,287 3656 |
| 1,248 | 0,31722 | 0,94835 | 2,98958 | 3,483 369 | 0,287 0784 |
| 1,249 | 0,31627 | 0,94867 | 2,99954 | 3,486 854 | 0,286 7914 |

| $x$ | Cof $x$ | Sin $x$ | Tg $x$ | $\varphi$ |
|---|---|---|---|---|
| **1,200** | 1,81066 | 1,50946 | 0,83365 | 68° 45′ 17,77″ |
| 1,201 | 1,81217 | 1,51127 | 0,83396 | 68 48 44,03 |
| 1,202 | 1,81368 | 1,51309 | 0,83426 | 68 52 10,30 |
| 1,203 | 1,81519 | 1,51490 | 0,83457 | 68 55 36,56 |
| 1,204 | 1,81671 | 1,51672 | 0,83487 | 68 59 02,83 |
| 1,205 | 1,81823 | 1,51853 | 0,83517 | 69 02 29,09 |
| 1,206 | 1,81974 | 1,52035 | 0,83548 | 69 05 55,36 |
| 1,207 | 1,82127 | 1,52217 | 0,83578 | 69 09 21,62 |
| 1,208 | 1,82279 | 1,52400 | 0,83608 | 69 12 47,89 |
| 1,209 | 1,82431 | 1,52582 | 0,83638 | 69 16 14,15 |
| **1,210** | 1,82584 | 1,52764 | 0,83668 | 69 19 40,42 |
| 1,211 | 1,82737 | 1,52947 | 0,83698 | 69 23 06,68 |
| 1,212 | 1,82890 | 1,53130 | 0,83728 | 69 26 32,95 |
| 1,213 | 1,83043 | 1,53313 | 0,83758 | 69 29 59,21 |
| 1,214 | 1,83197 | 1,53496 | 0,83788 | 69 33 25,47 |
| 1,215 | 1,83350 | 1,53679 | 0,83817 | 69 36 51,74 |
| 1,216 | 1,83504 | 1,53863 | 0,83847 | 69 40 18,00 |
| 1,217 | 1,83658 | 1,54046 | 0,83877 | 69 43 44,27 |
| 1,218 | 1,83812 | 1,54230 | 0,83906 | 69 47 10,53 |
| 1,219 | 1,83966 | 1,54414 | 0,83936 | 69 50 36,80 |
| **1,220** | 1,84121 | 1,54598 | 0,83965 | 69 54 03,06 |
| 1,221 | 1,84276 | 1,54782 | 0,83995 | 69 57 29,33 |
| 1,222 | 1,84430 | 1,54966 | 0,84024 | 70 00 55,59 |
| 1,223 | 1,84586 | 1,55151 | 0,84054 | 70 04 21,86 |
| 1,224 | 1,84741 | 1,55336 | 0,84083 | 70 07 48,12 |
| 1,225 | 1,84896 | 1,55520 | 0,84112 | 70 11 14,39 |
| 1,226 | 1,85052 | 1,55705 | 0,84142 | 70 14 40,65 |
| 1,227 | 1,85208 | 1,55891 | 0,84171 | 70 18 06,92 |
| 1,228 | 1,85364 | 1,56076 | 0,84200 | 70 21 33,18 |
| 1,229 | 1,85520 | 1,56261 | 0,84229 | 70 24 59,45 |
| **1,230** | 1,85676 | 1,56447 | 0,84258 | 70 28 25,71 |
| 1,231 | 1,85833 | 1,56633 | 0,84287 | 70 31 51,98 |
| 1,232 | 1,85989 | 1,56819 | 0,84316 | 70 35 18,24 |
| 1,233 | 1,86146 | 1,57005 | 0,84345 | 70 38 44,51 |
| 1,234 | 1,86303 | 1,57191 | 0,84374 | 70 42 10,77 |
| 1,235 | 1,86461 | 1,57377 | 0,84402 | 70 45 37,04 |
| 1,236 | 1,86618 | 1,57564 | 0,84431 | 70 49 03,30 |
| 1,237 | 1,86776 | 1,57750 | 0,84460 | 70 52 29,57 |
| 1,238 | 1,86934 | 1,57937 | 0,84488 | 70 55 55,83 |
| 1,239 | 1,87092 | 1,58124 | 0,84517 | 70 59 22,09 |
| **1,240** | 1,87250 | 1,58311 | 0,84546 | 71 02 48,36 |
| 1,241 | 1,87408 | 1,58499 | 0,84574 | 71 06 14,62 |
| 1,242 | 1,87567 | 1,58686 | 0,84603 | 71 09 40,89 |
| 1,243 | 1,87726 | 1,58874 | 0,84631 | 71 13 07,15 |
| 1,244 | 1,87885 | 1,59062 | 0,84659 | 71 16 33,42 |
| 1,245 | 1,88044 | 1,59250 | 0,84688 | 71 19 59,68 |
| 1,246 | 1,88203 | 1,59438 | 0,84716 | 71 23 25,95 |
| 1,247 | 1,88363 | 1,59626 | 0,84744 | 71 26 52,21 |
| 1,248 | 1,88522 | 1,59815 | 0,84772 | 71 30 18,48 |
| 1,249 | 1,88682 | 1,60003 | 0,84800 | 71 33 44,74 |

| $x$ | $\cos x$ | $\sin x$ | $\operatorname{tg} x$ | $e^x$ | $e^{-x}$ |
|---|---|---|---|---|---|
| **1,250** | 0,31532 | 0,94898 | 3,00957 | 3,490 343 | 0,286 5048 |
| 1,251 | 0,31437 | 0,94930 | 3,01966 | 3,493 835 | 0,286 2184 |
| 1,252 | 0,31342 | 0,94961 | 3,02981 | 3,497 331 | 0,285 9324 |
| 1,253 | 0,31247 | 0,94993 | 3,04002 | 3,500 830 | 0,285 6466 |
| 1,254 | 0,31152 | 0,95024 | 3,05029 | 3,504 332 | 0,285 3611 |
| 1,255 | 0,31057 | 0,95055 | 3,06063 | 3,507 838 | 0,285 0758 |
| 1,256 | 0,30962 | 0,95086 | 3,07103 | 3,511 348 | 0,284 7909 |
| 1,257 | 0,30867 | 0,95117 | 3,08149 | 3,514 861 | 0,284 5063 |
| 1,258 | 0,30772 | 0,95148 | 3,09202 | 3,518 378 | 0,284 2219 |
| 1,259 | 0,30677 | 0,95178 | 3,10261 | 3,521 898 | 0,283 9378 |
| **1,260** | 0,30582 | 0,95209 | 3,11327 | 3,525 421 | 0,283 6540 |
| 1,261 | 0,30486 | 0,95240 | 3,12399 | 3,528 949 | 0,283 3705 |
| 1,262 | 0,30391 | 0,95270 | 3,13479 | 3,532 479 | 0,283 0873 |
| 1,263 | 0,30296 | 0,95300 | 3,14565 | 3,536 014 | 0,282 8043 |
| 1,264 | 0,30201 | 0,95331 | 3,15658 | 3,539 551 | 0,282 5217 |
| 1,265 | 0,30105 | 0,95361 | 3,16758 | 3,543 093 | 0,282 2393 |
| 1,266 | 0,30010 | 0,95391 | 3,17865 | 3,546 638 | 0,281 9572 |
| 1,267 | 0,29914 | 0,95421 | 3,18978 | 3,550 186 | 0,281 6754 |
| 1,268 | 0,29819 | 0,95451 | 3,20100 | 3,553 738 | 0,281 3938 |
| 1,269 | 0,29724 | 0,95480 | 3,21228 | 3,557 293 | 0,281 1126 |
| **1,270** | 0,29628 | 0,95510 | 3,22363 | 3,560 853 | 0,280 8316 |
| 1,271 | 0,29533 | 0,95540 | 3,23506 | 3,564 415 | 0,280 5509 |
| 1,272 | 0,29437 | 0,95569 | 3,24656 | 3,567 981 | 0,280 2705 |
| 1,273 | 0,29341 | 0,95599 | 3,25814 | 3,571 551 | 0,279 9904 |
| 1,274 | 0,29246 | 0,95628 | 3,26980 | 3,575 124 | 0,279 7105 |
| 1,275 | 0,29150 | 0,95657 | 3,28153 | 3,578 701 | 0,279 4310 |
| 1,276 | 0,29054 | 0,95686 | 3,29333 | 3,582 282 | 0,279 1517 |
| 1,277 | 0,28959 | 0,95715 | 3,30522 | 3,585 866 | 0,278 8727 |
| 1,278 | 0,28863 | 0,95744 | 3,31718 | 3,589 454 | 0,278 5939 |
| 1,279 | 0,28767 | 0,95773 | 3,32923 | 3,593 045 | 0,278 3155 |
| **1,280** | 0,28672 | 0,95802 | 3,34135 | 3,596 640 | 0,278 0373 |
| 1,281 | 0,28576 | 0,95830 | 3,35356 | 3,600 238 | 0,277 7594 |
| 1,282 | 0,28480 | 0,95859 | 3,36584 | 3,603 840 | 0,277 4818 |
| 1,283 | 0,28384 | 0,95887 | 3,37821 | 3,607 446 | 0,277 2044 |
| 1,284 | 0,28288 | 0,95916 | 3,39067 | 3,611 055 | 0,276 9274 |
| 1,285 | 0,28192 | 0,95944 | 3,40321 | 3,614 668 | 0,276 6506 |
| 1,286 | 0,28096 | 0,95972 | 3,41583 | 3,618 284 | 0,276 3741 |
| 1,287 | 0,28000 | 0,96000 | 3,42854 | 3,621 905 | 0,276 0978 |
| 1,288 | 0,27904 | 0,96028 | 3,44134 | 3,625 528 | 0,275 8219 |
| 1,289 | 0,27808 | 0,96056 | 3,45423 | 3,629 156 | 0,275 5462 |
| **1,290** | 0,27712 | 0,96084 | 3,46721 | 3,632 787 | 0,275 2708 |
| 1,291 | 0,27616 | 0,96111 | 3,48027 | 3,636 421 | 0,274 9956 |
| 1,292 | 0,27520 | 0,96139 | 3,49343 | 3,640 059 | 0,274 7208 |
| 1,293 | 0,27424 | 0,96166 | 3,50668 | 3,643 701 | 0,274 4462 |
| 1,294 | 0,27328 | 0,96194 | 3,52002 | 3,647 347 | 0,274 1719 |
| 1,295 | 0,27231 | 0,96221 | 3,53346 | 3,650 996 | 0,273 8979 |
| 1,296 | 0,27135 | 0,96248 | 3,54700 | 3,654 649 | 0,273 6241 |
| 1,297 | 0,27039 | 0,96275 | 3,56063 | 3,658 305 | 0,273 3506 |
| 1,298 | 0,26943 | 0,96302 | 3,57435 | 3,661 965 | 0,273 0774 |
| 1,299 | 0,26846 | 0,96329 | 3,58818 | 3,665 629 | 0,272 8045 |

| $x$ | Cos $x$ | Sin $x$ | Tg $x$ | $\varphi$ |
|---|---|---|---|---|
| **1,250** | 1,88842 | 1,60192 | 0,84828 | 71° 37′ 11,01″ |
| 1,251 | 1,89003 | 1,60381 | 0,84856 | 71 40 37,27 |
| 1,252 | 1,89163 | 1,60570 | 0,84884 | 71 44 03,54 |
| 1,253 | 1,89324 | 1,60759 | 0,84912 | 71 47 29,80 |
| 1,254 | 1,89485 | 1,60949 | 0,84940 | 71 50 56,07 |
| 1,255 | 1,89646 | 1,61138 | 0,84968 | 71 54 22,33 |
| 1,256 | 1,89807 | 1,61328 | 0,84996 | 71 57 48,60 |
| 1,257 | 1,89968 | 1,61518 | 0,85023 | 72 01 14,86 |
| 1,258 | 1,90130 | 1,61708 | 0,85051 | 72 04 41,13 |
| 1,259 | 1,90292 | 1,61898 | 0,85079 | 72 08 07,39 |
| **1,260** | 1,90454 | 1,62088 | 0,85106 | 72 11 33,66 |
| 1,261 | 1,90616 | 1,62279 | 0,85134 | 72 14 59,92 |
| 1,262 | 1,90778 | 1,62470 | 0,85161 | 72 18 26,19 |
| 1,263 | 1,90941 | 1,62660 | 0,85189 | 72 21 52,45 |
| 1,264 | 1,91104 | 1,62851 | 0,85216 | 72 25 18,72 |
| 1,265 | 1,91267 | 1,63043 | 0,85244 | 72 28 44,98 |
| 1,266 | 1,91430 | 1,63234 | 0,85271 | 72 32 11,24 |
| 1,267 | 1,91593 | 1,63426 | 0,85298 | 72 35 37,51 |
| 1,268 | 1,91757 | 1,63617 | 0,85325 | 72 39 03,77 |
| 1,269 | 1,91920 | 1,63809 | 0,85353 | 72 42 30,04 |
| **1,270** | 1,92084 | 1,64001 | 0,85380 | 72 45 56,30 |
| 1,271 | 1,92248 | 1,64193 | 0,85407 | 72 49 22,57 |
| 1,272 | 1,92413 | 1,64386 | 0,85434 | 72 52 48,83 |
| 1,273 | 1,92577 | 1,64578 | 0,85461 | 72 56 15,10 |
| 1,274 | 1,92742 | 1,64771 | 0,85488 | 72 59 41,36 |
| 1,275 | 1,92907 | 1,64964 | 0,85515 | 73 03 07,63 |
| 1,276 | 1,93072 | 1,65157 | 0,85542 | 73 06 33,89 |
| 1,277 | 1,93237 | 1,65350 | 0,85568 | 73 10 00,16 |
| 1,278 | 1,93402 | 1,65543 | 0,85595 | 73 13 26,42 |
| 1,279 | 1,93568 | 1,65736 | 0,85622 | 73 16 52,69 |
| **1,280** | 1,93734 | 1,65930 | 0,85648 | 73 20 18,95 |
| 1,281 | 1,93900 | 1,66124 | 0,85675 | 73 23 45,22 |
| 1,282 | 1,94066 | 1,66318 | 0,85702 | 73 27 11,48 |
| 1,283 | 1,94233 | 1,66512 | 0,85728 | 73 30 37,75 |
| 1,284 | 1,94399 | 1,66706 | 0,85755 | 73 34 04,01 |
| 1,285 | 1,94566 | 1,66901 | 0,85781 | 73 37 30,28 |
| 1,286 | 1,94733 | 1,67096 | 0,85808 | 73 40 56,54 |
| 1,287 | 1,94900 | 1,67290 | 0,85834 | 73 44 22,81 |
| 1,288 | 1,95068 | 1,67485 | 0,85860 | 73 47 49,07 |
| 1,289 | 1,95235 | 1,67680 | 0,85886 | 73 51 15,34 |
| **1,290** | 1,95403 | 1,67876 | 0,85913 | 73 54 41,60 |
| 1,291 | 1,95571 | 1,68071 | 0,85939 | 73 58 07,86 |
| 1,292 | 1,95739 | 1,68267 | 0,85965 | 74 01 34,13 |
| 1,293 | 1,95907 | 1,68463 | 0,85991 | 74 05 00,39 |
| 1,294 | 1,96076 | 1,68659 | 0,86017 | 74 08 26,66 |
| 1,295 | 1,96245 | 1,68855 | 0,86043 | 74 11 52,92 |
| 1,296 | 1,96414 | 1,69051 | 0,86069 | 74 15 19,19 |
| 1,297 | 1,96583 | 1,69248 | 0,86095 | 74 18 45,45 |
| 1,298 | 1,96752 | 1,69444 | 0,86121 | 74 22 11,72 |
| 1,299 | 1,96922 | 1,69641 | 0,86147 | 74 25 37,98 |

| $x$ | $\cos x$ | $\sin x$ | $\operatorname{tg} x$ | $e^x$ | $e^{-x}$ |
|---|---|---|---|---|---|
| **1,300** | 0,26750 | 0,96356 | 3,60210 | 3,669 297 | 0,272 5318 |
| 1,301 | 0,26654 | 0,96383 | 3,61613 | 3,672 968 | 0,272 2594 |
| 1,302 | 0,26557 | 0,96409 | 3,63026 | 3,676 643 | 0,271 9873 |
| 1,303 | 0,26461 | 0,96436 | 3,64449 | 3,680 321 | 0,271 7154 |
| 1,304 | 0,26364 | 0,96462 | 3,65882 | 3,684 003 | 0,271 4438 |
| 1,305 | 0,26268 | 0,96488 | 3,67326 | 3,687 689 | 0,271 1725 |
| 1,306 | 0,26171 | 0,96515 | 3,68781 | 3,691 379 | 0,270 9015 |
| 1,307 | 0,26075 | 0,96541 | 3,70246 | 3,695 072 | 0,270 6307 |
| 1,308 | 0,25978 | 0,96567 | 3,71722 | 3,698 769 | 0,270 3602 |
| 1,309 | 0,25882 | 0,96593 | 3,73210 | 3,702 469 | 0,270 0900 |
| **1,310** | 0,25785 | 0,96618 | 3,74708 | 3,706 174 | 0,269 8201 |
| 1,311 | 0,25688 | 0,96644 | 3,76218 | 3,709 882 | 0,269 5504 |
| 1,312 | 0,25592 | 0,96670 | 3,77739 | 3,713 593 | 0,269 2810 |
| 1,313 | 0,25495 | 0,96695 | 3,79272 | 3,717 309 | 0,269 0118 |
| 1,314 | 0,25398 | 0,96721 | 3,80816 | 3,721 028 | 0,268 7429 |
| 1,315 | 0,25302 | 0,96746 | 3,82372 | 3,724 751 | 0,268 4743 |
| 1,316 | 0,25205 | 0,96771 | 3,83940 | 3,728 478 | 0,268 2060 |
| 1,317 | 0,25108 | 0,96797 | 3,85520 | 3,732 208 | 0,267 9379 |
| 1,318 | 0,25011 | 0,96822 | 3,87113 | 3,735 942 | 0,267 6701 |
| 1,319 | 0,24914 | 0,96847 | 3,88717 | 3,739 680 | 0,267 4026 |
| **1,320** | 0,24818 | 0,96872 | 3,90335 | 3,743 421 | 0,267 1353 |
| 1,321 | 0,24721 | 0,96896 | 3,91965 | 3,747 167 | 0,266 8683 |
| 1,322 | 0,24624 | 0,96921 | 3,93608 | 3,750 916 | 0,266 6016 |
| 1,323 | 0,24527 | 0,96946 | 3,95263 | 3,754 669 | 0,266 3351 |
| 1,324 | 0,24430 | 0,96970 | 3,96932 | 3,758 425 | 0,266 0689 |
| 1,325 | 0,24333 | 0,96994 | 3,98615 | 3,762 185 | 0,265 8030 |
| 1,326 | 0,24236 | 0,97019 | 4,00310 | 3,765 949 | 0,265 5373 |
| 1,327 | 0,24139 | 0,97043 | 4,02020 | 3,769 717 | 0,265 2719 |
| 1,328 | 0,24042 | 0,97067 | 4,03743 | 3,773 489 | 0,265 0067 |
| 1,329 | 0,23945 | 0,97091 | 4,05480 | 3,777 264 | 0,264 7419 |
| **1,330** | 0,23848 | 0,97115 | 4,07231 | 3,781 043 | 0,264 4773 |
| 1,331 | 0,23750 | 0,97139 | 4,08997 | 3,784 826 | 0,264 2129 |
| 1,332 | 0,23653 | 0,97162 | 4,10777 | 3,788 613 | 0,263 9488 |
| 1,333 | 0,23556 | 0,97186 | 4,12571 | 3,792 404 | 0,263 6850 |
| 1,334 | 0,23459 | 0,97209 | 4,14381 | 3,796 198 | 0,263 4215 |
| 1,335 | 0,23362 | 0,97233 | 4,16206 | 3,799 996 | 0,263 1582 |
| 1,336 | 0,23264 | 0,97256 | 4,18046 | 3,803 798 | 0,262 8951 |
| 1,337 | 0,23167 | 0,97279 | 4,19901 | 3,807 604 | 0,262 6324 |
| 1,338 | 0,23070 | 0,97303 | 4,21772 | 3,811 413 | 0,262 3699 |
| 1,339 | 0,22973 | 0,97326 | 4,23659 | 3,815 226 | 0,262 1076 |
| **1,340** | 0,22875 | 0,97348 | 4,25562 | 3,819 044 | 0,261 8457 |
| 1,341 | 0,22778 | 0,97371 | 4,27481 | 3,822 864 | 0,261 5840 |
| 1,342 | 0,22681 | 0,97394 | 4,29417 | 3,826 689 | 0,261 3225 |
| 1,343 | 0,22583 | 0,97417 | 4,31369 | 3,830 518 | 0,261 0613 |
| 1,344 | 0,22486 | 0,97439 | 4,33338 | 3,834 350 | 0,260 8004 |
| 1,345 | 0,22388 | 0,97462 | 4,35325 | 3,838 187 | 0,260 5397 |
| 1,346 | 0,22291 | 0,97484 | 4,37329 | 3,842 027 | 0,260 2793 |
| 1,347 | 0,22193 | 0,97506 | 4,39350 | 3,845 871 | 0,260 0191 |
| 1,348 | 0,22096 | 0,97528 | 4,41389 | 3,849 718 | 0,259 7593 |
| 1,349 | 0,21998 | 0,97550 | 4,43447 | 3,853 570 | 0,259 4996 |

| $x$ | $\mathfrak{Cos}\, x$ | $\mathfrak{Sin}\, x$ | $\mathfrak{Tg}\, x$ | $\varphi$ |
|---|---|---|---|---|
| **1,300** | 1,97091 | 1,69838 | 0,86172 | 74° 29′ 04,25″ |
| 1,301 | 1,97261 | 1,70035 | 0,86198 | 74 32 30,51 |
| 1,302 | 1,97431 | 1,70233 | 0,86224 | 74 35 56,78 |
| 1,303 | 1,97602 | 1,70430 | 0,86249 | 74 39 23,04 |
| 1,304 | 1,97772 | 1,70628 | 0,86275 | 74 42 49,31 |
| 1,305 | 1,97943 | 1,70826 | 0,86300 | 74 46 15,57 |
| 1,306 | 1,98114 | 1,71024 | 0,86326 | 74 49 41,84 |
| 1,307 | 1,98285 | 1,71222 | 0,86351 | 74 53 08,10 |
| 1,308 | 1,98456 | 1,71420 | 0,86377 | 74 56 34,37 |
| 1,309 | 1,98628 | 1,71619 | 0,86402 | 75 00 00,63 |
| **1,310** | 1,98800 | 1,71818 | 0,86428 | 75 03 26,90 |
| 1,311 | 1,98972 | 1,72017 | 0,86453 | 75 06 53,16 |
| 1,312 | 1,99144 | 1,72216 | 0,86478 | 75 10 19,43 |
| 1,313 | 1,99316 | 1,72415 | 0,86503 | 75 13 45,69 |
| 1,314 | 1,99489 | 1,72614 | 0,86528 | 75 17 11,96 |
| 1,315 | 1,99661 | 1,72814 | 0,86554 | 75 20 38,22 |
| 1,316 | 1,99834 | 1,73014 | 0,86579 | 75 24 04,49 |
| 1,317 | 2,00007 | 1,73214 | 0,86604 | 75 27 30,75 |
| 1,318 | 2,00181 | 1,73414 | 0,86629 | 75 30 57,01 |
| 1,319 | 2,00354 | 1,73614 | 0,86654 | 75 34 23,28 |
| **1,320** | 2,00528 | 1,73814 | 0,86678 | 75 37 49,54 |
| 1,321 | 2,00702 | 1,74015 | 0,86703 | 75 41 15,81 |
| 1,322 | 2,00876 | 1,74216 | 0,86728 | 75 44 42,07 |
| 1,323 | 2,01050 | 1,74417 | 0,86753 | 75 48 08,34 |
| 1,324 | 2,01225 | 1,74618 | 0,86778 | 75 51 34,60 |
| 1,325 | 2,01399 | 1,74819 | 0,86802 | 75 55 00,87 |
| 1,326 | 2,01574 | 1,75021 | 0,86827 | 75 58 27,13 |
| 1,327 | 2,01749 | 1,75222 | 0,86851 | 76 01 53,40 |
| 1,328 | 2,01925 | 1,75424 | 0,86876 | 76 05 19,66 |
| 1,329 | 2,02100 | 1,75626 | 0,86900 | 76 08 45,93 |
| **1,330** | 2,02276 | 1,75828 | 0,86925 | 76 12 12,19 |
| 1,331 | 2,02452 | 1,76031 | 0,86949 | 76 15 38,46 |
| 1,332 | 2,02628 | 1,76233 | 0,86974 | 76 19 04,72 |
| 1,333 | 2,02804 | 1,76436 | 0,86998 | 76 22 30,99 |
| 1,334 | 2,02981 | 1,76639 | 0,87022 | 76 25 57,25 |
| 1,335 | 2,03158 | 1,76842 | 0,87047 | 76 29 23,52 |
| 1,336 | 2,03335 | 1,77045 | 0,87071 | 76 32 49,78 |
| 1,337 | 2,03512 | 1,77249 | 0,87095 | 76 36 16,05 |
| 1,338 | 2,03689 | 1,77452 | 0,87119 | 76 39 42,31 |
| 1,339 | 2,03867 | 1,77656 | 0,87143 | 76 43 08,58 |
| **1,340** | 2,04044 | 1,77860 | 0,87167 | 76 46 34,84 |
| 1,341 | 2,04222 | 1,78064 | 0,87191 | 76 50 01,11 |
| 1,342 | 2,04401 | 1,78268 | 0,87215 | 76 53 27,37 |
| 1,343 | 2,04579 | 1,78473 | 0,87239 | 76 56 53,63 |
| 1,344 | 2,04758 | 1,78677 | 0,87263 | 77 00 19,90 |
| 1,345 | 2,04936 | 1,78882 | 0,87287 | 77 03 46,16 |
| 1,346 | 2,05115 | 1,79087 | 0,87311 | 77 07 12,43 |
| 1,347 | 2,05294 | 1,79293 | 0,87334 | 77 10 38,69 |
| 1,348 | 2,05474 | 1,79498 | 0,87358 | 77 14 04,96 |
| 1,349 | 2,05653 | 1,79704 | 0,87382 | 77 17 31,22 |

| $x$ | $\cos x$ | $\sin x$ | $\operatorname{tg} x$ | $e^x$ | $e^{-x}$ |
|---|---|---|---|---|---|
| **1,350** | 0,21901 | 0,97572 | 4,45522 | 3,857 426 | 0,259 2403 |
| 1,351 | 0,21803 | 0,97594 | 4,47616 | 3,861 285 | 0,258 9811 |
| 1,352 | 0,21705 | 0,97616 | 4,49729 | 3,865 148 | 0,258 7223 |
| 1,353 | 0,21608 | 0,97638 | 4,51862 | 3,869 015 | 0,258 4637 |
| 1,354 | 0,21510 | 0,97659 | 4,54013 | 3,872 886 | 0,258 2054 |
| 1,355 | 0,21413 | 0,97681 | 4,56184 | 3,876 761 | 0,257 9473 |
| 1,356 | 0,21315 | 0,97702 | 4,58375 | 3,880 640 | 0,257 6895 |
| 1,357 | 0,21217 | 0,97723 | 4,60587 | 3,884 522 | 0,257 4319 |
| 1,358 | 0,21119 | 0,97744 | 4,62818 | 3,888 409 | 0,257 1746 |
| 1,359 | 0,21022 | 0,97765 | 4,65071 | 3,892 299 | 0,256 9176 |
| **1,360** | 0,20924 | 0,97786 | 4,67344 | 3,896 193 | 0,256 6608 |
| 1,361 | 0,20826 | 0,97807 | 4,69639 | 3,900 091 | 0,256 4042 |
| 1,362 | 0,20728 | 0,97828 | 4,71955 | 3,903 993 | 0,256 1480 |
| 1,363 | 0,20630 | 0,97849 | 4,74294 | 3,907 899 | 0,255 8919 |
| 1,364 | 0,20533 | 0,97869 | 4,76655 | 3,911 809 | 0,255 6362 |
| 1,365 | 0,20435 | 0,97890 | 4,79038 | 3,915 723 | 0,255 3807 |
| 1,366 | 0,20337 | 0,97910 | 4,81444 | 3,919 641 | 0,255 1254 |
| 1,367 | 0,20239 | 0,97931 | 4,83874 | 3,923 562 | 0,254 8704 |
| 1,368 | 0,20141 | 0,97951 | 4,86327 | 3,927 488 | 0,254 6157 |
| 1,369 | 0,20043 | 0,97971 | 4,88804 | 3,931 417 | 0,254 3612 |
| **1,370** | 0,19945 | 0,97991 | 4,91306 | 3,935 351 | 0,254 1070 |
| 1,371 | 0,19847 | 0,98011 | 4,93832 | 3,939 288 | 0,253 8530 |
| 1,372 | 0,19749 | 0,98031 | 4,96383 | 3,943 229 | 0,253 5993 |
| 1,373 | 0,19651 | 0,98050 | 4,98960 | 3,947 174 | 0,253 3458 |
| 1,374 | 0,19553 | 0,98070 | 5,01563 | 3,951 124 | 0,253 0926 |
| 1,375 | 0,19455 | 0,98089 | 5,04192 | 3,955 077 | 0,252 8396 |
| 1,376 | 0,19357 | 0,98109 | 5,06847 | 3,959 034 | 0,252 5869 |
| 1,377 | 0,19259 | 0,98128 | 5,09530 | 3,962 995 | 0,252 3344 |
| 1,378 | 0,19160 | 0,98147 | 5,12240 | 3,966 960 | 0,252 0822 |
| 1,379 | 0,19062 | 0,98166 | 5,14977 | 3,970 929 | 0,251 8303 |
| **1,380** | 0,18964 | 0,98185 | 5,17744 | 3,974 902 | 0,251 5786 |
| 1,381 | 0,18866 | 0,98204 | 5,20539 | 3,978 879 | 0,251 3271 |
| 1,382 | 0,18768 | 0,98223 | 5,23363 | 3,982 859 | 0,251 0759 |
| 1,383 | 0,18669 | 0,98242 | 5,26217 | 3,986 844 | 0,250 8249 |
| 1,384 | 0,18571 | 0,98260 | 5,29101 | 3,990 833 | 0,250 5742 |
| 1,385 | 0,18473 | 0,98279 | 5,32016 | 3,994 826 | 0,250 3238 |
| 1,386 | 0,18375 | 0,98297 | 5,34962 | 3,998 823 | 0,250 0736 |
| 1,387 | 0,18276 | 0,98316 | 5,37940 | 4,002 824 | 0,249 8237 |
| 1,388 | 0,18178 | 0,98334 | 5,40950 | 4,006 828 | 0,249 5740 |
| 1,389 | 0,18080 | 0,98352 | 5,43993 | 4 010 837 | 0,249 3245 |
| **1,390** | 0,17981 | 0,98370 | 5,47069 | 4,014 850 | 0,249 0753 |
| 1,391 | 0,17883 | 0,98388 | 5,50179 | 4,018 867 | 0,248 8264 |
| 1,392 | 0,17785 | 0,98406 | 5,53323 | 4,022 888 | 0,248 5777 |
| 1,393 | 0,17686 | 0,98424 | 5,56502 | 4,026 913 | 0,248 3292 |
| 1,394 | 0,17588 | 0,98441 | 5,59717 | 4,030 942 | 0,248 0810 |
| 1,395 | 0,17489 | 0,98459 | 5,62968 | 4,034 975 | 0,247 8330 |
| 1,396 | 0,17391 | 0,98476 | 5,66256 | 4,039 012 | 0,247 5853 |
| 1,397 | 0,17292 | 0,98494 | 5,69581 | 4,043 053 | 0,247 3379 |
| 1,398 | 0,17194 | 0,98511 | 5,72945 | 4,047 098 | 0,247 0907 |
| 1,399 | 0,17095 | 0,98528 | 5,76347 | 4,051 147 | 0,246 8437 |

| x | Cos x | Sin x | Tg x | φ |
|---|---|---|---|---|
| **1,350** | 2,05833 | 1,79909 | 0,87405 | 77° 20′ 57,49″ |
| 1,351 | 2,06013 | 1,80115 | 0,87429 | 77 24 23,75 |
| 1,352 | 2,06194 | 1,80321 | 0,87452 | 77 27 50,02 |
| 1,353 | 2,06374 | 1,80528 | 0,87476 | 77 31 16,28 |
| 1,354 | 2,06555 | 1,80734 | 0,87499 | 77 34 42,55 |
| 1,355 | 2,06735 | 1,80941 | 0,87523 | 77 38 08,81 |
| 1,356 | 2,06916 | 1,81148 | 0,87546 | 77 41 35,08 |
| 1,357 | 2,07098 | 1,81355 | 0,87570 | 77 45 01,34 |
| 1,358 | 2,07279 | 1,81562 | 0,87593 | 77 48 27,61 |
| 1,359 | 2,07461 | 1,81769 | 0,87616 | 77 51 53,87 |
| **1,360** | 2,07643 | 1,81977 | 0,87639 | 77 55 20,14 |
| 1,361 | 2,07825 | 1,82184 | 0,87662 | 77 58 46,40 |
| 1,362 | 2,08007 | 1,82392 | 0,87686 | 78 02 12,67 |
| 1,363 | 2,08190 | 1,82600 | 0,87709 | 78 05 38,93 |
| 1,364 | 2,08372 | 1,82809 | 0,87732 | 78 09 05,20 |
| 1,365 | 2,08555 | 1,83017 | 0,87755 | 78 12 31,46 |
| 1,366 | 2,08738 | 1,83226 | 0,87778 | 78 15 57,73 |
| 1,367 | 2,08922 | 1,83435 | 0,87801 | 78 19 23,99 |
| 1,368 | 2,09105 | 1,83644 | 0,87824 | 78 22 50,25 |
| 1,369 | 2,09289 | 1,83853 | 0,87846 | 78 26 16,52 |
| **1,370** | 2,09473 | 1,84062 | 0,87869 | 78 29 42,78 |
| 1,371 | 2,09657 | 1,84272 | 0,87892 | 78 33 09,05 |
| 1,372 | 2,09841 | 1,84482 | 0,87915 | 78 36 35,31 |
| 1,373 | 2,10026 | 1,84691 | 0,87937 | 78 40 01,58 |
| 1,374 | 2,10211 | 1,84902 | 0,87960 | 78 43 27,84 |
| 1,375 | 2,10396 | 1,85112 | 0,87983 | 78 46 54,11 |
| 1,376 | 2,10581 | 1,85322 | 0,88005 | 78 50 20,37 |
| 1,377 | 2,10766 | 1,85533 | 0,88028 | 78 53 46,64 |
| 1,378 | 2,10952 | 1,85744 | 0,88050 | 78 57 12,90 |
| 1,379 | 2,11138 | 1,85955 | 0,88073 | 79 00 39,17 |
| **1,380** | 2,11324 | 1,86166 | 0,88095 | 79 04 05,43 |
| 1,381 | 2,11510 | 1,86378 | 0,88117 | 79 07 31,70 |
| 1,382 | 2,11697 | 1,86589 | 0,88140 | 79 10 57,96 |
| 1,383 | 2,11883 | 1,86801 | 0,88162 | 79 14 24,23 |
| 1,384 | 2,12070 | 1,87013 | 0,88184 | 79 17 50,49 |
| 1,385 | 2,12257 | 1,87225 | 0,88207 | 79 21 16,76 |
| 1,386 | 2,12445 | 1,87437 | 0,88229 | 79 24 43,02 |
| 1,387 | 2,12632 | 1,87650 | 0,88251 | 79 28 09,29 |
| 1,388 | 2,12820 | 1,87863 | 0,88273 | 79 31 35,55 |
| 1,389 | 2,13008 | 1,88076 | 0,88295 | 79 35 01,82 |
| **1,390** | 2,13196 | 1,88289 | 0,88317 | 79 38 28,08 |
| 1,391 | 2,13385 | 1,88502 | 0,88339 | 79 41 54,35 |
| 1,392 | 2,13573 | 1,88716 | 0,88361 | 79 45 20,61 |
| 1,393 | 2,13762 | 1,88929 | 0,88383 | 79 48 46,88 |
| 1,394 | 2,13951 | 1,89143 | 0,88405 | 79 52 13,14 |
| 1,395 | 2,14140 | 1,89357 | 0,88427 | 79 55 39,40 |
| 1,396 | 2,14330 | 1,89571 | 0,88448 | 79 59 05,67 |
| 1,397 | 2,14520 | 1,89786 | 0,88470 | 80 02 31,93 |
| 1,398 | 2,14709 | 1,90000 | 0,88492 | 80 05 58,20 |
| 1,399 | 2,14900 | 1,90215 | 0,88514 | 80 09 24,46 |

| $x$ | $\cos x$ | $\sin x$ | $\operatorname{tg} x$ | $e^x$ | $e^{-x}$ |
|---|---|---|---|---|---|
| **1,400** | 0,16997 | 0,98545 | 5,79788 | 4,055 200 | 0,246 5970 |
| 1,401 | 0,16898 | 0,98562 | 5,83270 | 4,059 257 | 0,246 3505 |
| 1,402 | 0,16800 | 0,98579 | 5,86793 | 4,063 318 | 0,246 1043 |
| 1,403 | 0,16701 | 0,98596 | 5,90357 | 4,067 384 | 0,245 8583 |
| 1,404 | 0,16602 | 0,98612 | 5,93963 | 4,071 453 | 0,245 6125 |
| 1,405 | 0,16504 | 0,98629 | 5,97613 | 4,075 527 | 0,245 3671 |
| 1,406 | 0,16405 | 0,98645 | 6,01306 | 4,079 604 | 0,245 1218 |
| 1,407 | 0,16306 | 0,98662 | 6,05045 | 4,083 686 | 0,244 8768 |
| 1,408 | 0,16208 | 0,98678 | 6,08828 | 4,087 772 | 0,244 6321 |
| 1,409 | 0,16109 | 0,98694 | 6,12658 | 4,091 861 | 0,244 3875 |
| **1,410** | 0,16010 | 0,98710 | 6,16536 | 4,095 955 | 0,244 1433 |
| 1,411 | 0,15912 | 0,98726 | 6,20461 | 4,100 053 | 0,243 8993 |
| 1,412 | 0,15813 | 0,98742 | 6,24435 | 4,104 156 | 0,243 6555 |
| 1,413 | 0,15714 | 0,98758 | 6,28460 | 4,108 262 | 0,243 4120 |
| 1,414 | 0,15615 | 0,98773 | 6,32535 | 4,112 372 | 0,243 1687 |
| 1,415 | 0,15517 | 0,98789 | 6,36662 | 4,116 486 | 0,242 9256 |
| 1,416 | 0,15418 | 0,98804 | 6,40842 | 4,120 605 | 0,242 6828 |
| 1,417 | 0,15319 | 0,98820 | 6,45076 | 4,124 728 | 0,242 4402 |
| 1,418 | 0,15220 | 0,98835 | 6,49365 | 4,128 854 | 0,242 1979 |
| 1,419 | 0,15121 | 0,98850 | 6,53710 | 4,132 985 | 0,241 9559 |
| **1,420** | 0,15023 | 0,98865 | 6,58112 | 4,137 120 | 0,241 7140 |
| 1,421 | 0,14924 | 0,98880 | 6,62572 | 4,141 260 | 0,241 4724 |
| 1,422 | 0,14825 | 0,98895 | 6,67092 | 4,145 403 | 0,241 2311 |
| 1,423 | 0,14726 | 0,98910 | 6,71673 | 4,149 550 | 0,240 9900 |
| 1,424 | 0,14627 | 0,98924 | 6,76316 | 4,153 702 | 0,240 7491 |
| 1,425 | 0,14528 | 0,98939 | 6,81022 | 4,157 858 | 0,240 5085 |
| 1,426 | 0,14429 | 0,98954 | 6,85792 | 4,162 018 | 0,240 2681 |
| 1,427 | 0,14330 | 0,98968 | 6,90628 | 4,166 182 | 0,240 0279 |
| 1,428 | 0,14231 | 0,98982 | 6,95532 | 4,170 350 | 0,239 7880 |
| 1,429 | 0,14132 | 0,98996 | 7,00504 | 4,174 523 | 0,239 5484 |
| **1,430** | 0,14033 | 0,99010 | 7,05546 | 4,178 699 | 0,239 3089 |
| 1,431 | 0,13934 | 0,99024 | 7,10660 | 4,182 880 | 0,239 0697 |
| 1,432 | 0,13835 | 0,99038 | 7,15848 | 4,187 065 | 0,238 8308 |
| 1,433 | 0,13736 | 0,99052 | 7,21110 | 4,191 254 | 0,238 5921 |
| 1,434 | 0,13637 | 0,99066 | 7,26448 | 4,195 447 | 0,238 3536 |
| 1,435 | 0,13538 | 0,99079 | 7,31865 | 4,199 645 | 0,238 1154 |
| 1,436 | 0,13439 | 0,99093 | 7,37361 | 4,203 847 | 0,237 8774 |
| 1,437 | 0,13340 | 0,99106 | 7,42939 | 4,208 053 | 0,237 6396 |
| 1,438 | 0,13241 | 0,99120 | 7,48601 | 4,212 263 | 0,237 4021 |
| 1,439 | 0,13142 | 0,99133 | 7,54348 | 4,216 477 | 0,237 1648 |
| **1,440** | 0,13042 | 0,99146 | 7,60183 | 4,220 696 | 0,236 9278 |
| 1,441 | 0,12943 | 0,99159 | 7,66106 | 4,224 919 | 0,236 6909 |
| 1,442 | 0,12844 | 0,99172 | 7,72122 | 4,229 146 | 0,236 4544 |
| 1,443 | 0,12745 | 0,99185 | 7,78231 | 4,233 377 | 0,236 2180 |
| 1,444 | 0,12646 | 0,99197 | 7,84435 | 4,237 612 | 0,235 9819 |
| 1,445 | 0,12546 | 0,99210 | 7,90738 | 4,241 852 | 0,235 7461 |
| 1,446 | 0,12447 | 0,99222 | 7,97141 | 4,246 096 | 0,235 5104 |
| 1,447 | 0,12348 | 0,99235 | 8,03648 | 4,250 344 | 0,235 2751 |
| 1,448 | 0,12249 | 0,99247 | 8,10259 | 4,254 597 | 0,235 0399 |
| 1,449 | 0,12150 | 0,99259 | 8,16979 | 4,258 854 | 0,234 8050 |

| $x$ | Cof $x$ | Sin $x$ | Tg $x$ | $\varphi$ |
|---|---|---|---|---|
| **1,400** | 2,15090 | 1,90430 | 0,88535 | 80° 12′ 50,73″ |
| 1,401 | 2,15280 | 1,90645 | 0,88557 | 80 16 16,99 |
| 1,402 | 2,15471 | 1,90861 | 0,88578 | 80 19 43,26 |
| 1,403 | 2,15662 | 1,91076 | 0,88600 | 80 23 09,52 |
| 1,404 | 2,15853 | 1,91292 | 0,88621 | 80 26 35,79 |
| 1,405 | 2,16045 | 1,91508 | 0,88643 | 80 30 02,05 |
| 1,406 | 2,16236 | 1,91724 | 0,88664 | 80 33 28,32 |
| 1,407 | 2,16428 | 1,91940 | 0,88686 | 80 36 54,58 |
| 1,408 | 2,16620 | 1,92157 | 0,88707 | 80 40 20,85 |
| 1,409 | 2,16812 | 1,92374 | 0,88728 | 80 43 47,11 |
| **1,410** | 2,17005 | 1,92591 | 0,88749 | 80 47 13,38 |
| 1,411 | 2,17198 | 1,92808 | 0,88771 | 80 50 39,64 |
| 1,412 | 2,17391 | 1,93025 | 0,88792 | 80 54 05,91 |
| 1,413 | 2,17584 | 1,93242 | 0,88813 | 80 57 32,17 |
| 1,414 | 2,17777 | 1,93460 | 0,88834 | 81 00 58,44 |
| 1,415 | 2.17971 | 1,93678 | 0,88855 | 81 04 24,70 |
| 1,416 | 2,18164 | 1,93896 | 0,88876 | 81 07 50,97 |
| 1,417 | 2,18358 | 1,94114 | 0,88897 | 81 11 17,23 |
| 1,418 | 2,18553 | 1,94333 | 0,88918 | 81 14 43,50 |
| 1,419 | 2,18747 | 1,94551 | 0,88939 | 81 18 09,76 |
| **1,420** | 2,18942 | 1,94770 | 0,88960 | 81 21 36,02 |
| 1,421 | 2,19137 | 1,94989 | 0,88981 | 81 25 02,29 |
| 1,422 | 2,19332 | 1,95209 | 0,89002 | 81 28 28,55 |
| 1,423 | 2,19527 | 1,95428 | 0,89022 | 81 31 54,82 |
| 1,424 | 2,19723 | 1,95648 | 0,89043 | 81 35 21,08 |
| 1,425 | 2,19918 | 1,95867 | 0,89064 | 81 38 47,35 |
| 1,426 | 2,20114 | 1,96087 | 0,89084 | 81 42 13,61 |
| 1,427 | 2,20310 | 1,96308 | 0,89105 | 81 45 39,88 |
| 1,428 | 2,20507 | 1,96528 | 0,89126 | 81 49 06,14 |
| 1,429 | 2,20704 | 1,96749 | 0,89146 | 81 52 32,41 |
| **1,430** | 2,20900 | 1,96970 | 0,89167 | 81 55 58,67 |
| 1,431 | 2,21097 | 1,97191 | 0,89187 | 81 59 24,94 |
| 1,432 | 2,21295 | 1,97412 | 0,89208 | 82 02 51,20 |
| 1,433 | 2,21492 | 1,97633 | 0,89228 | 82 06 17,47 |
| 1,434 | 2,21690 | 1,97855 | 0,89248 | 82 09 43,73 |
| 1,435 | 2,21888 | 1,98076 | 0,89269 | 82 13 10,00 |
| 1,436 | 2,22086 | 1,98298 | 0,89289 | 82 16 36,26 |
| 1,437 | 2,22285 | 1,98521 | 0,89309 | 82 20 02,53 |
| 1,438 | 2,22483 | 1,98743 | 0,89329 | 82 23 28,79 |
| 1,439 | 2,22682 | 1,98966 | 0,89350 | 82 26 55,06 |
| **1,440** | 2,22881 | 1,99188 | 0,89370 | 82 30 21,32 |
| 1,441 | 2,23080 | 1,99411 | 0,89390 | 82 33 47,59 |
| 1,442 | 2,23280 | 1,99635 | 0,89410 | 82 37 13,85 |
| 1,443 | 2,23480 | 1,99858 | 0,89430 | 82 40 40,12 |
| 1,444 | 2,23680 | 2,00082 | 0,89450 | 82 44 06,38 |
| 1,445 | 2,23880 | 2,00305 | 0,89470 | 82 47 32,65 |
| 1,446 | 2,24080 | 2,00529 | 0,89490 | 82 50 58,91 |
| 1,447 | 2,24281 | 2,00753 | 0,89510 | 82 54 25,17 |
| 1,448 | 2,24482 | 2,00978 | 0,89530 | 82 57 51,44 |
| 1,449 | 2,24683 | 2,01202 | 0,89549 | 83 01 17,70 |

| $x$ | $\cos x$ | $\sin x$ | $\operatorname{tg} x$ | $e^x$ | $e^{-x}$ |
|---|---|---|---|---|---|
| **1,450** | 0,12050 | 0,99271 | 8,23809 | 4,263 115 | 0,234 5703 |
| 1,451 | 0,11951 | 0,99283 | 8,30753 | 4,267 380 | 0,234 3358 |
| 1,452 | 0,11852 | 0,99295 | 8,37813 | 4,271 649 | 0,234 1016 |
| 1,453 | 0,11752 | 0,99307 | 8,44993 | 4,275 923 | 0,233 8676 |
| 1,454 | 0,11653 | 0,99319 | 8,52295 | 4,280 201 | 0,233 6339 |
| 1,455 | 0,11554 | 0,99330 | 8,59722 | 4,284 483 | 0,233 4004 |
| 1,456 | 0,11454 | 0,99342 | 8,67278 | 4,288 770 | 0,233 1671 |
| 1,457 | 0,11355 | 0,99353 | 8,74966 | 4,293 061 | 0,232 9340 |
| 1,458 | 0,11256 | 0,99365 | 8,82791 | 4,297 356 | 0,232 7012 |
| 1,459 | 0,11156 | 0,99376 | 8,90754 | 4,301 656 | 0,232 4686 |
| **1,460** | 0,11057 | 0,99387 | 8,98861 | 4,305 960 | 0,232 2363 |
| 1,461 | 0,10958 | 0,99398 | 9,07114 | 4,310 268 | 0,232 0042 |
| 1,462 | 0,10858 | 0,99409 | 9,15519 | 4,314 580 | 0,231 7723 |
| 1,463 | 0,10759 | 0,99420 | 9,24079 | 4,318 897 | 0,231 5406 |
| 1,464 | 0,10659 | 0,99430 | 9,32799 | 4,323 218 | 0,231 3092 |
| 1,465 | 0,10560 | 0,99441 | 9,41683 | 4,327 543 | 0,231 0780 |
| 1,466 | 0,10460 | 0,99451 | 9,50736 | 4,331 873 | 0,230 8470 |
| 1,467 | 0,10361 | 0,99462 | 9,59963 | 4,336 207 | 0,230 6163 |
| 1,468 | 0,10262 | 0,99472 | 9,69368 | 4,340 545 | 0,230 3858 |
| 1,469 | 0,10162 | 0,99482 | 9,78958 | 4,344 888 | 0,230 1555 |
| **1,470** | 0,10063 | 0,99492 | 9,88737 | 4,349 235 | 0,229 9255 |
| 1,471 | 0,09963 | 0,99502 | 9,98712 | 4,353 587 | 0,229 6957 |
| 1,472 | 0,09864 | 0,99512 | 10,08888 | 4,357 942 | 0,229 4661 |
| 1,473 | 0,09764 | 0,99522 | 10,19271 | 4,362 302 | 0,229 2367 |
| 1,474 | 0,09665 | 0,99532 | 10,29868 | 4,366 667 | 0,229 0076 |
| 1,475 | 0,09565 | 0,99542 | 10,40686 | 4,371 036 | 0,228 7787 |
| 1,476 | 0,09465 | 0,99551 | 10,51731 | 4,375 409 | 0,228 5501 |
| 1,477 | 0,09366 | 0,99560 | 10,63011 | 4,379 787 | 0,228 3216 |
| 1,478 | 0,09266 | 0,99570 | 10,74534 | 4,384 169 | 0,228 0934 |
| 1,479 | 0,09167 | 0,99579 | 10,86307 | 4,388 555 | 0,227 8654 |
| **1,480** | 0,09067 | 0,99588 | 10,98338 | 4,392 946 | 0,227 6377 |
| 1,481 | 0,08968 | 0,99597 | 11,10636 | 4,397 341 | 0,227 4102 |
| 1,482 | 0,08868 | 0,99606 | 11,23211 | 4,401 740 | 0,227 1829 |
| 1,483 | 0,08768 | 0,99615 | 11,36072 | 4,406 144 | 0,226 9558 |
| 1,484 | 0,08669 | 0,99624 | 11,49228 | 4,410 553 | 0,226 7290 |
| 1,485 | 0,08569 | 0,99632 | 11,62690 | 4,414 965 | 0,226 5023 |
| 1,486 | 0,08469 | 0,99641 | 11,76468 | 4,419 383 | 0,226 2760 |
| 1,487 | 0,08370 | 0,99649 | 11,90575 | 4,423 804 | 0,226 0498 |
| 1,488 | 0,08270 | 0,99657 | 12,05022 | 4,428 230 | 0,225 8239 |
| 1,489 | 0,08171 | 0,99666 | 12,19821 | 4,432 661 | 0,225 5981 |
| **1,490** | 0,08071 | 0,99674 | 12,34986 | 4,437 096 | 0,225 3727 |
| 1,491 | 0,07971 | 0,99682 | 12,50530 | 4,441 535 | 0,225 1474 |
| 1,492 | 0,07871 | 0,99690 | 12,66467 | 4,445 979 | 0,224 9224 |
| 1,493 | 0,07772 | 0,99698 | 12,82813 | 4,450 427 | 0,224 6976 |
| 1,494 | 0,07672 | 0,99705 | 12,99585 | 4,454 879 | 0,224 4730 |
| 1,495 | 0,07572 | 0,99713 | 13,16798 | 4,459 337 | 0,224 2486 |
| 1,496 | 0,07473 | 0,99720 | 13,34470 | 4,463 798 | 0,224 0245 |
| 1,497 | 0,07373 | 0,99728 | 13,52620 | 4,468 264 | 0,223 8006 |
| 1,498 | 0,07273 | 0,99735 | 13,71268 | 4,472 735 | 0,223 5769 |
| 1,499 | 0,07173 | 0,99742 | 13,90435 | 4,477 210 | 0,223 3534 |

| $x$ | Cos $x$ | Sin $x$ | Tg $x$ | $\varphi$ |
|---|---|---|---|---|
| **1,450** | 2,24884 | 2,01427 | 0,89569 | 83°04′43,97″ |
| 1,451 | 2,25086 | 2 01652 | 0,89589 | 83 08 10,23 |
| 1,452 | 2,25288 | 2,01877 | 0,89609 | 83 11 36,50 |
| 1,453 | 2,25490 | 2,02103 | 0,89628 | 83 15 02,76 |
| 1,454 | 2,25692 | 2,02328 | 0,89648 | 83 18 29,03 |
| 1,455 | 2,25894 | 2,02554 | 0,89668 | 83 21 55,29 |
| 1,456 | 2,26097 | 2,02780 | 0,89687 | 83 25 21,56 |
| 1,457 | 2,26300 | 2,03006 | 0,89707 | 83 28 47,82 |
| 1,458 | 2.26503 | 2,03233 | 0,89726 | 83 32 14,09 |
| 1,459 | 2,26706 | 2,03459 | 0,89746 | 83 35 40,35 |
| **1,460** | 2,26910 | 2,03686 | 0,89765 | 83 39 06,62 |
| 1,461 | 2,27114 | 2,03913 | 0,89785 | 83 42 32,88 |
| 1,462 | 2,27318 | 2,04140 | 0,89804 | 83 45 59,15 |
| 1,463 | 2,27522 | 2,04368 | 0,89823 | 83 49 25,41 |
| 1,464 | 2,27726 | 2,04595 | 0,89843 | 83 52 51,68 |
| 1,465 | 2,27931 | 2,04823 | 0,89862 | 83 56 17,94 |
| 1,466 | 2,28136 | 2,05051 | 0,89881 | 83 59 44,21 |
| 1,467 | 2,28341 | 2,05280 | 0,89900 | 84 03 10,47 |
| 1,468 | 2,28547 | 2,05508 | 0,89920 | 84 06 36,74 |
| 1,469 | 2,28752 | 2,05737 | 0,89939 | 84 10 03,00 |
| **1,470** | 2,28958 | 2,05965 | 0,89958 | 84 13 29,27 |
| 1,471 | 2,29164 | 2,06195 | 0,89977 | 84 16 55,53 |
| 1,472 | 2,29370 | 2,06424 | 0,89996 | 84 20 21,79 |
| 1,473 | 2,29577 | 2,06653 | 0,90015 | 84 23 48,06 |
| 1,474 | 2,29784 | 2,06883 | 0,90034 | 84 27 14,32 |
| 1,475 | 2,29991 | 2,07113 | 0,90053 | 84 30 40,59 |
| 1,476 | 2,30198 | 2,07343 | 0,90072 | 84 34 06,85 |
| 1,477 | 2,30405 | 2,07573 | 0,90090 | 84 37 33,12 |
| 1,478 | 2,30613 | 2,07804 | 0,90109 | 84 40 59,38 |
| 1,479 | 2,30821 | 2,08034 | 0,90128 | 84 44 25,65 |
| **1,480** | 2,31029 | 2,08265 | 0,90147 | 84 47 51,91 |
| 1,481 | 2,31238 | 2,08497 | 0,90166 | 84 51 18,18 |
| 1,482 | 2,31446 | 2,08728 | 0,90184 | 84 54 44,44 |
| 1,483 | 2,31655 | 2,08959 | 0,90203 | 84 58 10,71 |
| 1,484 | 2,31864 | 2,09191 | 0,90221 | 85 01 36,97 |
| 1,485 | 2,32073 | 2,09423 | 0,90240 | 85 05 03,24 |
| 1,486 | 2,32283 | 2,09655 | 0,90259 | 85 08 29,50 |
| 1,487 | 2,32493 | 2,09888 | 0,90277 | 85 11 55,77 |
| 1,488 | 2,32703 | 2,10120 | 0,90296 | 85 15 22,03 |
| 1,489 | 2,32913 | 2,10353 | 0,90314 | 85 18 48 30 |
| **1,490** | 2,33123 | 2,10586 | 0,90332 | 85 22 14,56 |
| 1,491 | 2,33334 | 2,10819 | 0,90351 | 85 25 40,83 |
| 1,492 | 2,33545 | 2,11053 | 0,90369 | 85 29 07,09 |
| 1,493 | 2,33756 | 2,11286 | 0,90388 | 85 32 33,36 |
| 1,494 | 2,33968 | 2,11520 | 0,90406 | 85 35 59,62 |
| 1,495 | 2,34179 | 2,11754 | 0,90424 | 85 39 25,89 |
| 1,496 | 2,34391 | 2,11989 | 0,90442 | 85 42 52,15 |
| 1,497 | 2,34603 | 2,12223 | 0,90460 | 85 46 48,41 |
| 1,498 | 2,34816 | 2,12458 | 0,90479 | 85 49 44,68 |
| 1,499 | 2,35028 | 2,12693 | 0,90497 | 85 53 10,94 |

| $x$ | cos $x$ | sin $x$ | tg $x$ | $e^x$ | $e^{-x}$ |
|---|---|---|---|---|---|
| **1,500** | 0,07074 | 0,99749 | 14,10142 | 4,481 689 | 0,223 1302 |
| 1,501 | 0,06974 | 0,99757 | 14,30413 | 4,486 173 | 0,222 9071 |
| 1,502 | 0,06874 | 0,99763 | 14,51272 | 4,490 661 | 0,222 6843 |
| 1,503 | 0,06774 | 0,99770 | 14,72746 | 4,495 154 | 0,222 4618 |
| 1,504 | 0,06675 | 0,99777 | 14,94861 | 4,499 652 | 0,222 2394 |
| 1,505 | 0,06575 | 0,99784 | 15,17648 | 4,504 154 | 0,222 0173 |
| 1,506 | 0,06475 | 0,99790 | 15,41137 | 4,508 660 | 0,221 7954 |
| 1,507 | 0,06375 | 0,99797 | 15,65361 | 4,513 171 | 0,221 5737 |
| 1,508 | 0,06276 | 0,99803 | 15,90356 | 4,517 686 | 0,221 3522 |
| 1,509 | 0,06176 | 0,99809 | 16,16159 | 4,522 206 | 0,221 1310 |
| **1,510** | 0,06076 | 0,99815 | 16,42809 | 4,526 731 | 0,220 9100 |
| 1,511 | 0,05976 | 0,99821 | 16,70350 | 4,531 260 | 0,220 6892 |
| 1,512 | 0,05876 | 0,99827 | 16,98826 | 4,535 793 | 0,220 4686 |
| 1,513 | 0,05776 | 0,99833 | 17,28287 | 4,540 331 | 0,220 2482 |
| 1,514 | 0,05677 | 0,99839 | 17,58784 | 4,544 874 | 0,220 0281 |
| 1,515 | 0,05577 | 0,99844 | 17,90372 | 4,549 421 | 0,219 8082 |
| 1,516 | 0,05477 | 0,99850 | 18,23113 | 4,553 973 | 0,219 5885 |
| 1,517 | 0,05377 | 0,99855 | 18,57069 | 4,558 529 | 0,219 3690 |
| 1,518 | 0,05277 | 0,99861 | 18,92311 | 4,563 090 | 0,219 1497 |
| 1,519 | 0,05177 | 0,99866 | 19,28912 | 4,567 655 | 0,218 9307 |
| **1,520** | 0,05077 | 0,99871 | 19,66953 | 4,572 225 | 0,218 7119 |
| 1,521 | 0,04978 | 0,99876 | 20,06520 | 4,576 800 | 0,218 4933 |
| 1,522 | 0,04878 | 0,99881 | 20,47708 | 4,581 379 | 0,218 2749 |
| 1,523 | 0,04778 | 0,99886 | 20,90618 | 4,585 962 | 0,218 0567 |
| 1,524 | 0,04678 | 0,99891 | 21,35360 | 4,590 551 | 0,217 8388 |
| 1,525 | 0,04578 | 0,99895 | 21,82054 | 4,595 144 | 0,217 6211 |
| 1,526 | 0,04478 | 0,99900 | 22,30832 | 4,599 741 | 0,217 4035 |
| 1,527 | 0,04378 | 0,99904 | 22,81836 | 4,604 343 | 0,217 1862 |
| 1,528 | 0,04278 | 0,99908 | 23,35222 | 4,608 950 | 0,216 9692 |
| 1,529 | 0,04178 | 0,99913 | 23,91161 | 4,613 561 | 0,216 7523 |
| **1,530** | 0,04079 | 0,99917 | 24,49841 | 4,618 177 | 0,216 5357 |
| 1,531 | 0,03979 | 0,99921 | 25,11468 | 4,622 797 | 0,216 3192 |
| 1,532 | 0,03879 | 0,99925 | 25,76270 | 4,627 422 | 0,216 1030 |
| 1,533 | 0,03779 | 0,99929 | 26,44500 | 4,632 052 | 0,215 8870 |
| 1,534 | 0,03679 | 0,99932 | 27,16436 | 4,636 687 | 0,215 6713 |
| 1,535 | 0,03579 | 0,99936 | 27,92389 | 4,641 326 | 0,215 4557 |
| 1,536 | 0,03479 | 0,99939 | 28,72707 | 4,645 969 | 0,215 2403 |
| 1,537 | 0,03379 | 0,99943 | 29,57775 | 4,650 617 | 0,215 0252 |
| 1,538 | 0,03279 | 0,99946 | 30,48029 | 4,655 270 | 0,214 8103 |
| 1,539 | 0,03179 | 0,99949 | 31,43957 | 4,659 928 | 0,214 5956 |
| **1,540** | 0,03079 | 0,99953 | 32,46114 | 4,664 590 | 0,214 3811 |
| 1,541 | 0,02979 | 0,99956 | 33,55125 | 4,669 257 | 0,214 1668 |
| 1,542 | 0,02879 | 0,99959 | 34,71705 | 4,673 929 | 0,213 9528 |
| 1,543 | 0,02779 | 0,99961 | 35,96671 | 4,678 605 | 0,213 7389 |
| 1,544 | 0,02679 | 0,99964 | 37,30962 | 4,683 286 | 0,213 5253 |
| 1,545 | 0,02579 | 0,99967 | 38,75661 | 4,687 972 | 0,213 3119 |
| 1,546 | 0,02479 | 0,99969 | 40,32029 | 4,692 662 | 0,213 0987 |
| 1,547 | 0,02379 | 0,99972 | 42,01536 | 4,697 357 | 0,212 8857 |
| 1,548 | 0,02279 | 0,99974 | 43,85912 | 4,702 057 | 0,212 6729 |
| 1,549 | 0,02179 | 0,99976 | 45,87202 | 4,706 761 | 0,212 4603 |

| $x$ | Cos $x$ | Sin $x$ | Tg $x$ | $\varphi$ |
|---|---|---|---|---|
| **1,500** | 2,35241 | 2,12928 | 0,90515 | 85° 56′ 37,21″ |
| 1,501 | 2,35454 | 2,13163 | 0,90533 | 86 00 03,47 |
| 1,502 | 2,35667 | 2,13399 | 0,90551 | 86 03 29,74 |
| 1,503 | 2,35881 | 2,13635 | 0,90569 | 86 06 56,00 |
| 1,504 | 2,36095 | 2,13871 | 0,90587 | 86 10 22,27 |
| 1,505 | 2,36309 | 2,14107 | 0,90605 | 86 13 48,53 |
| 1,506 | 2,36523 | 2,14343 | 0,90623 | 86 17 14,80 |
| 1,507 | 2,36737 | 2,14580 | 0,90641 | 86 20 41,06 |
| 1,508 | 2,36952 | 2,14817 | 0,90658 | 86 24 07,33 |
| 1,509 | 2,37167 | 2,15054 | 0,90676 | 86 27 33,59 |
| **1,510** | 2,37382 | 2,15291 | 0,90694 | 86 30 59,86 |
| 1,511 | 2,37597 | 2,15529 | 0,90712 | 86 34 26,12 |
| 1,512 | 2,37813 | 2,15766 | 0,90729 | 86 37 52,39 |
| 1,513 | 2,38029 | 2,16004 | 0,90747 | 86 41 18,65 |
| 1,514 | 2,38245 | 2,16242 | 0,90765 | 86 44 44,92 |
| 1,515 | 2,38461 | 2,16481 | 0,90782 | 86 48 11,18 |
| 1,516 | 2,38678 | 2,16719 | 0,90800 | 86 51 37,45 |
| 1,517 | 2,38895 | 2,16958 | 0,90817 | 86 55 03,71 |
| 1,518 | 2,39112 | 2,17197 | 0,90835 | 86 58 29,98 |
| 1,519 | 2,39329 | 2,17436 | 0,90852 | 87 01 56,24 |
| **1,520** | 2,39547 | 2,17676 | 0,90870 | 87 05 22,51 |
| 1,521 | 2,39765 | 2,17915 | 0,90887 | 87 08 48,77 |
| 1,522 | 2,39983 | 2,18155 | 0,90905 | 87 12 15,04 |
| 1,523 | 2,40201 | 2,18395 | 0,90922 | 87 15 41,30 |
| 1,524 | 2,40419 | 2,18636 | 0,90939 | 87 19 07,56 |
| 1,525 | 2,40638 | 2,18876 | 0,90957 | 87 22 33,83 |
| 1,526 | 2,40857 | 2,19117 | 0,90974 | 87 26 00,09 |
| 1,527 | 2,41076 | 2,19358 | 0,90991 | 87 29 26,36 |
| 1,528 | 2,41296 | 2,19599 | 0,91008 | 87 32 52,62 |
| 1,529 | 2,41516 | 2,19840 | 0,91025 | 87 36 18,89 |
| **1,530** | 2,41736 | 2,20082 | 0,91042 | 87 39 45,15 |
| 1,531 | 2,41956 | 2,20324 | 0,91060 | 87 43 11,42 |
| 1,532 | 2,42176 | 2,20566 | 0,91077 | 87 46 37,68 |
| 1,533 | 2,42397 | 2,20808 | 0,91094 | 87 50 03,95 |
| 1,534 | 2,42618 | 2,21051 | 0,91111 | 87 53 30,21 |
| 1,535 | 2,42839 | 2,21293 | 0,91128 | 87 56 56,48 |
| 1,536 | 2,43060 | 2,21536 | 0,91145 | 88 00 22,74 |
| 1,537 | 2,43282 | 2,21780 | 0,91161 | 88 03 49,01 |
| 1,538 | 2,43504 | 2,22023 | 0,91178 | 88 07 15,27 |
| 1,539 | 2,43726 | 2,22267 | 0,91195 | 88 10 41,54 |
| **1,540** | 2,43949 | 2,22510 | 0,91212 | 88 14 07,80 |
| 1,541 | 2,44171 | 2,22755 | 0,91229 | 88 17 34,07 |
| 1,542 | 2,44394 | 2,22999 | 0,91246 | 88 21 00,33 |
| 1,543 | 2,44617 | 2,23243 | 0,91262 | 88 24 26,60 |
| 1,544 | 2,44841 | 2,23488 | 0,91279 | 88 27 52,86 |
| 1,545 | 2,45064 | 2,23733 | 0,91296 | 88 31 19,13 |
| 1,546 | 2,45288 | 2,23978 | 0,91312 | 88 34 45,39 |
| 1,547 | 2,45512 | 2,24224 | 0,91329 | 88 38 11,66 |
| 1,548 | 2,45736 | 2,24469 | 0,91345 | 88 41 37,92 |
| 1,549 | 2,45961 | 2,24715 | 0,91362 | 88 45 04,18 |

| $x$ | $\cos x$ | $\sin x$ | $\operatorname{tg} x$ | $e^x$ | $e^{-x}$ |
|---|---|---|---|---|---|
| **1,550** | 0,02079 | 0,99978 | 48,07848 | 4,711 470 | 0,212 2480 |
| 1,551 | 0,01980 | 0,99980 | 50,50782 | 4,716 184 | 0,212 0358 |
| 1,552 | 0,01880 | 0,99982 | 53,19562 | 4,720 903 | 0,211 8239 |
| 1,553 | 0,01780 | 0,99984 | 56,18544 | 4,725 626 | 0,211 6122 |
| 1,554 | 0,01680 | 0,99986 | 59,53123 | 4,730 354 | 0,211 4007 |
| 1,555 | 0,01580 | 0,99988 | 63,30059 | 4,735 087 | 0,211 1894 |
| 1,556 | 0,01480 | 0,99989 | 67,57941 | 4,739 824 | 0,210 9783 |
| 1,557 | 0,01380 | 0,99990 | 72,47846 | 4,744 566 | 0,210 7674 |
| 1,558 | 0,01280 | 0,99992 | 78,14316 | 4,749 313 | 0,210 5568 |
| 1,559 | 0,01180 | 0,99993 | 84,76822 | 4,754 065 | 0,210 3463 |
| **1,560** | 0,01080 | 0,99994 | 92,62050 | 4,758 821 | 0,210 1361 |
| 1,561 | 0,00980 | 0,99995 | 102,07581 | 4,763 582 | 0,209 9260 |
| 1,562 | 0,00880 | 0,99996 | 113,68088 | 4,768 348 | 0,209 7162 |
| 1,563 | 0,00780 | 0,99997 | 128,26293 | 4,773 119 | 0,209 5066 |
| 1,564 | 0,00680 | 0,99998 | 147,13604 | 4,777 895 | 0,209 2972 |
| 1,565 | 0,00580 | 0,99998 | 172,52112 | 4,782 675 | 0,209 0880 |
| 1,566 | 0,00480 | 0,99999 | 208,49128 | 4,787 460 | 0,208 8790 |
| 1,567 | 0,00380 | 0,99999 | 263,41125 | 4,792 250 | 0,208 6703 |
| 1,568 | 0,00280 | 1,00000 | 357,61106 | 4,797 045 | 0,208 4617 |
| 1,569 | 0,00180 | 1,00000 | 556,69098 | 4,801 844 | 0,208 2533 |
| **1,570** | 0,00080 | 1,00000 | 1255,76559 | 4,806 648 | 0,208 0452 |
| $^1/_2\pi = 1,570\cdots$ | 0 | 1 | $\pm\infty$ | 4,810 477 | 0,207 8796 |
| 1,571 | −0,00020 | 1,00000 | −4909,82594 | 4,811 457 | 0,207 8372 |
| 1,572 | −0,00120 | 1,00000 | −830,78988 | 4,816 271 | 0,207 6295 |
| 1,573 | −0,00220 | 1,00000 | −453,78706 | 4,821 090 | 0,207 4220 |
| 1,574 | −0,00320 | 0,99999 | −312,14063 | 4,825 913 | 0,207 2147 |
| 1,575 | −0,00420 | 0,99999 | −237,88579 | 4,830 742 | 0,207 0076 |
| 1,576 | −0,00520 | 0,99999 | −192,17021 | 4,835 575 | 0,206 8006 |
| 1,577 | −0,00620 | 0,99998 | −161,19275 | 4,840 413 | 0,206 5940 |
| 1,578 | −0,00720 | 0,99997 | −138,81567 | 4,845 256 | 0,206 3875 |
| 1,579 | −0,00820 | 0,99997 | −121,89388 | 4,850 103 | 0,206 1812 |
| **1,580** | −0,00920 | 0,99996 | −108,64920 | 4,854 956 | 0,205 9751 |
| 1,581 | −0,01020 | 0,99995 | −98,00052 | 4,859 813 | 0,205 7692 |
| 1,582 | −0,01120 | 0,99994 | −89,25271 | 4,864 675 | 0,205 5636 |
| 1,583 | −0,01220 | 0,99993 | −81,93847 | 4,869 543 | 0,205 3581 |
| 1,584 | −0,01320 | 0,99991 | −75,73210 | 4,874 415 | 0,205 1528 |
| 1,585 | −0,01420 | 0,99990 | −70,39959 | 4,879 291 | 0,204 9478 |
| 1,586 | −0,01520 | 0,99988 | −65,76851 | 4,884 173 | 0,204 7429 |
| 1,587 | −0,01620 | 0,99987 | −61,70900 | 4,889 060 | 0,204 5383 |
| 1,588 | −0,01720 | 0,99985 | −58,12139 | 4,893 951 | 0,204 3339 |
| 1,589 | −0,01820 | 0,99983 | −54,92790 | 4,898 848 | 0,204 1296 |
| **1,590** | −0,01920 | 0,99982 | −52,06697 | 4,903 749 | 0,203 9256 |
| 1,591 | −0,02020 | 0,99980 | −49,48922 | 4,908 655 | 0,203 7218 |
| 1,592 | −0,02120 | 0,99978 | −47,15457 | 4,913 566 | 0,203 5182 |
| 1,593 | −0,02220 | 0,99975 | −45,03019 | 4,918 482 | 0,203 3148 |
| 1,594 | −0,02320 | 0,99973 | −43,08889 | 4,923 403 | 0,203 1115 |
| 1,595 | −0,02420 | 0,99971 | −41,30797 | 4,928 329 | 0,202 9085 |
| 1,596 | −0,02520 | 0,99968 | −39,66835 | 4,933 260 | 0,202 7057 |
| 1,597 | −0,02620 | 0,99966 | −38,15385 | 4,938 196 | 0,202 5031 |
| 1,598 | −0,02720 | 0,99963 | −36,75067 | 4,943 136 | 0,202 3007 |
| 1,599 | −0,02820 | 0,99960 | −35,44697 | 4,948 082 | 0,202 0985 |

| $x$ | Cof $x$ | Sin $x$ | Tg $x$ | $\varphi$ |
|---|---|---|---|---|
| **1,550** | 2,46186 | 2,24961 | 0,91379 | 88° 48′ 30,45″ |
| 1,551 | 2,46411 | 2,25207 | 0,91395 | 88 51 56,71 |
| 1,552 | 2,46636 | 2,25454 | 0,91411 | 88 55 22,98 |
| 1,553 | 2,46862 | 2,25701 | 0,91428 | 88 58 49,24 |
| 1,554 | 2,47088 | 2,25948 | 0,91444 | 89 02 15,51 |
| 1,555 | 2,47314 | 2,26195 | 0,91461 | 89 05 41,77 |
| 1,556 | 2,47540 | 2,26442 | 0,91477 | 89 09 08,04 |
| 1,557 | 2,47767 | 2,26690 | 0,91493 | 89 12 34,30 |
| 1,558 | 2,47993 | 2,26938 | 0,91510 | 89 16 00,57 |
| 1,559 | 2,48221 | 2,27186 | 0,91526 | 89 19 26,83 |
| **1,560** | 2,48448 | 2,27434 | 0,91542 | 89 22 53,10 |
| 1,561 | 2,48675 | 2,27683 | 0,91558 | 89 26 19,36 |
| 1,562 | 2,48903 | 2,27932 | 0,91574 | 89 29 45,63 |
| 1,563 | 2,49131 | 2,28181 | 0,91591 | 89 33 11,89 |
| 1,564 | 2,49360 | 2,28430 | 0,91607 | 89 36 38,16 |
| 1,565 | 2,49588 | 2,28679 | 0,91623 | 89 40 04,42 |
| 1,566 | 2,49817 | 2,28929 | 0,91639 | 89 43 30,69 |
| 1,567 | 2,50046 | 2,29179 | 0,91655 | 89 46 56,95 |
| 1,568 | 2,50275 | 2,29429 | 0,91671 | 89 50 23,22 |
| 1,569 | 2,50505 | 2,29680 | 0,91687 | 89 53 49,48 |
| **1,570** | 2,50735 | 2,29930 | 0,91703 | 89 57 15,75 |
| $\frac{1}{2}\pi$ = 1,570··· | 2,50918 | 2,30130 | 0,91715 | 90 |
| 1,571 | 2,50965 | 2,30181 | 0,91718 | 90 00 42,01 |
| 1,572 | 2,51195 | 2,30432 | 0,91734 | 90 04 08,28 |
| 1,573 | 2,51426 | 2,30683 | 0,91750 | 90 07 34,54 |
| 1,574 | 2,51656 | 2,30935 | 0,91766 | 90 11 00,81 |
| 1,575 | 2,51887 | 2,31187 | 0,91782 | 90 14 27,07 |
| 1,576 | 2,52119 | 2,31439 | 0,91797 | 90 17 53,33 |
| 1,577 | 2,52350 | 2,31691 | 0,91813 | 90 21 19,60 |
| 1,578 | 2,52582 | 2,31943 | 0,91829 | 90 24 45,86 |
| 1,579 | 2,52814 | 2,32196 | 0,91845 | 90 28 12,13 |
| **1,580** | 2,53047 | 2,32449 | 0,91860 | 90 31 38,39 |
| 1,581 | 2,53279 | 2,32702 | 0,91876 | 90 35 04,66 |
| 1,582 | 2,53512 | 2,32956 | 0,91891 | 90 38 30,92 |
| 1,583 | 2,53745 | 2,33209 | 0,91907 | 90 41 57,19 |
| 1,584 | 2,53978 | 2,33463 | 0,91922 | 90 45 23,45 |
| 1,585 | 2,54212 | 2,33717 | 0,91938 | 90 48 49,72 |
| 1,586 | 2,54446 | 2,33972 | 0,91953 | 90 52 15,98 |
| 1,587 | 2,54680 | 2,34226 | 0,91969 | 90 55 42,25 |
| 1,588 | 2,54914 | 2,34481 | 0,91984 | 90 59 08,51 |
| 1,589 | 2,55149 | 2,34736 | 0,92000 | 91 02 34,78 |
| **1,590** | 2,55384 | 2,34991 | 0,92015 | 91 06 01,04 |
| 1,591 | 2,55619 | 2,35247 | 0,92030 | 91 09 27,31 |
| 1,592 | 2,55854 | 2,35502 | 0,92046 | 91 12 53,57 |
| 1,593 | 2,56090 | 2,35758 | 0,92061 | 91 16 19,84 |
| 1,594 | 2,56326 | 2,36015 | 0,92076 | 91 19 46,10 |
| 1,595 | 2,56562 | 2,36271 | 0,92091 | 91 23 12,37 |
| 1,596 | 2,56798 | 2,36528 | 0,92106 | 91 26 38,63 |
| 1,597 | 2,57035 | 2,36785 | 0,92122 | 91 30 04,90 |
| 1,598 | 2,57272 | 2,37042 | 0,92137 | 91 33 31,16 |
| 1,599 | 2,57509 | 2,37299 | 0,92152 | 91 36 57,43 |

| $x$ | $\cos x$ | $\sin x$ | $\operatorname{tg} x$ | $e^x$ | $e^{-x}$ |
|---|---|---|---|---|---|
| **1,600** | −0,02920 | 0,99957 | −34,23253 | 4,953 032 | 0,201 8965 |
| 1,601 | −0,03020 | 0,99954 | −33,09849 | 4,957 988 | 0,201 6947 |
| 1,602 | −0,03120 | 0,99951 | −32,03711 | 4,962 948 | 0,201 4931 |
| 1,603 | −0,03220 | 0,99948 | −31,04162 | 4,967 914 | 0,201 2917 |
| 1,604 | −0,03320 | 0,99945 | −30,10608 | 4,972 884 | 0,201 0905 |
| 1,605 | −0,03420 | 0,99942 | −29,22522 | 4,977 860 | 0,200 8896 |
| 1,606 | −0,03520 | 0,99938 | −28,39439 | 4,982 840 | 0,200 6888 |
| 1,607 | −0,03620 | 0,99934 | −27,60944 | 4,987 825 | 0,200 4882 |
| 1,608 | −0,03720 | 0,99931 | −26,86666 | 4,992 816 | 0,200 2878 |
| 1,609 | −0,03819 | 0,99927 | −26,16276 | 4,997 811 | 0,200 0876 |
| **1,610** | −0,03919 | 0,99923 | −25,49474 | 5,002 811 | 0,199 8876 |
| 1,611 | −0,04019 | 0,99919 | −24,85995 | 5,007 817 | 0,199 6878 |
| 1,612 | −0,04119 | 0,99915 | −24,25594 | 5,012 827 | 0,199 4882 |
| 1,613 | −0,04219 | 0,99911 | −23,68055 | 5,017 842 | 0,199 2888 |
| 1,614 | −0,04319 | 0,99907 | −23,13178 | 5,022 863 | 0,199 0897 |
| 1,615 | −0,04419 | 0,99902 | −22,60782 | 5,027 888 | 0,198 8907 |
| 1,616 | −0,04519 | 0,99898 | −22,10703 | 5,032 918 | 0,198 6919 |
| 1,617 | −0,04619 | 0,99893 | −21,62790 | 5,037 954 | 0,198 4933 |
| 1,618 | −0,04719 | 0,99889 | −21,16906 | 5,042 994 | 0,198 2949 |
| 1,619 | −0,04819 | 0,99884 | −20,72924 | 5,048 040 | 0,198 0967 |
| **1,620** | −0,04918 | 0,99879 | −20,30728 | 5,053 090 | 0,197 8987 |
| 1,621 | −0,05018 | 0,99874 | −19,90212 | 5,058 146 | 0,197 7009 |
| 1,622 | −0,05118 | 0,99869 | −19,51278 | 5,063 207 | 0,197 5033 |
| 1,623 | −0,05218 | 0,99864 | −19,13834 | 5,068 272 | 0,197 3059 |
| 1,624 | −0,05318 | 0,99859 | −18,77796 | 5,073 343 | 0,197 1087 |
| 1,625 | −0,05418 | 0,99853 | −18,43086 | 5,078 419 | 0,196 9117 |
| 1,626 | −0,05518 | 0,99848 | −18,09633 | 5,083 500 | 0,196 7149 |
| 1,627 | −0,05617 | 0,99842 | −17,77369 | 5,088 586 | 0,196 5182 |
| 1,628 | −0,05717 | 0,99836 | −17,46232 | 5,093 677 | 0,196 3218 |
| 1,629 | −0,05817 | 0,99831 | −17,16164 | 5,098 773 | 0,196 1256 |
| **1,630** | −0,05917 | 0,99825 | −16,87110 | 5,103 875 | 0,195 9296 |
| 1,631 | −0,06017 | 0,99819 | −16,59021 | 5,108 981 | 0,195 7337 |
| 1,632 | −0,06117 | 0,99813 | −16,31848 | 5,114 093 | 0,195 5381 |
| 1,633 | −0,06216 | 0,99807 | −16,05548 | 5,119 209 | 0,195 3427 |
| 1,634 | −0,06316 | 0,99800 | −15,80079 | 5,124 331 | 0,195 1474 |
| 1,635 | −0,06416 | 0,99794 | −15,55402 | 5,129 458 | 0,194 9524 |
| 1,636 | −0,06516 | 0,99787 | −15,31482 | 5,134 590 | 0,194 7575 |
| 1,637 | −0,06616 | 0,99781 | −15,08283 | 5,139 727 | 0,194 5629 |
| 1,638 | −0,06715 | 0,99774 | −14,85773 | 5,144 869 | 0,194 3684 |
| 1,639 | −0,06815 | 0,99768 | −14,63923 | 5,150 017 | 0,194 1741 |
| **1,640** | −0,06915 | 0,99761 | −14,42702 | 5,155 170 | 0,193 9800 |
| 1,641 | −0,07015 | 0,99754 | −14,22086 | 5,160 327 | 0,193 7862 |
| 1,642 | −0,07114 | 0,99747 | −14,02048 | 5,165 490 | 0,193 5925 |
| 1,643 | −0,07214 | 0,99739 | −13,82563 | 5,170 658 | 0,193 3990 |
| 1,644 | −0,07314 | 0,99732 | −13,63611 | 5,175 831 | 0,193 2057 |
| 1,645 | −0,07414 | 0,99725 | −13,45168 | 5,181 010 | 0,193 0126 |
| 1,646 | −0,07513 | 0,99717 | −13,27215 | 5,186 194 | 0,192 8196 |
| 1,647 | −0,07613 | 0,99710 | −13,09732 | 5,191 382 | 0,192 6269 |
| 1,648 | −0,07713 | 0,99702 | −12,92701 | 5,196 576 | 0,192 4344 |
| 1,649 | −0,07812 | 0,99694 | −12,76104 | 5,201 775 | 0,192 2421 |

| x | Cos x | Sin x | Tg x | φ |
|---|---|---|---|---|
| **1,600** | 2,57746 | 2,37557 | 0,92167 | 91° 40′ 23,69″ |
| 1,601 | 2,57984 | 2,37815 | 0,92182 | 91 43 49,95 |
| 1,602 | 2,58222 | 2,38073 | 0,92197 | 91 47 16,22 |
| 1,603 | 2,58460 | 2,38331 | 0,92212 | 91 50 42,48 |
| 1,604 | 2,58699 | 2,38590 | 0,92227 | 91 54 08,75 |
| 1,605 | 2,58937 | 2,38849 | 0,92242 | 91 57 35,01 |
| 1,606 | 2,59176 | 2,39108 | 0,92257 | 92 01 01,28 |
| 1,607 | 2,59416 | 2,39367 | 0,92272 | 92 04 27,54 |
| 1,608 | 2,59655 | 2,39626 | 0,92286 | 92 07 53,81 |
| 1,609 | 2,59895 | 2,39886 | 0,92301 | 92 11 20,07 |
| **1,610** | 2,60135 | 2,40146 | 0,92316 | 92 14 46,34 |
| 1,611 | 2,60375 | 2,40406 | 0,92331 | 92 18 12,60 |
| 1,612 | 2,60616 | 2,40667 | 0,92346 | 92 21 38,87 |
| 1,613 | 2,60857 | 2,40928 | 0,92360 | 92 25 05,13 |
| 1,614 | 2,61098 | 2,41189 | 0,92375 | 92 28 31,40 |
| 1,615 | 2,61339 | 2,41450 | 0,92390 | 92 31 57,66 |
| 1,616 | 2,61581 | 2,41711 | 0,92404 | 92 35 23,93 |
| 1,617 | 2,61822 | 2,41973 | 0,92419 | 92 38 50,19 |
| 1,618 | 2,62064 | 2,42235 | 0,92433 | 92 42 16,46 |
| 1,619 | 2,62307 | 2,42497 | 0,92448 | 92 45 42,72 |
| **1,620** | 2,62549 | 2,42760 | 0,92462 | 92 49 08,99 |
| 1,621 | 2,62792 | 2,43022 | 0,92477 | 92 52 35,25 |
| 1,622 | 2,63035 | 2,43285 | 0,92491 | 92 56 01,52 |
| 1,623 | 2,63279 | 2,43548 | 0,92506 | 92 59 27,78 |
| 1,624 | 2,63523 | 2,43812 | 0,92520 | 93 02 54,04 |
| 1,625 | 2,63767 | 2,44075 | 0,92535 | 93 06 20,31 |
| 1,626 | 2,64011 | 2,44339 | 0,92549 | 93 09 46,57 |
| 1,627 | 2,64255 | 2,44603 | 0,92563 | 93 13 12,84 |
| 1,628 | 2,64500 | 2,44868 | 0,92578 | 93 16 39,10 |
| 1,629 | 2,64745 | 2,45132 | 0,92592 | 93 20 05,37 |
| **1,630** | 2,64990 | 2,45397 | 0,92606 | 93 23 31,63 |
| 1,631 | 2,65236 | 2,45662 | 0,92620 | 93 26 57,90 |
| 1,632 | 2,65482 | 2,45928 | 0,92635 | 93 30 24,16 |
| 1,633 | 2,65728 | 2,46193 | 0,92649 | 93 33 50,43 |
| 1,634 | 2,65974 | 2,46459 | 0,92663 | 93 37 16,69 |
| 1,635 | 2,66221 | 2,46725 | 0,92677 | 93 40 42,96 |
| 1,636 | 2,66467 | 2,46992 | 0,92691 | 93 44 09,22 |
| 1,637 | 2,66715 | 2,47258 | 0,92705 | 93 47 35,49 |
| 1,638 | 2,66962 | 2,47525 | 0,92719 | 93 51 01,75 |
| 1,639 | 2,67210 | 2,47792 | 0,92733 | 93 54 28,02 |
| **1,640** | 2,67457 | 2,48059 | 0,92747 | 93 57 54,28 |
| 1,641 | 2,67706 | 2,48327 | 0,92761 | 94 01 20,55 |
| 1,642 | 2,67954 | 2,48595 | 0,92775 | 94 04 46,81 |
| 1,643 | 2,68203 | 2,48863 | 0,92789 | 94 08 13,08 |
| 1,644 | 2,68452 | 2,49131 | 0,92803 | 94 11 39,34 |
| 1,645 | 2,68701 | 2,49400 | 0,92817 | 94 15 05,61 |
| 1,646 | 2,68951 | 2,49669 | 0,92831 | 94 18 31,87 |
| 1,647 | 2,69200 | 2,49938 | 0,92844 | 94 21 58,14 |
| 1,648 | 2,69451 | 2,50207 | 0,92858 | 94 25 24,40 |
| 1,649 | 2,69701 | 2,50477 | 0,92872 | 94 28 50,67 |

| $x$ | $\cos x$ | $\sin x$ | $\operatorname{tg} x$ | $e^x$ | $e^{-x}$ |
|---|---|---|---|---|---|
| **1,650** | −0,07912 | 0,99687 | −12,59926 | 5,206 980 | 0,192 0499 |
| 1,651 | −0,08012 | 0,99679 | −12,44151 | 5,212 189 | 0,191 8580 |
| 1,652 | −0,08111 | 0,99670 | −12,28763 | 5,217 404 | 0,191 6662 |
| 1,653 | −0,08211 | 0,99662 | −12,13749 | 5,222 624 | 0,191 4746 |
| 1,654 | −0,08311 | 0,99654 | −11,99095 | 5,227 849 | 0,191 2832 |
| 1,655 | −0,08410 | 0,99646 | −11,84789 | 5,233 080 | 0,191 0921 |
| 1,656 | −0,08510 | 0,99637 | −11,70817 | 5,238 316 | 0,190 9011 |
| 1,657 | −0,08610 | 0,99629 | −11,57168 | 5,243 557 | 0,190 7103 |
| 1,658 | −0,08709 | 0,99620 | −11,43832 | 5,248 803 | 0,190 5196 |
| 1,659 | −0,08809 | 0,99611 | −11,30798 | 5,254 054 | 0,190 3292 |
| **1,660** | −0,08909 | 0,99602 | −11,18055 | 5,259 311 | 0,190 1390 |
| 1,661 | −0,09008 | 0,99593 | −11,05594 | 5,264 573 | 0,189 9498 |
| 1,662 | −0,09108 | 0,99584 | −10,93405 | 5,269 840 | 0,189 7591 |
| 1,663 | −0,09207 | 0,99575 | −10,81480 | 5,275 112 | 0,189 5694 |
| 1,664 | −0,09307 | 0,99566 | −10,69810 | 5,280 390 | 0,189 3799 |
| 1,665 | −0,09406 | 0,99557 | −10,58388 | 5,285 673 | 0,189 1907 |
| 1,666 | −0,09506 | 0,99547 | −10,47204 | 5,290 962 | 0,189 0016 |
| 1,667 | −0,09606 | 0,99538 | −10,36253 | 5,296 255 | 0,188 8127 |
| 1,668 | −0,09705 | 0,99528 | −10,25526 | 5,301 554 | 0,188 6239 |
| 1,669 | −0,09805 | 0,99518 | −10,15016 | 5,306 858 | 0,188 4354 |
| **1,670** | −0,09904 | 0,99508 | −10,04718 | 5,312 168 | 0,188 2471 |
| 1,671 | −0,10004 | 0,99498 | −9,94625 | 5,317 483 | 0,188 0589 |
| 1,672 | −0,10103 | 0,99488 | −9,84731 | 5,322 803 | 0,187 8709 |
| 1,673 | −0,10203 | 0,99478 | −9,75029 | 5,328 128 | 0,187 6832 |
| 1,674 | −0,10302 | 0,99468 | −9,65515 | 5,333 459 | 0,187 4956 |
| 1,675 | −0,10402 | 0,99458 | −9,56183 | 5,338 795 | 0,187 3082 |
| 1,676 | −0,10501 | 0,99447 | −9,47028 | 5,344 137 | 0,187 1210 |
| 1,677 | −0,10600 | 0,99437 | −9,38044 | 5,349 483 | 0,186 9339 |
| 1,678 | −0,10700 | 0,99426 | −9,29228 | 5,354 836 | 0,186 7471 |
| 1,679 | −0,10799 | 0,99415 | −9,20573 | 5,360 193 | 0,186 5604 |
| **1,680** | −0,10899 | 0,99404 | −9,12077 | 5,365 556 | 0,186 3740 |
| 1,681 | −0,10998 | 0,99393 | −9,03734 | 5,370 924 | 0,186 1877 |
| 1,682 | −0,11097 | 0,99382 | −8,95541 | 5,376 298 | 0,186 0016 |
| 1,683 | −0,11197 | 0,99371 | −8,87493 | 5,381 677 | 0,185 8157 |
| 1,684 | −0,11296 | 0,99360 | −8,79587 | 5,387 061 | 0,185 6300 |
| 1,685 | −0,11396 | 0,99349 | −8,71818 | 5,392 451 | 0,185 4444 |
| 1,686 | −0,11495 | 0,99337 | −8,64184 | 5,397 846 | 0,185 2591 |
| 1,687 | −0,11594 | 0,99326 | −8,56681 | 5,403 247 | 0,185 0739 |
| 1,688 | −0,11694 | 0,99314 | −8,49305 | 5,408 653 | 0,184 8889 |
| 1,689 | −0,11793 | 0,99302 | −8,42054 | 5,414 064 | 0,184 7041 |
| **1,690** | −0,11892 | 0,99290 | −8,34923 | 5,419 481 | 0,184 5195 |
| 1,691 | −0,11991 | 0,99278 | −8,27911 | 5,424 903 | 0,184 3351 |
| 1,692 | −0,12091 | 0,99266 | −8,21013 | 5,430 331 | 0,184 1509 |
| 1,693 | −0,12190 | 0,99254 | −8,14228 | 5,435 764 | 0,183 9668 |
| 1,694 | −0,12289 | 0,99242 | −8,07553 | 5,441 202 | 0,183 7829 |
| 1,695 | −0,12388 | 0,99230 | −8,00985 | 5,446 646 | 0,183 5992 |
| 1,696 | −0,12488 | 0,99217 | −7,94521 | 5,452 095 | 0,183 4157 |
| 1,697 | −0,12587 | 0,99205 | −7,88159 | 5,457 550 | 0,183 2324 |
| 1,698 | −0,12686 | 0,99192 | −7,81896 | 5,463 010 | 0,183 0493 |
| 1,699 | −0,12785 | 0,99179 | −7,75731 | 5,468 476 | 0,182 8663 |

| x | Cos x | Sin x | Tg x | φ |
|---|---|---|---|---|
| **1,650** | 2,69951 | 2,50746 | 0,92886 | 94° 32′ 16,93″ |
| 1,651 | 2,70202 | 2,51017 | 0,92899 | 94 36 43,20 |
| 1,652 | 2,70454 | 2,51287 | 0,92913 | 94 39 09,46 |
| 1,653 | 2,70705 | 2,51557 | 0,92927 | 94 42 35,72 |
| 1,654 | 2,70957 | 2,51828 | 0,92940 | 94 46 01,99 |
| 1,655 | 2,71209 | 2,52099 | 0,92954 | 94 49 28,25 |
| 1,656 | 2,71461 | 2,52371 | 0,92968 | 94 52 54,52 |
| 1,657 | 2,71713 | 2,52642 | 0,92981 | 94 56 20,78 |
| 1,658 | 2,71966 | 2,52914 | 0,92995 | 94 59 47,05 |
| 1,659 | 2,72219 | 2,53186 | 0,93008 | 95 03 13,31 |
| **1,660** | 2,72472 | 2,53459 | 0,93022 | 95 06 39,58 |
| 1,661 | 2,72726 | 2,53731 | 0,93035 | 95 10 05,84 |
| 1,662 | 2,72980 | 2,54004 | 0,93049 | 95 13 32,11 |
| 1,663 | 2,73234 | 2,54277 | 0,93062 | 95 16 58,37 |
| 1,664 | 2,73489 | 2,54551 | 0,93075 | 95 20 24,64 |
| 1,665 | 2,73743 | 2,54824 | 0,93089 | 95 23 50,90 |
| 1,666 | 2,73998 | 2,55098 | 0,93102 | 95 27 17,17 |
| 1,667 | 2,74253 | 2,55372 | 0,93115 | 95 30 43,43 |
| 1,668 | 2,74509 | 2,55647 | 0,93129 | 95 34 09,70 |
| 1,669 | 2,74765 | 2,55921 | 0,93142 | 95 37 35,96 |
| **1,670** | 2,75021 | 2,56196 | 0,93155 | 95 41 02,23 |
| 1,671 | 2,75277 | 2,56471 | 0,93168 | 95 44 28,49 |
| 1,672 | 2,75534 | 2,56747 | 0,93182 | 95 47 54,76 |
| 1,673 | 2,75791 | 2,57022 | 0,93195 | 95 51 21,02 |
| 1,674 | 2,76048 | 2,57298 | 0,93208 | 95 54 47,29 |
| 1,675 | 2,76305 | 2,57574 | 0,93221 | 95 58 13,55 |
| 1,676 | 2,76563 | 2,57851 | 0,93234 | 96 01 39,82 |
| 1,677 | 2,76821 | 2,58127 | 0,93247 | 96 05 06,08 |
| 1,678 | 2,77079 | 2,58404 | 0,93260 | 96 08 32,34 |
| 1,679 | 2,77338 | 2,58682 | 0,93273 | 96 11 58,61 |
| **1,680** | 2,77596 | 2,58959 | 0,93286 | 96 15 24,87 |
| 1,681 | 2,77856 | 2,59237 | 0,93299 | 96 18 51,14 |
| 1,682 | 2,78115 | 2,59515 | 0,93312 | 96 22 17,40 |
| 1,683 | 2,78375 | 2,59793 | 0,93325 | 96 25 43,67 |
| 1,684 | 2,78635 | 2,60072 | 0,93338 | 96 29 09,93 |
| 1,685 | 2,78895 | 2,60350 | 0,93351 | 96 32 36,20 |
| 1,686 | 2,79155 | 2,60629 | 0,93364 | 96 36 02,46 |
| 1,687 | 2,79416 | 2,60909 | 0,93376 | 96 39 28,73 |
| 1,688 | 2,79677 | 2,61188 | 0,93389 | 96 42 54,99 |
| 1,689 | 2,79938 | 2,61468 | 0,93402 | 96 46 21,26 |
| **1,690** | 2,80200 | 2,61748 | 0,93415 | 96 49 47,52 |
| 1,691 | 2,80462 | 2,62028 | 0,93427 | 96 53 13,79 |
| 1,692 | 2,80724 | 2,62309 | 0,93440 | 96 56 40,05 |
| 1,693 | 2,80987 | 2,62590 | 0,93453 | 97 00 06,32 |
| 1,694 | 2,81249 | 2,62871 | 0,93465 | 97 03 32,58 |
| 1,695 | 2,81512 | 2,63152 | 0,93478 | 97 06 58,85 |
| 1,696 | 2,81776 | 2,63434 | 0,93491 | 97 10 25,11 |
| 1,697 | 2,82039 | 2,63716 | 0,93503 | 97 13 51,38 |
| 1,698 | 2,82303 | 2,63998 | 0,93516 | 97 17 17,64 |
| 1,699 | 2,82567 | 2,64280 | 0,93528 | 97 20 43,91 |

| $x$ | $\cos x$ | $\sin x$ | $\text{tg}\, x$ | $e^x$ | $e^{-x}$ |
|---|---|---|---|---|---|
| **1,700** | −0,12884 | 0,99166 | −7,69660 | 5,473 947 | 0,182 6835 |
| 1,701 | −0,12984 | 0,99154 | −7,63682 | 5,479 424 | 0,182 5009 |
| 1,702 | −0,13083 | 0,99141 | −7,57795 | 5,484 906 | 0,182 3185 |
| 1,703 | −0,13182 | 0,99127 | −7,51997 | 5,490 394 | 0,182 1363 |
| 1,704 | −0,13281 | 0,99114 | −7,46285 | 5,495 887 | 0,181 9542 |
| 1,705 | −0,13380 | 0,99101 | −7,40657 | 5,501 386 | 0,181 7724 |
| 1,706 | −0,13479 | 0,99087 | −7,35113 | 5,506 890 | 0,181 5907 |
| 1,707 | −0,13578 | 0,99074 | −7,29649 | 5,512 399 | 0,181 4092 |
| 1,708 | −0,13677 | 0,99060 | −7,24264 | 5,517 915 | 0,181 2279 |
| 1,709 | −0,13776 | 0,99047 | −7,18957 | 5,523 435 | 0,181 0467 |
| **1,710** | −0,13875 | 0,99033 | −7,13726 | 5,528 961 | 0,180 8658 |
| 1,711 | −0,13974 | 0,99019 | −7,08568 | 5,534 493 | 0,180 6850 |
| 1,712 | −0,14073 | 0,99005 | −7,03484 | 5,540 030 | 0,180 5044 |
| 1,713 | −0,14172 | 0,98991 | −6,98470 | 5,545 573 | 0,180 3240 |
| 1,714 | −0,14271 | 0,98976 | −6,93526 | 5,551 122 | 0,180 1438 |
| 1,715 | −0,14370 | 0,98962 | −6,88650 | 5,556 676 | 0,179 9637 |
| 1,716 | −0,14469 | 0,98948 | −6,83841 | 5,562 235 | 0,179 7838 |
| 1,717 | −0,14568 | 0,98933 | −6,79097 | 5,567 800 | 0,179 6042 |
| 1,718 | −0,14667 | 0,98919 | −6,74417 | 5,573 371 | 0,179 4246 |
| 1,719 | −0,14766 | 0,98904 | −6,69800 | 5,578 947 | 0,179 2453 |
| **1,720** | −0,14865 | 0,98889 | −6,65244 | 5,584 528 | 0,179 0661 |
| 1,721 | −0,14964 | 0,98874 | −6,60748 | 5,590 116 | 0,178 8872 |
| 1,722 | −0,15063 | 0,98859 | −6,56312 | 5,595 709 | 0,178 7084 |
| 1,723 | −0,15162 | 0,98844 | −6,51933 | 5,601 307 | 0,178 5298 |
| 1,724 | −0,15261 | 0,98829 | −6,47611 | 5,606 911 | 0,178 3513 |
| 1,725 | −0,15359 | 0,98813 | −6,43345 | 5,612 521 | 0,178 1731 |
| 1,726 | −0,15458 | 0,98798 | −6,39133 | 5,618 136 | 0,177 9950 |
| 1,727 | −0,15557 | 0,98782 | −6,34975 | 5,623 757 | 0,177 8171 |
| 1,728 | −0,15656 | 0,98767 | −6,30869 | 5,629 384 | 0,177 6393 |
| 1,729 | −0,15754 | 0,98751 | −6,26814 | 5,635 016 | 0,177 4618 |
| **1,730** | −0,15853 | 0,98735 | −6,22810 | 5,640 654 | 0,177 2844 |
| 1,731 | −0,15952 | 0,98719 | −6,18856 | 5,646 297 | 0,177 1072 |
| 1,732 | −0,16051 | 0,98703 | −6,14950 | 5,651 947 | 0,176 9302 |
| 1,733 | −0,16149 | 0,98687 | −6,11093 | 5,657 601 | 0,176 7534 |
| 1,734 | −0,16248 | 0,98671 | −6,07282 | 5,663 262 | 0,176 5767 |
| 1,735 | −0,16347 | 0,98655 | −6,03516 | 5,668 928 | 0,176 4002 |
| 1,736 | −0,16445 | 0,98638 | −5,99797 | 5,674 600 | 0,176 2239 |
| 1,737 | −0,16544 | 0,98622 | −5,96121 | 5,680 277 | 0,176 0478 |
| 1,738 | −0,16643 | 0,98605 | −5,92489 | 5,685 960 | 0,175 8718 |
| 1,739 | −0,16741 | 0,98589 | −5,88900 | 5,691 649 | 0,175 6960 |
| **1,740** | −0,16840 | 0,98572 | −5,85353 | 5,697 343 | 0,175 5204 |
| 1,741 | −0,16938 | 0,98555 | −5,81847 | 5,703 044 | 0,175 3450 |
| 1,742 | −0,17037 | 0,98538 | −5,78382 | 5,708 750 | 0,175 1697 |
| 1,743 | −0,17135 | 0,98521 | −5,74956 | 5,714 461 | 0,174 9946 |
| 1,744 | −0,17234 | 0,98504 | −5,71570 | 5,720 178 | 0,174 8197 |
| 1,745 | −0,17332 | 0,98486 | −5,68222 | 5,725 901 | 0,174 6450 |
| 1,746 | −0,17431 | 0,98469 | −5,64912 | 5,731 630 | 0,174 4704 |
| 1,747 | −0,17529 | 0,98452 | −5,61639 | 5,737 365 | 0,174 2960 |
| 1,748 | −0,17628 | 0,98434 | −5,58403 | 5,743 105 | 0,174 1218 |
| 1,749 | −0,17726 | 0,98416 | −5,55203 | 5,748 851 | 0,173 9478 |

| x | Cos x | Sin x | Tg x | φ |
|---|---|---|---|---|
| **1,700** | 2,82832 | 2,64563 | 0,93541 | 97° 24′ 10,17″ |
| 1,701 | 2,83096 | 2,64846 | 0,93553 | 97 27 36,44 |
| 1,702 | 2,83361 | 2,65129 | 0,93566 | 97 31 02,70 |
| 1,703 | 2,83627 | 2,65413 | 0,93578 | 97 34 28,97 |
| 1,704 | 2,83892 | 2,65697 | 0,93591 | 97 37 55,23 |
| 1,705 | 2,84158 | 2,65981 | 0,93603 | 97 41 21,49 |
| 1,706 | 2,84424 | 2,66265 | 0,93615 | 97 44 47,76 |
| 1,707 | 2,84690 | 2,66550 | 0,93628 | 97 48 14,02 |
| 1,708 | 2,84957 | 2,66834 | 0,93640 | 97 51 40,29 |
| 1,709 | 2,85224 | 2,67119 | 0,93652 | 97 55 06,55 |
| **1,710** | 2,85491 | 2,67405 | 0,93665 | 97 58 32,82 |
| 1,711 | 2,85759 | 2,67690 | 0,93677 | 98 01 59,08 |
| 1,712 | 2,86027 | 2,67976 | 0,93689 | 98 05 25,35 |
| 1,713 | 2,86295 | 2,68262 | 0,93701 | 98 08 51,61 |
| 1,714 | 2,86563 | 2,68549 | 0,93714 | 98 12 17,88 |
| 1,715 | 2,86832 | 2,68836 | 0,93726 | 98 15 44,14 |
| 1,716 | 2,87101 | 2,69123 | 0,93738 | 98 19 10,41 |
| 1,717 | 2,87370 | 2,69410 | 0,93750 | 98 22 36,67 |
| 1,718 | 2,87640 | 2,69697 | 0,93762 | 98 26 02,94 |
| 1,719 | 2,87910 | 2,69985 | 0,93774 | 98 29 29,20 |
| **1,720** | 2,88180 | 2,70273 | 0,93786 | 98 32 55,47 |
| 1,721 | 2,88450 | 2,70561 | 0,93798 | 98 36 21,73 |
| 1,722 | 2,88721 | 2,70850 | 0,93810 | 98 39 48,00 |
| 1,723 | 2,88992 | 2,71139 | 0,93822 | 98 43 14,26 |
| 1,724 | 2,89263 | 2,71428 | 0,93834 | 98 46 40,53 |
| 1,725 | 2,89535 | 2,71717 | 0,93846 | 98 50 06,79 |
| 1,726 | 2,89807 | 2,72007 | 0,93858 | 98 53 33,06 |
| 1,727 | 2,90079 | 2,72297 | 0,93870 | 98 56 59,32 |
| 1,728 | 2,90351 | 2,72587 | 0,93882 | 99 00 25,59 |
| 1,729 | 2,90624 | 2,72878 | 0,93894 | 99 03 51,85 |
| **1,730** | 2,90897 | 2,73168 | 0,93906 | 99 07 18,11 |
| 1,731 | 2,91170 | 2,73460 | 0,93917 | 99 10 44,38 |
| 1,732 | 2,91444 | 2,73751 | 0,93929 | 99 14 10,64 |
| 1,733 | 2,91718 | 2,74042 | 0,93941 | 99 17 36,91 |
| 1,734 | 2,91992 | 2,74334 | 0,93953 | 99 21 03,17 |
| 1,735 | 2,92266 | 2,74626 | 0,93964 | 99 24 29,44 |
| 1,736 | 2,92541 | 2,74919 | 0,93976 | 99 27 55,70 |
| 1,737 | 2,92816 | 2,75211 | 0,93988 | 99 31 21,97 |
| 1,738 | 2,93092 | 2,75504 | 0,93999 | 99 34 48,23 |
| 1,739 | 2,93367 | 2,75798 | 0,94011 | 99 38 14,50 |
| **1,740** | 2,93643 | 2,76091 | 0,94023 | 99 41 40,76 |
| 1,741 | 2,93919 | 2,76385 | 0,94034 | 99 45 07,03 |
| 1,742 | 2,94196 | 2,76679 | 0,94046 | 99 48 33,29 |
| 1,743 | 2,94473 | 2,76973 | 0,94057 | 99 51 59,56 |
| 1,744 | 2,94750 | 2,77268 | 0,94069 | 99 55 25,82 |
| 1,745 | 2,95027 | 2,77563 | 0,94080 | 99 58 52,09 |
| 1,746 | 2,95305 | 2,77858 | 0,94092 | 100 02 18,35 |
| 1,747 | 2,95583 | 2,78153 | 0,94103 | 100 05 44,62 |
| 1,748 | 2,95861 | 2,78449 | 0,94115 | 100 09 10,88 |
| 1,749 | 2,96140 | 2,78745 | 0,94126 | 100 12 37,15 |

| $x$ | $\cos x$ | $\sin x$ | $\operatorname{tg} x$ | $e^x$ | $e^{-x}$ |
|---|---|---|---|---|---|
| **1,750** | −0,17825 | 0,98399 | −5,52038 | 5,754 603 | 0,173 7739 |
| 1,751 | −0,17923 | 0,98381 | −5,48908 | 5,760 360 | 0,173 6003 |
| 1,752 | −0,18021 | 0,98363 | −5,45812 | 5,766 123 | 0,173 4267 |
| 1,753 | −0,18120 | 0,98345 | −5,42749 | 5,771 892 | 0,173 2534 |
| 1,754 | −0,18218 | 0,98327 | −5,39720 | 5,777 667 | 0,173 0802 |
| 1,755 | −0,18316 | 0,98308 | −5,36723 | 5,783 448 | 0,172 9072 |
| 1,756 | −0,18415 | 0,98290 | −5,33758 | 5,789 234 | 0,172 7344 |
| 1,757 | −0,18513 | 0,98271 | −5,30825 | 5,795 026 | 0,172 5618 |
| 1,758 | −0,18611 | 0,98253 | −5,27923 | 5,800 824 | 0,172 3893 |
| 1,759 | −0,18709 | 0,98234 | −5,25051 | 5,806 628 | 0,172 2170 |
| **1,760** | −0,18808 | 0,98215 | −5,22209 | 5,812 437 | 0,172 0449 |
| 1,761 | −0,18906 | 0,98197 | −5,19397 | 5,818 253 | 0,171 8729 |
| 1,762 | −0,19004 | 0,98178 | −5,16613 | 5,824 074 | 0,171 7011 |
| 1,763 | −0,19102 | 0,98159 | −5,13859 | 5,829 901 | 0,171 5295 |
| 1,764 | −0,19200 | 0,98139 | −5,11132 | 5,835 734 | 0,171 3581 |
| 1,765 | −0,19299 | 0,98120 | −5,08434 | 5,841 572 | 0,171 1868 |
| 1,766 | −0,19397 | 0,98101 | −5,05762 | 5,847 417 | 0,171 0157 |
| 1,767 | −0,19495 | 0,98081 | −5,03117 | 5,853 267 | 0,170 8448 |
| 1,768 | −0,19593 | 0,98062 | −5,00499 | 5,859 123 | 0,170 6740 |
| 1,769 | −0,19691 | 0,98042 | −4,97907 | 5,864 985 | 0,170 5034 |
| **1,770** | −0,19789 | 0,98022 | −4,95341 | 5,870 853 | 0,170 3330 |
| 1,771 | −0,19887 | 0,98003 | −4,92800 | 5,876 727 | 0,170 1627 |
| 1,772 | −0,19985 | 0,97983 | −4,90284 | 5,882 607 | 0,169 9927 |
| 1,773 | −0,20083 | 0,97963 | −4,87792 | 5,888 492 | 0,169 8228 |
| 1,774 | −0,20181 | 0,97943 | −4,85325 | 5,894 384 | 0,169 6530 |
| 1,775 | −0,20279 | 0,97922 | −4,82881 | 5,900 281 | 0,169 4834 |
| 1,776 | −0,20377 | 0,97902 | −4,80461 | 5,906 184 | 0,169 3141 |
| 1,777 | −0,20475 | 0,97882 | −4,78064 | 5,912 094 | 0,169 1448 |
| 1,778 | −0,20572 | 0,97861 | −4,75690 | 5,918 009 | 0,168 9758 |
| 1,779 | −0,20670 | 0,97840 | −4,73339 | 5,923 930 | 0,168 8069 |
| **1,780** | −0,20768 | 0,97820 | −4,71009 | 5,929 856 | 0,168 6381 |
| 1,781 | −0,20866 | 0,97799 | −4,68702 | 5,935 789 | 0,168 4696 |
| 1,782 | −0,20964 | 0,97778 | −4,66415 | 5,941 728 | 0,168 3012 |
| 1,783 | −0,21061 | 0,97757 | −4,64151 | 5,947 673 | 0,168 1330 |
| 1,784 | −0,21159 | 0,97736 | −4,61907 | 5,953 623 | 0,167 9649 |
| 1,785 | −0,21257 | 0,97715 | −4,59683 | 5,959 580 | 0,167 7971 |
| 1,786 | −0,21355 | 0,97693 | −4,57480 | 5,965 543 | 0,167 6293 |
| 1,787 | −0,21452 | 0,97672 | −4,55297 | 5,971 511 | 0,167 4618 |
| 1,788 | −0,21550 | 0,97650 | −4,53134 | 5,977 486 | 0,167 2944 |
| 1,789 | −0,21648 | 0,97629 | −4,50991 | 5,983 466 | 0,167 1272 |
| **1,790** | −0,21745 | 0,97607 | −4,48866 | 5,989 452 | 0,166 9602 |
| 1,791 | −0,21843 | 0,97585 | −4,46761 | 5,995 445 | 0,166 7933 |
| 1,792 | −0,21940 | 0,97563 | −4,44674 | 6,001 443 | 0,166 6266 |
| 1,793 | −0,22038 | 0,97541 | −4,42606 | 6,007 448 | 0,166 4600 |
| 1,794 | −0,22135 | 0,97519 | −4,40556 | 6,013 458 | 0,166 2937 |
| 1,795 | −0,22233 | 0,97497 | −4,38524 | 6,019 475 | 0,166 1275 |
| 1,796 | −0,22330 | 0,97475 | −4,36510 | 6,025 497 | 0,165 9614 |
| 1,797 | −0,22428 | 0,97452 | −4,34514 | 6,031 526 | 0,165 7955 |
| 1,798 | −0,22525 | 0,97430 | −4,32534 | 6,037 560 | 0,165 6298 |
| 1,799 | −0,22623 | 0,97407 | −4,30572 | 6,043 601 | 0,165 4643 |

| $x$ | Cos $x$ | Sin $x$ | Tg $x$ | $\varphi$ |
|---|---|---|---|---|
| **1,750** | 2,96419 | 2,79041 | 0,94138 | 100° 16′ 03,41″ |
| 1,751 | 2,96698 | 2,79338 | 0,94149 | 100 19 29,68 |
| 1,752 | 2,96978 | 2,79635 | 0,94160 | 100 22 55,94 |
| 1,753 | 2,97257 | 2,79932 | 0,94172 | 100 26 22,21 |
| 1,754 | 2,97537 | 2,80229 | 0,94183 | 100 29 48,47 |
| 1,755 | 2,97818 | 2,80527 | 0,94194 | 100 33 14,73 |
| 1,756 | 2,98098 | 2,80825 | 0,94205 | 100 36 41,00 |
| 1,757 | 2,98379 | 2,81123 | 0,94217 | 100 40 07,26 |
| 1,758 | 2,98661 | 2,81422 | 0,94228 | 100 43 33,53 |
| 1,759 | 2,98942 | 2,81721 | 0,94239 | 100 46 59,79 |
| **1,760** | 2,99224 | 2,82020 | 0,94250 | 100 50 26,06 |
| 1,761 | 2,99506 | 2,82319 | 0,94261 | 100 53 52,32 |
| 1,762 | 2,99789 | 2,82619 | 0,94273 | 100 57 18,59 |
| 1,763 | 3,00072 | 2,82919 | 0,94284 | 101 00 44,85 |
| 1,764 | 3,00355 | 2,83219 | 0,94295 | 101 04 11,12 |
| 1,765 | 3,00638 | 2,83519 | 0,94306 | 101 07 37,38 |
| 1,766 | 3,00922 | 2,83820 | 0,94317 | 101 11 03,65 |
| 1,767 | 3,01206 | 2,84121 | 0,94328 | 101 14 29,91 |
| 1,768 | 3,01490 | 2,84422 | 0,94339 | 101 17 56,18 |
| 1,769 | 3,01774 | 2,84724 | 0,94350 | 101 21 22,44 |
| **1,770** | 3,02059 | 2,85026 | 0,94361 | 101 24 48,71 |
| 1,771 | 3,02344 | 2,85328 | 0,94372 | 101 28 14,97 |
| 1,772 | 3,02630 | 2,85631 | 0,94383 | 101 31 41,24 |
| 1,773 | 3,02916 | 2,85933 | 0,94394 | 101 35 07,50 |
| 1,774 | 3,03202 | 2,86237 | 0,94405 | 101 38 33,77 |
| 1,775 | 3,03488 | 2,86540 | 0,94415 | 101 42 00,03 |
| 1,776 | 3,03775 | 2,86844 | 0,94426 | 101 45 26,30 |
| 1,777 | 3,04062 | 2,87147 | 0,94437 | 101 48 52,56 |
| 1,778 | 3,04349 | 2,87452 | 0,94448 | 101 52 18,83 |
| 1,779 | 3,04637 | 2,87756 | 0,94459 | 101 55 45,09 |
| **1 780** | 3,04925 | 2,88061 | 0,94470 | 101 59 11,36 |
| 1,781 | 3,05213 | 2,88366 | 0,94480 | 102 02 37,62 |
| 1,782 | 3,05501 | 2,88671 | 0,94491 | 102 06 03,88 |
| 1,783 | 3,05790 | 2,88977 | 0,94502 | 102 09 30,15 |
| 1,784 | 3,06079 | 2,89283 | 0,94512 | 102 12 56,41 |
| 1,785 | 3,06369 | 2,89589 | 0,94523 | 102 16 22,68 |
| 1,786 | 3,06659 | 2,89896 | 0,94534 | 102 19 48,94 |
| 1,787 | 3,06949 | 2,90202 | 0,94544 | 102 23 15,21 |
| 1,788 | 3,07239 | 2,90510 | 0,94555 | 102 26 41,47 |
| 1,789 | 3,07530 | 2,90817 | 0,94565 | 102 30 07,74 |
| **1,790** | 3,07821 | 2,91125 | 0,94576 | 102 33 34,00 |
| 1,791 | 3,08112 | 2,91433 | 0,94587 | 102 37 00,27 |
| 1,792 | 3,08403 | 2,91741 | 0,94597 | 102 40 26,53 |
| 1,793 | 3,08695 | 2,92049 | 0,94608 | 102 43 52,80 |
| 1,794 | 3,08988 | 2,92358 | 0,94618 | 102 47 19,06 |
| 1,795 | 3,09280 | 2,92667 | 0,94629 | 102 50 45,33 |
| 1,796 | 3,09573 | 2,92977 | 0,94639 | 102 54 11,59 |
| 1,797 | 3,09866 | 2,93287 | 0,94649 | 102 57 37,86 |
| 1,798 | 3,10160 | 2,93597 | 0,94660 | 103 01 04,12 |
| 1,799 | 3,10453 | 2,93907 | 0,94670 | 103 04 30,39 |

| $x$ | $\cos x$ | $\sin x$ | $\operatorname{tg} x$ | $e^x$ | $e^{-x}$ |
|---|---|---|---|---|---|
| **1,800** | −0,22720 | 0,97385 | −4,28626 | 6,049 647 | 0,165 2989 |
| 1,801 | −0,22818 | 0,97362 | −4,26697 | 6,055 700 | 0,165 1337 |
| 1,802 | −0,22915 | 0,97339 | −4,24785 | 6,061 759 | 0,164 9686 |
| 1,803 | −0,23012 | 0,97316 | −4,22888 | 6,067 824 | 0,164 8037 |
| 1,804 | −0,23110 | 0,97293 | −4,21008 | 6,073 895 | 0,164 6390 |
| 1,805 | −0,23207 | 0,97270 | −4,19143 | 6,079 971 | 0,164 4745 |
| 1,806 | −0,23304 | 0,97247 | −4,17294 | 6,086 054 | 0,164 3101 |
| 1,807 | −0,23401 | 0,97223 | −4,15461 | 6,092 144 | 0,164 1458 |
| 1,808 | −0,23499 | 0,97200 | −4,13642 | 6,098 239 | 0,163 9818 |
| 1,809 | −0,23596 | 0,97176 | −4,11838 | 6,104 340 | 0,163 8179 |
| **1,810** | −0,23693 | 0,97153 | −4,10050 | 6,110 447 | 0,163 6541 |
| 1,811 | −0,23790 | 0,97129 | −4,08276 | 6,116 561 | 0,163 4906 |
| 1,812 | −0,23887 | 0,97105 | −4,06516 | 6,122 681 | 0,163 3272 |
| 1,813 | −0,23984 | 0,97081 | −4,04770 | 6,128 806 | 0,163 1639 |
| 1,814 | −0,24081 | 0,97057 | −4,03039 | 6,134 938 | 0,163 0008 |
| 1,815 | −0,24178 | 0,97033 | −4,01322 | 6,141 076 | 0,162 8379 |
| 1,816 | −0,24275 | 0,97009 | −3,99618 | 6,147 220 | 0,162 6752 |
| 1,817 | −0,24372 | 0,96984 | −3,97928 | 6,153 371 | 0,162 5126 |
| 1,818 | −0,24469 | 0,96960 | −3,96251 | 6,159 527 | 0,162 3501 |
| 1,819 | −0,24566 | 0,95936 | −3,94587 | 6,165 690 | 0,162 1879 |
| **1,820** | −0,24663 | 0,96911 | −3,92937 | 6,171 858 | 0,162 0258 |
| 1,821 | −0,24760 | 0,96886 | −3,91299 | 6,178 033 | 0,161 8638 |
| 1,822 | −0,24857 | 0,96861 | −3,89674 | 6,184 215 | 0,161 7020 |
| 1,823 | −0,24954 | 0,96836 | −3,88062 | 6,190 402 | 0,161 5404 |
| 1,824 | −0,25051 | 0,96811 | −3,86463 | 6,196 595 | 0,161 3789 |
| 1,825 | −0,25147 | 0,96786 | −3,84875 | 6,202 795 | 0,161 2176 |
| 1,826 | −0,25244 | 0,96761 | −3,83300 | 6,209 001 | 0,161 0565 |
| 1,827 | −0,25341 | 0,96736 | −3,81737 | 6,215 213 | 0,160 8955 |
| 1,828 | −0,25438 | 0,96711 | −3,80185 | 6,221 431 | 0,160 7347 |
| 1,829 | −0,25534 | 0,96685 | −3,78646 | 6,227 656 | 0,160 5741 |
| **1,830** | −0,25631 | 0,96659 | −3,77118 | 6,233 887 | 0,160 4136 |
| 1,831 | −0,25728 | 0,96634 | −3,75601 | 6,240 124 | 0,160 2532 |
| 1,832 | −0,25824 | 0,96608 | −3,74096 | 6,246 367 | 0,160 0931 |
| 1,833 | −0,25921 | 0,96582 | −3,72602 | 6,252 616 | 0,159 9330 |
| 1,834 | −0,26018 | 0,96556 | −3,71120 | 6,258 872 | 0,159 7732 |
| 1,835 | −0,26114 | 0,96530 | −3,69648 | 6,265 134 | 0,159 6135 |
| 1,836 | −0,26211 | 0,96504 | −3,68187 | 6,271 402 | 0,159 4540 |
| 1,837 | −0,26307 | 0,96478 | −3,66737 | 6,277 677 | 0,159 2946 |
| 1,838 | −0,26404 | 0,96451 | −3,65297 | 6,283 958 | 0,159 1354 |
| 1,839 | −0,26500 | 0,96425 | −3,63868 | 6,290 245 | 0,158 9763 |
| **1,840** | −0,26596 | 0,96398 | −3,62449 | 6,296 538 | 0,158 8174 |
| 1,841 | −0,26693 | 0,96372 | −3,61040 | 6,302 838 | 0,158 6587 |
| 1,842 | −0,26789 | 0,96345 | −3,59642 | 6,309 144 | 0,158 5001 |
| 1,843 | −0,26885 | 0,96318 | −3,58253 | 6,315 456 | 0,158 3417 |
| 1,844 | −0,26982 | 0,96291 | −3,56875 | 6,321 775 | 0,158 1834 |
| 1,845 | −0,27078 | 0,96264 | −3,55506 | 6,328 100 | 0,158 0253 |
| 1,846 | −0,27174 | 0,96237 | −3,54147 | 6,334 431 | 0,157 8674 |
| 1,847 | −0,27271 | 0,96210 | −3,52798 | 6,340 769 | 0,157 7096 |
| 1,848 | −0,27367 | 0,96182 | −3,51458 | 6,347 113 | 0,157 5520 |
| 1,849 | −0,27463 | 0,96155 | −3,50127 | 6,353 463 | 0,157 3945 |

| $x$ | Cos $x$ | Sin $x$ | Tg $x$ | $\varphi$ |
|---|---|---|---|---|
| **1,800** | 3,10747 | 2,94217 | 0,94681 | 103° 07′ 56,65″ |
| 1,801 | 3,11042 | 2,94528 | 0,94691 | 103 11 22,92 |
| 1,802 | 3,11336 | 2,94840 | 0,94701 | 103 14 49,18 |
| 1,803 | 3,11631 | 2,95151 | 0,94712 | 103 18 15,45 |
| 1,804 | 3,11927 | 2,95463 | 0,94722 | 103 21 41,71 |
| 1,805 | 3,12222 | 2,95775 | 0,94732 | 103 25 07,98 |
| 1,806 | 3,12518 | 2,96087 | 0,94742 | 103 28 34,24 |
| 1,807 | 3,12814 | 2,96400 | 0,94753 | 103 32 00,50 |
| 1,808 | 3,13111 | 2,96713 | 0,94763 | 103 35 26,77 |
| 1,809 | 3,13408 | 2,97026 | 0,94773 | 103 38 53,03 |
| **1,810** | 3,13705 | 2,97340 | 0,94783 | 103 42 19,30 |
| 1,811 | 3,14003 | 2,97654 | 0,94793 | 103 45 45,56 |
| 1,812 | 3,14300 | 2,97968 | 0,94803 | 103 49 11,83 |
| 1,813 | 3,14599 | 2,98282 | 0,94814 | 103 52 38,09 |
| 1,814 | 3,14897 | 2,98597 | 0,94824 | 103 56 04,36 |
| 1,815 | 3,15196 | 2,98912 | 0,94834 | 103 59 30,62 |
| 1,816 | 3,15495 | 2,99227 | 0,94844 | 104 02 56,89 |
| 1,817 | 3,15794 | 2,99543 | 0,94854 | 104 06 23,15 |
| 1,818 | 3,16094 | 2,99859 | 0,94864 | 104 09 49,42 |
| 1,819 | 3,16394 | 3,00175 | 0,94874 | 104 13 15,68 |
| **1,820** | 3,16694 | 3,00492 | 0,94884 | 104 16 41,95 |
| 1,821 | 3,16995 | 3,00808 | 0,94894 | 104 20 08,21 |
| 1,822 | 3,17296 | 3,01126 | 0,94904 | 104 23 34,48 |
| 1,823 | 3,17597 | 3,01443 | 0,94914 | 104 27 00,74 |
| 1,824 | 3,17899 | 3,01761 | 0,94924 | 104 30 27,01 |
| 1,825 | 3,18201 | 3,02079 | 0,94933 | 104 33 53,27 |
| 1,826 | 3,18503 | 3,02397 | 0,94943 | 104 37 19,54 |
| 1,827 | 3,18805 | 3,02716 | 0,94953 | 104 40 45,80 |
| 1,828 | 3,19108 | 3,03035 | 0,94963 | 104 44 12,07 |
| 1,829 | 3,19411 | 3,03354 | 0,94973 | 104 47 38,33 |
| **1,830** | 3,19715 | 3,03674 | 0,94983 | 104 51 04,60 |
| 1,831 | 3,20019 | 3,03994 | 0,94992 | 104 54 30,86 |
| 1,832 | 3,20323 | 3,04314 | 0,95002 | 104 57 57,13 |
| 1,833 | 3,20627 | 3,04634 | 0,95012 | 105 01 23,39 |
| 1,834 | 3,20932 | 3,04955 | 0,95022 | 105 04 49,65 |
| 1,835 | 3,21237 | 3,05276 | 0,95031 | 105 08 15,92 |
| 1,836 | 3,21543 | 3,05597 | 0,95041 | 105 11 42,18 |
| 1,837 | 3,21849 | 3,05919 | 0,95051 | 105 15 08,45 |
| 1,838 | 3,22155 | 3,06241 | 0,95060 | 105 18 34,71 |
| 1,839 | 3,22461 | 3,06563 | 0,95070 | 105 22 00,98 |
| **1,840** | 3,22768 | 3,06886 | 0,95080 | 105 25 27,24 |
| 1,841 | 3,23075 | 3,07209 | 0,95089 | 105 28 53,51 |
| 1,842 | 3,23382 | 3,07532 | 0,95099 | 105 32 19,77 |
| 1,843 | 3,23690 | 3,07856 | 0,95108 | 105 35 46,04 |
| 1,844 | 3,23998 | 3,08180 | 0,95118 | 105 39 12,30 |
| 1,845 | 3,24306 | 3,08504 | 0,95127 | 105 42 38,57 |
| 1,846 | 3,24615 | 3,08828 | 0,95137 | 105 46 04,83 |
| 1,847 | 3,24924 | 3,09153 | 0,95146 | 105 49 31,10 |
| 1,848 | 3,25233 | 3,09478 | 0,95156 | 105 52 57,36 |
| 1,849 | 3,25543 | 3,09803 | 0,95165 | 105 56 23,63 |

| $x$ | $\cos x$ | $\sin x$ | $\operatorname{tg} x$ | $e^x$ | $e^{-x}$ |
|---|---|---|---|---|---|
| **1,850** | −0,27559 | 0,96128 | −3,48806 | 6,359 820 | 0,157 2372 |
| 1,851 | −0,27655 | 0,96100 | −3,47494 | 6,366 183 | 0,157 0800 |
| 1,852 | −0,27751 | 0,96072 | −3,46191 | 6,372 552 | 0,156 9230 |
| 1,853 | −0,27847 | 0,96044 | −3,44897 | 6,378 928 | 0,156 7662 |
| 1,854 | −0,27943 | 0,96017 | −3,43612 | 6,385 310 | 0,156 6095 |
| 1,855 | −0,28039 | 0,95989 | −3,42335 | 6,391 698 | 0,156 4529 |
| 1,856 | −0,28135 | 0,95960 | −3,41068 | 6,398 093 | 0,156 2966 |
| 1,857 | −0,28231 | 0,95932 | −3,39809 | 6,404 494 | 0,156 1403 |
| 1,858 | −0,28327 | 0,95904 | −3,38558 | 6,410 902 | 0,155 9843 |
| 1,859 | −0,28423 | 0,95876 | −3,37316 | 6,417 316 | 0,155 8284 |
| **1,860** | −0,28519 | 0,95847 | −3,36083 | 6,423 737 | 0,155 6726 |
| 1,861 | −0,28615 | 0,95819 | −3,34857 | 6,430 164 | 0,155 5170 |
| 1,862 | −0,28711 | 0,95790 | −3,33640 | 6,436 597 | 0,155 3616 |
| 1,863 | −0,28806 | 0,95761 | −3,32431 | 6,443 037 | 0,155 2063 |
| 1,864 | −0,28902 | 0,95732 | −3,31230 | 6,449 483 | 0,155 0512 |
| 1,865 | −0,28998 | 0,95703 | −3,30037 | 6,455 936 | 0,154 8962 |
| 1,866 | −0,29093 | 0,95674 | −3,28851 | 6,462 395 | 0,154 7414 |
| 1,867 | −0,29189 | 0,95645 | −3,27674 | 6,468 861 | 0,154 5867 |
| 1,868 | −0,29285 | 0,95616 | −3,26504 | 6,475 333 | 0,154 4322 |
| 1,869 | −0,29380 | 0,95587 | −3,25342 | 6,481 811 | 0,154 2779 |
| **1,870** | −0,29476 | 0,95557 | −3,24187 | 6,488 296 | 0,154 1237 |
| 1,871 | −0,29571 | 0,95528 | −3,23040 | 6,494 788 | 0,153 9696 |
| 1,872 | −0,29667 | 0,95498 | −3,21900 | 6,501 286 | 0,153 8157 |
| 1,873 | −0,29762 | 0,95468 | −3,20767 | 6,507 791 | 0,153 6620 |
| 1,874 | −0,29858 | 0,95438 | −3,19642 | 6,514 302 | 0,153 5084 |
| 1,875 | −0,29953 | 0,95409 | −3,18524 | 6,520 819 | 0,153 3550 |
| 1,876 | −0,30049 | 0,95379 | −3,17413 | 6,527 343 | 0,153 2017 |
| 1,877 | −0,30144 | 0,95348 | −3,16309 | 6,533 874 | 0,153 0486 |
| 1,878 | −0,30239 | 0,95318 | −3,15212 | 6,540 411 | 0,152 8956 |
| 1,879 | −0,30335 | 0,95288 | −3,14122 | 6,546 955 | 0,152 7428 |
| **1,880** | −0,30430 | 0,95258 | −3,13038 | 6,553 505 | 0,152 5901 |
| 1,881 | −0,30525 | 0,95227 | −3,11962 | 6,560 062 | 0,152 4376 |
| 1,882 | −0,30620 | 0,95197 | −3,10892 | 6,566 625 | 0,152 2852 |
| 1,883 | −0,30716 | 0,95166 | −3,09829 | 6,573 195 | 0,152 1330 |
| 1,884 | −0,30811 | 0,95135 | −3,08772 | 6,579 771 | 0,151 9810 |
| 1,885 | −0,30906 | 0,95104 | −3,07722 | 6,586 354 | 0,151 8291 |
| 1,886 | −0,31001 | 0,95073 | −3,06678 | 6,592 944 | 0,151 6773 |
| 1,887 | −0,31096 | 0,95042 | −3,05641 | 6,599 540 | 0,151 5257 |
| 1,888 | −0,31191 | 0,95011 | −3,04610 | 6,606 143 | 0,151 3743 |
| 1,889 | −0,31286 | 0,94980 | −3,03585 | 6,612 753 | 0,151 2230 |
| **1,890** | −0,31381 | 0,94949 | −3,02566 | 6,619 369 | 0,151 0718 |
| 1,891 | −0,31476 | 0,94917 | −3,01554 | 6,625 991 | 0,150 9208 |
| 1,892 | −0,31571 | 0,94886 | −3,00548 | 6,632 621 | 0,150 7700 |
| 1,893 | −0,31666 | 0,94854 | −2,99547 | 6,639 257 | 0,150 6193 |
| 1,894 | −0,31761 | 0,94822 | −2,98553 | 6,645 899 | 0,150 4687 |
| 1,895 | −0,31855 | 0,94790 | −2,97565 | 6,652 548 | 0,150 3183 |
| 1,896 | −0,31950 | 0,94759 | −2,96582 | 6,659 204 | 0,150 1681 |
| 1,897 | −0,32045 | 0,94727 | −2,95606 | 6,665 867 | 0,150 0180 |
| 1,898 | −0,32140 | 0,94694 | −2,94635 | 6,672 536 | 0,149 8681 |
| 1,899 | −0,32234 | 0,94662 | −2,93669 | 6,679 212 | 0,149 7183 |

| x | Cof x | Sin x | Tg x | φ |
|---|---|---|---|---|
| **1,850** | 3,25853 | 3,10129 | 0,95175 | 105° 59′ 49,89″ |
| 1,851 | 3,26163 | 3,10455 | 0,95184 | 106 03 16,16 |
| 1,852 | 3,26474 | 3,10781 | 0,95193 | 106 06 42,42 |
| 1,853 | 3,26785 | 3,11108 | 0,95203 | 106 10 08,69 |
| 1,854 | 3,27096 | 3,11435 | 0,95212 | 106 13 34,95 |
| 1,855 | 3,27408 | 3,11762 | 0,95221 | 106 17 01,22 |
| 1,856 | 3,27719 | 3,12090 | 0,95231 | 106 20 27,48 |
| 1,857 | 3,28032 | 3,12418 | 0,95240 | 106 23 53,75 |
| 1,858 | 3,28344 | 3,12746 | 0,95249 | 106 27 20,01 |
| 1,859 | 3,28657 | 3,13074 | 0,95259 | 106 30 46,28 |
| **1,860** | 3,28970 | 3,13403 | 0,95268 | 106 34 12,54 |
| 1,861 | 3,29284 | 3,13732 | 0,95277 | 106 37 38,80 |
| 1,862 | 3,29598 | 3,14062 | 0,95286 | 106 41 05,07 |
| 1,863 | 3,29912 | 3,14392 | 0,95296 | 106 44 31,33 |
| 1,864 | 3,30227 | 3,14722 | 0,95305 | 106 47 57,60 |
| 1,865 | 3,30542 | 3,15052 | 0,95314 | 106 51 23,86 |
| 1,866 | 3,30857 | 3,15383 | 0,95323 | 106 54 50,13 |
| 1,867 | 3,31172 | 3,15714 | 0,95332 | 106 58 16,39 |
| 1,868 | 3,31488 | 3,16045 | 0,95341 | 107 01 42,66 |
| 1,869 | 3,31804 | 3,16377 | 0,95350 | 107 05 08,92 |
| **1,870** | 3,32121 | 3,16709 | 0,95359 | 107 08 35,19 |
| 1,871 | 3,32438 | 3,17041 | 0,95368 | 107 12 01,45 |
| 1,872 | 3,32755 | 3,17374 | 0,95378 | 107 15 27,72 |
| 1,873 | 3,33073 | 3,17706 | 0,95387 | 107 18 53,98 |
| 1,874 | 3,33390 | 3,18040 | 0,95396 | 107 22 20,25 |
| 1,875 | 3,33709 | 3,18373 | 0,95405 | 107 25 46,51 |
| 1,876 | 3,34027 | 3,18707 | 0,95413 | 107 29 12,78 |
| 1,877 | 3,34346 | 3,19041 | 0,95422 | 107 32 39,04 |
| 1,878 | 3,34665 | 3,19376 | 0,95431 | 107 36 05,31 |
| 1,879 | 3,34985 | 3,19711 | 0,95440 | 107 39 31,57 |
| **1,880** | 3,35305 | 3,20046 | 0,95449 | 107 42 57,84 |
| 1,881 | 3,35625 | 3,20381 | 0,95458 | 107 46 24,10 |
| 1,882 | 3,35946 | 3,20717 | 0,95467 | 107 49 50,37 |
| 1,883 | 3,36266 | 3,21053 | 0,95476 | 107 53 16,63 |
| 1,884 | 3,36588 | 3,21390 | 0,95485 | 107 56 42,89 |
| 1,885 | 3,36909 | 3,21726 | 0,95493 | 108 00 09,16 |
| 1,886 | 3,37231 | 3,22063 | 0,95502 | 108 03 35,42 |
| 1,887 | 3,37553 | 3,22401 | 0,95511 | 108 07 01,69 |
| 1,888 | 3,37876 | 3,22738 | 0,95520 | 108 10 27,95 |
| 1,889 | 3,38199 | 3,23076 | 0,95529 | 108 13 54,22 |
| **1,890** | 3,38522 | 3,23415 | 0,95537 | 108 17 20,48 |
| 1,891 | 3,38846 | 3,23754 | 0,95546 | 108 20 46,75 |
| 1,892 | 3,39170 | 3,24093 | 0,95555 | 108 24 13,01 |
| 1,893 | 3,39494 | 3,24432 | 0,95563 | 108 27 39,28 |
| 1,894 | 3,39818 | 3,24772 | 0,95572 | 108 31 05,54 |
| 1,895 | 3,40143 | 3,25112 | 0,95581 | 108 34 31,81 |
| 1,896 | 3,40469 | 3,25452 | 0,95589 | 108 37 58,07 |
| 1,897 | 3,40794 | 3,25792 | 0,95598 | 108 41 24,34 |
| 1,898 | 3,41120 | 3,26133 | 0,95607 | 108 44 50,60 |
| 1,899 | 3,41447 | 3,26475 | 0,95615 | 108 48 16,87 |

| x | cos x | sin x | tg x | $e^x$ | $e^{-x}$ |
|---|---|---|---|---|---|
| **1,900** | −0,32329 | 0,94630 | −2,92710 | 6,685 894 | 0,149 5686 |
| 1,901 | −0,32424 | 0,94598 | −2,91756 | 6,692 584 | 0,149 4191 |
| 1,902 | −0,32518 | 0,94565 | −2,90807 | 6,699 280 | 0,149 2698 |
| 1,903 | −0,32613 | 0,94533 | −2,89864 | 6,705 982 | 0,149 1206 |
| 1,904 | −0,32707 | 0,94500 | −2,88927 | 6,712 692 | 0,148 9715 |
| 1,905 | −0,32802 | 0,94467 | −2,87995 | 6,719 408 | 0,148 8226 |
| 1,906 | −0,32896 | 0,94434 | −2,87068 | 6,726 130 | 0,148 6739 |
| 1,907 | −0,32991 | 0,94401 | −2,86147 | 6,732 860 | 0,148 5253 |
| 1,908 | −0,33085 | 0,94368 | −2,85230 | 6,739 596 | 0,148 3768 |
| 1,909 | −0,33179 | 0,94335 | −2,84319 | 6,746 339 | 0,148 2285 |
| **1,910** | −0,33274 | 0,94302 | −2,83414 | 6,753 089 | 0,148 0804 |
| 1,911 | −0,33368 | 0,94269 | −2,82513 | 6,759 845 | 0,147 9324 |
| 1,912 | −0,33462 | 0,94235 | −2,81617 | 6,766 608 | 0,147 7845 |
| 1,913 | −0,33556 | 0,94202 | −2,80727 | 6,773 378 | 0,147 6368 |
| 1,914 | −0,33651 | 0,94168 | −2,79841 | 6,780 155 | 0,147 4892 |
| 1,915 | −0,33745 | 0,94134 | −2,78961 | 6,786 939 | 0,147 3418 |
| 1,916 | −0,33839 | 0,94101 | −2,78085 | 6,793 729 | 0,147 1946 |
| 1,917 | −0,33933 | 0,94067 | −2,77214 | 6,800 526 | 0,147 0474 |
| 1,918 | −0,34027 | 0,94033 | −2,76348 | 6,807 330 | 0,146 9005 |
| 1,919 | −0,34121 | 0,93999 | −2,75487 | 6,814 141 | 0,146 7536 |
| **1,920** | −0,34215 | 0,93965 | −2,74630 | 6,820 958 | 0,146 6070 |
| 1,921 | −0,34309 | 0,93930 | −2,73778 | 6,827 783 | 0,146 4604 |
| 1,922 | −0,34403 | 0,93896 | −2,72931 | 6,834 614 | 0,146 3140 |
| 1,923 | −0,34497 | 0,93861 | −2,72088 | 6,841 452 | 0,146 1678 |
| 1,924 | −0,34591 | 0,93827 | −2,71250 | 6,848 297 | 0,146 0217 |
| 1,925 | −0,34684 | 0,93792 | −2,70417 | 6,855 149 | 0,145 8758 |
| 1,926 | −0,34778 | 0,93758 | −2,69588 | 6,862 007 | 0,145 7300 |
| 1,927 | −0,34872 | 0,93723 | −2,68763 | 6,868 873 | 0,145 5843 |
| 1,928 | −0,34966 | 0,93688 | −2,67943 | 6,875 745 | 0,145 4388 |
| 1,929 | −0,35059 | 0,93653 | −2,67127 | 6,882 624 | 0,145 2934 |
| **1,930** | −0,35153 | 0,93618 | −2,66316 | 6,889 510 | 0,145 1482 |
| 1,931 | −0,35246 | 0,93583 | −2,65509 | 6,896 403 | 0,145 0031 |
| 1,932 | −0,35340 | 0,93547 | −2,64706 | 6,903 303 | 0,144 8582 |
| 1,933 | −0,35434 | 0,93512 | −2,63907 | 6,910 210 | 0,144 7134 |
| 1,934 | −0,35527 | 0,93476 | −2,63113 | 6,917 123 | 0,144 5688 |
| 1,935 | −0,35621 | 0,93441 | −2,62323 | 6,924 044 | 0,144 4243 |
| 1,936 | −0,35714 | 0,93405 | −2,61537 | 6,930 972 | 0,144 2799 |
| 1,937 | −0,35807 | 0,93369 | −2,60755 | 6,937 906 | 0,144 1357 |
| 1,938 | −0,35901 | 0,93333 | −2,59977 | 6,944 847 | 0,143 9916 |
| 1,939 | −0,35994 | 0,93298 | −2,59203 | 6,951 796 | 0,143 8477 |
| **1,940** | −0,36087 | 0,93262 | −2,58433 | 6,958 751 | 0,143 7039 |
| 1,941 | −0,36181 | 0,93225 | −2,57667 | 6,965 713 | 0,143 5603 |
| 1,942 | −0,36274 | 0,93189 | −2,56905 | 6,972 682 | 0,143 4168 |
| 1,943 | −0,36367 | 0,93153 | −2,56147 | 6,979 659 | 0,143 2735 |
| 1,944 | −0,36460 | 0,93116 | −2,55393 | 6,986 642 | 0,143 1303 |
| 1,945 | −0,36553 | 0,93080 | −2,54643 | 6,993 632 | 0,142 9872 |
| 1,946 | −0,36646 | 0,93043 | −2,53896 | 7,000 629 | 0,142 8443 |
| 1,947 | −0,36739 | 0,93007 | −2,53153 | 7,007 633 | 0,142 7015 |
| 1,948 | −0,36832 | 0,92970 | −2,52414 | 7,014 644 | 0,142 5589 |
| 1,949 | −0,36925 | 0,92933 | −2,51679 | 7,021 662 | 0,142 4164 |

| $x$ | Cof $x$ | Sin $x$ | Tg $x$ | $\varphi$ |
|---|---|---|---|---|
| **1,900** | 3,41773 | 3,26816 | 0,95624 | 108° 51′ 43,13″ |
| 1,901 | 3,42100 | 3,27158 | 0,95632 | 108 55 09,40 |
| 1,902 | 3,42427 | 3,27500 | 0,95641 | 108 58 35,66 |
| 1,903 | 3,42755 | 3,27843 | 0,95649 | 109 02 01,93 |
| 1,904 | 3,43083 | 3,28186 | 0,95658 | 109 05 28,19 |
| 1,905 | 3,43412 | 3,28529 | 0,95666 | 109 08 54,46 |
| 1,906 | 3,43740 | 3,28873 | 0,95675 | 109 12 20,72 |
| 1,907 | 3,44069 | 3,29217 | 0,95683 | 109 15 46,99 |
| 1,908 | 3,44399 | 3,29561 | 0,95692 | 109 19 13,25 |
| 1,909 | 3,44728 | 3,29906 | 0,95700 | 109 22 39,52 |
| **1,910** | 3,45058 | 3,30250 | 0,95709 | 109 26 05,78 |
| 1,911 | 3,45389 | 3,30596 | 0,95717 | 109 29 32,04 |
| 1,912 | 3,45720 | 3,30941 | 0,95725 | 109 32 58,31 |
| 1,913 | 3,46051 | 3,31287 | 0,95734 | 109 36 24,57 |
| 1,914 | 3,46382 | 3,31633 | 0,95742 | 109 39 50,84 |
| 1,915 | 3,46714 | 3,31980 | 0,95750 | 109 43 17,10 |
| 1,916 | 3,47046 | 3,32327 | 0,95759 | 109 46 43,37 |
| 1,917 | 3,47379 | 3,32674 | 0,95767 | 109 50 09,63 |
| 1,918 | 3,47712 | 3,33021 | 0,95775 | 109 53 35,90 |
| 1,919 | 3,48045 | 3,33369 | 0,95783 | 109 57 02,16 |
| **1,920** | 3,48378 | 3,33718 | 0,95792 | 110 00 28,43 |
| 1,921 | 3,48712 | 3,34066 | 0,95800 | 110 03 54,69 |
| 1,922 | 3,49046 | 3,34415 | 0,95808 | 110 07 20,96 |
| 1,923 | 3,49381 | 3,34764 | 0,95816 | 110 10 47,22 |
| 1,924 | 3,49716 | 3,35114 | 0,95825 | 110 14 13,49 |
| 1,925 | 3,50051 | 3,35464 | 0,95833 | 110 17 39,75 |
| 1,926 | 3,50387 | 3,35814 | 0,95841 | 110 21 06,02 |
| 1,927 | 3,50723 | 3,36164 | 0,95849 | 110 24 32,28 |
| 1,928 | 3,51059 | 3,36515 | 0,95857 | 110 27 58,55 |
| 1,929 | 3,51396 | 3,36867 | 0,95865 | 110 31 24,81 |
| **1,930** | 3,51733 | 3,37218 | 0,95873 | 110 34 51,08 |
| 1,931 | 3,52070 | 3,37570 | 0,95881 | 110 38 17,34 |
| 1,932 | 3,52408 | 3,37922 | 0,95889 | 110 41 43,61 |
| 1,933 | 3,52746 | 3,38275 | 0,95898 | 110 45 09,87 |
| 1,934 | 3,53085 | 3,38628 | 0,95906 | 110 48 36,14 |
| 1,935 | 3,53423 | 3,38981 | 0,95914 | 110 52 02,40 |
| 1,936 | 3,53763 | 3,39335 | 0,95922 | 110 55 28,66 |
| 1,937 | 3,54102 | 3,39689 | 0,95930 | 110 58 54,93 |
| 1,938 | 3,54442 | 3,40043 | 0,95938 | 111 02 21,19 |
| 1,939 | 3,54782 | 3,40397 | 0,95945 | 111 05 47,46 |
| **1,940** | 3,55123 | 3,40752 | 0,95953 | 111 09 13,72 |
| 1,941 | 3,55464 | 3,41108 | 0,95961 | 111 12 39,99 |
| 1,942 | 3,55805 | 3,41463 | 0,95969 | 111 16 06,25 |
| 1,943 | 3,56147 | 3,41819 | 0,95977 | 111 19 32,52 |
| 1,944 | 3,56489 | 3,42176 | 0,95985 | 111 22 58,78 |
| 1,945 | 3,56831 | 3,42532 | 0,95993 | 111 26 25,05 |
| 1,946 | 3,57174 | 3,42889 | 0,96001 | 111 29 51,31 |
| 1,947 | 3,57517 | 3,43247 | 0,96009 | 111 33 17,58 |
| 1,948 | 3,57860 | 3,43604 | 0,96016 | 111 36 43,84 |
| 1,949 | 3,58204 | 3,43962 | 0,96024 | 111 40 10,11 |

| $x$ | $\cos x$ | $\sin x$ | $\operatorname{tg} x$ | $e^x$ | $e^{-x}$ |
|---|---|---|---|---|---|
| **1,950** | −0,37018 | 0,92896 | −2,50948 | 7,028 688 | 0,142 2741 |
| 1,951 | −0,37111 | 0,92859 | −2,50220 | 7,035 720 | 0,142 1319 |
| 1,952 | −0,37204 | 0,92822 | −2,49495 | 7,042 759 | 0,141 9898 |
| 1,953 | −0,37297 | 0,92784 | −2,48775 | 7,049 805 | 0,141 8479 |
| 1,954 | −0,37389 | 0,92747 | −2,48058 | 7,056 859 | 0,141 7061 |
| 1,955 | −0,37482 | 0,92710 | −2,47344 | 7,063 919 | 0,141 5645 |
| 1,956 | −0,37575 | 0,92672 | −2,46634 | 7,070 986 | 0,141 4230 |
| 1,957 | −0,37667 | 0,92635 | −2,45927 | 7,078 061 | 0,141 2816 |
| 1,958 | −0,37760 | 0,92597 | −2,45224 | 7,085 143 | 0,141 1404 |
| 1,959 | −0,37853 | 0,92559 | −2,44525 | 7,092 231 | 0,140 9993 |
| **1,960** | −0,37945 | 0,92521 | −2,43828 | 7,099 327 | 0,140 8584 |
| 1,961 | −0,38038 | 0,92483 | −2,43136 | 7,106 430 | 0,140 7176 |
| 1,962 | −0,38130 | 0,92445 | −2,42446 | 7,113 540 | 0,140 5770 |
| 1,963 | −0,38223 | 0,92407 | −2,41760 | 7,120 657 | 0,140 4365 |
| 1,964 | −0,38315 | 0,92369 | −2,41077 | 7,127 781 | 0,140 2961 |
| 1,965 | −0,38407 | 0,92330 | −2,40398 | 7,134 913 | 0,140 1559 |
| 1,966 | −0,38500 | 0,92292 | −2,39721 | 7,142 051 | 0,140 0158 |
| 1,967 | −0,38592 | 0,92253 | −2,39048 | 7,149 197 | 0,139 8759 |
| 1,968 | −0,38684 | 0,92215 | −2,38378 | 7,156 349 | 0,139 7360 |
| 1,969 | −0,38776 | 0,92176 | −2,37712 | 7,163 509 | 0,139 5964 |
| **1,970** | −0,38868 | 0,92137 | −2,37048 | 7,170 676 | 0,139 4569 |
| 1,971 | −0,38961 | 0,92098 | −2,36388 | 7,177 851 | 0,139 3175 |
| 1,972 | −0,39053 | 0,92059 | −2,35731 | 7,185 032 | 0,139 1782 |
| 1,973 | −0,39145 | 0,92020 | −2,35077 | 7,192 221 | 0,139 0391 |
| 1,974 | −0,39237 | 0,91981 | −2,34426 | 7,199 417 | 0,138 9001 |
| 1,975 | −0,39329 | 0,91942 | −2,33777 | 7,206 620 | 0,138 7613 |
| 1,976 | −0,39421 | 0,91902 | −2,33132 | 7,213 830 | 0,138 6226 |
| 1,977 | −0,39512 | 0,91863 | −2,32490 | 7,221 047 | 0,138 4841 |
| 1,978 | −0,39604 | 0,91823 | −2,31851 | 7,228 272 | 0,138 3457 |
| 1,979 | −0,39696 | 0,91784 | −2,31215 | 7,235 504 | 0,138 2074 |
| **1,980** | −0,39788 | 0,91744 | −2,30582 | 7,242 743 | 0,138 0692 |
| 1,981 | −0,39880 | 0,91704 | −2,29952 | 7,249 989 | 0,137 9312 |
| 1,982 | −0,39971 | 0,91664 | −2,29325 | 7,257 243 | 0,137 7934 |
| 1,983 | −0,40063 | 0,91624 | −2,28700 | 7,264 504 | 0,137 6557 |
| 1,984 | −0,40155 | 0,91584 | −2,28079 | 7,271 772 | 0,137 5181 |
| 1,985 | −0,40246 | 0,91544 | −2,27460 | 7,279 047 | 0,137 3806 |
| 1,986 | −0,40338 | 0,91503 | −2,26844 | 7,286 330 | 0,137 2433 |
| 1,987 | −0,40429 | 0,91463 | −2,26231 | 7,293 620 | 0,137 1061 |
| 1,988 | −0,40521 | 0,91423 | −2,25620 | 7,300 917 | 0,136 9691 |
| 1,989 | −0,40612 | 0,91382 | −2,25013 | 7,308 222 | 0,136 8322 |
| **1,990** | −0,40703 | 0,91341 | −2,24408 | 7,315 534 | 0,136 6954 |
| 1,991 | −0,40795 | 0,91301 | −2,23805 | 7,322 853 | 0,136 5588 |
| 1,992 | −0,40886 | 0,91260 | −2,23206 | 7,330 179 | 0,136 4223 |
| 1,993 | −0,40977 | 0,91219 | −2,22609 | 7,337 513 | 0,136 2860 |
| 1,994 | −0,41068 | 0,91178 | −2,22015 | 7,344 854 | 0,136 1497 |
| 1,995 | −0,41160 | 0,91137 | −2,21423 | 7,352 203 | 0,136 0137 |
| 1,996 | −0,41251 | 0,91095 | −2,20834 | 7,359 559 | 0,135 8777 |
| 1,997 | −0,41342 | 0,91054 | −2,20248 | 7,366 922 | 0,135 7419 |
| 1,998 | −0,41433 | 0,91013 | −2,19664 | 7,374 293 | 0,135 6062 |
| 1,999 | −0,41524 | 0,90971 | −2,19083 | 7,381 671 | 0,135 4707 |

| $x$ | Cof $x$ | Sin $x$ | Tg $x$ | $\varphi$ |
|---|---|---|---|---|
| **1,950** | 3,58548 | 3,44321 | 0,96032 | 111° 43′ 36,37″ |
| 1,951 | 3,58893 | 3,44679 | 0,96040 | 111 47 02,64 |
| 1,952 | 3,59237 | 3,45038 | 0,96047 | 111 50 28,90 |
| 1,953 | 3,59583 | 3,45398 | 0,96055 | 111 53 55,17 |
| 1,954 | 3,59928 | 3,45758 | 0,96063 | 111 57 21,43 |
| 1,955 | 3,60274 | 3,46118 | 0,96071 | 112 00 47,70 |
| 1,956 | 3,60620 | 3,46478 | 0,96078 | 112 04 13,96 |
| 1,957 | 3,60967 | 3,46839 | 0,96086 | 112 07 40,23 |
| 1,958 | 3,61314 | 3,47200 | 0,96094 | 112 11 06,49 |
| 1,959 | 3,61662 | 3,47562 | 0,96101 | 112 14 32,76 |
| **1,960** | 3,62009 | 3,47923 | 0,96109 | 112 17 59,02 |
| 1,961 | 3,62357 | 3,48286 | 0,96117 | 112 21 25,29 |
| 1,962 | 3,62706 | 3,48648 | 0,96124 | 112 24 51,55 |
| 1,963 | 3,63055 | 3,49011 | 0,96132 | 112 28 17,81 |
| 1,964 | 3,63404 | 3,49374 | 0,96139 | 112 31 44,08 |
| 1,965 | 3,63753 | 3,49738 | 0,96147 | 112 35 10,34 |
| 1,966 | 3,64103 | 3,50102 | 0,96155 | 112 38 36,61 |
| 1,967 | 3,64454 | 3,50466 | 0,96162 | 112 42 02,87 |
| 1,968 | 3,64804 | 3,50831 | 0,96170 | 112 45 29,14 |
| 1,969 | 3,65155 | 3,51196 | 0,96177 | 112 48 55,40 |
| **1,970** | 3,65507 | 3,51561 | 0,96185 | 112 52 21,67 |
| 1,971 | 3,65858 | 3,51927 | 0,96192 | 112 55 47,93 |
| 1,972 | 3,66211 | 3,52293 | 0,96200 | 112 59 14,20 |
| 1,973 | 3,66563 | 3,52659 | 0,96207 | 113 02 40,46 |
| 1,974 | 3,66916 | 3,53026 | 0,96214 | 113 06 06,73 |
| 1,975 | 3,67269 | 3,53393 | 0,96222 | 113 09 32,99 |
| 1,976 | 3,67623 | 3,53760 | 0,96229 | 113 12 59,26 |
| 1,977 | 3,67977 | 3,54128 | 0,96237 | 113 16 25,52 |
| 1,978 | 3,68331 | 3,54496 | 0,96244 | 113 19 51,79 |
| 1,979 | 3,68686 | 3,54865 | 0,96251 | 113 23 18,05 |
| **1,980** | 3,69041 | 3,55234 | 0,96259 | 113 26 44,32 |
| 1,981 | 3,69396 | 3,55603 | 0,96266 | 113 30 10,58 |
| 1,982 | 3,69752 | 3,55972 | 0,96273 | 113 33 36,85 |
| 1,983 | 3,70108 | 3,56342 | 0,96281 | 113 37 03,11 |
| 1,984 | 3,70465 | 3,56713 | 0,96288 | 113 40 29,38 |
| 1,985 | 3,70821 | 3,57083 | 0,96295 | 113 43 55,64 |
| 1,986 | 3,71179 | 3,57454 | 0,96303 | 113 47 21,91 |
| 1,987 | 3,71536 | 3,57826 | 0,96310 | 113 50 48,17 |
| 1,988 | 3,71894 | 3,58197 | 0,96317 | 113 54 14,43 |
| 1,989 | 3,72253 | 3,58569 | 0,96324 | 113 57 40,70 |
| **1,990** | 3,72611 | 3,58942 | 0,96331 | 114 01 06,96 |
| 1,991 | 3,72971 | 3,59315 | 0,96339 | 114 04 33,23 |
| 1,992 | 3,73330 | 3,59688 | 0,96346 | 114 07 59,49 |
| 1,993 | 3,73690 | 3,60061 | 0,96353 | 114 11 25,76 |
| 1,994 | 3,74050 | 3,60435 | 0,96360 | 114 14 52,02 |
| 1,995 | 3,74411 | 3,60809 | 0,96367 | 114 18 18,29 |
| 1,996 | 3,74772 | 3,61184 | 0,96374 | 114 21 44,55 |
| 1,997 | 3,75133 | 3,61559 | 0,96382 | 114 25 10,82 |
| 1,998 | 3,75495 | 3,61934 | 0,96389 | 114 28 37,08 |
| 1,999 | 3,75857 | 3,62310 | 0,96396 | 114 32 03,35 |

| $x$ | $\cos x$ | $\sin x$ | $\text{tg}\, x$ | $e^x$ | $e^{-x}$ |
|---|---|---|---|---|---|
| **2,000** | −0,41615 | 0,90930 | −2,18504 | 7,389 056 | 0,135 3353 |
| 2,001 | −0,41706 | 0,90888 | −2,17928 | 7,396 449 | 0,135 2000 |
| 2,002 | −0,41796 | 0,90846 | −2,17354 | 7,403 849 | 0,135 0649 |
| 2,003 | −0,41887 | 0,90804 | −2,16783 | 7,411 257 | 0,134 9299 |
| 2,004 | −0,41978 | 0,90763 | −2,16214 | 7,418 672 | 0,134 7950 |
| 2,005 | −0,42069 | 0,90721 | −2,15648 | 7,426 094 | 0,134 6603 |
| 2,006 | −0,42160 | 0,90678 | −2,15084 | 7,433 524 | 0,134 5257 |
| 2,007 | −0,42250 | 0,90636 | −2,14523 | 7,440 961 | 0,134 3912 |
| 2,008 | −0,42341 | 0,90594 | −2,13964 | 7,448 406 | 0,134 2569 |
| 2,009 | −0,42431 | 0,90552 | −2,13407 | 7,455 858 | 0,134 1227 |
| **2,010** | −0,42522 | 0,90509 | −2,12853 | 7,463 317 | 0,133 9887 |
| 2,011 | −0,42612 | 0,90466 | −2,12301 | 7,470 784 | 0,133 8548 |
| 2,012 | −0,42703 | 0,90424 | −2,11751 | 7,478 259 | 0,133 7210 |
| 2,013 | −0,42793 | 0,90381 | −2,11204 | 7,485 741 | 0,133 5873 |
| 2,014 | −0,42884 | 0,90338 | −2,10659 | 7,493 230 | 0,133 4538 |
| 2,015 | −0,42974 | 0,90295 | −2,10117 | 7,500 727 | 0,133 3204 |
| 2,016 | −0,43064 | 0,90252 | −2,09576 | 7,508 232 | 0,133 1871 |
| 2,017 | −0,43154 | 0,90209 | −2,09038 | 7,515 744 | 0,133 0540 |
| 2,018 | −0,43245 | 0,90166 | −2,08502 | 7,523 263 | 0,132 9210 |
| 2,019 | −0,43335 | 0,90123 | −2,07969 | 7,530 790 | 0,132 7882 |
| **2,020** | −0,43425 | 0,90079 | −2,07437 | 7,538 325 | 0,132 6555 |
| 2,021 | −0,43515 | 0,90036 | −2,06908 | 7,545 867 | 0,132 5229 |
| 2,022 | −0,43605 | 0,89992 | −2,06381 | 7,553 417 | 0,132 3904 |
| 2,023 | −0,43695 | 0,89949 | −2,05856 | 7,560 974 | 0,132 2581 |
| 2,024 | −0,43785 | 0,89905 | −2,05334 | 7,568 539 | 0,132 1259 |
| 2,025 | −0,43875 | 0,89861 | −2,04813 | 7,576 111 | 0,131 9938 |
| 2,026 | −0,43965 | 0,89817 | −2,04295 | 7,583 691 | 0,131 8619 |
| 2,027 | −0,44054 | 0,89773 | −2,03778 | 7,591 278 | 0,131 7301 |
| 2,028 | −0,44144 | 0,89729 | −2,03264 | 7,598 873 | 0,131 5985 |
| 2,029 | −0,44234 | 0,89685 | −2,02752 | 7,606 476 | 0,131 4669 |
| **2,030** | −0,44323 | 0,89641 | −2,02242 | 7,614 086 | 0,131 3355 |
| 2,031 | −0,44413 | 0,89596 | −2,01734 | 7,621 704 | 0,131 2043 |
| 2,032 | −0,44503 | 0,89552 | −2,01228 | 7,629 330 | 0,131 0731 |
| 2,033 | −0,44592 | 0,89507 | −2,00724 | 7,636 963 | 0,130 9421 |
| 2,034 | −0,44682 | 0,89463 | −2,00222 | 7,644 604 | 0,130 8112 |
| 2,035 | −0,44771 | 0,89418 | −1,99722 | 7,652 252 | 0,130 6805 |
| 2,036 | −0,44860 | 0,89373 | −1,99224 | 7,659 908 | 0,130 5499 |
| 2,037 | −0,44950 | 0,89328 | −1,98728 | 7,667 572 | 0,130 4194 |
| 2,038 | −0,45039 | 0,89283 | −1,98235 | 7,675 243 | 0,130 2890 |
| 2,039 | −0,45128 | 0,89238 | −1,97743 | 7,682 922 | 0,130 1588 |
| **2,040** | −0,45218 | 0,89193 | −1,97252 | 7,690 609 | 0,130 0287 |
| 2,041 | −0,45307 | 0,89148 | −1,96764 | 7,698 304 | 0,129 8987 |
| 2,042 | −0,45396 | 0,89102 | −1,96278 | 7,706 006 | 0,129 7689 |
| 2,043 | −0,45485 | 0,89057 | −1,95794 | 7,713 716 | 0,129 6392 |
| 2,044 | −0,45574 | 0,89011 | −1,95311 | 7,721 433 | 0,129 5096 |
| 2,045 | −0,45663 | 0,88966 | −1,94831 | 7,729 159 | 0,129 3802 |
| 2,046 | −0,45752 | 0,88920 | −1,94352 | 7,736 892 | 0,129 2509 |
| 2,047 | −0,45841 | 0,88874 | −1,93875 | 7,744 632 | 0,129 1217 |
| 2,048 | −0,45930 | 0,88828 | −1,93400 | 7,752 381 | 0,128 9926 |
| 2,049 | −0,46019 | 0,88782 | −1,92927 | 7,760 137 | 0,128 8637 |

| $x$ | Cos $x$ | Sin $x$ | Tg $x$ | $\varphi$ |
|---|---|---|---|---|
| **2,000** | 3,76220 | 3,62686 | 0,96403 | 114° 35′ 29,61″ |
| 2,001 | 3,76582 | 3,63062 | 0,96410 | 114 38 55,88 |
| 2,002 | 3,76946 | 3,63439 | 0,96417 | 114 42 22,14 |
| 2,003 | 3,77309 | 3,63816 | 0,96424 | 114 45 48,41 |
| 2,004 | 3,77673 | 3,64194 | 0,96431 | 114 49 14,67 |
| 2,005 | 3,78038 | 3,64572 | 0,96438 | 114 52 40,94 |
| 2,006 | 3,78402 | 3,64950 | 0,96445 | 114 56 07,20 |
| 2,007 | 3,78768 | 3,65328 | 0,96452 | 114 59 33,47 |
| 2,008 | 3,79133 | 3,65707 | 0,96459 | 115 02 59,73 |
| 2,009 | 3,79499 | 3,66087 | 0,96466 | 115 06 26,00 |
| **2,010** | 3,79865 | 3,66466 | 0,96473 | 115 09 52,26 |
| 2,011 | 3,80232 | 3,66846 | 0,96480 | 115 13 18,53 |
| 2,012 | 3,80599 | 3,67227 | 0,96487 | 115 16 44,79 |
| 2,013 | 3,80966 | 3,67608 | 0,96493 | 115 20 11,05 |
| 2,014 | 3,81334 | 3,67989 | 0,96500 | 115 23 37,32 |
| 2,015 | 3,81702 | 3,68370 | 0,96507 | 115 27 03,58 |
| 2,016 | 3,82071 | 3,68752 | 0,96514 | 115 30 29,85 |
| 2,017 | 3,82440 | 3,69134 | 0,96521 | 115 33 56,11 |
| 2,018 | 3,82809 | 3,69517 | 0,96528 | 115 37 22,38 |
| 2,019 | 3,83179 | 3,69900 | 0,96535 | 115 40 48,64 |
| **2,020** | 3,83549 | 3,70283 | 0,96541 | 115 44 14,91 |
| 2,021 | 3,83919 | 3,70667 | 0,96548 | 115 47 41,17 |
| 2,022 | 3,84290 | 3,71051 | 0,96555 | 115 51 07,44 |
| 2,023 | 3,84662 | 3,71436 | 0,96562 | 115 54 33,70 |
| 2,024 | 3,85033 | 3,71821 | 0,96568 | 115 57 59,97 |
| 2,025 | 3,85405 | 3,72206 | 0,96575 | 116 01 26,23 |
| 2,026 | 3,85778 | 3,72591 | 0,96582 | 116 04 52,50 |
| 2,027 | 3,86150 | 3,72977 | 0,96589 | 116 08 18,76 |
| 2,028 | 3,86524 | 3,73364 | 0,96595 | 116 11 45,03 |
| 2,029 | 3,86897 | 3,73750 | 0,96602 | 116 15 11,29 |
| **2,030** | 3,87271 | 3,74138 | 0,96609 | 116 18 37,56 |
| 2,031 | 3,87645 | 3,74525 | 0,96615 | 116 22 03,82 |
| 2,032 | 3,88020 | 3,74913 | 0,96622 | 116 25 30,09 |
| 2,033 | 3,88395 | 3,75301 | 0,96629 | 116 28 56,35 |
| 2,034 | 3,88771 | 3,75690 | 0,96635 | 116 32 22,62 |
| 2,035 | 3,89147 | 3,76079 | 0,96642 | 116 35 48,88 |
| 2,036 | 3,89523 | 3,76468 | 0,96648 | 116 39 15,15 |
| 2,037 | 3,89900 | 3,76858 | 0,96655 | 116 42 41,41 |
| 2,038 | 3,90277 | 3,77248 | 0,96662 | 116 46 07,68 |
| 2,039 | 3,90654 | 3,77638 | 0,96668 | 116 49 33,94 |
| **2,040** | 3,91032 | 3,78029 | 0,96675 | 116 53 00,20 |
| 2,041 | 3,91410 | 3,78420 | 0,96681 | 116 56 26,47 |
| 2,042 | 3,91789 | 3,78812 | 0,96688 | 116 59 52,73 |
| 2,043 | 3,92168 | 3,79204 | 0,96694 | 117 03 19,00 |
| 2,044 | 3,92547 | 3,79596 | 0,96701 | 117 06 45,26 |
| 2,045 | 3,92927 | 3,79989 | 0,96707 | 117 10 11,53 |
| 2,046 | 3,93307 | 3,80382 | 0,96714 | 117 13 37,79 |
| 2,047 | 3,93688 | 3,80776 | 0,96720 | 117 17 04,06 |
| 2,048 | 3,94069 | 3,81169 | 0,96727 | 117 20 30,32 |
| 2,049 | 3,94450 | 3,81564 | 0,96733 | 117 23 56,59 |

| $x$ | $\cos x$ | $\sin x$ | $\operatorname{tg} x$ | $e^x$ | $e^{-x}$ |
|---|---|---|---|---|---|
| **2,050** | − 0,46107 | 0,88736 | − 1,92456 | 7,767 901 | 0,128 7349 |
| 2,051 | − 0,46196 | 0,88690 | − 1,91987 | 7,775 673 | 0,128 6062 |
| 2,052 | − 0,46285 | 0,88644 | − 1,91519 | 7,783 452 | 0,128 4777 |
| 2,053 | − 0,46373 | 0,88598 | − 1,91053 | 7,791 240 | 0,128 3493 |
| 2,054 | − 0,46462 | 0,88551 | − 1,90589 | 7,799 035 | 0,128 2210 |
| 2,055 | − 0,46550 | 0,88505 | − 1,90126 | 7,806 838 | 0,128 0928 |
| 2,056 | − 0,46639 | 0,88458 | − 1,89666 | 7,814 649 | 0,127 9648 |
| 2,057 | − 0,46727 | 0,88411 | − 1,89207 | 7,822 467 | 0,127 8369 |
| 2,058 | − 0,46816 | 0,88365 | − 1,88750 | 7,830 294 | 0,127 7091 |
| 2,059 | − 0,46904 | 0,88318 | − 1,88294 | 7,838 128 | 0,127 5815 |
| **2,060** | − 0,46992 | 0,88271 | − 1,87841 | 7,845 970 | 0,127 4540 |
| 2,061 | − 0,47081 | 0,88224 | − 1,87389 | 7,853 820 | 0,127 3266 |
| 2,062 | − 0,47169 | 0,88177 | − 1,86939 | 7,861 677 | 0,127 1993 |
| 2,063 | − 0,47257 | 0,88129 | − 1,86490 | 7,869 543 | 0,127 0722 |
| 2,064 | − 0,47345 | 0,88082 | − 1,86043 | 7,877 417 | 0,126 9452 |
| 2,065 | − 0,47433 | 0,88035 | − 1,85598 | 7,885 298 | 0,126 8183 |
| 2,066 | − 0,47521 | 0,87987 | − 1,85154 | 7,893 187 | 0,126 6915 |
| 2,067 | − 0,47609 | 0,87940 | − 1,84712 | 7,901 084 | 0,126 5649 |
| 2,068 | − 0,47697 | 0,87892 | − 1,84272 | 7,908 989 | 0,126 4384 |
| 2,069 | − 0,47785 | 0,87844 | − 1,83833 | 7,916 902 | 0,126 3120 |
| **2,070** | − 0,47873 | 0,87796 | − 1,83396 | 7,924 823 | 0,126 1858 |
| 2,071 | − 0,47960 | 0,87748 | − 1,82960 | 7,932 752 | 0,126 0597 |
| 2,072 | − 0,48048 | 0,87700 | − 1,82526 | 7,940 689 | 0,125 9337 |
| 2,073 | − 0,48136 | 0,87652 | − 1,82094 | 7,948 633 | 0,125 8078 |
| 2,074 | − 0,48223 | 0,87604 | − 1,81663 | 7,956 586 | 0,125 6820 |
| 2,075 | − 0,48311 | 0,87556 | − 1,81234 | 7,964 546 | 0,125 5564 |
| 2,076 | − 0,48399 | 0,87508 | − 1,80806 | 7,972 515 | 0,125 4309 |
| 2,077 | − 0,48486 | 0,87459 | − 1,80380 | 7,980 491 | 0,125 3056 |
| 2,078 | − 0,48573 | 0,87411 | − 1,79955 | 7,988 476 | 0,125 1803 |
| 2,079 | − 0,48661 | 0,87362 | − 1,79532 | 7,996 468 | 0,125 0552 |
| **2,080** | − 0,48748 | 0,87313 | − 1,79111 | 8,004 469 | 0,124 9302 |
| 2,081 | − 0,48835 | 0,87265 | − 1,78691 | 8,012 477 | 0,124 8053 |
| 2,082 | − 0,48923 | 0,87216 | − 1,78272 | 8,020 494 | 0,124 6806 |
| 2,083 | − 0,49010 | 0,87167 | − 1,77855 | 8,028 518 | 0,124 5560 |
| 2,084 | − 0,49097 | 0,87118 | − 1,77440 | 8,036 551 | 0,124 4315 |
| 2,085 | − 0,49184 | 0,87068 | − 1,77025 | 8,044 591 | 0,124 3071 |
| 2,086 | − 0,49271 | 0,87019 | − 1,76613 | 8,052 640 | 0,124 1829 |
| 2,087 | − 0,49358 | 0,86970 | − 1,76202 | 8,060 697 | 0,124 0588 |
| 2,088 | − 0,49445 | 0,86921 | − 1,75792 | 8,068 761 | 0,123 9348 |
| 2,089 | − 0,49532 | 0,86871 | − 1,75384 | 8,076 834 | 0,123 8109 |
| **2,090** | − 0,49619 | 0,86821 | − 1,74977 | 8,084 915 | 0,123 6871 |
| 2,091 | − 0,49706 | 0,86772 | − 1,74571 | 8,093 004 | 0,123 5635 |
| 2,092 | − 0,49792 | 0,86722 | − 1,74167 | 8,101 101 | 0,123 4400 |
| 2,093 | − 0,49879 | 0,86672 | − 1,73764 | 8,109 206 | 0,123 3166 |
| 2,094 | − 0,49966 | 0,86622 | − 1,73363 | 8,117 320 | 0,123 1934 |
| 2,095 | − 0,50052 | 0,86572 | − 1,72963 | 8,125 441 | 0,123 0702 |
| 2,096 | − 0,50139 | 0,86522 | − 1,72565 | 8,133 570 | 0,122 9472 |
| 2,097 | − 0,50225 | 0,86472 | − 1,72168 | 8,141 708 | 0,122 8243 |
| 2,098 | − 0,50312 | 0,86422 | − 1,71772 | 8,149 854 | 0,122 7016 |
| 2,099 | − 0,50398 | 0,86371 | − 1,71378 | 8,158 008 | 0,122 5789 |

| $x$ | Cos $x$ | Sin $x$ | Tg $x$ | $\varphi$ |
|---|---|---|---|---|
| **2,050** | 3,94832 | 3,81958 | 0,96740 | 117° 27′ 22,85″ |
| 2,051 | 3,95214 | 3,82353 | 0,96746 | 117 30 49,12 |
| 2,052 | 3,95597 | 3,82749 | 0,96752 | 117 34 15,38 |
| 2,053 | 3,95979 | 3,83145 | 0,96759 | 117 37 41,65 |
| 2,054 | 3,96363 | 3,83541 | 0,96765 | 117 41 07,91 |
| 2,055 | 3,96747 | 3,83937 | 0,96771 | 117 44 34,18 |
| 2,056 | 3,97131 | 3,84334 | 0,96778 | 117 48 00,44 |
| 2,057 | 3,97515 | 3,84732 | 0,96784 | 117 51 26,71 |
| 2,058 | 3,97900 | 3,85129 | 0,96790 | 117 54 52,97 |
| 2,059 | 3,98285 | 3,85527 | 0,96797 | 117 58 19,24 |
| **2,060** | 3,98671 | 3,85926 | 0,96803 | 118 01 45,50 |
| 2,061 | 3,99057 | 3,86325 | 0,96809 | 118 05 11,77 |
| 2,062 | 3,99444 | 3,86724 | 0,96816 | 118 08 38,03 |
| 2,063 | 3,99831 | 3,87124 | 0,96822 | 118 12 04,30 |
| 2,064 | 4,00218 | 3,87524 | 0,96828 | 118 15 30,56 |
| 2,065 | 4,00606 | 3,87924 | 0,96834 | 118 18 56,82 |
| 2,066 | 4,00994 | 3,88325 | 0,96841 | 118 22 23,09 |
| 2,067 | 4,01382 | 3,88726 | 0,96847 | 118 25 49,35 |
| 2,068 | 4,01771 | 3,89128 | 0,96853 | 118 29 15,62 |
| 2,069 | 4,02161 | 3,89530 | 0,96859 | 118 32 41,88 |
| **2,070** | 4,02550 | 3,89932 | 0,96865 | 118 36 08,15 |
| 2,071 | 4,02941 | 3,90335 | 0,96872 | 118 39 34,41 |
| 2,072 | 4,03331 | 3,90738 | 0,96878 | 118 43 00,68 |
| 2,073 | 4,03722 | 3,91141 | 0,96884 | 118 46 26,94 |
| 2,074 | 4,04113 | 3,91545 | 0,96890 | 118 49 53,21 |
| 2,075 | 4,04505 | 3,91950 | 0,96896 | 118 53 19,47 |
| 2 076 | 4,04897 | 3,92354 | 0,96902 | 118 56 45,74 |
| 2,077 | 4,05290 | 3,92759 | 0,96908 | 119 00 12,00 |
| 2,078 | 4,05683 | 3,93165 | 0,96914 | 119 03 38,27 |
| 2,079 | 4,06076 | 3,93571 | 0,96920 | 119 07 04,53 |
| **2,080** | 4,06470 | 3,93977 | 0,96926 | 119 10 30,80 |
| 2,081 | 4,06864 | 3,94384 | 0,96933 | 119 13 57,06 |
| 2,082 | 4,07259 | 3,94791 | 0,96939 | 119 17 23,33 |
| 2,083 | 4,07654 | 3,95198 | 0,96945 | 119 20 49,59 |
| 2,084 | 4,08049 | 3,95606 | 0,96951 | 119 24 15,86 |
| 2,085 | 4,08445 | 3,96014 | 0,96957 | 119 27 42,12 |
| 2,086 | 4,08841 | 3,96423 | 0,96963 | 119 31 08,39 |
| 2,087 | 4,09238 | 3,96832 | 0,96969 | 119 34 34,65 |
| 2,088 | 4,09635 | 3,97241 | 0,96975 | 119 38 00,92 |
| 2,089 | 4,10032 | 3,97651 | 0,96980 | 119 41 27,18 |
| **2,090** | 4,10430 | 3,98061 | 0,96986 | 119 44 53,45 |
| 2,091 | 4,10828 | 3,98472 | 0,96992 | 119 48 19,71 |
| 2,092 | 4,11227 | 3,98883 | 0,96998 | 119 51 45,97 |
| 2,093 | 4,11626 | 3,99294 | 0,97004 | 119 55 12,24 |
| 2,094 | 4,12026 | 3,99706 | 0,97010 | 119 58 38,50 |
| 2,095 | 4,12426 | 4,00119 | 0,97016 | 120 02 04,77 |
| 2,096 | 4,12826 | 4,00531 | 0,97022 | 120 05 31,03 |
| 2,097 | 4,13227 | 4,00944 | 0,97028 | 120 08 57,30 |
| 2,098 | 4,13628 | 4,01358 | 0,97034 | 120 12 23,56 |
| 2,099 | 4,14029 | 4,01771 | 0,97039 | 120 15 49,83 |

| $x$ | $\cos x$ | $\sin x$ | $\operatorname{tg} x$ | $e^x$ | $e^{-x}$ |
|---|---|---|---|---|---|
| **2,100** | −0,50485 | 0,86321 | −1,70985 | 8,166 170 | 0,122 4564 |
| 2,101 | −0,50571 | 0,86270 | −1,70593 | 8,174 340 | 0,122 3340 |
| 2,102 | −0,50657 | 0,86220 | −1,70203 | 8,182 519 | 0,122 2118 |
| 2,103 | −0,50743 | 0,86169 | −1,69814 | 8,190 705 | 0,122 0896 |
| 2,104 | −0,50829 | 0,86118 | −1,69426 | 8,198 900 | 0,121 9676 |
| 2,105 | −0,50916 | 0,86067 | −1,69039 | 8,207 103 | 0,121 8457 |
| 2,106 | −0,51002 | 0,86016 | −1,68654 | 8,215 314 | 0,121 7239 |
| 2,107 | −0,51088 | 0,85965 | −1,68271 | 8,223 534 | 0,121 6022 |
| 2,108 | −0,51174 | 0,85914 | −1,67888 | 8,231 761 | 0,121 4807 |
| 2,109 | −0,51259 | 0,85863 | −1,67507 | 8,239 997 | 0,121 3593 |
| **2,110** | −0,51345 | 0,85812 | −1,67127 | 8,248 241 | 0,121 2380 |
| 2,111 | −0,51431 | 0,85760 | −1,66748 | 8,256 494 | 0,121 1168 |
| 2,112 | −0,51517 | 0,85709 | −1,66371 | 8,264 754 | 0,120 9957 |
| 2,113 | −0,51602 | 0,85657 | −1,65995 | 8,273 023 | 0,120 8748 |
| 2,114 | −0,51688 | 0,85606 | −1,65620 | 8.281 300 | 0,120 7540 |
| 2,115 | −0,51774 | 0,85554 | −1,65246 | 8,289 586 | 0,120 6333 |
| 2,116 | −0,51859 | 0,85502 | −1,64874 | 8,297 879 | 0,120 5127 |
| 2,117 | −0,51945 | 0,85450 | −1,64502 | 8,306 182 | 0,120 3923 |
| 2,118 | −0,52030 | 0,85398 | −1,64132 | 8,314 492 | 0,120 2719 |
| 2,119 | −0,52115 | 0,85346 | −1,63764 | 8,322 811 | 0,120 1517 |
| **2,120** | −0,52201 | 0,85294 | −1,63396 | 8,331 137 | 0,120 0316 |
| 2,121 | −0,52286 | 0,85242 | −1,63030 | 8,339 473 | 0,119 9117 |
| 2,122 | −0,52371 | 0,85189 | −1,62664 | 8,347 816 | 0,119 7918 |
| 2,123 | −0,52456 | 0,85137 | −1,62300 | 8,356 168 | 0,119 6721 |
| 2,124 | −0,52542 | 0,85085 | −1,61938 | 8,364 529 | 0,119 5525 |
| 2,125 | −0,52627 | 0,85032 | −1,61576 | 8,372 897 | 0,119 4330 |
| 2,126 | −0,52712 | 0,84979 | −1,61215 | 8,381 275 | 0,119 3136 |
| 2,127 | −0,52797 | 0,84927 | −1,60856 | 8,389 660 | 0,119 1943 |
| 2,128 | −0,52881 | 0,84874 | −1,60498 | 8,398 054 | 0,119 0752 |
| 2,129 | −0,52966 | 0.84821 | −1,60141 | 8,406 456 | 0,118 9562 |
| **2,130** | −0,53051 | 0,84768 | −1.59785 | 8,414 867 | 0,118 8373 |
| 2,131 | −0,53136 | 0,84715 | −1,59430 | 8,423 286 | 0,118 7185 |
| 2,132 | −0,53221 | 0,84662 | −1,59077 | 8,431 713 | 0,118 5999 |
| 2,133 | −0,53305 | 0,84608 | −1,58724 | 8,440 149 | 0,118 4813 |
| 2,134 | −0,53390 | 0,84555 | −1,58373 | 8,448 594 | 0,118 3629 |
| 2,135 | −0,53474 | 0,84501 | −1,58023 | 8,457 047 | 0,118 2446 |
| 2,136 | −0,53559 | 0,84448 | −1,57673 | 8,465 508 | 0,118 1264 |
| 2,137 | −0,53643 | 0,84394 | −1.57325 | 8,473 978 | 0,118 0083 |
| 2,138 | −0,53728 | 0,84341 | −1,56978 | 8,482 456 | 0,117 8904 |
| 2,139 | −0,53812 | 0,84287 | −1,56632 | 8,490 942 | 0,117 7726 |
| **2,140** | −0,53896 | 0,84233 | −1,56288 | 8,499 438 | 0,117 6548 |
| 2,141 | −0,53980 | 0,84179 | −1,55944 | 8,507 941 | 0,117 5372 |
| 2,142 | −0,54065 | 0,84125 | −1,55601 | 8,516 454 | 0,117 4198 |
| 2,143 | −0,54149 | 0,84071 | −1,55260 | 8,524 974 | 0,117 3024 |
| 2,144 | −0,54233 | 0,84017 | −1,54919 | 8,533 503 | 0,117 1852 |
| 2,145 | −0,54317 | 0,83963 | −1,54580 | 8,542 041 | 0,117 0680 |
| 2,146 | −0,54401 | 0,83908 | −1,54241 | 8,550 588 | 0,116 9510 |
| 2,147 | −0,54484 | 0,83854 | −1,53904 | 8,559 142 | 0,116 8341 |
| 2,148 | −0,54568 | 0,83799 | −1,53568 | 8,567 706 | 0,116 7174 |
| 2,149 | −0,54652 | 0,83745 | −1,53232 | 8,576 278 | 0,116 6007 |

| $x$ | Cos $x$ | Sin $x$ | Tg $x$ | $\varphi$ |
|---|---|---|---|---|
| **2,100** | 4,14431 | 4,02186 | 0,97045 | 120° 19′ 16,09″ |
| 2,101 | 4,14834 | 4,02600 | 0,97051 | 120 22 42,36 |
| 2,102 | 4,15237 | 4,03015 | 0,97057 | 120 26 08,62 |
| 2,103 | 4,15640 | 4,03431 | 0,97063 | 120 29 34,89 |
| 2,104 | 4,16043 | 4,03847 | 0,97068 | 120 33 01,15 |
| 2,105 | 4,16447 | 4,04263 | 0,97074 | 120 36 27,42 |
| 2,106 | 4,16852 | 4,04680 | 0,97080 | 120 39 53,68 |
| 2,107 | 4,17257 | 4,05097 | 0,97086 | 120 43 19,95 |
| 2,108 | 4,17662 | 4,05514 | 0,97091 | 120 46 46,21 |
| 2,109 | 4,18068 | 4,05932 | 0,97097 | 120 50 12,48 |
| **2,110** | 4,18474 | 4,06350 | 0,97103 | 120 53 38,74 |
| 2,111 | 4,18881 | 4,06769 | 0,97109 | 120 57 05,01 |
| 2,112 | 4,19288 | 4,07188 | 0,97114 | 121 00 31,27 |
| 2,113 | 4,19695 | 4,07607 | 0,97120 | 121 03 57,54 |
| 2,114 | 4,20103 | 4,08027 | 0,97126 | 121 07 23,80 |
| 2,115 | 4,20511 | 4,08448 | 0,97131 | 121 10 50,07 |
| 2,116 | 4,20920 | 4,08868 | 0,97137 | 121 14 16,33 |
| 2,117 | 4,21329 | 4,09289 | 0,97143 | 121 17 42,59 |
| 2,118 | 4,21738 | 4,09711 | 0,97148 | 121 21 08,86 |
| 2,119 | 4,22148 | 4,10133 | 0,97154 | 121 24 35,12 |
| **2,120** | 4,22558 | 4,10555 | 0,97159 | 121 28 01,39 |
| 2,121 | 4,22969 | 4,10978 | 0,97165 | 121 31 27,65 |
| 2,122 | 4,23380 | 4,11401 | 0,97171 | 121 34 53,92 |
| 2,123 | 4,23792 | 4,11825 | 0,97176 | 121 38 20,18 |
| 2,124 | 4,24204 | 4,12249 | 0,97182 | 121 41 46,45 |
| 2,125 | 4,24617 | 4,12673 | 0,97187 | 121 45 12,71 |
| 2,126 | 4,25029 | 4,13098 | 0,97193 | 121 48 38,98 |
| 2,127 | 4,25443 | 4,13523 | 0,97198 | 121 52 05,24 |
| 2,128 | 4,25856 | 4,13949 | 0,97204 | 121 55 31,51 |
| 2,129 | 4,26271 | 4,14375 | 0,97209 | 121 58 57,77 |
| **2,130** | 4,26685 | 4,14801 | 0,97215 | 122 02 24,04 |
| 2,131 | 4,27100 | 4,15228 | 0,97220 | 122 05 50,30 |
| 2,132 | 4,27516 | 4,15656 | 0,97226 | 122 09 16,57 |
| 2,133 | 4,27932 | 4,16083 | 0,97231 | 122 12 42,83 |
| 2,134 | 4,28348 | 4,16512 | 0,97237 | 122 16 09,10 |
| 2,135 | 4,28765 | 4,16940 | 0,97242 | 122 19 35,36 |
| 2,136 | 4,29182 | 4,17369 | 0,97248 | 122 23 01,63 |
| 2,137 | 4,29599 | 4,17798 | 0,97253 | 122 26 27,89 |
| 2,138 | 4,30017 | 4,18228 | 0,97258 | 122 29 54,16 |
| 2,139 | 4,30436 | 4,18658 | 0,97264 | 122 33 20,42 |
| **2,140** | 4,30855 | 4,19089 | 0,97269 | 122 36 46,69 |
| 2,141 | 4,31274 | 4,19520 | 0,97275 | 122 40 12,95 |
| 2,142 | 4,31694 | 4,19952 | 0,97280 | 122 43 39,21 |
| 2,143 | 4,32114 | 4,20384 | 0,97285 | 122 47 05,48 |
| 2,144 | 4,32534 | 4,20816 | 0,97291 | 122 50 31,74 |
| 2,145 | 4,32955 | 4,21249 | 0,97296 | 122 53 58,01 |
| 2,146 | 4,33377 | 4,21682 | 0,97301 | 122 57 24,27 |
| 2,147 | 4,33799 | 4,22115 | 0,97307 | 123 00 50,54 |
| 2,148 | 4,34221 | 4,22549 | 0,97312 | 123 04 16,80 |
| 2,149 | 4,34644 | 4,22984 | 0,97317 | 123 07 43,07 |

| $x$ | $\cos x$ | $\sin x$ | $\operatorname{tg} x$ | $e^x$ | $e^{-x}$ |
|---|---|---|---|---|---|
| **2,150** | −0,54736 | 0,83690 | −1,52898 | 8,584 858 | 0,116 4842 |
| 2,151 | −0,54819 | 0,83635 | −1,52565 | 8,593 448 | 0,116 3677 |
| 2,152 | −0,54903 | 0,83580 | −1,52232 | 8,602 045 | 0,116 2514 |
| 2,153 | −0,54987 | 0,83525 | −1,51901 | 8,610 652 | 0,116 1352 |
| 2,154 | −0,55070 | 0,83470 | −1,51571 | 8,619 267 | 0,116 0192 |
| 2,155 | −0,55154 | 0,83415 | −1,51242 | 8,627 890 | 0,115 9032 |
| 2,156 | −0,55237 | 0,83360 | −1,50913 | 8,636 522 | 0,115 7873 |
| 2,157 | −0,55320 | 0,83305 | −1,50586 | 8,645 163 | 0,115 6716 |
| 2,158 | −0,55404 | 0,83249 | −1,50260 | 8,653 813 | 0,115 5560 |
| 2,159 | −0,55487 | 0,83194 | −1,49935 | 8,662 471 | 0,115 4405 |
| **2,160** | −0,55570 | 0,83138 | −1,49610 | 8,671 138 | 0,115 3251 |
| 2,161 | −0,55653 | 0,83083 | −1,49287 | 8,679 813 | 0,115 2099 |
| 2,162 | −0,55736 | 0,83027 | −1,48965 | 8,688 497 | 0,115 0947 |
| 2,163 | −0,55819 | 0,82971 | −1,48643 | 8,697 190 | 0,114 9797 |
| 2,164 | −0,55902 | 0,82915 | −1,48323 | 8,705 892 | 0,114 8647 |
| 2,165 | −0,55985 | 0,82859 | −1,48003 | 8,714 602 | 0,114 7499 |
| 2,166 | −0,56068 | 0,82803 | −1,47685 | 8,723 321 | 0,114 6352 |
| 2,167 | −0,56151 | 0,82747 | −1,47367 | 8,732 049 | 0,114 5207 |
| 2,168 | −0,56233 | 0,82691 | −1,47050 | 8,740 785 | 0,114 4062 |
| 2,169 | −0,56316 | 0,82635 | −1,46735 | 8,749 530 | 0,114 2919 |
| **2,170** | −0,56399 | 0,82578 | −1,46420 | 8,758 284 | 0,114 1776 |
| 2,171 | −0,56481 | 0,82522 | −1,46106 | 8,767 047 | 0,114 0635 |
| 2,172 | −0,56564 | 0,82466 | −1,45793 | 8,775 818 | 0,113 9495 |
| 2,173 | −0,56646 | 0,82409 | −1,45481 | 8,784 598 | 0,113 8356 |
| 2,174 | −0,56728 | 0,82352 | −1,45169 | 8,793 387 | 0,113 7218 |
| 2,175 | −0,56811 | 0,82295 | −1,44859 | 8,802 185 | 0,113 6082 |
| 2,176 | −0,56893 | 0,82239 | −1,44550 | 8,810 992 | 0,113 4946 |
| 2,177 | −0,56975 | 0,82182 | −1,44241 | 8,819 807 | 0,113 3812 |
| 2,178 | −0,57057 | 0,82125 | −1,43934 | 8,828 631 | 0,113 2678 |
| 2,179 | −0,57139 | 0,82068 | −1,43627 | 8,837 464 | 0,113 1546 |
| **2,180** | −0,57221 | 0,82010 | −1,43321 | 8,846 306 | 0,113 0415 |
| 2,181 | −0,57303 | 0,81953 | −1,43016 | 8,855 157 | 0,112 9285 |
| 2,182 | −0,57385 | 0,81896 | −1,42712 | 8,864 017 | 0,112 8157 |
| 2,183 | −0,57467 | 0,81838 | −1,42409 | 8,872 885 | 0,112 7029 |
| 2,184 | −0,57549 | 0,81781 | −1,42106 | 8,881 762 | 0,112 5903 |
| 2,185 | −0,57631 | 0,81723 | −1,41805 | 8,890 649 | 0,112 4777 |
| 2,186 | −0,57712 | 0,81666 | −1,41504 | 8,899 544 | 0,112 3653 |
| 2,187 | −0,57794 | 0,81608 | −1,41204 | 8,908 448 | 0,112 2530 |
| 2,188 | −0,57876 | 0,81550 | −1,40905 | 8,917 361 | 0,112 1408 |
| 2,189 | −0,57957 | 0,81492 | −1,40607 | 8,926 282 | 0,112 0287 |
| **2,190** | −0,58039 | 0,81434 | −1,40310 | 8,935 213 | 0,111 9167 |
| 2,191 | −0,58120 | 0,81376 | −1,40014 | 8,944 153 | 0,111 8049 |
| 2,192 | −0,58201 | 0,81318 | −1,39718 | 8,953 101 | 0,111 6931 |
| 2,193 | −0,58283 | 0,81260 | −1,39423 | 8,962 059 | 0,111 5815 |
| 2,194 | −0,58364 | 0,81201 | −1,39129 | 8,971 026 | 0,111 4700 |
| 2,195 | −0,58445 | 0,81143 | −1,38836 | 8,980 001 | 0,111 3586 |
| 2,196 | −0,58526 | 0,81084 | −1,38544 | 8,988 986 | 0,111 2473 |
| 2,197 | −0,58607 | 0,81026 | −1,38252 | 8,997 979 | 0,111 1361 |
| 2,198 | −0,58688 | 0,80967 | −1,37961 | 9,006 982 | 0,111 0250 |
| 2,199 | −0,58769 | 0,80908 | −1,37671 | 9,015 993 | 0,110 9140 |

| $x$ | Cos $x$ | Sin $x$ | Tg $x$ | $\varphi$ |
|---|---|---|---|---|
| **2,150** | 4,35067 | 4,23419 | 0,97323 | 123° 11′ 09,33″ |
| 2,151 | 4,35491 | 4,23854 | 0,97328 | 123 14 35,60 |
| 2,152 | 4,35915 | 4,24290 | 0,97333 | 123 18 01,86 |
| 2,153 | 4,36339 | 4,24726 | 0,97338 | 123 21 28,13 |
| 2,154 | 4,36764 | 4,25162 | 0,97344 | 123 24 54,39 |
| 2,155 | 4,37190 | 4,25599 | 0,97349 | 123 28 20,66 |
| 2,156 | 4,37615 | 4,26037 | 0,97354 | 123 31 46,92 |
| 2,157 | 4,38042 | 4,26475 | 0,97359 | 123 35 13,19 |
| 2,158 | 4,38468 | 4,26913 | 0,97365 | 123 38 39,45 |
| 2,159 | 4,38896 | 4,27352 | 0,97370 | 123 42 05,72 |
| **2,160** | 4,39323 | 4,27791 | 0,97375 | 123 45 31,98 |
| 2,161 | 4,39751 | 4,28230 | 0,97380 | 123 48 58,25 |
| 2,162 | 4,40180 | 4,28670 | 0,97385 | 123 52 24,51 |
| 2,163 | 4,40608 | 4,29111 | 0,97390 | 123 55 50,78 |
| 2,164 | 4,41038 | 4,29551 | 0,97396 | 123 59 17,04 |
| 2,165 | 4,41468 | 4,29993 | 0,97401 | 123 02 43,30 |
| 2,166 | 4,41898 | 4,30434 | 0,97406 | 123 06 09,57 |
| 2,167 | 4,42328 | 4,30876 | 0,97411 | 123 09 35,84 |
| 2,168 | 4,42760 | 4,31319 | 0,97416 | 123 13 02,10 |
| 2,169 | 4,43191 | 4,31762 | 0,97421 | 123 16 28,36 |
| **2,170** | 4,43623 | 4,32205 | 0,97426 | 124 19 54,63 |
| 2,171 | 4,44056 | 4,32649 | 0,97431 | 124 23 20,89 |
| 2,172 | 4,44488 | 4,33093 | 0,97436 | 124 26 47,16 |
| 2,173 | 4,44922 | 4,33538 | 0,97441 | 124 30 13,42 |
| 2,174 | 4,45355 | 4,33983 | 0,97446 | 124 33 39,69 |
| 2,175 | 4,45790 | 4,34429 | 0,97452 | 124 37 05,95 |
| 2,176 | 4,46224 | 4,34875 | 0,97457 | 124 40 32,22 |
| 2,177 | 4,46659 | 4,35321 | 0,97462 | 124 43 58,48 |
| 2,178 | 4,47095 | 4,35768 | 0,97467 | 124 47 24,75 |
| 2,179 | 4,47531 | 4,36215 | 0,97472 | 124 50 51,01 |
| **2,180** | 4,47967 | 4,36663 | 0,97477 | 124 54 17,28 |
| 2,181 | 4,48404 | 4,37111 | 0,97482 | 124 57 43,54 |
| 2,182 | 4,48842 | 4,37560 | 0,97487 | 125 01 09,81 |
| 2,183 | 4,49279 | 4,38009 | 0,97491 | 125 04 36,07 |
| 2,184 | 4,49718 | 4,38459 | 0,97496 | 125 08 02,34 |
| 2,185 | 4,50156 | 4,38909 | 0,97501 | 125 11 28,60 |
| 2,186 | 4,50595 | 4,39359 | 0,97506 | 125 14 54,87 |
| 2,187 | 4,51035 | 4,39810 | 0,97511 | 125 18 21,13 |
| 2,188 | 4,51475 | 4,40261 | 0,97516 | 125 21 47,40 |
| 2,189 | 4,51916 | 4,40713 | 0,97521 | 125 25 13,66 |
| **2,190** | 4,52356 | 4,41165 | 0,97526 | 125 28 39,93 |
| 2,191 | 4,52798 | 4,41617 | 0,97531 | 125 32 06,19 |
| 2,192 | 4,53240 | 4,42070 | 0,97536 | 125 35 32,46 |
| 2,193 | 4,53682 | 4,42524 | 0,97541 | 125 38 58,72 |
| 2,194 | 4,54125 | 4,42978 | 0,97545 | 125 42 24,98 |
| 2,195 | 4,54568 | 4,43432 | 0,97550 | 125 45 51,25 |
| 2,196 | 4,55012 | 4,43887 | 0,97555 | 125 49 17,51 |
| 2,197 | 4,55456 | 4,44342 | 0,97560 | 125 52 43,78 |
| 2,198 | 4,55900 | 4,44798 | 0,97565 | 125 56 10,04 |
| 2,199 | 4,56345 | 4,45254 | 0,97570 | 125 59 36,31 |

| $x$ | $\cos x$ | $\sin x$ | $\operatorname{tg} x$ | $e^x$ | $e^{-x}$ |
|---|---|---|---|---|---|
| **2,200** | −0,58850 | 0,80850 | −1,37382 | 9,025 013 | 0,110 8032 |
| 2,201 | −0,58931 | 0,80791 | −1,37094 | 9,034 043 | 0,110 6924 |
| 2,202 | −0,59012 | 0,80732 | −1,36806 | 9,043 082 | 0,110 5818 |
| 2,203 | −0,59092 | 0,80673 | −1,36520 | 9,052 129 | 0,110 4712 |
| 2,204 | −0,59173 | 0,80614 | −1,36234 | 9,061 186 | 0,110 3608 |
| 2,205 | −0,59254 | 0,80554 | −1,35948 | 9,070 252 | 0,110 2505 |
| 2,206 | −0,59334 | 0,80495 | −1,35664 | 9,079 326 | 0,110 1403 |
| 2,207 | −0,59415 | 0,80436 | −1,35380 | 9,088 410 | 0,110 0302 |
| 2,208 | −0,59495 | 0,80376 | −1,35097 | 9,097 503 | 0,109 9203 |
| 2,209 | −0,59575 | 0,80317 | −1,34815 | 9,106 605 | 0,109 8104 |
| **2,210** | −0,59656 | 0,80257 | −1,34534 | 9,115 716 | 0,109 7006 |
| 2,211 | −0,59736 | 0,80197 | −1,34253 | 9,124 837 | 0,109 5910 |
| 2,212 | −0,59816 | 0,80138 | −1,33973 | 9,133 966 | 0,109 4815 |
| 2,213 | −0,59896 | 0,80078 | −1,33694 | 9,143 105 | 0,109 3720 |
| 2,214 | −0,59976 | 0,80018 | −1,33416 | 9,152 252 | 0,109 2627 |
| 2,215 | −0,60056 | 0,79958 | −1,33138 | 9,161 409 | 0,109 1535 |
| 2,216 | −0,60136 | 0,79898 | −1,32861 | 9,170 575 | 0,109 0444 |
| 2,217 | −0,60216 | 0,79838 | −1,32585 | 9,179 750 | 0,108 9354 |
| 2,218 | −0,60296 | 0,79777 | −1,32310 | 9,188 935 | 0,108 8265 |
| 2,219 | −0,60376 | 0,79717 | −1,32035 | 9,198 128 | 0,108 7178 |
| **2,220** | −0,60455 | 0,79657 | −1,31761 | 9,207 331 | 0,108 6091 |
| 2,221 | −0,60535 | 0,79596 | −1,31488 | 9,216 543 | 0,108 5006 |
| 2,222 | −0,60614 | 0,79535 | −1,31215 | 9,225 764 | 0,108 3921 |
| 2,223 | −0,60694 | 0,79475 | −1,30944 | 9,234 994 | 0,108 2838 |
| 2,224 | −0,60773 | 0,79414 | −1,30673 | 9,244 234 | 0,108 1755 |
| 2,225 | −0,60853 | 0,79353 | −1,30402 | 9,253 483 | 0,108 0674 |
| 2,226 | −0,60932 | 0,79292 | −1,30132 | 9,262 741 | 0,107 9594 |
| 2,227 | −0,61011 | 0,79231 | −1,29863 | 9,272 008 | 0,107 8515 |
| 2,228 | −0,61091 | 0,79170 | −1,29595 | 9,281 285 | 0,107 7437 |
| 2,229 | −0,61170 | 0,79109 | −1,29328 | 9,290 571 | 0,107 6360 |
| **2,230** | −0,61249 | 0,79048 | −1,29061 | 9,299 866 | 0,107 5284 |
| 2,231 | −0,61328 | 0,78987 | −1,28794 | 9,309 171 | 0,107 4210 |
| 2,232 | −0,61407 | 0,78925 | −1,28529 | 9,318 484 | 0,107 3136 |
| 2,233 | −0,61486 | 0,78864 | −1,28264 | 9,327 808 | 0,107 2063 |
| 2,234 | −0,61564 | 0,78802 | −1,28000 | 9,337 140 | 0,107 0992 |
| 2,235 | −0,61643 | 0,78741 | −1,27736 | 9,346 482 | 0,106 9921 |
| 2,236 | −0,61722 | 0,78679 | −1,27473 | 9,355 833 | 0,106 8852 |
| 2,237 | −0,61801 | 0,78617 | −1,27211 | 9,365 194 | 0,106 7784 |
| 2,238 | −0,61879 | 0,78556 | −1,26950 | 9,374 563 | 0,106 6716 |
| 2,239 | −0,61958 | 0,78494 | −1,26689 | 9,383 943 | 0,106 5650 |
| **2,240** | −0,62036 | 0,78432 | −1,26429 | 9,393 331 | 0,106 4585 |
| 2,241 | −0,62115 | 0,78370 | −1,26169 | 9,402 729 | 0,106 3521 |
| 2,242 | −0,62193 | 0,78307 | −1,25910 | 9,412 137 | 0,106 2458 |
| 2,243 | −0,62271 | 0,78245 | −1,25652 | 9,421 554 | 0,106 1396 |
| 2,244 | −0,62349 | 0,78183 | −1,25395 | 9,430 980 | 0,106 0335 |
| 2,245 | −0,62428 | 0,78120 | −1,25138 | 9,440 416 | 0,105 9275 |
| 2,246 | −0,62506 | 0,78058 | −1,24881 | 9,449 861 | 0,105 8217 |
| 2,247 | −0,62584 | 0,77995 | −1,24626 | 9,459 315 | 0,105 7159 |
| 2,248 | −0,62662 | 0,77933 | −1,24371 | 9,468 779 | 0,105 6102 |
| 2,249 | −0,62740 | 0,77870 | −1,24116 | 9,478 253 | 0,105 5047 |

| $x$ | Cos $x$ | Sin $x$ | Tg $x$ | $\varphi$ |
|---|---|---|---|---|
| **2,200** | 4,56791 | 4,45711 | 0,97574 | 126° 03′ 02,57″ |
| 2,201 | 4,57237 | 4,46168 | 0,97579 | 126 06 28,84 |
| 2,202 | 4,57683 | 4,46625 | 0,97584 | 126 09 55,10 |
| 2,203 | 4,58130 | 4,47083 | 0,97589 | 126 13 21,37 |
| 2,204 | 4,58577 | 4,47541 | 0,97593 | 126 16 47,63 |
| 2,205 | 4,59025 | 4,48000 | 0,97598 | 126 20 13,90 |
| 2,206 | 4,59473 | 4,48459 | 0,97603 | 126 23 40,16 |
| 2,207 | 4,59922 | 4,48919 | 0,97608 | 126 27 06,43 |
| 2,208 | 4,60371 | 4,49379 | 0,97612 | 126 30 32,69 |
| 2,209 | 4,60821 | 4,49840 | 0,97617 | 126 33 58,96 |
| **2,210** | 4,61271 | 4,50301 | 0,97622 | 126 37 25,22 |
| 2,211 | 4,61721 | 4,50762 | 0,97626 | 126 40 51,49 |
| 2,212 | 4,62172 | 4,51224 | 0,97631 | 126 44 17,75 |
| 2,213 | 4,62624 | 4,51687 | 0,97636 | 126 47 44,02 |
| 2,214 | 4,63076 | 4,52149 | 0,97640 | 126 51 10,28 |
| 2,215 | 4,63528 | 4,52613 | 0,97645 | 126 54 36,55 |
| 2,216 | 4,63981 | 4,53077 | 0,97650 | 126 58 02,81 |
| 2,217 | 4,64434 | 4,53541 | 0,97654 | 127 01 29,08 |
| 2,218 | 4,64888 | 4,54005 | 0,97659 | 127 04 55,34 |
| 2,219 | 4,65342 | 4,54471 | 0,97664 | 127 08 21,61 |
| **2,220** | 4,65797 | 4,54936 | 0,97668 | 127 11 47,87 |
| 2,221 | 4,66252 | 4,55402 | 0,97673 | 127 15 14,13 |
| 2,222 | 4,66708 | 4,55869 | 0,97678 | 127 18 40,40 |
| 2,223 | 4,67164 | 4,56336 | 0,97682 | 127 22 06,66 |
| 2,224 | 4,67620 | 4,56803 | 0,97687 | 127 25 32,93 |
| 2,225 | 4,68078 | 4,57271 | 0,97691 | 127 28 59,19 |
| 2,226 | 4,68535 | 4,57739 | 0,97696 | 127 32 25,46 |
| 2,227 | 4,68993 | 4,58208 | 0,97700 | 127 35 51,72 |
| 2,228 | 4,69451 | 4,58677 | 0,97705 | 127 39 17,99 |
| 2,229 | 4,69910 | 4,59147 | 0,97709 | 127 42 44,25 |
| **2,230** | 4,70370 | 4,59617 | 0,97714 | 127 46 10,52 |
| 2,231 | 4,70830 | 4,60087 | 0,97718 | 127 49 36,78 |
| 2,232 | 4,71290 | 4,60559 | 0,97723 | 127 53 03,05 |
| 2,233 | 4,71751 | 4,61030 | 0,97727 | 127 56 29,31 |
| 2,234 | 4,72212 | 4,61502 | 0,97732 | 127 59 55,58 |
| 2,235 | 4,72674 | 4,61974 | 0,97736 | 128 03 21,84 |
| 2,236 | 4,73136 | 4,62447 | 0,97741 | 128 06 48,11 |
| 2,237 | 4,73599 | 4,62921 | 0,97745 | 128 10 14,37 |
| 2,238 | 4,74062 | 4,63395 | 0,97750 | 128 13 40,64 |
| 2,239 | 4,74525 | 4,63869 | 0,97754 | 128 17 06,90 |
| **2,240** | 4,74989 | 4,64344 | 0,97759 | 128 20 33,17 |
| 2,241 | 4,75454 | 4,64819 | 0,97763 | 128 23 59,43 |
| 2,242 | 4,75919 | 4,65295 | 0,97768 | 128 27 25,70 |
| 2,243 | 4,76385 | 4,65771 | 0,97772 | 128 30 51,96 |
| 2,244 | 4,76851 | 4,66247 | 0,97776 | 128 34 18,23 |
| 2,245 | 4,77317 | 4,66724 | 0,97781 | 128 37 44,49 |
| 2,246 | 4,77784 | 4,67202 | 0,97785 | 128 41 10,75 |
| 2,247 | 4,78252 | 4,67680 | 0,97790 | 128 44 37,02 |
| 2,248 | 4,78719 | 4,68158 | 0,97794 | 128 48 03,28 |
| 2,249 | 4,79188 | 4,68637 | 0,97798 | 128 51 29,55 |

| $x$ | $\cos x$ | $\sin x$ | $\operatorname{tg} x$ | $e^x$ | $e^{-x}$ |
|---|---|---|---|---|---|
| **2,250** | −0,62817 | 0,77807 | −1,23863 | 9,487 736 | 0,105 3992 |
| 2,251 | −0,62895 | 0,77744 | −1,23610 | 9,497 228 | 0,105 2939 |
| 2,252 | −0,62973 | 0,77682 | −1,23357 | 9,506 730 | 0,105 1886 |
| 2,253 | −0,63051 | 0,77619 | −1,23105 | 9,516 242 | 0,105 0835 |
| 2,254 | −0,63128 | 0,77555 | −1,22854 | 9,525 763 | 0,104 9785 |
| 2,255 | −0,63206 | 0,77492 | −1,22603 | 9,535 293 | 0,104 8735 |
| 2,256 | −0,63283 | 0,77429 | −1,22353 | 9,544 833 | 0,104 7687 |
| 2,257 | −0,63360 | 0,77366 | −1,22104 | 9,554 383 | 0,104 6640 |
| 2,258 | −0,63438 | 0,77302 | −1,21855 | 9,563 942 | 0,104 5594 |
| 2,259 | −0,63515 | 0,77239 | −1,21607 | 9,573 511 | 0,104 4549 |
| **2,260** | −0,63592 | 0,77175 | −1,21359 | 9,583 089 | 0,104 3505 |
| 2,261 | −0,63669 | 0,77112 | −1,21113 | 9,592 677 | 0,104 2462 |
| 2,262 | −0,63747 | 0,77048 | −1,20866 | 9,602 275 | 0,104 1420 |
| 2,263 | −0,63824 | 0,76984 | −1,20620 | 9,611 882 | 0,104 0379 |
| 2,264 | −0,63900 | 0,76920 | −1,20375 | 9,621 498 | 0,103 9339 |
| 2,265 | −0,63977 | 0,76856 | −1,20131 | 9,631 125 | 0,103 8300 |
| 2,266 | −0,64054 | 0,76792 | −1,19887 | 9,640 761 | 0,103 7263 |
| 2,267 | −0,64131 | 0,76728 | −1,19643 | 9,650 406 | 0,103 6226 |
| 2,268 | −0,64208 | 0,76664 | −1,19400 | 9,660 061 | 0,103 5190 |
| 2,269 | −0,64284 | 0,76600 | −1,19158 | 9,669 726 | 0,103 4155 |
| **2,270** | −0,64361 | 0,76535 | −1,18916 | 9,679 401 | 0,103 3122 |
| 2,271 | −0,64437 | 0,76471 | −1,18675 | 9,689 085 | 0,103 2089 |
| 2,272 | −0,64514 | 0,76407 | −1,18435 | 9,698 779 | 0,103 1058 |
| 2,273 | −0,64590 | 0,76342 | −1,18195 | 9,708 483 | 0,103 0027 |
| 2,274 | −0,64666 | 0,76277 | −1,17955 | 9,718 196 | 0,102 8998 |
| 2,275 | −0,64743 | 0,76213 | −1,17716 | 9,727 919 | 0,102 7969 |
| 2,276 | −0,64819 | 0,76148 | −1,17478 | 9,737 652 | 0,102 6942 |
| 2,277 | −0,64895 | 0,76083 | −1,17240 | 9,747 394 | 0,102 5915 |
| 2,278 | −0,64971 | 0,76018 | −1,17003 | 9,757 147 | 0,102 4890 |
| 2,279 | −0,65047 | 0,75953 | −1,16766 | 9,766 909 | 0,102 3865 |
| **2,280** | −0,65123 | 0,75888 | −1,16530 | 9,776 680 | 0,102 2842 |
| 2,281 | −0,65199 | 0,75823 | −1,16295 | 9,786 462 | 0,102 1820 |
| 2,282 | −0,65275 | 0,75758 | −1,16060 | 9,796 253 | 0,102 0798 |
| 2,283 | −0,65350 | 0,75692 | −1,15826 | 9,806 054 | 0,101 9778 |
| 2,284 | −0,65426 | 0,75627 | −1,15592 | 9,815 865 | 0,101 8759 |
| 2,285 | −0,65502 | 0,75562 | −1,15358 | 9,825 686 | 0,101 7741 |
| 2,286 | −0,65577 | 0,75496 | −1,15125 | 9,835 517 | 0,101 6723 |
| 2,287 | −0,65653 | 0,75430 | −1,14893 | 9,845 357 | 0,101 5707 |
| 2,288 | −0,65728 | 0,75365 | −1,14661 | 9,855 208 | 0,101 4692 |
| 2,289 | −0,65803 | 0,75299 | −1,14430 | 9,865 068 | 0,101 3678 |
| **2,290** | −0,65879 | 0,75233 | −1,14200 | 9,874 938 | 0,101 2665 |
| 2,291 | −0,65954 | 0,75167 | −1,13969 | 9,884 818 | 0,101 1652 |
| 2,292 | −0,66029 | 0,75101 | −1,13740 | 9,894 707 | 0,101 0641 |
| 2,293 | −0,66104 | 0,75035 | −1,13511 | 9,904 607 | 0,100 9631 |
| 2,294 | −0,66179 | 0,74969 | −1,13282 | 9,914 517 | 0,100 8622 |
| 2,295 | −0,66254 | 0,74903 | −1,13054 | 9,924 436 | 0,100 7614 |
| 2,296 | −0,66329 | 0,74836 | −1,12826 | 9,934 365 | 0,100 6607 |
| 2,297 | −0,66404 | 0,74770 | −1,12599 | 9,944 305 | 0,100 5601 |
| 2,298 | −0,66478 | 0,74704 | −1,12373 | 9,954 254 | 0,100 4596 |
| 2,299 | −0,66553 | 0,74637 | −1,12147 | 9,964 213 | 0,100 3592 |

| $x$ | Cos $x$ | Sin $x$ | Tg $x$ | $\varphi$ |
|---|---|---|---|---|
| **2,250** | 4,79657 | 4,69117 | 0,97803 | 128° 54′ 55,81″ |
| 2,251 | 4,80126 | 4,69597 | 0,97807 | 128 58 22,08 |
| 2,252 | 4,80596 | 4,70077 | 0,97811 | 129 01 48,34 |
| 2,253 | 4,81066 | 4,70558 | 0,97816 | 129 05 14,61 |
| 2,254 | 4,81537 | 4,71039 | 0,97820 | 129 08 40,87 |
| 2,255 | 4,82008 | 4,71521 | 0,97824 | 129 12 07,14 |
| 2,256 | 4,82480 | 4,72003 | 0,97829 | 129 15 33,40 |
| 2,257 | 4,82952 | 4,72486 | 0,97833 | 129 18 59,67 |
| 2,258 | 4,83425 | 4,72969 | 0,97837 | 129 22 25,93 |
| 2,259 | 4,83898 | 4,73453 | 0,97841 | 129 25 52,20 |
| **2,260** | 4,84372 | 4,73937 | 0,97846 | 129 29 18,46 |
| 2,261 | 4,84846 | 4,74422 | 0,97850 | 129 32 44,73 |
| 2,262 | 4,85321 | 4,74907 | 0,97854 | 129 36 10,99 |
| 2,263 | 4,85796 | 4,75392 | 0,97858 | 129 39 37,26 |
| 2,264 | 4,86272 | 4,75878 | 0,97863 | 129 43 03,52 |
| 2,265 | 4,86748 | 4,76365 | 0,97867 | 129 46 29,79 |
| 2,266 | 4,87224 | 4,76852 | 0,97871 | 129 49 56,05 |
| 2,267 | 4,87701 | 4,77339 | 0,97875 | 129 53 22,32 |
| 2,268 | 4,88179 | 4,77827 | 0,97879 | 129 56 48,58 |
| 2,269 | 4,88657 | 4,78316 | 0,97884 | 130 00 14,85 |
| **2,270** | 4,89136 | 4,78804 | 0,97888 | 130 03 41,11 |
| 2,271 | 4,89615 | 4,79294 | 0,97892 | 130 07 07,37 |
| 2,272 | 4,90094 | 4,79784 | 0,97896 | 130 10 33,64 |
| 2,273 | 4,90574 | 4,80274 | 0,97900 | 130 13 59,90 |
| 2,274 | 4,91055 | 4,80765 | 0,97905 | 130 17 26,17 |
| 2,275 | 4,91536 | 4,81256 | 0,97909 | 130 20 52,43 |
| 2,276 | 4,92017 | 4,81748 | 0,97913 | 130 24 18,70 |
| 2,277 | 4,92499 | 4,82240 | 0,97917 | 130 27 44,96 |
| 2,278 | 4,92982 | 4,82733 | 0,97921 | 130 31 11,23 |
| 2,279 | 4,93465 | 4,83226 | 0,97925 | 130 34 37,49 |
| **2,280** | 4,93948 | 4,83720 | 0,97929 | 130 38 03,76 |
| 2,281 | 4,94432 | 4,84214 | 0,97933 | 130 41 30,02 |
| 2,282 | 4,94917 | 4,84709 | 0,97937 | 130 44 56,29 |
| 2,283 | 4,95402 | 4,85204 | 0,97942 | 130 48 22,55 |
| 2,284 | 4,95887 | 4,85699 | 0,97946 | 130 51 48,82 |
| 2,285 | 4,96373 | 4,86196 | 0,97950 | 130 55 15,08 |
| 2,286 | 4,96859 | 4,86692 | 0,97954 | 130 58 41,35 |
| 2,287 | 4,97346 | 4,87189 | 0,97958 | 131 02 07,61 |
| 2,288 | 4,97834 | 4,87687 | 0,97962 | 131 05 33,88 |
| 2,289 | 4,98322 | 4,88185 | 0,97966 | 131 09 00,14 |
| **2,290** | 4,98810 | 4,88684 | 0,97970 | 131 12 26,41 |
| 2,291 | 4,99299 | 4,89183 | 0,97974 | 131 15 52,67 |
| 2,292 | 4,99789 | 4,89682 | 0,97978 | 131 19 18,94 |
| 2,293 | 5,00279 | 4,90182 | 0,97982 | 131 22 45,20 |
| 2,294 | 5,00769 | 4,90683 | 0,97986 | 131 26 11,47 |
| 2,295 | 5,01260 | 4,91184 | 0,97990 | 131 29 37,73 |
| 2,296 | 5,01751 | 4,91685 | 0,97994 | 131 33 04,00 |
| 2,297 | 5,02243 | 4,92187 | 0,97998 | 131 36 30,26 |
| 2,298 | 5,02736 | 4,92690 | 0,98002 | 131 39 56,52 |
| 2,299 | 5,03229 | 4,93193 | 0,98006 | 131 43 22,79 |

| $x$ | $\cos x$ | $\sin x$ | $\operatorname{tg} x$ | $e^x$ | $e^{-x}$ |
|---|---|---|---|---|---|
| **2,300** | −0,66628 | 0,74571 | −1,11921 | 9,974 182 | 0,100 2588 |
| 2,301 | −0,66702 | 0,74504 | −1,11696 | 9,984 162 | 0,100 1586 |
| 2,302 | −0,66777 | 0,74437 | −1,11472 | 9,994 151 | 0,100 0585 |
| 2,303 | −0,66851 | 0,74370 | −1,11248 | 10,004 150 | 0,099 9585 |
| 2,304 | −0,66925 | 0,74303 | −1,11024 | 10,014 159 | 0,099 8586 |
| 2,305 | −0,67000 | 0,74236 | −1,10801 | 10,024 178 | 0,099 7588 |
| 2,306 | −0,67074 | 0,74169 | −1,10579 | 10,034 207 | 0,099 6591 |
| 2,307 | −0,67148 | 0,74102 | −1,10357 | 10,044 247 | 0,099 5595 |
| 2,308 | −0,67222 | 0,74035 | −1,10135 | 10,054 296 | 0,099 4600 |
| 2,309 | −0,67296 | 0,73968 | −1,09914 | 10,064 355 | 0,099 3606 |
| **2,310** | −0,67370 | 0,73901 | −1,09694 | 10,074 425 | 0,099 2613 |
| 2,311 | −0,67444 | 0,73833 | −1,09473 | 10,084 504 | 0,099 1620 |
| 2,312 | −0,67518 | 0,73766 | −1,09254 | 10,094 594 | 0,099 0629 |
| 2,313 | −0,67591 | 0,73698 | −1,09035 | 10,104 693 | 0,098 9639 |
| 2,314 | −0,67665 | 0,73630 | −1,08816 | 10,114 803 | 0,098 8650 |
| 2,315 | −0,67739 | 0,73563 | −1,08598 | 10,124 923 | 0,098 7662 |
| 2,316 | −0,67812 | 0,73495 | −1,08380 | 10,135 053 | 0,098 6675 |
| 2,317 | −0,67886 | 0,73427 | −1,08163 | 10,145 193 | 0,098 5688 |
| 2,318 | −0,67959 | 0,73359 | −1,07946 | 10,155 343 | 0,098 4703 |
| 2,319 | −0,68032 | 0,73291 | −1,07730 | 10,165 504 | 0,098 3719 |
| **2,320** | −0,68106 | 0,73223 | −1,07514 | 10,175 674 | 0,098 2736 |
| 2,321 | −0,68179 | 0,73155 | −1,07299 | 10,185 855 | 0,098 1754 |
| 2,322 | −0,68252 | 0,73087 | −1,07084 | 10,196 046 | 0,098 0772 |
| 2,323 | −0,68325 | 0,73018 | −1,06869 | 10,206 247 | 0,097 9792 |
| 2,324 | −0,68398 | 0,72950 | −1,06655 | 10,216 459 | 0,097 8813 |
| 2,325 | −0,68471 | 0,72882 | −1,06442 | 10,226 680 | 0,097 7834 |
| 2,326 | −0,68544 | 0,72813 | −1,06229 | 10,236 912 | 0,097 6857 |
| 2,327 | −0,68616 | 0,72745 | −1,06016 | 10,247 154 | 0,097 5881 |
| 2,328 | −0,68689 | 0,72676 | −1,05804 | 10,257 406 | 0,097 4905 |
| 2,329 | −0,68762 | 0,72607 | −1,05592 | 10,267 669 | 0,097 3931 |
| **2,330** | −0,68834 | 0,72538 | −1,05381 | 10,277 942 | 0,097 2957 |
| 2,331 | −0,68907 | 0,72470 | −1,05170 | 10,288 225 | 0,097 1985 |
| 2,332 | −0,68979 | 0,72401 | −1,04960 | 10,298 518 | 0,097 1014 |
| 2,333 | −0,69052 | 0,72332 | −1,04750 | 10,308 822 | 0,097 0043 |
| 2,334 | −0,69124 | 0,72263 | −1,04540 | 10,319 136 | 0,096 9073 |
| 2,335 | −0,69196 | 0,72193 | −1,04331 | 10,329 460 | 0,096 8105 |
| 2,336 | −0,69268 | 0,72124 | −1,04123 | 10,339 795 | 0,096 7137 |
| 2,337 | −0,69340 | 0,72055 | −1,03915 | 10,350 140 | 0,096 6171 |
| 2,338 | −0,69413 | 0,71985 | −1,03707 | 10,360 495 | 0,096 5205 |
| 2,339 | −0,69484 | 0,71916 | −1,03499 | 10,370 861 | 0,096 4240 |
| **2,340** | −0,69556 | 0,71846 | −1,03293 | 10,381 237 | 0,096 3276 |
| 2,341 | −0,69628 | 0,71777 | −1,03086 | 10,391 623 | 0,096 2314 |
| 2,342 | −0,69700 | 0,71707 | −1,02880 | 10,402 020 | 0,096 1352 |
| 2,343 | −0,69772 | 0,71637 | −1,02674 | 10,412 427 | 0,096 0391 |
| 2,344 | −0,69843 | 0,71568 | −1,02469 | 10,422 845 | 0,095 9431 |
| 2,345 | −0,69915 | 0,71498 | −1,02264 | 10,433 273 | 0,095 8472 |
| 2,346 | −0,69986 | 0,71428 | −1,02060 | 10,443 711 | 0,095 7514 |
| 2,347 | −0,70058 | 0,71358 | −1,01856 | 10,454 160 | 0,095 6557 |
| 2,348 | −0,70129 | 0,71288 | −1,01652 | 10,464 620 | 0,095 5601 |
| 2,349 | −0,70200 | 0,71218 | −1,01449 | 10,475 089 | 0,095 4646 |

| $x$ | Cos $x$ | Sin $x$ | Tg $x$ | $\varphi$ |
|---|---|---|---|---|
| **2,300** | 5,03722 | 4,93696 | 0,98010 | 131° 46′ 49,05″ |
| 2,301 | 5,04216 | 4,94200 | 0,98014 | 131 50 15,32 |
| 2,302 | 5,04710 | 4,94705 | 0,98018 | 131 53 41,58 |
| 2,303 | 5,05205 | 4,95210 | 0,98021 | 131 57 07,85 |
| 2,304 | 5,05701 | 4,95715 | 0,98025 | 132 00 34,11 |
| 2,305 | 5,06197 | 4,96221 | 0,98029 | 132 04 00,38 |
| 2,306 | 5,06693 | 4,96727 | 0,98033 | 132 07 26,64 |
| 2,307 | 5,07190 | 4,97234 | 0,98037 | 132 10 52,91 |
| 2,308 | 5,07688 | 4,97742 | 0,98041 | 132 14 19,17 |
| 2,309 | 5,08186 | 4,98250 | 0,98045 | 132 17 45,44 |
| **2,310** | 5,08684 | 4,98758 | 0,98049 | 132 21 11,70 |
| 2,311 | 5,09183 | 4,99267 | 0,98053 | 132 24 37,97 |
| 2,312 | 5,09683 | 4,99777 | 0,98056 | 132 28 04,23 |
| 2,313 | 5,10183 | 5,00286 | 0,98060 | 132 31 30,50 |
| 2,314 | 5,10683 | 5,00797 | 0,98064 | 132 34 56,76 |
| 2,315 | 5,11184 | 5,01308 | 0,98068 | 132 38 23,03 |
| 2,316 | 5,11686 | 5,01819 | 0,98072 | 132 41 49,29 |
| 2,317 | 5,12188 | 5,02331 | 0,98076 | 132 45 15,56 |
| 2,318 | 5,12691 | 5,02844 | 0,98079 | 132 48 41,82 |
| 2,319 | 5,13194 | 5,03357 | 0,98083 | 132 52 08,09 |
| **2,320** | 5,13697 | 5,03870 | 0,98087 | 132 55 34,35 |
| 2,321 | 5,14202 | 5,04384 | 0,98091 | 132 59 00,62 |
| 2,322 | 5,14706 | 5,04898 | 0,98095 | 133 02 26,88 |
| 2,323 | 5,15211 | 5,05413 | 0,98098 | 133 05 53,14 |
| 2,324 | 5,15717 | 5,05929 | 0,98102 | 133 09 19,41 |
| 2,325 | 5,16223 | 5,06445 | 0,98106 | 133 12 45,67 |
| 2,326 | 5,16730 | 5,06961 | 0,98110 | 133 16 11,94 |
| 2,327 | 5,17237 | 5,07478 | 0,98113 | 133 19 38,20 |
| 2,328 | 5,17745 | 5,07996 | 0,98117 | 133 23 04,47 |
| 2,329 | 5,18253 | 5,08514 | 0,98121 | 133 26 30,73 |
| **2,330** | 5,18762 | 5,09032 | 0,98124 | 133 29 57,00 |
| 2,331 | 5,19271 | 5,09551 | 0,98128 | 133 33 23,26 |
| 2,332 | 5,19781 | 5,10071 | 0,98132 | 133 36 49,53 |
| 2,333 | 5,20291 | 5,10591 | 0,98136 | 133 40 15,79 |
| 2,334 | 5,20802 | 5,11111 | 0,98139 | 133 43 42,06 |
| 2,335 | 5,21314 | 5,11632 | 0,98143 | 133 47 08,32 |
| 2,336 | 5,21825 | 5,12154 | 0,98147 | 133 50 34,59 |
| 2,337 | 5,22338 | 5,12676 | 0,98150 | 133 54 00,85 |
| 2,338 | 5,22851 | 5,13199 | 0,98154 | 133 57 27,12 |
| 2,339 | 5,23364 | 5,13722 | 0,98158 | 134 00 53,38 |
| **2,340** | 5,23878 | 5,14245 | 0,98161 | 134 04 19,65 |
| 2,341 | 5,24393 | 5,14770 | 0,98165 | 134 07 45,91 |
| 2,342 | 5,24908 | 5,15294 | 0,98169 | 134 11 12,18 |
| 2,343 | 5,25423 | 5,15819 | 0,98172 | 134 14 38,44 |
| 2,344 | 5,25939 | 5,16345 | 0,98176 | 134 18 04,71 |
| 2,345 | 5,26456 | 5,16871 | 0,98179 | 134 21 30,97 |
| 2,346 | 5,26973 | 5,17398 | 0,98183 | 134 24 57,24 |
| 2,347 | 5,27491 | 5,17925 | 0,98187 | 134 28 23,50 |
| 2,348 | 5,28009 | 5,18453 | 0,98190 | 134 31 49,77 |
| 2,349 | 5,28528 | 5,18981 | 0,98194 | 134 35 16,03 |

| $x$ | $\cos x$ | $\sin x$ | $\operatorname{tg} x$ | $e^x$ | $e^{-x}$ |
|---|---|---|---|---|---|
| **2,350** | −0,70271 | 0,71147 | −1,01247 | 10,485 570 | 0,095 3692 |
| 2,351 | −0,70342 | 0,71077 | −1,01044 | 10,496 061 | 0,095 2738 |
| 2,352 | −0,70413 | 0,71007 | −1,00842 | 10,506 562 | 0,095 1786 |
| 2,353 | −0,70484 | 0,70936 | −1,00641 | 10,517 074 | 0,095 0835 |
| 2,354 | −0,70555 | 0,70866 | −1,00440 | 10,527 596 | 0,094 9884 |
| 2,355 | −0,70626 | 0,70795 | −1,00239 | 10,538 129 | 0,094 8935 |
| 2,356 | −0,70697 | 0,70724 | −1,00039 | 10,548 672 | 0,094 7987 |
| $^3/_4\pi$=2,356 | −0,70711 | 0,70711 | −1 | 10,550 724 | 0,094 7802 |
| 2,357 | −0,70768 | 0,70654 | −0,99839 | 10,559 226 | 0,094 7039 |
| 2,358 | −0,70838 | 0,70583 | −0,99640 | 10,569 791 | 0,094 6093 |
| 2,359 | −0,70909 | 0,70512 | −0,99440 | 10,580 366 | 0,094 5147 |
| **2,360** | −0,70979 | 0,70441 | −0,99242 | 10,590 951 | 0,094 4202 |
| 2,361 | −0,71050 | 0,70370 | −0,99043 | 10,601 548 | 0,094 3259 |
| 2,362 | −0,71120 | 0,70299 | −0,98846 | 10,612 155 | 0,094 2316 |
| 2,363 | −0,71190 | 0,70228 | −0,98648 | 10,622 772 | 0,094 1374 |
| 2,364 | −0,71260 | 0,70157 | −0,98451 | 10,633 400 | 0,094 0433 |
| 2,365 | −0,71331 | 0,70085 | −0,98254 | 10,644 039 | 0,093 9493 |
| 2,366 | −0,71401 | 0,70014 | −0,98058 | 10,654 688 | 0,093 8554 |
| 2,367 | −0,71471 | 0,69943 | −0,97862 | 10,665 348 | 0,093 7616 |
| 2,368 | −0,71541 | 0,69871 | −0,97666 | 10,676 019 | 0,093 6679 |
| 2,369 | −0,71610 | 0,69799 | −0,97471 | 10,686 700 | 0,093 5743 |
| **2,370** | −0,71680 | 0,69728 | −0,97276 | 10,697 392 | 0,093 4807 |
| 2,371 | −0,71750 | 0,69656 | −0,97082 | 10,708 095 | 0,093 3873 |
| 2,372 | −0,71819 | 0,69584 | −0,96888 | 10,718 808 | 0,093 2940 |
| 2,373 | −0,71889 | 0,69512 | −0,96694 | 10,729 533 | 0,093 2007 |
| 2,374 | −0,71958 | 0,69440 | −0,96501 | 10,740 268 | 0,093 1076 |
| 2,375 | −0,72028 | 0,69369 | −0,96308 | 10,751 013 | 0,093 0145 |
| 2,376 | −0,72097 | 0,69296 | −0,96115 | 10,761 770 | 0,092 9215 |
| 2,377 | −0,72166 | 0,69224 | −0,95923 | 10,772 537 | 0,092 8286 |
| 2,378 | −0,72236 | 0,69152 | −0,95731 | 10,783 315 | 0,092 7359 |
| 2,379 | −0,72305 | 0,69080 | −0,95540 | 10,794 103 | 0,092 6432 |
| **2,380** | −0,72374 | 0,69007 | −0,95349 | 10,804 903 | 0,092 5506 |
| 2,381 | −0,72443 | 0,68935 | −0,95158 | 10,815 713 | 0,092 4581 |
| 2,382 | −0,72512 | 0,68863 | −0,94968 | 10,826 534 | 0,092 3657 |
| 2,383 | −0,72580 | 0,68790 | −0,94778 | 10,837 366 | 0,092 2733 |
| 2,384 | −0,72649 | 0,68717 | −0,94588 | 10,848 209 | 0,092 1811 |
| 2,385 | −0,72718 | 0,68645 | −0,94399 | 10,859 063 | 0,092 0890 |
| 2,386 | −0,72787 | 0,68572 | −0,94210 | 10,869 927 | 0,091 9969 |
| 2,387 | −0,72855 | 0,68499 | −0,94021 | 10,880 803 | 0,091 9050 |
| 2,388 | −0,72924 | 0,68426 | −0,93833 | 10,891 689 | 0,091 8131 |
| 2,389 | −0,72992 | 0,68353 | −0,93645 | 10,902 586 | 0,091 7214 |
| **2,390** | −0,73060 | 0,68280 | −0,93458 | 10,913 494 | 0,091 6297 |
| 2,391 | −0,73128 | 0,68207 | −0,93270 | 10,924 413 | 0,091 5381 |
| 2,392 | −0,73197 | 0,68134 | −0,93084 | 10,935 343 | 0,091 4466 |
| 2,393 | −0,73265 | 0,68061 | −0,92897 | 10,946 284 | 0,091 3552 |
| 2,394 | −0,73333 | 0,67988 | −0,92711 | 10,957 235 | 0,091 2639 |
| 2,395 | −0,73401 | 0,67914 | −0,92525 | 10,968 198 | 0,091 1727 |
| 2,396 | −0,73469 | 0,67841 | −0,92340 | 10,979 172 | 0,091 0816 |
| 2,397 | −0,73536 | 0,67767 | −0,92155 | 10,990 156 | 0,090 9905 |
| 2,398 | −0,73604 | 0,67694 | −0,91970 | 11,001 152 | 0,090 8996 |
| 2,399 | −0,73672 | 0,67620 | −0,91786 | 11,012 159 | 0,090 8087 |

| $x$ | Cos $x$ | Sin $x$ | Tg $x$ | $\varphi$ |
|---|---|---|---|---|
| **2,350** | 5,29047 | 5,19510 | 0,98197 | 134° 38′ 42,29″ |
| 2,351 | 5,29567 | 5,20039 | 0,98201 | 134 42 08,56 |
| 2,352 | 5,30087 | 5,20569 | 0,98204 | 134 45 34,82 |
| 2,353 | 5,30608 | 5,21100 | 0,98208 | 134 49 01,09 |
| 2,354 | 5,31129 | 5,21630 | 0,98212 | 134 52 27,35 |
| 2,355 | 5,31651 | 5,22162 | 0,98215 | 134 55 53,62 |
| 2,356 | 5,32174 | 5,22694 | 0,98219 | 134 59 19,88 |
| $^3/_4\pi$=2,356··· | 5,32275 | 5,22797 | 0,98219 | 135 |
| 2,357 | 5,32697 | 5,23226 | 0,98222 | 135 02 46,15 |
| 2,358 | 5,33220 | 5,23759 | 0,98226 | 135 06 12,41 |
| 2,359 | 5,33744 | 5,24293 | 0,98229 | 135 09 38,68 |
| **2,360** | 5,34269 | 5,24827 | 0,98233 | 135 13 04,94 |
| 2,361 | 5,34794 | 5,25361 | 0,98236 | 135 16 31,21 |
| 2,362 | 5,35319 | 5,25896 | 0,98240 | 135 19 57,47 |
| 2,363 | 5,35845 | 5,26432 | 0,98243 | 135 23 23,74 |
| 2,364 | 5,36372 | 5,26968 | 0,98247 | 135 26 50,00 |
| 2,365 | 5,36899 | 5,27504 | 0,98250 | 135 30 16,27 |
| 2,366 | 5,37427 | 5,28042 | 0,98254 | 135 33 42,53 |
| 2,367 | 5,37955 | 5,28579 | 0,98257 | 135 37 08,80 |
| 2,368 | 5,38484 | 5,29118 | 0,98261 | 135 40 35,06 |
| 2,369 | 5,39014 | 5,29656 | 0,98264 | 135 44 01,33 |
| **2,370** | 5,39544 | 5,30196 | 0,98267 | 135 47 27,59 |
| 2,371 | 5,40074 | 5,30735 | 0,98271 | 135 50 53,86 |
| 2,372 | 5,40605 | 5,31276 | 0,98274 | 135 54 20,12 |
| 2,373 | 5,41137 | 5,31817 | 0,98278 | 135 57 46,39 |
| 2,374 | 5,41669 | 5,32358 | 0,98281 | 136 01 12,65 |
| 2,375 | 5,42201 | 5,32900 | 0,98285 | 136 04 38,91 |
| 2,376 | 5,42735 | 5,33442 | 0,98288 | 136 08 05,18 |
| 2,377 | 5,43268 | 5,33985 | 0,98291 | 136 11 31,44 |
| 2,378 | 5,43803 | 5,34529 | 0,98295 | 136 14 57,71 |
| 2,379 | 5,44337 | 5,35073 | 0,98298 | 136 18 23,97 |
| **2,380** | 5,44873 | 5,35618 | 0,98301 | 136 21 50,24 |
| 2,381 | 5,45409 | 5,36163 | 0,98305 | 136 25 16,50 |
| 2,382 | 5,45945 | 5,36708 | 0,98308 | 136 28 42,77 |
| 2,383 | 5,46482 | 5,37255 | 0,98312 | 136 32 09,03 |
| 2,384 | 5,47020 | 5,37801 | 0,98315 | 136 35 35,30 |
| 2,385 | 5,47558 | 5,38349 | 0,98318 | 136 39 01,56 |
| 2,386 | 5,48096 | 5,38897 | 0,98322 | 136 42 27,83 |
| 2,387 | 5,48635 | 5,39445 | 0,98325 | 136 45 54,09 |
| 2,388 | 5,49175 | 5,39994 | 0,98328 | 136 49 20,36 |
| 2,389 | 5,49715 | 5,40543 | 0,98331 | 136 52 46,62 |
| **2,390** | 5,50256 | 5,41093 | 0,98335 | 136 56 12,89 |
| 2,391 | 5,50798 | 5,41644 | 0,98338 | 136 59 39,15 |
| 2,392 | 5,51339 | 5,42195 | 0,98341 | 137 03 05,42 |
| 2,393 | 5,51882 | 5,42746 | 0,98345 | 137 06 31,68 |
| 2,394 | 5,52425 | 5,43299 | 0,98348 | 137 09 57,95 |
| 2,395 | 5,52969 | 5,43851 | 0,98351 | 137 13 24,21 |
| 2,396 | 5,53513 | 5,44405 | 0,98354 | 137 16 50,48 |
| 2,397 | 5,54057 | 5,44958 | 0,98358 | 137 20 16,74 |
| 2,398 | 5,54603 | 5,45513 | 0,98361 | 137 23 43,01 |
| 2,399 | 5,55148 | 5,46068 | 0,98364 | 137 27 09,27 |

| $x$ | cos $x$ | sin $x$ | tg $x$ | $e^x$ | $e^{-x}$ |
|---|---|---|---|---|---|
| **2,400** | — 0,73739 | 0,67546 | — 0,91601 | 11,023 176 | 0,090 7180 |
| 2,401 | — 0,73807 | 0,67473 | — 0,91418 | 11,034 205 | 0,090 6273 |
| 2,402 | — 0,73874 | 0,67399 | — 0,91234 | 11,045 245 | 0,090 5367 |
| 2,403 | — 0,73942 | 0,67325 | — 0,91051 | 11,056 296 | 0,090 4462 |
| 2,404 | — 0,74009 | 0,67251 | — 0,90868 | 11,067 357 | 0,090 3558 |
| 2,405 | — 0,74076 | 0,67177 | — 0,90686 | 11,078 430 | 0,090 2655 |
| 2,406 | — 0,74143 | 0,67103 | — 0,90504 | 11,089 514 | 0,090 1753 |
| 2,407 | — 0,74210 | 0,67028 | — 0,90322 | 11,100 609 | 0,090 0851 |
| 2,408 | — 0,74277 | 0,66954 | — 0,90141 | 11,111 715 | 0,089 9951 |
| 2,409 | — 0,74344 | 0,66880 | — 0,89960 | 11,122 833 | 0,089 9052 |
| **2,410** | — 0,74411 | 0,66806 | — 0,89779 | 11,133 961 | 0,089 8153 |
| 2,411 | — 0,74478 | 0,66731 | — 0,89599 | 11,145 101 | 0,089 7255 |
| 2,412 | — 0,74545 | 0,66657 | — 0,89418 | 11,156 251 | 0,089 6358 |
| 2,413 | — 0,74611 | 0,66582 | — 0,89239 | 11,167 413 | 0,089 5463 |
| 2,414 | — 0,74678 | 0,66507 | — 0,89059 | 11,178 586 | 0,089 4568 |
| 2,415 | — 0,74744 | 0,66433 | — 0,88880 | 11,189 770 | 0,089 3673 |
| 2,416 | — 0,74811 | 0,66358 | — 0,88701 | 11,200 966 | 0,089 2780 |
| 2,417 | — 0,74877 | 0,66283 | — 0,88523 | 11,212 172 | 0,089 1888 |
| 2,418 | — 0,74943 | 0,66208 | — 0,88344 | 11,223 390 | 0,089 0996 |
| 2,419 | — 0,75009 | 0,66133 | — 0,88167 | 11,234 619 | 0,089 0106 |
| **2,420** | — 0,75075 | 0,66058 | — 0,87989 | 11,245 859 | 0,088 9216 |
| 2,421 | — 0,75141 | 0,65983 | — 0,87812 | 11,257 111 | 0,088 8327 |
| 2,422 | — 0,75207 | 0,65908 | — 0,87635 | 11,268 374 | 0,088 7440 |
| 2,423 | — 0,75273 | 0,65833 | — 0,87458 | 11,279 648 | 0,088 6553 |
| 2,424 | — 0,75339 | 0,65757 | — 0,87282 | 11,290 933 | 0,088 5666 |
| 2,425 | — 0,75405 | 0,65682 | — 0,87106 | 11,302 229 | 0,088 4781 |
| 2,426 | — 0,75470 | 0,65606 | — 0,86930 | 11,313 537 | 0,088 3897 |
| 2,427 | — 0,75536 | 0,65531 | — 0,86755 | 11,324 856 | 0,088 3013 |
| 2,428 | — 0,75602 | 0,65455 | — 0,86579 | 11,336 187 | 0,088 2131 |
| 2,429 | — 0,75667 | 0,65380 | — 0,86405 | 11,347 529 | 0,088 1249 |
| **2,430** | — 0,75732 | 0,65304 | — 0,86230 | 11,358 882 | 0,088 0368 |
| 2,431 | — 0,75798 | 0,65228 | — 0,86056 | 11,370 247 | 0,087 9488 |
| 2,432 | — 0,75863 | 0,65152 | — 0,85882 | 11,381 623 | 0,087 8609 |
| 2,433 | — 0,75928 | 0,65077 | — 0,85708 | 11,393 010 | 0,087 7731 |
| 2,434 | — 0,75993 | 0,65001 | — 0,85535 | 11,404 409 | 0,087 6854 |
| 2,435 | — 0,76058 | 0,64925 | — 0,85362 | 11,415 819 | 0,087 5977 |
| 2,436 | — 0,76123 | 0,64849 | — 0,85189 | 11,427 240 | 0,087 5102 |
| 2,437 | — 0,76188 | 0,64772 | — 0,85017 | 11,438 673 | 0,087 4227 |
| 2,438 | — 0,76252 | 0,64696 | — 0,84845 | 11,450 118 | 0,087 3353 |
| 2,439 | — 0,76317 | 0,64620 | — 0,84673 | 11,461 573 | 0,087 2481 |
| **2,440** | — 0,76382 | 0,64543 | — 0,84501 | 11,473 041 | 0,087 1609 |
| 2,441 | — 0,76446 | 0,64467 | — 0,84330 | 11,484 520 | 0,087 0737 |
| 2,442 | — 0,76510 | 0,64391 | — 0,84159 | 11,496 010 | 0,086 9867 |
| 2,443 | — 0,76575 | 0,64314 | — 0,83989 | 11,507 512 | 0,086 8998 |
| 2,444 | — 0,76639 | 0,64237 | — 0,83818 | 11,519 025 | 0,086 8129 |
| 2,445 | — 0,76703 | 0,64161 | — 0,83648 | 11,530 550 | 0,086 7261 |
| 2,446 | — 0,76767 | 0,64084 | — 0,83478 | 11,542 086 | 0,086 6395 |
| 2,447 | — 0,76831 | 0,64007 | — 0,83309 | 11,553 634 | 0,086 5529 |
| 2,448 | — 0,76895 | 0,63930 | — 0,83139 | 11,565 193 | 0,086 4663 |
| 2,449 | — 0,76959 | 0,63853 | — 0,82970 | 11,576 764 | 0,086 3799 |

| $x$ | Cof $x$ | Sin $x$ | Tg $x$ | $\varphi$ |
|---|---|---|---|---|
| **2,400** | 5,55695 | 5,46623 | 0,98367 | 137° 30′ 35,53″ |
| 2,401 | 5,56242 | 5,47179 | 0,98371 | 137 34 01,80 |
| 2,402 | 5,56789 | 5,47735 | 0,98374 | 137 37 28,06 |
| 2,403 | 5,57337 | 5,48292 | 0,98377 | 137 40 54,33 |
| 2,404 | 5,57886 | 5,48850 | 0,98380 | 137 44 20,59 |
| 2,405 | 5,58435 | 5,49408 | 0,98384 | 137 47 46,86 |
| 2,406 | 5,58984 | 5,49967 | 0,98387 | 137 51 13,12 |
| 2,407 | 5,59535 | 5,50526 | 0,98390 | 137 54 39,39 |
| 2,408 | 5,60086 | 5,51086 | 0,98393 | 137 58 05,65 |
| 2,409 | 5,60637 | 5,51646 | 0,98396 | 138 01 31,92 |
| **2,410** | 5,61189 | 5,52207 | 0,98400 | 138 04 58,18 |
| 2,411 | 5,61741 | 5,52769 | 0,98403 | 138 08 24,45 |
| 2,412 | 5,62294 | 5,53331 | 0,98406 | 138 11 50,71 |
| 2,413 | 5,62848 | 5,53893 | 0,98409 | 138 15 16,98 |
| 2,414 | 5,63402 | 5,54456 | 0,98412 | 138 18 43,24 |
| 2,415 | 5,63957 | 5,55020 | 0,98415 | 138 22 09,51 |
| 2,416 | 5,64512 | 5,55584 | 0,98418 | 138 25 35,77 |
| 2,417 | 5,65068 | 5,56149 | 0,98422 | 138 29 02,04 |
| 2,418 | 5,65624 | 5,56715 | 0,98425 | 138 32 28,30 |
| 2,419 | 5,66181 | 5,57280 | 0,98428 | 138 35 54,57 |
| **2,420** | 5,66739 | 5,57847 | 0,98431 | 138 39 20,83 |
| 2,421 | 5,67297 | 5,58414 | 0,98434 | 138 42 47,10 |
| 2,422 | 5,67856 | 5,58981 | 0,98437 | 138 46 13,36 |
| 2,423 | 5,68415 | 5,59550 | 0,98440 | 138 49 39,63 |
| 2,424 | 5,68975 | 5,60118 | 0,98443 | 138 53 05,89 |
| 2,425 | 5,69535 | 5,60688 | 0,98446 | 138 56 32,16 |
| 2,426 | 5,70096 | 5,61257 | 0,98450 | 138 59 58,42 |
| 2,427 | 5,70658 | 5,61828 | 0,98453 | 139 03 24,68 |
| 2,428 | 5,71220 | 5,62399 | 0,98456 | 139 06 50,95 |
| 2,429 | 5,71783 | 5,62970 | 0,98459 | 139 10 17,21 |
| **2,430** | 5,72346 | 5,63542 | 0,98462 | 139 13 43,48 |
| 2,431 | 5,72910 | 5,64115 | 0,98465 | 139 17 09,74 |
| 2,432 | 5,73474 | 5,64688 | 0,98468 | 139 20 36,01 |
| 2,433 | 5,74039 | 5,65262 | 0,98471 | 139 24 02,27 |
| 2,434 | 5,74605 | 5,65836 | 0,98474 | 139 27 28,54 |
| 2,435 | 5,75171 | 5,66411 | 0,98477 | 139 30 54,80 |
| 2,436 | 5,75738 | 5,66987 | 0,98480 | 139 34 21,07 |
| 2,437 | 5,76305 | 5,67563 | 0,98483 | 139 37 47,33 |
| 2,438 | 5,76873 | 5,68139 | 0,98486 | 139 41 13,60 |
| 2,439 | 5,77441 | 5,68716 | 0,98489 | 139 44 39,86 |
| **2,440** | 5,78010 | 5,69294 | 0,98492 | 139 48 06,13 |
| 2,441 | 5,78580 | 5,69872 | 0,98495 | 139 51 32,39 |
| 2,442 | 5,79150 | 5,70451 | 0,98498 | 139 54 58,66 |
| 2,443 | 5,79721 | 5,71031 | 0,98501 | 139 58 24,92 |
| 2,444 | 5,80292 | 5,71611 | 0,98504 | 140 01 51,19 |
| 2,445 | 5,80864 | 5,72191 | 0,98507 | 140 05 17,45 |
| 2,446 | 5,81436 | 5,72772 | 0,98510 | 140 08 43,72 |
| 2,447 | 5,82009 | 5,73354 | 0,98513 | 140 12 09,98 |
| 2,448 | 5,82583 | 5,73936 | 0,98516 | 140 15 36,25 |
| 2,449 | 5,83157 | 5,74519 | 0,98519 | 140 19 02,51 |

| $x$ | $\cos x$ | $\sin x$ | $\operatorname{tg} x$ | $e^x$ | $e^{-x}$ |
|---|---|---|---|---|---|
| **2,450** | −0,77023 | 0,63776 | −0,82802 | 11 588 347 | 0,086 2936 |
| 2,451 | −0,77087 | 0,63699 | −0,82633 | 11,599 941 | 0,086 2073 |
| 2,452 | −0,77151 | 0,63622 | −0,82465 | 11,611 547 | 0,086 1212 |
| 2,453 | −0,77214 | 0,63545 | −0,82297 | 11,623 164 | 0,086 0351 |
| 2,454 | −0,77278 | 0,63468 | −0,82130 | 11,634 793 | 0,085 9491 |
| 2,455 | −0,77341 | 0,63391 | −0,81962 | 11,646 434 | 0,085 8632 |
| 2,456 | −0,77404 | 0,63313 | −0,81795 | 11,658 086 | 0,085 7774 |
| 2,457 | −0,77468 | 0,63236 | −0,81629 | 11,669 750 | 0,085 6916 |
| 2,458 | −0,77531 | 0,63158 | −0,81462 | 11,681 425 | 0,085 6060 |
| 2,459 | −0,77594 | 0,63081 | −0,81296 | 11,693 113 | 0,085 5204 |
| **2,460** | −0,77657 | 0,63003 | −0,81130 | 11,704 812 | 0,085 4350 |
| 2,461 | −0,77720 | 0,62925 | −0,80964 | 11,716 522 | 0,085 3496 |
| 2,462 | −0,77783 | 0,62848 | −0,80799 | 11,728 245 | 0,085 2643 |
| 2,463 | −0,77846 | 0,62770 | −0,80634 | 11,739 979 | 0,085 1790 |
| 2,464 | −0,77908 | 0,62692 | −0,80469 | 11,751 725 | 0,085 0939 |
| 2,465 | −0,77971 | 0,62614 | −0,80304 | 11,763 482 | 0,085 0088 |
| 2,466 | −0,78034 | 0,62536 | −0,80140 | 11,775 252 | 0,084 9239 |
| 2,467 | −0,78096 | 0,62458 | −0,79976 | 11,787 033 | 0,084 8390 |
| 2,468 | −0,78159 | 0,62380 | −0,79812 | 11,798 826 | 0,084 7542 |
| 2,469 | −0,78221 | 0,62302 | −0,79648 | 11,810 630 | 0,084 6695 |
| **2,470** | −0,78283 | 0,62223 | −0,79485 | 11,822 447 | 0,084 5849 |
| 2,471 | −0,78345 | 0,62145 | −0,79322 | 11,834 275 | 0,084 5003 |
| 2,472 | −0,78407 | 0,62067 | −0,79159 | 11,846 115 | 0,084 4159 |
| 2,473 | −0,78469 | 0,61988 | −0,78997 | 11,857 967 | 0,084 3315 |
| 2,474 | −0,78531 | 0,61910 | −0,78834 | 11,869 831 | 0,084 2472 |
| 2,475 | −0,78593 | 0,61831 | −0,78672 | 11,881 707 | 0,084 1630 |
| 2,476 | −0,78655 | 0,61753 | −0,78511 | 11,893 595 | 0,084 0789 |
| 2,477 | −0,78717 | 0,61674 | −0,78349 | 11,905 494 | 0,083 9948 |
| 2,478 | −0,78778 | 0,61595 | −0,78188 | 11,917 406 | 0,083 9109 |
| 2,479 | −0,78840 | 0,61516 | −0,78027 | 11,929 329 | 0,083 8270 |
| **2,480** | −0,78901 | 0,61437 | −0,77866 | 11,941 264 | 0,083 7432 |
| 2,481 | −0,78963 | 0,61358 | −0,77706 | 11,953 212 | 0,083 6595 |
| 2,482 | −0,79024 | 0,61280 | −0,77545 | 11,965 171 | 0,083 5759 |
| 2,483 | −0,79085 | 0,61200 | −0,77385 | 11,977 142 | 0,083 4924 |
| 2,484 | −0,79147 | 0,61121 | −0,77225 | 11,989 125 | 0,083 4089 |
| 2,485 | −0,79208 | 0,61042 | −0,77066 | 12,001 120 | 0,083 3256 |
| 2,486 | −0,79269 | 0,60963 | −0,76907 | 12,013 127 | 0,083 2423 |
| 2,487 | −0,79330 | 0,60884 | −0,76748 | 12,025 147 | 0,083 1591 |
| 2,488 | −0,79390 | 0,60804 | −0,76589 | 12,037 178 | 0,083 0760 |
| 2,489 | −0,79451 | 0,60725 | −0,76430 | 12,049 221 | 0,082 9929 |
| **2,490** | −0,79512 | 0,60645 | −0,76272 | 12,061 276 | 0,082 9100 |
| 2,491 | −0,79572 | 0,60566 | −0,76114 | 12,073 343 | 0,082 8271 |
| 2,492 | −0,79633 | 0,60486 | −0,75956 | 12,085 423 | 0,082 7443 |
| 2,493 | −0,79693 | 0,60407 | −0,75799 | 12,097 514 | 0,082 6616 |
| 2,494 | −0,79754 | 0,60327 | −0,75641 | 12,109 618 | 0,082 5790 |
| 2,495 | −0,79814 | 0,60247 | −0,75484 | 12,121 734 | 0,082 4965 |
| 2,496 | −0,79874 | 0,60167 | −0,75327 | 12,133 861 | 0,082 4140 |
| 2,497 | −0,79934 | 0,60087 | −0,75171 | 12,146 001 | 0,082 3316 |
| 2,498 | −0,79995 | 0,60007 | −0,75014 | 12,158 153 | 0,082 2493 |
| 2,499 | −0,80054 | 0,59927 | −0,74858 | 12,170 318 | 0,082 1671 |

| $x$ | Cof $x$ | Sin $x$ | Tg $x$ | $\varphi$ |
|---|---|---|---|---|
| **2,450** | 5,83732 | 5,75103 | 0,98522 | 140° 22′ 28,78″ |
| 2,451 | 5,84307 | 5,75687 | 0,98525 | 140 25 55,04 |
| 2,452 | 5,84883 | 5,76271 | 0,98528 | 140 29 21,30 |
| 2,453 | 5,85460 | 5,76856 | 0,98530 | 140 32 47,57 |
| 2,454 | 5,86037 | 5,77442 | 0,98533 | 140 36 13,83 |
| 2,455 | 5,86615 | 5,78029 | 0,98536 | 140 39 40,10 |
| 2,456 | 5,87193 | 5,78615 | 0,98539 | 140 43 06,36 |
| 2,457 | 5,87772 | 5,79203 | 0,98542 | 140 46 32,63 |
| 2,458 | 5,88352 | 5,79791 | 0,98545 | 140 49 58,89 |
| 2,459 | 5,88932 | 5,80380 | 0,98548 | 140 53 25,16 |
| **2,460** | 5,89512 | 5,80969 | 0,98551 | 140 56 51,42 |
| 2,461 | 5,90094 | 5,81559 | 0,98554 | 141 00 17,69 |
| 2,462 | 5,90675 | 5,82149 | 0,98556 | 141 03 43,95 |
| 2,463 | 5,91258 | 5,82740 | 0,98559 | 141 07 10,22 |
| 2,464 | 5,91841 | 5,83332 | 0,98562 | 141 10 36,48 |
| 2,465 | 5,92425 | 5,83924 | 0,98565 | 141 14 02,75 |
| 2,466 | 5,93009 | 5,84516 | 0,98568 | 141 17 29,01 |
| 2,467 | 5,93594 | 5,85110 | 0,98571 | 141 20 55,28 |
| 2,468 | 5,94179 | 5,85704 | 0,98574 | 141 24 21,54 |
| 2,469 | 5,94765 | 5,86298 | 0,98576 | 141 27 47,81 |
| **2,470** | 5,95352 | 5,86893 | 0,98579 | 141 31 14,07 |
| 2,471 | 5,95939 | 5,87489 | 0,98582 | 141 34 40,34 |
| 2,472 | 5,96527 | 5,88085 | 0,98585 | 141 38 06,60 |
| 2,473 | 5,97115 | 5,88682 | 0,98588 | 141 41 32,87 |
| 2,474 | 5,97704 | 5,89279 | 0,98590 | 141 44 59,13 |
| 2,475 | 5,98294 | 5,89877 | 0,98593 | 141 48 25,40 |
| 2,476 | 5,98884 | 5,90476 | 0,98596 | 141 51 51,66 |
| 2,477 | 5,99474 | 5,91075 | 0,98599 | 141 55 17,93 |
| 2,478 | 6,00066 | 5,91675 | 0,98602 | 141 58 44,19 |
| 2,479 | 6,00658 | 5,92275 | 0,98604 | 142 02 10,45 |
| **2,480** | 6,01250 | 5,92876 | 0,98607 | 142 05 36,72 |
| 2,481 | 6,01844 | 5,93478 | 0,98610 | 142 09 02,98 |
| 2,482 | 6,02437 | 5,94080 | 0,98613 | 142 12 29,25 |
| 2,483 | 6,03032 | 5,94682 | 0,98615 | 142 15 55,51 |
| 2,484 | 6,03627 | 5,95286 | 0,98618 | 142 19 21,78 |
| 2,485 | 6,04222 | 5,95890 | 0,98621 | 142 22 48,04 |
| 2,486 | 6,04818 | 5,96494 | 0,98624 | 142 26 14,31 |
| 2,487 | 6,05415 | 5,97099 | 0,98626 | 142 29 40,57 |
| 2,488 | 6,06013 | 5,97705 | 0,98629 | 142 33 06,84 |
| 2,489 | 6,06611 | 5,98311 | 0,98632 | 142 36 33,10 |
| **2,490** | 6,07209 | 5,98918 | 0,98635 | 142 39 59,37 |
| 2,491 | 6,07809 | 5,99526 | 0,98637 | 142 43 25,63 |
| 2,492 | 6,08408 | 6,00134 | 0,98640 | 142 46 51,90 |
| 2,493 | 6,09009 | 6,00743 | 0,98643 | 142 50 18,16 |
| 2,494 | 6,09610 | 6,01352 | 0,98645 | 142 53 44,43 |
| 2,495 | 6,10211 | 6,01962 | 0,98648 | 142 57 10,69 |
| 2,496 | 6,10814 | 6,02572 | 0,98651 | 143 00 36,96 |
| 2,497 | 6,11417 | 6,03183 | 0,98653 | 143 04 03,22 |
| 2,498 | 6,12020 | 6,03795 | 0,98656 | 143 07 29,49 |
| 2,499 | 6,12624 | 6,04408 | 0,98659 | 143 10 55,75 |

| $x$ | $\cos x$ | $\sin x$ | $\operatorname{tg} x$ | $e^x$ | $e^{-x}$ |
|---|---|---|---|---|---|
| **2,500** | −0,80114 | 0,59847 | −0,74702 | 12,182 494 | 0,082 0850 |
| 2,501 | −0,80174 | 0,59767 | −0,74547 | 12,194 683 | 0,082 0030 |
| 2,502 | −0,80234 | 0,59687 | −0,74391 | 12,206 883 | 0,081 9210 |
| 2,503 | −0,80294 | 0,59607 | −0,74236 | 12,219 096 | 0,081 8391 |
| 2,504 | −0,80353 | 0,59526 | −0,74081 | 12,231 322 | 0,081 7573 |
| 2,505 | −0,80413 | 0,59446 | −0,73926 | 12,243 559 | 0,081 6756 |
| 2,506 | −0,80472 | 0,59365 | −0,73772 | 12,255 809 | 0,081 5940 |
| 2,507 | −0,80531 | 0,59285 | −0,73617 | 12,268 071 | 0,081 5124 |
| 2,508 | −0,80591 | 0,59204 | −0,73463 | 12,280 345 | 0,081 4309 |
| 2,509 | −0,80650 | 0,59124 | −0,73309 | 12,292 631 | 0,081 3495 |
| **2,510** | −0,80709 | 0,59043 | −0,73156 | 12,304 930 | 0,081 2682 |
| 2,511 | −0,80768 | 0,58962 | −0,73002 | 12,317 241 | 0,081 1870 |
| 2,512 | −0,80827 | 0,58882 | −0,72849 | 12,329 565 | 0,081 1059 |
| 2,513 | −0,80886 | 0,58801 | −0,72696 | 12,341 900 | 0,081 0248 |
| 2,514 | −0,80944 | 0,58720 | −0,72543 | 12,354 248 | 0,080 9438 |
| 2,515 | −0,81003 | 0,58639 | −0,72391 | 12,366 609 | 0,080 8629 |
| 2,516 | −0,81062 | 0,58558 | −0,72239 | 12,378 982 | 0,080 7821 |
| 2,517 | −0,81120 | 0,58477 | −0,72087 | 12,391 367 | 0,080 7013 |
| 2,518 | −0,81179 | 0,58396 | −0,71935 | 12,403 764 | 0,080 6207 |
| 2,519 | −0,81237 | 0,58314 | −0,71783 | 12,416 174 | 0,080 5401 |
| **2,520** | −0,81295 | 0,58233 | −0,71632 | 12,428 597 | 0,080 4596 |
| 2,521 | −0,81353 | 0,58152 | −0,71480 | 12,441 031 | 0,080 3792 |
| 2,522 | −0,81412 | 0,58070 | −0,71329 | 12,453 479 | 0,080 2988 |
| 2,523 | −0,81470 | 0,57989 | −0,71179 | 12,465 938 | 0,080 2186 |
| 2,524 | −0,81527 | 0,57907 | −0,71028 | 12,478 411 | 0,080 1384 |
| 2,525 | −0,81585 | 0,57826 | −0,70878 | 12,490 895 | 0,080 0583 |
| 2,526 | −0,81643 | 0,57744 | −0,70728 | 12,503 392 | 0,079 9783 |
| 2,527 | −0,81701 | 0,57663 | −0,70578 | 12,515 902 | 0,079 8984 |
| 2,528 | −0,81758 | 0,57581 | −0,70428 | 12,528 424 | 0,079 8185 |
| 2,529 | −0,81816 | 0,57499 | −0,70279 | 12,540 959 | 0,079 7387 |
| **2,530** | −0,81873 | 0,57417 | −0,70129 | 12,553 506 | 0,079 6590 |
| 2,531 | −0,81931 | 0,57335 | −0,69980 | 12,566 066 | 0,079 5794 |
| 2,532 | −0,81988 | 0,57253 | −0,69831 | 12,578 638 | 0,079 4999 |
| 2,533 | −0,82045 | 0,57171 | −0,69683 | 12,591 223 | 0,079 4204 |
| 2,534 | −0,82102 | 0,57089 | −0,69534 | 12,603 821 | 0,079 3410 |
| 2,535 | −0,82160 | 0,57007 | −0,69386 | 12,616 431 | 0,079 2617 |
| 2,536 | −0,82216 | 0,56925 | −0,69238 | 12,629 054 | 0,079 1825 |
| 2,537 | −0,82273 | 0,56843 | −0,69090 | 12,641 689 | 0,079 1034 |
| 2,538 | −0,82330 | 0,56760 | −0,68942 | 12,654 337 | 0,079 0243 |
| 2,539 | −0,82387 | 0,56678 | −0,68795 | 12,666 998 | 0,078 9453 |
| **2,540** | −0,82444 | 0,56596 | −0,68648 | 12,679 671 | 0,078 8664 |
| 2,541 | −0,82500 | 0,56513 | −0,68501 | 12,692 357 | 0,078 7876 |
| 2,542 | −0,82557 | 0,56431 | −0,68354 | 12,705 056 | 0,078 7088 |
| 2,543 | −0,82613 | 0,56348 | −0,68207 | 12,717 767 | 0,078 6302 |
| 2,544 | −0,82669 | 0,56265 | −0,68061 | 12,730 491 | 0,078 5516 |
| 2,545 | −0,82725 | 0,56183 | −0,67915 | 12,743 228 | 0,078 4731 |
| 2,546 | −0,82782 | 0,56100 | −0,67769 | 12,755 978 | 0,078 3946 |
| 2,547 | −0,82838 | 0,56017 | −0,67623 | 12,768 740 | 0,078 3163 |
| 2,548 | −0,82894 | 0,55934 | −0,67477 | 12,781 515 | 0,078 2380 |
| 2,549 | −0,82950 | 0,55851 | −0,67332 | 12,794 303 | 0,078 1598 |

| x | Cos x | Sin x | Tg x | φ |
|---|---|---|---|---|
| **2,500** | 6,13229 | 6,05020 | 0,98661 | 143° 14′ 22,02″ |
| 2,501 | 6,13834 | 6,05634 | 0,98664 | 143 17 48,28 |
| 2,502 | 6,14440 | 6,06248 | 0,98667 | 143 21 14,55 |
| 2,503 | 6,15047 | 6,06863 | 0,98669 | 143 24 40,81 |
| 2,504 | 6,15654 | 6,07478 | 0,98672 | 143 28 07,07 |
| 2,505 | 6,16262 | 6,08094 | 0,98675 | 143 31 33,34 |
| 2,506 | 6,16870 | 6,08711 | 0,98677 | 143 34 59,60 |
| 2,507 | 6,17479 | 6,09328 | 0,98680 | 143 38 25,87 |
| 2,508 | 6,18089 | 6,09946 | 0,98683 | 143 41 52,13 |
| 2,509 | 6,18699 | 6,10564 | 0,98685 | 143 45 18,40 |
| **2,510** | 6,19310 | 6,11183 | 0,98688 | 143 48 44,66 |
| 2,511 | 6,19921 | 6,11803 | 0,98690 | 143 52 10,93 |
| 2,512 | 6,20534 | 6,12423 | 0,98693 | 143 55 37,19 |
| 2,513 | 6,21146 | 6,13044 | 0,98696 | 143 59 03,46 |
| 2,514 | 6,21760 | 6,13665 | 0,98698 | 144 02 29,72 |
| 2,515 | 6,22374 | 6,14287 | 0,98701 | 144 05 55,99 |
| 2,516 | 6,22988 | 6,14910 | 0,98703 | 144 09 22,25 |
| 2,517 | 6,23603 | 6,15533 | 0,98706 | 144 12 48,52 |
| 2,518 | 6,24219 | 6,16157 | 0,98708 | 144 16 14,78 |
| 2,519 | 6,24836 | 6,16782 | 0,98711 | 144 19 41,05 |
| **2,520** | 6,25453 | 6,17407 | 0,98714 | 144 23 07,31 |
| 2,521 | 6,26071 | 6,18033 | 0,98716 | 144 26 33,58 |
| 2,522 | 6,26689 | 6,18659 | 0,98719 | 144 29 59,84 |
| 2,523 | 6,27308 | 6,19286 | 0,98721 | 144 33 26,11 |
| 2,524 | 6,27927 | 6,19914 | 0,98724 | 144 36 52,37 |
| 2,525 | 6,28548 | 6,20542 | 0,98726 | 144 40 18,64 |
| 2,526 | 6,29169 | 6,21171 | 0,98729 | 144 43 44,90 |
| 2,527 | 6,29790 | 6,21800 | 0,98731 | 144 47 11,17 |
| 2,528 | 6,30412 | 6,22430 | 0,98734 | 144 50 37,43 |
| 2,529 | 6,31035 | 6,23061 | 0,98736 | 144 54 03,69 |
| **2,530** | 6,31658 | 6,23692 | 0,98739 | 144 57 29,96 |
| 2,531 | 6,32282 | 6,24324 | 0,98741 | 145 00 56,22 |
| 2,532 | 6,32907 | 6,24957 | 0,98744 | 145 04 22,49 |
| 2,533 | 6,33532 | 6,25590 | 0,98746 | 145 07 48,75 |
| 2,534 | 6,34158 | 6,26224 | 0,98749 | 145 11 15,02 |
| 2,535 | 6,34785 | 6,26858 | 0,98751 | 145 14 41,28 |
| 2,536 | 6,35412 | 6,27494 | 0,98754 | 145 18 07,55 |
| 2,537 | 6,36040 | 6,28129 | 0,98756 | 145 21 33,81 |
| 2,538 | 6,36668 | 6,28766 | 0,98759 | 145 25 00,08 |
| 2,539 | 6,37297 | 6,29403 | 0,98761 | 145 28 26,34 |
| **2,540** | 6,37927 | 6,30040 | 0,98764 | 145 31 52,61 |
| 2,541 | 6,38557 | 6,30678 | 0,98766 | 145 35 18,87 |
| 2,542 | 6,39188 | 6,31317 | 0,98769 | 145 38 45,14 |
| 2,543 | 6,39820 | 6,31957 | 0,98771 | 145 42 11,40 |
| 2,544 | 6,40452 | 6,32597 | 0,98773 | 145 45 37,67 |
| 2,545 | 6,41085 | 6,33238 | 0,98776 | 145 49 03,93 |
| 2,546 | 6,41719 | 6,33879 | 0,98778 | 145 52 30,20 |
| 2,547 | 6,42353 | 6,34521 | 0,98781 | 145 55 56,46 |
| 2,548 | 6,42988 | 6,35164 | 0,98783 | 145 59 22,73 |
| 2,549 | 6,43623 | 6,35807 | 0,98786 | 146 02 48,99 |

| $x$ | $\cos x$ | $\sin x$ | $\operatorname{tg} x$ | $e^x$ | $e^{-x}$ |
|---|---|---|---|---|---|
| **2,550** | − 0,83005 | 0,55768 | − 0,67186 | 12,807 104 | 0,078 0817 |
| 2,551 | − 0,83061 | 0,55685 | − 0,67041 | 12,819 917 | 0,078 0036 |
| 2,552 | − 0,83117 | 0,55602 | − 0,66897 | 12,832 744 | 0,077 9257 |
| 2,553 | − 0,83172 | 0,55519 | − 0,66752 | 12,845 583 | 0,077 8478 |
| 2,554 | − 0,83228 | 0,55436 | − 0,66607 | 12,858 435 | 0,077 7700 |
| 2,555 | − 0,83283 | 0,55353 | − 0,66463 | 12,871 300 | 0,077 6922 |
| 2,556 | − 0,83338 | 0,55269 | − 0,66319 | 12,884 177 | 0,077 6146 |
| 2,557 | − 0,83394 | 0,55186 | − 0,66175 | 12,897 068 | 0,077 5370 |
| 2,558 | − 0,83449 | 0,55103 | − 0,66032 | 12,909 972 | 0,077 4595 |
| 2,559 | − 0,83504 | 0,55019 | − 0,65888 | 12,922 888 | 0,077 3821 |
| **2,560** | − 0,83559 | 0,54936 | − 0,65745 | 12,935 817 | 0,077 3047 |
| 2,561 | − 0,83614 | 0,54852 | − 0,65602 | 12,948 760 | 0,077 2275 |
| 2,562 | − 0,83669 | 0,54768 | − 0,65459 | 12,961 715 | 0,077 1503 |
| 2,563 | − 0,83723 | 0,54685 | − 0,65316 | 12,974 683 | 0,077 0732 |
| 2,564 | − 0,83778 | 0,54601 | − 0,65173 | 12,987 664 | 0,076 9961 |
| 2,565 | − 0,83833 | 0,54517 | − 0,65031 | 13,000 658 | 0,076 9192 |
| 2,566 | − 0,83887 | 0,54433 | − 0,64889 | 13,013 666 | 0,076 8423 |
| 2,567 | − 0,83941 | 0,54349 | − 0,64747 | 13,026 686 | 0,076 7655 |
| 2,568 | − 0,83996 | 0,54265 | − 0,64605 | 13,039 719 | 0,076 6888 |
| 2,569 | − 0,84050 | 0,54181 | − 0,64463 | 13,052 765 | 0,076 6121 |
| **2,570** | − 0,84104 | 0,54097 | − 0,64322 | 13,065 824 | 0,076 5355 |
| 2,571 | − 0,84158 | 0,54013 | − 0,64181 | 13,078 897 | 0,076 4590 |
| 2,572 | − 0,84212 | 0,53929 | − 0,64039 | 13,091 982 | 0,076 3826 |
| 2,573 | − 0,84266 | 0,53845 | − 0,63898 | 13,105 081 | 0,076 3063 |
| 2,574 | − 0,84320 | 0,53760 | − 0,63758 | 13,118 192 | 0,076 2300 |
| 2,575 | − 0,84373 | 0,53676 | − 0,63617 | 13,131 317 | 0,076 1538 |
| 2,576 | − 0,84427 | 0,53592 | − 0,63477 | 13,144 455 | 0,076 0777 |
| 2,577 | − 0,84481 | 0,53507 | − 0,63337 | 13,157 606 | 0,076 0017 |
| 2,578 | − 0,84534 | 0,53423 | − 0,63197 | 13,170 770 | 0,075 9257 |
| 2,579 | − 0,84588 | 0,53338 | − 0,63057 | 13,183 948 | 0,075 8498 |
| **2,580** | − 0,84641 | 0,53253 | − 0,62917 | 13,197 138 | 0,075 7740 |
| 2,581 | − 0,84694 | 0,53169 | − 0,62778 | 13,210 342 | 0,075 6983 |
| 2,582 | − 0,84747 | 0,53084 | − 0,62638 | 13,223 559 | 0,075 6226 |
| 2,583 | − 0,84800 | 0,52999 | − 0,62499 | 13,236 789 | 0,075 5470 |
| 2,584 | − 0,84853 | 0,52915 | − 0,62360 | 13,250 032 | 0,075 4715 |
| 2,585 | − 0,84906 | 0,52830 | − 0,62221 | 13,263 289 | 0,075 3961 |
| 2,586 | − 0,84959 | 0,52745 | − 0,62083 | 13,276 559 | 0,075 3207 |
| 2,587 | − 0,85012 | 0,52660 | − 0,61944 | 13,289 842 | 0,075 2454 |
| 2,588 | − 0,85064 | 0,52575 | − 0,61806 | 13,303 139 | 0,075 1702 |
| 2,589 | − 0,85117 | 0,52490 | − 0,61668 | 13,316 448 | 0,075 0951 |
| **2,590** | − 0,85169 | 0,52404 | − 0,61530 | 13,329 772 | 0,075 0200 |
| 2,591 | − 0,85221 | 0,52319 | − 0,61392 | 13,343 108 | 0,074 9451 |
| 2,592 | − 0,85274 | 0,52234 | − 0,61254 | 13,356 458 | 0,074 8701 |
| 2,593 | − 0,85326 | 0,52149 | − 0,61117 | 13,369 821 | 0,074 7953 |
| 2,594 | − 0,85378 | 0,52063 | − 0,60980 | 13,383 197 | 0,074 7206 |
| 2,595 | − 0,85430 | 0,51978 | − 0,60843 | 13,396 587 | 0,074 6459 |
| 2,596 | − 0,85482 | 0,51892 | − 0,60706 | 13,409 991 | 0,074 5713 |
| 2,597 | − 0,85534 | 0,51807 | − 0,60569 | 13,423 407 | 0,074 4967 |
| 2,598 | − 0,85586 | 0,51721 | − 0,60432 | 13,436 837 | 0,074 4223 |
| 2,599 | − 0,85637 | 0,51636 | − 0,60296 | 13,450 281 | 0,074 3479 |

| $x$ | $\mathfrak{Cos}\, x$ | $\mathfrak{Sin}\, x$ | $\mathfrak{Tg}\, x$ | $\varphi$ |
|---|---|---|---|---|
| **2,550** | 6,44259 | 6,36451 | 0,98788 | 146°06′ 15,26″ |
| 2,551 | 6,44896 | 6,37096 | 0,98790 | 146 09 41,52 |
| 2,552 | 6,45533 | 6,37741 | 0,98793 | 146 13 07,79 |
| 2,553 | 6,46172 | 6,38387 | 0,98795 | 146 16 34,05 |
| 2,554 | 6,46810 | 6,39033 | 0,98798 | 146 20 00,32 |
| 2,555 | 6,47450 | 6,39680 | 0,98800 | 146 23 26,58 |
| 2,556 | 6,48090 | 6,40328 | 0,98802 | 146 26 52,84 |
| 2,557 | 6,48730 | 6,40977 | 0,98805 | 146 30 19,11 |
| 2,558 | 6,49372 | 6,41626 | 0,98807 | 146 33 45,37 |
| 2,559 | 6,50014 | 6,42275 | 0,98810 | 146 37 11,64 |
| **2,560** | 6,50656 | 6,42926 | 0,98812 | 146 40 37,90 |
| 2,561 | 6,51299 | 6,43577 | 0,98814 | 146 44 04,17 |
| 2,562 | 6,51943 | 6,44228 | 0,98817 | 146 47 30,43 |
| 2,563 | 6,52588 | 6,44880 | 0,98819 | 146 50 56,70 |
| 2,564 | 6,53233 | 6,45533 | 0,98821 | 146 54 22,96 |
| 2,565 | 6,53879 | 6,46187 | 0,98824 | 146 57 49,23 |
| 2,566 | 6,54525 | 6,46841 | 0,98826 | 147 01 15,49 |
| 2,567 | 6,55173 | 6,47496 | 0,98828 | 147 04 41,76 |
| 2,568 | 6,55820 | 6,48152 | 0,98831 | 147 08 08,02 |
| 2,569 | 6,56469 | 6,48808 | 0,98833 | 147 11 34,29 |
| **2,570** | 6,57118 | 6,49464 | 0,98835 | 147 15 00,55 |
| 2,571 | 6,57768 | 6,50122 | 0,98838 | 147 18 26,82 |
| 2,572 | 6,58418 | 6,50780 | 0,98840 | 147 21 53,08 |
| 2,573 | 6,59069 | 6,51439 | 0,98842 | 147 25 19,35 |
| 2,574 | 6,59721 | 6,52098 | 0,98845 | 147 28 45,61 |
| 2,575 | 6,60374 | 6,52758 | 0,98847 | 147 32 11,88 |
| 2,576 | 6,61027 | 6,53419 | 0,98849 | 147 35 38,14 |
| 2,577 | 6,61680 | 6,54080 | 0,98851 | 147 39 04,41 |
| 2,578 | 6,62335 | 6,54742 | 0,98854 | 147 42 30,67 |
| 2,579 | 6,62990 | 6,55405 | 0,98856 | 147 45 56,94 |
| **2,580** | 6,63646 | 6,56068 | 0,98858 | 147 49 23,20 |
| 2,581 | 6,64302 | 6,56732 | 0,98860 | 147 52 49,46 |
| 2,582 | 6,64959 | 6,57397 | 0,98863 | 147 56 15,73 |
| 2,583 | 6,65617 | 6,58062 | 0,98865 | 147 59 41,99 |
| 2,584 | 6,66275 | 6,58728 | 0,98867 | 148 03 08,26 |
| 2,585 | 6,66934 | 6,59395 | 0,98870 | 148 06 34,52 |
| 2,586 | 6,67594 | 6,60062 | 0,98872 | 148 10 00,79 |
| 2,587 | 6,68254 | 6,60730 | 0,98874 | 148 13 27,05 |
| 2,588 | 6,68915 | 6,61398 | 0,98876 | 148 16 53,32 |
| 2,589 | 6,69577 | 6,62068 | 0,98878 | 148 20 19,58 |
| **2,590** | 6,70240 | 6,62738 | 0,98881 | 148 23 45,85 |
| 2,591 | 6,70903 | 6,63408 | 0,98883 | 148 27 12,11 |
| 2,592 | 6,71566 | 6,64079 | 0,98885 | 148 30 38,38 |
| 2,593 | 6,72231 | 6,64751 | 0,98887 | 148 34 04,64 |
| 2,594 | 6,72896 | 6,65424 | 0,98890 | 148 37 30,91 |
| 2,595 | 6,73562 | 6,66097 | 0,98892 | 148 40 57,17 |
| 2,596 | 6,74228 | 6,66771 | 0,98894 | 148 44 23,44 |
| 2,597 | 6,74895 | 6,67446 | 0,98896 | 148 47 49,70 |
| 2,598 | 6,75563 | 6,68121 | 0,98898 | 148 51 15,97 |
| 2,599 | 6,76231 | 6,68797 | 0,98901 | 148 54 42,23 |

| $x$ | $\cos x$ | $\sin x$ | $\operatorname{tg} x$ | $e^x$ | $e^{-x}$ |
|---|---|---|---|---|---|
| **2,600** | − 0,85689 | 0,51550 | − 0,60160 | 13,463 738 | 0,074 2736 |
| 2,601 | − 0,85740 | 0,51464 | − 0,60024 | 13,477 208 | 0,074 1993 |
| 2,602 | − 0,85792 | 0,51379 | − 0,59888 | 13,490 692 | 0,074 1252 |
| 2,603 | − 0,85843 | 0,51293 | − 0,59752 | 13,504 190 | 0,074 0511 |
| 2,604 | − 0,85894 | 0,51207 | − 0,59616 | 13,517 701 | 0,073 9771 |
| 2,605 | − 0,85946 | 0,51121 | − 0,59481 | 13,531 225 | 0,073 9031 |
| 2,606 | − 0,85997 | 0,51035 | − 0,59345 | 13,544 763 | 0,073 8293 |
| 2,607 | − 0,86048 | 0,50949 | − 0,59210 | 13,558 315 | 0,073 7555 |
| 2,608 | − 0,86099 | 0,50863 | − 0,59075 | 13,571 880 | 0,073 6818 |
| 2,609 | − 0,86149 | 0,50777 | − 0,58941 | 13,585 459 | 0,073 6081 |
| **2,610** | − 0,86200 | 0,50691 | − 0,58806 | 13,599 051 | 0,073 5345 |
| 2,611 | − 0,86251 | 0,50604 | − 0,58671 | 13,612 657 | 0,073 4610 |
| 2,612 | − 0,86301 | 0,50518 | − 0,58537 | 13,626 276 | 0,073 3876 |
| 2,613 | − 0,86352 | 0,50432 | − 0,58403 | 13,639 909 | 0,073 3143 |
| 2,614 | − 0,86402 | 0,50345 | − 0,58269 | 13,653 556 | 0,073 2410 |
| 2,615 | − 0,86452 | 0,50259 | − 0,58135 | 13,667 216 | 0,073 1678 |
| 2,616 | − 0,86503 | 0,50173 | − 0,58001 | 13,680 890 | 0,073 0947 |
| 2,617 | − 0,86553 | 0,50086 | − 0,57868 | 13,694 578 | 0,073 0216 |
| 2,618 | − 0,86603 | 0,49999 | − 0,57734 | 13,708 280 | 0,072 9486 |
| 2,619 | − 0,86653 | 0,49913 | − 0,57601 | 13,721 995 | 0,072 8757 |
| **2,620** | − 0,86703 | 0,49826 | − 0,57468 | 13,735 724 | 0,072 8029 |
| 2,621 | − 0,86752 | 0,49739 | − 0,57335 | 13,749 466 | 0,072 7301 |
| 2,622 | − 0,86802 | 0,49653 | − 0,57202 | 13,763 223 | 0,072 6574 |
| 2,623 | − 0,86852 | 0,49566 | − 0,57069 | 13,776 993 | 0,072 5848 |
| 2,624 | − 0,86901 | 0,49479 | − 0,56937 | 13,790 777 | 0,072 5122 |
| 2,625 | − 0,86951 | 0,49392 | − 0,56805 | 13,804 574 | 0,072 4398 |
| 2,626 | − 0,87000 | 0,49305 | − 0,56672 | 13,818 386 | 0,072 3674 |
| 2,627 | − 0,87049 | 0,49218 | − 0,56540 | 13,832 211 | 0,072 2950 |
| 2,628 | − 0,87099 | 0,49131 | − 0,56408 | 13,846 050 | 0,072 2228 |
| 2,629 | − 0,87148 | 0,49044 | − 0,56277 | 13,859 903 | 0,072 1506 |
| **2,630** | − 0,87197 | 0,48957 | − 0,56145 | 13,873 770 | 0,072 0785 |
| 2,631 | − 0,87246 | 0,48869 | − 0,56014 | 13,887 651 | 0,072 0064 |
| 2,632 | − 0,87294 | 0,48782 | − 0,55882 | 13,901 545 | 0,071 9344 |
| 2,633 | − 0,87343 | 0,48695 | − 0,55751 | 13,915 454 | 0,071 8626 |
| 2,634 | − 0,87392 | 0,48607 | − 0,55620 | 13,929 376 | 0,071 7907 |
| 2,635 | − 0,87440 | 0,48520 | − 0,55489 | 13,943 312 | 0,071 7190 |
| 2,636 | − 0,87489 | 0,48433 | − 0,55359 | 13,957 263 | 0,071 6473 |
| 2,637 | − 0,87537 | 0,48345 | − 0,55228 | 13,971 227 | 0,071 5757 |
| 2,638 | − 0,87585 | 0,48258 | − 0,55098 | 13,985 205 | 0,071 5041 |
| 2,639 | − 0,87634 | 0,48170 | − 0,54967 | 13,999 197 | 0,071 4327 |
| **2,640** | − 0,87682 | 0,48082 | − 0,54837 | 14,013 204 | 0,071 3613 |
| 2,641 | − 0,87730 | 0,47995 | − 0,54707 | 14,027 224 | 0,071 2899 |
| 2,642 | − 0,87778 | 0,47907 | − 0,54577 | 14,041 258 | 0,071 2187 |
| 2,643 | − 0,87826 | 0,47819 | − 0,54448 | 14,055 306 | 0,071 1475 |
| 2,644 | − 0,87873 | 0,47731 | − 0,54318 | 14,069 369 | 0,071 0764 |
| 2,645 | − 0,87921 | 0,47643 | − 0,54189 | 14,083 445 | 0,071 0054 |
| 2,646 | − 0,87969 | 0,47555 | − 0,54059 | 14,097 536 | 0,070 9344 |
| 2,647 | − 0,88016 | 0,47467 | − 0,53930 | 14,111 640 | 0,070 8635 |
| 2,648 | − 0,88064 | 0,47379 | − 0,53801 | 14,125 759 | 0,070 7927 |
| 2,649 | − 0,88111 | 0,47291 | − 0,53672 | 14,139 892 | 0,070 7219 |

| x | Cos x | Sin x | Tg x | φ |
|---|---|---|---|---|
| **2,600** | 6,76901 | 6,69473 | 0,98903 | 148° 58′ 08,50″ |
| 2,601 | 6,77570 | 6,70150 | 0,98905 | 149 01 34,76 |
| 2,602 | 6,78241 | 6,70828 | 0,98907 | 149 05 01,03 |
| 2,603 | 6,78912 | 6,71507 | 0,98909 | 149 08 27,29 |
| 2,604 | 6,79584 | 6,72186 | 0,98911 | 149 11 53,56 |
| 2,605 | 6,80256 | 6,72866 | 0,98914 | 149 15 19,82 |
| 2,606 | 6,80930 | 6,73547 | 0,98916 | 149 18 46,09 |
| 2,607 | 6,81604 | 6,74228 | 0,98918 | 149 22 12,35 |
| 2,608 | 6,82278 | 6,74910 | 0,98920 | 149 25 38,61 |
| 2,609 | 6,82953 | 6,75593 | 0,98922 | 149 29 04,88 |
| **2,610** | 6,83629 | 6,76276 | 0,98924 | 149 32 31,14 |
| 2,611 | 6,84306 | 6,76960 | 0,98926 | 149 35 57,41 |
| 2,612 | 6,84983 | 6,77644 | 0,98929 | 149 39 23,67 |
| 2,613 | 6,85661 | 6,78330 | 0,98931 | 149 42 49,94 |
| 2,614 | 6,86340 | 6,79016 | 0,98933 | 149 46 16,20 |
| 2,615 | 6,87019 | 6,79702 | 0,98935 | 149 49 42,47 |
| 2,616 | 6,87699 | 6,80390 | 0,98937 | 149 53 08,73 |
| 2,617 | 6,88380 | 6,81078 | 0,98939 | 149 56 35,00 |
| 2,618 | 6,89061 | 6,81767 | 0,98941 | 150 00 01,26 |
| 2,619 | 6,89744 | 6,82456 | 0,98943 | 150 03 27,53 |
| **2,620** | 6,90426 | 6,83146 | 0,98946 | 150 06 53,79 |
| 2,621 | 6,91110 | 6,83837 | 0,98948 | 150 10 20,06 |
| 2,622 | 6,91794 | 6,84528 | 0,98950 | 150 13 46,32 |
| 2,623 | 6,92479 | 6,85220 | 0,98952 | 150 17 12,59 |
| 2,624 | 6,93164 | 6,85913 | 0,98954 | 150 20 38,85 |
| 2,625 | 6,93851 | 6,86607 | 0,98956 | 150 24 05,12 |
| 2,626 | 6,94538 | 6,87301 | 0,98958 | 150 27 31,38 |
| 2,627 | 6,95225 | 6,87996 | 0,98960 | 150 30 57,65 |
| 2,628 | 6,95914 | 6,88691 | 0,98962 | 150 34 23,91 |
| 2,629 | 6,96603 | 6,89388 | 0,98964 | 150 37 50,18 |
| **2,630** | 6,97292 | 6,90085 | 0,98966 | 150 41 16,44 |
| 2,631 | 6,97983 | 6,90782 | 0,98968 | 150 44 42,71 |
| 2,632 | 6,98674 | 6,91481 | 0,98970 | 150 48 08,97 |
| 2,633 | 6,99366 | 6,92180 | 0,98972 | 150 51 35,23 |
| 2,634 | 7,00058 | 6,92879 | 0,98975 | 150 55 01,50 |
| 2,635 | 7,00752 | 6,93580 | 0,98977 | 150 58 27,76 |
| 2,636 | 7,01446 | 6,94281 | 0,98979 | 151 01 54,03 |
| 2,637 | 7,02140 | 6,94983 | 0,98981 | 151 05 20,29 |
| 2,638 | 7,02835 | 6,95685 | 0,98983 | 151 08 46,56 |
| 2,639 | 7,03532 | 6,96388 | 0,98985 | 151 12 12,82 |
| **2,640** | 7,04228 | 6,97092 | 0,98987 | 151 15 39,09 |
| 2,641 | 7,04926 | 6,97797 | 0,98989 | 151 19 05,35 |
| 2,642 | 7,05624 | 6,98502 | 0,98991 | 151 22 31,62 |
| 2,643 | 7,06323 | 6,99208 | 0,98993 | 151 25 57,88 |
| 2,644 | 7,07022 | 6,99915 | 0,98995 | 151 29 24,15 |
| 2,645 | 7,07723 | 7,00622 | 0,98997 | 151 32 50,41 |
| 2,646 | 7,08423 | 7,01330 | 0,98999 | 151 36 16,68 |
| 2,647 | 7,09125 | 7,02039 | 0,99001 | 151 39 42,94 |
| 2,648 | 7,09828 | 7,02748 | 0,99003 | 151 43 09,21 |
| 2,649 | 7,10531 | 7,03458 | 0,99005 | 151 46 35,47 |

| $x$ | $\cos x$ | $\sin x$ | $\operatorname{tg} x$ | $e^x$ | $e^{-x}$ |
|---|---|---|---|---|---|
| **2,650** | −0,88158 | 0,47203 | −0,53544 | 14,154 039 | 0,070 6512 |
| 2,651 | −0,88205 | 0,47115 | −0,53415 | 14,168 200 | 0,070 5806 |
| 2,652 | −0,88252 | 0,47027 | −0,53287 | 14,182 375 | 0,070 5101 |
| 2,653 | −0,88299 | 0,46938 | −0,53158 | 14,196 565 | 0,070 4396 |
| 2,654 | −0,88346 | 0,46850 | −0,53030 | 14,210 768 | 0,070 3692 |
| 2,655 | −0,88393 | 0,46762 | −0,52902 | 14,224 986 | 0,070 2988 |
| 2,656 | −0,88440 | 0,46673 | −0,52774 | 14,239 218 | 0,070 2286 |
| 2,657 | −0,88486 | 0,46585 | −0,52646 | 14,253 465 | 0,070 1584 |
| 2,658 | −0,88533 | 0,46496 | −0,52519 | 14,267 725 | 0,070 0883 |
| 2,659 | −0,88579 | 0,46408 | −0,52391 | 14,282 000 | 0,070 0182 |
| **2,660** | −0,88626 | 0,46319 | −0,52264 | 14,296 289 | 0,069 9482 |
| 2,661 | −0,88672 | 0,46230 | −0,52136 | 14,310 593 | 0,069 8783 |
| 2,662 | −0,88718 | 0,46142 | −0,52009 | 14,324 910 | 0,069 8085 |
| 2,663 | −0,88764 | 0,46053 | −0,51882 | 14,339 242 | 0,069 7387 |
| 2,664 | −0,88810 | 0,45964 | −0,51755 | 14,353 589 | 0,069 6690 |
| 2,665 | −0,88856 | 0,45875 | −0,51629 | 14,367 950 | 0,069 5994 |
| 2,666 | −0,88902 | 0,45787 | −0,51502 | 14,382 325 | 0,069 5298 |
| 2,667 | −0,88948 | 0,45698 | −0,51376 | 14,396 714 | 0,069 4603 |
| 2,668 | −0,88994 | 0,45609 | −0,51249 | 14,411 118 | 0,069 3909 |
| 2,669 | −0,89039 | 0,45520 | −0,51123 | 14,425 536 | 0,069 3215 |
| **2,670** | −0,89085 | 0,45431 | −0,50997 | 14,439 969 | 0,069 2522 |
| 2,671 | −0,89130 | 0,45341 | −0,50871 | 14,454 416 | 0,069 1830 |
| 2,672 | −0,89175 | 0,45252 | −0,50745 | 14,468 878 | 0,069 1139 |
| 2,673 | −0,89220 | 0,45163 | −0,50620 | 14,483 354 | 0,069 0448 |
| 2,674 | −0,89266 | 0,45074 | −0,50494 | 14,497 845 | 0,068 9758 |
| 2,675 | −0,89311 | 0,44985 | −0,50369 | 14,512 350 | 0,068 9068 |
| 2,676 | −0,89356 | 0,44895 | −0,50243 | 14,526 869 | 0,068 8380 |
| 2,677 | −0,89400 | 0,44806 | −0,50118 | 14,541 404 | 0,068 7692 |
| 2,678 | −0,89445 | 0,44716 | −0,49993 | 14,555 952 | 0,068 7004 |
| 2,679 | −0,89490 | 0,44627 | −0,49868 | 14,570 515 | 0,068 6318 |
| **2,680** | −0,89534 | 0,44537 | −0,49743 | 14,585 093 | 0,068 5632 |
| 2,681 | −0,89579 | 0,44448 | −0,49619 | 14,599 686 | 0,068 4946 |
| 2,682 | −0,89623 | 0,44358 | −0,49494 | 14,614 293 | 0,068 4262 |
| 2,683 | −0,89668 | 0,44269 | −0,49370 | 14,628 914 | 0,068 3578 |
| 2,684 | −0,89712 | 0,44179 | −0,49245 | 14,643 551 | 0,068 2894 |
| 2,685 | −0,89756 | 0,44089 | −0,49121 | 14,658 201 | 0,068 2212 |
| 2,686 | −0,89800 | 0,43999 | −0,48997 | 14,672 867 | 0,068 1530 |
| 2,687 | −0,89844 | 0,43910 | −0,48873 | 14,687 547 | 0,068 0849 |
| 2,688 | −0,89888 | 0,43820 | −0,48749 | 14,702 242 | 0,068 0168 |
| 2,689 | −0,89932 | 0,43730 | −0,48626 | 14,716 952 | 0,067 9489 |
| **2,690** | −0,89975 | 0,43640 | −0,48502 | 14,731 676 | 0,067 8809 |
| 2,691 | −0,90019 | 0,43550 | −0,48379 | 14,746 415 | 0,067 8131 |
| 2,692 | −0,90062 | 0,43460 | −0,48255 | 14,761 169 | 0,067 7453 |
| 2,693 | 0,90106 | 0,43370 | −0,48132 | 14,775 937 | 0,067 6776 |
| 2,694 | −0,90149 | 0,43280 | −0,48009 | 14,790 721 | 0,067 6100 |
| 2,695 | −0,90192 | 0,43189 | −0,47886 | 14,805 519 | 0,067 5424 |
| 2,696 | −0,90236 | 0,43099 | −0,47763 | 14,820 332 | 0,067 4749 |
| 2,697 | −0,90279 | 0,43009 | −0,47640 | 14,835 159 | 0,067 4074 |
| 2,698 | −0,90322 | 0,42919 | −0,47518 | 14,850 002 | 0,067 3401 |
| 2,699 | −0,90364 | 0,42828 | −0,47395 | 14,864 859 | 0,067 2728 |

| $x$ | Cos $x$ | Sin $x$ | Tg $x$ | $\varphi$ |
|---|---|---|---|---|
| **2,650** | 7,11234 | 7,04169 | 0,99007 | 151° 50′ 01,74″ |
| 2,651 | 7,11939 | 7,04881 | 0,99009 | 151 53 28,00 |
| 2,652 | 7,12644 | 7,05593 | 0,99011 | 151 56 54,27 |
| 2,653 | 7,13350 | 7,06306 | 0,99013 | 152 00 20,53 |
| 2,654 | 7,14057 | 7,07020 | 0,99015 | 152 03 46,80 |
| 2,655 | 7,14764 | 7,07734 | 0,99016 | 152 07 13,06 |
| 2,656 | 7,15472 | 7,08449 | 0,99018 | 152 10 39,33 |
| 2,657 | 7,16181 | 7,09165 | 0,99020 | 152 14 05,59 |
| 2,658 | 7,16891 | 7,09882 | 0,99022 | 152 17 31,86 |
| 2,659 | 7,17601 | 7,10599 | 0,99024 | 152 20 58,12 |
| **2,660** | 7,18312 | 7,11317 | 0,99026 | 152 24 24,38 |
| 2,661 | 7,19024 | 7,12036 | 0,99028 | 152 27 50,65 |
| 2,662 | 7,19736 | 7,12755 | 0,99030 | 152 31 16,91 |
| 2,663 | 7,20449 | 7,13475 | 0,99032 | 152 34 43,18 |
| 2,664 | 7,21163 | 7,14196 | 0,99034 | 152 38 09,44 |
| 2,665 | 7,21877 | 7,14918 | 0,99036 | 152 41 35,71 |
| 2,666 | 7,22593 | 7,15640 | 0,99038 | 152 45 01,97 |
| 2,667 | 7,23309 | 7,16363 | 0,99040 | 152 48 28,24 |
| 2,668 | 7,24025 | 7,17086 | 0,99042 | 152 51 54,50 |
| 2,669 | 7,24743 | 7,17811 | 0,99044 | 152 55 20,77 |
| **2,670** | 7,25461 | 7,18536 | 0,99045 | 152 58 47,03 |
| 2,671 | 7,26180 | 7,19262 | 0,99047 | 153 02 13,30 |
| 2,672 | 7,26900 | 7,19988 | 0,99049 | 153 05 39,56 |
| 2,673 | 7,27620 | 7,20715 | 0,99051 | 153 09 05,83 |
| 2,674 | 7,28341 | 7,21443 | 0,99053 | 153 12 32,09 |
| 2,675 | 7,29063 | 7,22172 | 0,99055 | 153 15 58,36 |
| 2,676 | 7,29785 | 7,22902 | 0,99057 | 153 19 24,62 |
| 2,677 | 7,30509 | 7,23632 | 0,99059 | 153 22 50,89 |
| 2,678 | 7,31233 | 7,24363 | 0,99060 | 153 26 17,15 |
| 2,679 | 7,31957 | 7,25094 | 0,99062 | 153 29 43,42 |
| **2,680** | 7,32683 | 7,25827 | 0,99064 | 153 33 09,68 |
| 2,681 | 7,33409 | 7,26560 | 0,99066 | 153 36 35,95 |
| 2,682 | 7,34136 | 7,27293 | 0,99068 | 153 40 02,21 |
| 2,683 | 7,34864 | 7,28028 | 0,99070 | 153 43 28,48 |
| 2,684 | 7,35592 | 7,28763 | 0,99072 | 153 46 54,74 |
| 2,685 | 7,36321 | 7,29499 | 0,99073 | 153 50 21,00 |
| 2,686 | 7,37051 | 7,30236 | 0,99075 | 153 53 47,27 |
| 2,687 | 7,37782 | 7,30973 | 0,99077 | 153 57 13,53 |
| 2,688 | 7,38513 | 7,31711 | 0,99079 | 154 00 39,80 |
| 2,689 | 7,39245 | 7,32450 | 0,99081 | 154 04 06,06 |
| **2,690** | 7,39978 | 7,33190 | 0,99083 | 154 07 32,33 |
| 2,691 | 7,40711 | 7,33930 | 0,99084 | 154 10 58,59 |
| 2,692 | 7,41446 | 7,34671 | 0,99086 | 154 14 24,86 |
| 2,693 | 7,42181 | 7,35413 | 0,99088 | 154 17 51,12 |
| 2,694 | 7,42917 | 7,36156 | 0,99090 | 154 21 17,39 |
| 2,695 | 7,43653 | 7,36899 | 0,99092 | 154 24 43,65 |
| 2,696 | 7,44390 | 7,37643 | 0,99094 | 154 28 09,92 |
| 2,697 | 7,45128 | 7,38388 | 0,99095 | 154 31 36,18 |
| 2,698 | 7,45867 | 7,39133 | 0,99097 | 154 35 02,45 |
| 2,699 | 7,46607 | 7,39879 | 0,99099 | 154 38 28,71 |

| $x$ | $\cos x$ | $\sin x$ | $\operatorname{tg} x$ | $e^{x}$ | $e^{-x}$ |
|---|---|---|---|---|---|
| **2,700** | — 0,90407 | 0,42738 | — 0,47273 | 14,879 732 | 0,067 2055 |
| 2,701 | — 0,90450 | 0,42648 | — 0,47150 | 14,894 619 | 0,067 1383 |
| 2,702 | — 0,90493 | 0,42557 | — 0,47028 | 14,909 521 | 0,067 0712 |
| 2,703 | — 0,90535 | 0,42467 | — 0,46906 | 14,924 438 | 0,067 0042 |
| 2,704 | — 0,90577 | 0,42376 | — 0,46784 | 14,939 370 | 0,066 9372 |
| 2,705 | — 0,90620 | 0,42285 | — 0,46662 | 14,954 317 | 0,066 8703 |
| 2,706 | — 0,90662 | 0,42195 | — 0,46541 | 14,969 278 | 0,066 8035 |
| 2,707 | — 0,90704 | 0,42104 | — 0,46419 | 14,984 255 | 0,066 7367 |
| 2,708 | — 0,90746 | 0,42013 | — 0,46298 | 14,999 247 | 0,066 6700 |
| 2,709 | — 0,90788 | 0,41923 | — 0,46176 | 15,014 254 | 0,066 6034 |
| **2,710** | — 0,90830 | 0,41832 | — 0,46055 | 15,029 276 | 0,066 5368 |
| 2,711 | — 0,90872 | 0,41741 | — 0,45934 | 15,044 312 | 0,066 4703 |
| 2,712 | — 0,90914 | 0,41650 | — 0,45813 | 15,059 364 | 0,066 4039 |
| 2,713 | — 0,90955 | 0,41559 | — 0,45692 | 15,074 431 | 0,066 3375 |
| 2,714 | — 0,90997 | 0,41468 | — 0,45571 | 15,089 513 | 0,066 2712 |
| 2,715 | — 0,91038 | 0,41377 | — 0,45450 | 15,104 610 | 0,066 2050 |
| 2,716 | — 0,91079 | 0,41286 | — 0,45330 | 15,119 722 | 0,066 1388 |
| 2,717 | — 0,91121 | 0,41195 | — 9,45209 | 15,134 850 | 0,066 0727 |
| 2,718 | — 0,91162 | 0,41104 | — 0,45089 | 15,149 992 | 0,066 0066 |
| 2,719 | — 0,91203 | 0,41013 | — 0,44969 | 15,165 150 | 0,065 9407 |
| **2,720** | — 0,91244 | 0,40921 | — 0,44848 | 15,180 322 | 0,065 8748 |
| 2,721 | — 0,91285 | 0,40830 | — 0,44728 | 15,195 510 | 0,065 8089 |
| 2,722 | — 0,91325 | 0,40739 | — 0,44608 | 15,210 713 | 0,065 7431 |
| 2,723 | — 0,91366 | 0,40648 | — 0,44489 | 15,225 932 | 0,065 6774 |
| 2,724 | — 0,91407 | 0,40556 | — 0,44369 | 15,241 165 | 0,065 6118 |
| 2,725 | — 0,91447 | 0,40465 | — 0,44249 | 15,256 414 | 0,065 5462 |
| 2,726 | — 0,91488 | 0,40373 | — 0,44130 | 15,271 678 | 0,065 4807 |
| 2,727 | — 0,91528 | 0,40282 | — 0,44010 | 15,286 957 | 0,065 4152 |
| 2,728 | — 0,91568 | 0,40190 | — 0,43891 | 15,302 252 | 0,065 3499 |
| 2,729 | — 0,91608 | 0,40099 | — 0,43772 | 15,317 562 | 0,065 2845 |
| **2,730** | — 0,91648 | 0,40007 | — 0,43653 | 15,332 887 | 0,065 2193 |
| 2,731 | — 0,91688 | 0,39915 | — 0,43534 | 15,348 228 | 0,065 1541 |
| 2,732 | — 0,91728 | 0,39824 | — 0,43415 | 15,363 583 | 0,065 0890 |
| 2,733 | — 0,91768 | 0,39732 | — 0,43296 | 15,378 955 | 0,065 0239 |
| 2,734 | — 0,91808 | 0,39640 | — 0,43177 | 15,394 341 | 0,064 9589 |
| 2,735 | — 0,91847 | 0,39548 | — 0,43059 | 15,409 743 | 0,064 8940 |
| 2,736 | — 0,91887 | 0,39456 | — 0,42940 | 15,425 161 | 0,064 8291 |
| 2,737 | — 0,91926 | 0,39364 | — 0,42822 | 15,440 594 | 0,064 7643 |
| 2,738 | — 0,91966 | 0,39272 | — 0,42703 | 15,456 042 | 0,064 6996 |
| 2,739 | — 0,92005 | 0,39181 | — 0,42585 | 15,471 506 | 0,064 6349 |
| **2,740** | — 0,92044 | 0,39088 | — 0,42467 | 15,486 985 | 0,064 5703 |
| 2,741 | — 0,92083 | 0,38996 | — 0,42349 | 15,502 480 | 0,064 5058 |
| 2,742 | — 0,92122 | 0,38904 | — 0,42231 | 15,517 990 | 0,064 4413 |
| 2,743 | — 0,92161 | 0,38812 | — 0,42114 | 15,533 516 | 0,064 3769 |
| 2,744 | — 0,92200 | 0,38720 | — 0,41996 | 15,549 057 | 0,064 3126 |
| 2,745 | — 0,92238 | 0,38628 | — 0,41878 | 15,564 614 | 0,064 2483 |
| 2,746 | — 0,92277 | 0,38536 | — 0,41761 | 15,580 186 | 0,064 1841 |
| 2,747 | — 0,92315 | 0,38443 | — 0,41643 | 15,595 774 | 0,064 1199 |
| 2,748 | — 0,92354 | 0,38351 | — 0,41526 | 15,611 378 | 0,064 0558 |
| 2,749 | — 0,92392 | 0,38259 | — 0,41409 | 15,626 997 | 0,063 9918 |

| $x$ | Cos $x$ | Sin $x$ | Tg $x$ | $\varphi$ |
|---|---|---|---|---|
| **2,700** | 7,47347 | 7,40626 | 0,99101 | 154° 41′ 54,98″ |
| 2,701 | 7,48088 | 7,41374 | 0,99103 | 154 45 21,24 |
| 2,702 | 7,48830 | 7,42122 | 0,99104 | 154 48 47,51 |
| 2,703 | 7,49572 | 7,42872 | 0,99106 | 154 52 13,77 |
| 2,704 | 7,50315 | 7,43622 | 0,99108 | 154 55 40,04 |
| 2,705 | 7,51059 | 7,44372 | 0,99110 | 154 59 06,30 |
| 2,706 | 7,51804 | 7,45124 | 0,99111 | 155 02 32,57 |
| 2,707 | 7,52550 | 7,45876 | 0,99113 | 155 05 58,83 |
| 2,708 | 7,53296 | 7,46629 | 0,99115 | 155 09 25,10 |
| 2,709 | 7,54043 | 7,47383 | 0,99117 | 155 12 51,36 |
| **2,710** | 7,54791 | 7,48137 | 0,99118 | 155 16 17,62 |
| 2,711 | 7,55539 | 7,48892 | 0,99120 | 155 19 43,89 |
| 2,712 | 7,56288 | 7,49648 | 0,99122 | 155 23 10,15 |
| 2,713 | 7,57038 | 7,50405 | 0,99124 | 155 26 36,42 |
| 2,714 | 7,57789 | 7,51162 | 0,99125 | 155 30 02,68 |
| 2,715 | 7,58541 | 7,51920 | 0,99127 | 155 33 28,95 |
| 2,716 | 7,59293 | 7,52679 | 0,99129 | 155 36 55,21 |
| 2,717 | 7,60046 | 7,53439 | 0,99131 | 155 40 21,48 |
| 2,718 | 7,60800 | 7,54199 | 0,99132 | 155 43 47,74 |
| 2,719 | 7,61555 | 7,54960 | 0,99134 | 155 47 14,01 |
| **2,720** | 7,62310 | 7,55722 | 0,99136 | 155 50 40,27 |
| 2,721 | 7,63066 | 7,56485 | 0,99138 | 155 54 06,54 |
| 2,722 | 7,63823 | 7,57249 | 0,99139 | 155 57 32,80 |
| 2,723 | 7,64580 | 7,58013 | 0,99141 | 156 00 59,07 |
| 2,724 | 7,65339 | 7,58778 | 0,99143 | 156 04 25,33 |
| 2,725 | 7,66098 | 7,59543 | 0,99144 | 156 07 51,60 |
| 2,726 | 7,66858 | 7,60310 | 0,99146 | 156 11 17,86 |
| 2,727 | 7,67619 | 7,61077 | 0,99148 | 156 14 44,13 |
| 2,728 | 7,68380 | 7,61845 | 0,99150 | 156 18 10,39 |
| 2,729 | 7,69142 | 7,62614 | 0,99151 | 156 21 36,66 |
| **2,730** | 7,69905 | 7,63383 | 0,99153 | 156 25 02,92 |
| 2,731 | 7,70669 | 7,64154 | 0,99155 | 156 28 29,19 |
| 2,732 | 7,71434 | 7,64925 | 0,99156 | 156 31 55,45 |
| 2,733 | 7,72199 | 7,65697 | 0,99158 | 156 35 21,72 |
| 2,734 | 7,72965 | 7,66469 | 0,99160 | 156 38 47,98 |
| 2,735 | 7,73732 | 7,67242 | 0,99161 | 156 42 14,25 |
| 2,736 | 7,74500 | 7,68017 | 0,99163 | 156 45 40,51 |
| 2,737 | 7,75268 | 7,68791 | 0,99165 | 156 49 06,77 |
| 2,738 | 7,76037 | 7,69567 | 0,99166 | 156 52 33,04 |
| 2,739 | 7,76807 | 7,70344 | 0,99168 | 156 55 59,30 |
| **2,740** | 7,77578 | 7,71121 | 0,99170 | 156 59 25,57 |
| 2,741 | 7,78349 | 7,71899 | 0,99171 | 157 02 51,83 |
| 2,742 | 7,79122 | 7,72677 | 0,99173 | 157 06 18,10 |
| 2,743 | 7,79895 | 7,73457 | 0,99175 | 157 09 44,36 |
| 2,744 | 7,80668 | 7,74237 | 0,99176 | 157 13 10,63 |
| 2,745 | 7,81443 | 7,75018 | 0,99178 | 157 16 36,89 |
| 2,746 | 7,82219 | 7,75800 | 0,99179 | 157 20 03,16 |
| 2,747 | 7,82995 | 7,76583 | 0,99181 | 157 23 29,42 |
| 2,748 | 7,83772 | 7,77366 | 0,99183 | 157 26 55,69 |
| 2,749 | 7,84549 | 7,78150 | 0,99184 | 157 30 21,95 |

| $x$ | $\cos x$ | $\sin x$ | $\operatorname{tg} x$ | $e^x$ | $e^{-x}$ |
|---|---|---|---|---|---|
| **2,750** | −0,92430 | 0,38166 | −0,41292 | 15,642 632 | 0,063 9279 |
| 2,751 | −0,92468 | 0,38074 | −0,41175 | 15,658 282 | 0,063 8640 |
| 2,752 | −0,92506 | 0,37981 | −0,41058 | 15,673 948 | 0,063 8001 |
| 2,753 | −0,92544 | 0,37889 | −0,40941 | 15,689 630 | 0,063 7364 |
| 2,754 | −0,92582 | 0,37796 | −0,40824 | 15,705 328 | 0,063 6727 |
| 2,755 | −0,92620 | 0,37703 | −0,40708 | 15,721 041 | 0,063 6090 |
| 2,756 | −0,92658 | 0,37611 | −0,40591 | 15,736 770 | 0,063 5454 |
| 2,757 | −0,92695 | 0,37518 | −0,40475 | 15,752 514 | 0,063 4819 |
| 2,758 | −0,92733 | 0,37425 | −0,40358 | 15,768 275 | 0,063 4185 |
| 2,759 | −0,92770 | 0,37333 | −0,40242 | 15,784 051 | 0,063 3551 |
| **2,760** | −0,92807 | 0,37240 | −0,40126 | 15,799 843 | 0,063 2918 |
| 2,761 | −0,92844 | 0,37147 | −0,40010 | 15,815 651 | 0,063 2285 |
| 2,762 | −0,92882 | 0,37054 | −0,39894 | 15,831 474 | 0,063 1653 |
| 2,763 | −0,92919 | 0,36961 | −0,39778 | 15,847 314 | 0,063 1022 |
| 2,764 | −0,92955 | 0,36868 | −0,39662 | 15,863 169 | 0,063 0391 |
| 2,765 | −0,92992 | 0,36775 | −0,39547 | 15,879 040 | 0,062 9761 |
| 2,766 | −0,93029 | 0,36682 | −0,39431 | 15,894 927 | 0,062 9132 |
| 2,767 | −0,93066 | 0,36589 | −0,39316 | 15,910 830 | 0,062 8503 |
| 2,768 | −0,93102 | 0,36496 | −0,39200 | 15,926 749 | 0,062 7875 |
| 2,769 | −0,93139 | 0,36403 | −0,39085 | 15,942 683 | 0,062 7247 |
| **2,770** | −0,93175 | 0,36310 | −0,38970 | 15,958 634 | 0,062 6620 |
| 2,771 | −0,93211 | 0,36217 | −0,38855 | 15,974 601 | 0,062 5994 |
| 2,772 | −0,93247 | 0,36124 | −0,38739 | 15,990 583 | 0,062 5368 |
| 2,773 | −0,93284 | 0,36030 | −0,38624 | 16,006 582 | 0,062 4743 |
| 2,774 | −0,93320 | 0,35937 | −0,38510 | 16,022 596 | 0,062 4119 |
| 2,775 | −0,93355 | 0,35844 | −0,38395 | 16,038 627 | 0,062 3495 |
| 2,776 | −0,93391 | 0,35750 | −0,38280 | 16,054 674 | 0,062 2872 |
| 2,777 | −0,93427 | 0,35657 | −0,38166 | 16,070 736 | 0,062 2249 |
| 2,778 | −0,93463 | 0,35563 | −0,38051 | 16,086 815 | 0,062 1627 |
| 2,779 | −0,93498 | 0,35470 | −0,37937 | 16,102 910 | 0,062 1006 |
| **2,780** | −0,93533 | 0,35376 | −0,37822 | 16,119 021 | 0,062 0385 |
| 2,781 | −0,93569 | 0,35283 | −0,37708 | 16,135 148 | 0,061 9765 |
| 2,782 | −0,93604 | 0,35189 | −0,37594 | 16,151 291 | 0,061 9146 |
| 2,783 | −0,93639 | 0,35096 | −0,37480 | 16,167 451 | 0,061 8527 |
| 2,784 | −0,93674 | 0,35002 | −0,37366 | 16,183 626 | 0,061 7908 |
| 2,785 | −0,93709 | 0,34908 | −0,37252 | 16,199 818 | 0,061 7291 |
| 2,786 | −0,93744 | 0,34815 | −0,37138 | 16,216 026 | 0,061 6674 |
| 2,787 | −0,93779 | 0,34721 | −0,37024 | 16,232 250 | 0,061 6058 |
| 2,788 | −0,93813 | 0,34627 | −0,36911 | 16,248 490 | 0,061 5442 |
| 2,789 | −0,93848 | 0,34533 | −0,36797 | 16,264 747 | 0,061 4827 |
| **2,790** | −0,93883 | 0,34439 | −0,36683 | 16,281 020 | 0,061 4212 |
| 2,791 | −0,93917 | 0,34345 | −0,36570 | 16,297 309 | 0,061 3598 |
| 2,792 | −0,93951 | 0,34252 | −0,36457 | 16,313 614 | 0,061 2985 |
| 2,793 | −0,93985 | 0,34158 | −0,36343 | 16,329 936 | 0,061 2372 |
| 2,794 | −0,94020 | 0,34064 | −0,36230 | 16,346 274 | 0,061 1760 |
| 2,795 | −0,94054 | 0,33970 | −0,36117 | 16,362 629 | 0,061 1149 |
| 2,796 | −0,94087 | 0,33875 | −0,36004 | 16,379 000 | 0,061 0538 |
| 2,797 | −0,94121 | 0,33781 | −0,35891 | 16,395 387 | 0,060 9928 |
| 2,798 | −0,94155 | 0,33687 | −0,35778 | 16,411 790 | 0,060 9318 |
| 2,799 | −0,94189 | 0,33593 | −0,35666 | 16,428 210 | 0,060 8709 |

| $x$ | Cof $x$ | Sin $x$ | Tg $x$ | $\varphi$ |
|---|---|---|---|---|
| **2,750** | 7,85328 | 7,78935 | 0,99186 | 157° 33′ 48,22 |
| 2,751 | 7,86107 | 7,79721 | 0,99188 | 157 37 14,48 |
| 2,752 | 7,86887 | 7,80507 | 0,99189 | 157 40 40,75 |
| 2,753 | 7,87668 | 7,81295 | 0,99191 | 157 44 07,01 |
| 2,754 | 7,88450 | 7,82083 | 0,99192 | 157 47 33,28 |
| 2,755 | 7,89232 | 7,82872 | 0,99194 | 157 50 59,54 |
| 2,756 | 7,90016 | 7,83661 | 0,99196 | 157 54 25,81 |
| 2,757 | 7,90800 | 7,84452 | 0,99197 | 157 57 52,07 |
| 2,758 | 7,91585 | 7,85243 | 0,99199 | 158 01 18,34 |
| 2,759 | 7,92370 | 7,86035 | 0,99200 | 158 04 44,60 |
| **2,760** | 7,93157 | 7,86828 | 0,99202 | 158 08 10,87 |
| 2,761 | 7,93944 | 7,87621 | 0,99204 | 158 11 37,13 |
| 2,762 | 7,94732 | 7,88415 | 0,99205 | 158 15 03,39 |
| 2,763 | 7,95521 | 7,89211 | 0,99207 | 158 18 29,66 |
| 2,764 | 7,96310 | 7,90006 | 0,99208 | 158 21 55,92 |
| 2,765 | 7,97101 | 7,90803 | 0,99210 | 158 25 22,19 |
| 2,766 | 7,97892 | 7,91601 | 0,99212 | 158 28 48,45 |
| 2,767 | 7,98684 | 7,92399 | 0,99213 | 158 32 14,72 |
| 2,768 | 7,99477 | 7,93198 | 0,99215 | 158 35 40,98 |
| 2,769 | 8,00270 | 7,93998 | 0,99216 | 158 39 07,25 |
| **2,770** | 8,01065 | 7,94799 | 0,99218 | 158 42 33,51 |
| 2,771 | 8,01860 | 7,95600 | 0,99219 | 158 45 59,78 |
| 2,772 | 8,02656 | 7,96402 | 0,99221 | 158 49 26,04 |
| 2,773 | 8,03453 | 7,97205 | 0,99222 | 158 52 52,31 |
| 2,774 | 8,04250 | 7,98009 | 0,99224 | 158 56 18,57 |
| 2,775 | 8,05049 | 7,98814 | 0,99226 | 158 59 44,84 |
| 2,776 | 8,05848 | 7,99619 | 0,99227 | 159 03 11,10 |
| 2,777 | 8,06648 | 8,00426 | 0,99229 | 159 06 37,37 |
| 2,778 | 8,07449 | 8,01233 | 0,99230 | 159 10 03,63 |
| 2,779 | 8,08251 | 8,02040 | 0,99232 | 159 13 29,90 |
| **2,780** | 8,09053 | 8,02849 | 0,99233 | 159 16 56,16 |
| 2,781 | 8,09856 | 8,03659 | 0,99235 | 159 20 22,43 |
| 2,782 | 8,10660 | 8,04469 | 0,99236 | 159 23 48,69 |
| 2,783 | 8,11465 | 8,05280 | 0,99238 | 159 27 14,96 |
| 2,784 | 8,12271 | 8,06092 | 0,99239 | 159 30 41,22 |
| 2,785 | 8,13077 | 8,06904 | 0,99241 | 159 34 07,49 |
| 2,786 | 8,13885 | 8,07718 | 0,99242 | 159 37 33,75 |
| 2,787 | 8,14693 | 8,08532 | 0,99244 | 159 41 00,02 |
| 2,788 | 8,15502 | 8,09347 | 0,99245 | 159 44 26,28 |
| 2,789 | 8,16311 | 8,10163 | 0,99247 | 159 47 52,54 |
| **2,790** | 8,17122 | 8,10980 | 0,99248 | 159 51 18,81 |
| 2,791 | 8,17933 | 8,11797 | 0,99250 | 159 54 45,07 |
| 2,792 | 8,18746 | 8,12616 | 0,99251 | 159 58 11,34 |
| 2,793 | 8,19559 | 8,13435 | 0,99253 | 160 01 37,60 |
| 2,794 | 8,20373 | 8,14255 | 0,99254 | 160 05 03,87 |
| 2,795 | 8,21187 | 8,15076 | 0,99256 | 160 08 30,13 |
| 2,796 | 8,22003 | 8,15897 | 0,99257 | 160 11 56,40 |
| 2,797 | 8,22819 | 8,16720 | 0,99259 | 160 15 22,66 |
| 2,798 | 8,23636 | 8,17543 | 0,99260 | 160 18 48,93 |
| 2,799 | 8,24454 | 8,18367 | 0,99262 | 160 22 15,19 |

| $x$ | $\cos x$ | $\sin x$ | $\operatorname{tg} x$ | $e^x$ | $e^{-x}$ |
|---|---|---|---|---|---|
| **2,800** | −0,94222 | 0,33499 | −0,35553 | 16,444 647 | 0,060 8101 |
| 2,801 | −0,94256 | 0,33405 | −0,35440 | 16,461 100 | 0,060 7493 |
| 2,802 | −0,94289 | 0,33310 | −0,35328 | 16,477 569 | 0,060 6886 |
| 2,803 | −0,94322 | 0,33216 | −0,35215 | 16,494 055 | 0,060 6279 |
| 2,804 | −0,94355 | 0,33122 | −0,35103 | 16,510 557 | 0,060 5673 |
| 2,805 | −0,94389 | 0,33027 | −0,34991 | 16,527 076 | 0,060 5068 |
| 2 806 | −0,94422 | 0,32933 | −0,34879 | 16,543 611 | 0,060 4463 |
| 2,807 | −0,94454 | 0,32838 | −0,34766 | 16,560 163 | 0,060 3859 |
| 2,808 | −0,94487 | 0,32744 | −0,34654 | 16,576 732 | 0,060 3255 |
| 2,809 | −0,94520 | 0,32649 | −0,34542 | 16,593 317 | 0,060 2652 |
| **2,810** | −0,94553 | 0,32555 | −0,34431 | 16,609 918 | 0,060 2050 |
| 2,811 | −0,94585 | 0,32460 | −0,34319 | 16,626 536 | 0,060 1448 |
| 2,812 | −0,94617 | 0,32366 | −0,34207 | 16,643 171 | 0,060 0847 |
| 2,813 | −0,94650 | 0,32271 | −0,34095 | 16,659 823 | 0,060 0246 |
| 2,814 | −0,94682 | 0,32176 | −0,33984 | 16,676 491 | 0,059 9647 |
| 2,815 | −0,94714 | 0,32082 | −0,33872 | 16,693 176 | 0,059 9047 |
| 2,816 | −0,94746 | 0,31987 | −0,33761 | 16,709 877 | 0,059 8448 |
| 2,817 | −0,94778 | 0,31892 | −0,33649 | 16,726 596 | 0,059 7850 |
| 2,818 | −0,94810 | 0,31797 | −0,33538 | 16,743 331 | 0,059 7253 |
| 2,819 | −0,94842 | 0,31703 | −0,33427 | 16,760 082 | 0,059 6656 |
| **2,820** | −0,94873 | 0,31608 | −0,33316 | 16,776 851 | 0,059 6059 |
| 2,821 | −0,94905 | 0,31513 | −0,33205 | 16,793 636 | 0,059 5464 |
| 2,822 | −0,94936 | 0,31418 | −0,33094 | 16,810 438 | 0,059 4868 |
| 2,823 | −0,94968 | 0,31323 | −0,32983 | 16,827 257 | 0,059 4274 |
| 2,824 | −0,94999 | 0,31228 | −0,32872 | 16,844 092 | 0,059 3680 |
| 2,825 | −0,95030 | 0,31133 | −0,32761 | 16,860 945 | 0,059 3087 |
| 2,826 | −0,95061 | 0,31038 | −0,32651 | 16,877 814 | 0,059 2494 |
| 2,827 | −0,95092 | 0,30943 | −0,32540 | 16,894 701 | 0,059 1902 |
| 2,828 | −0,95123 | 0,30848 | −0,32429 | 16,911 604 | 0,059 1310 |
| 2,829 | −0,95154 | 0,30753 | −0,32319 | 16,928 524 | 0,059 0719 |
| **2,830** | −0,95185 | 0,30657 | −0,32208 | 16,945 461 | 0,059 0129 |
| 2,831 | −0,95215 | 0,30562 | −0,32098 | 16,962 415 | 0,058 9539 |
| 2,832 | −0,95246 | 0,30467 | −0,31988 | 16,979 386 | 0,058 8949 |
| 2,833 | −0,95276 | 0,30372 | −0,31878 | 16,996 374 | 0,058 8361 |
| 2,834 | −0,95307 | 0,30277 | −0,31768 | 17,013 378 | 0,058 7773 |
| 2,835 | −0,95337 | 0,30181 | −0,31657 | 17,030 400 | 0,058 7185 |
| 2,836 | −0,95367 | 0,30086 | −0,31547 | 17,047 439 | 0,058 6598 |
| 2,837 | −0,95397 | 0,29990 | −0,31438 | 17,064 495 | 0,058 6012 |
| 2,838 | −0,95427 | 0,29895 | −0,31328 | 17,081 568 | 0,058 5426 |
| 2,839 | −0,95457 | 0,29800 | −0,31218 | 17,098 658 | 0,058 4841 |
| **2,840** | −0,95486 | 0,29704 | −0,31108 | 17,115 766 | 0,058 4257 |
| 2,841 | −0,95516 | 0,29609 | −0,30999 | 17,132 890 | 0,058 3673 |
| 2,842 | −0,95546 | 0,29513 | −0,30889 | 17,150 031 | 0,058 3089 |
| 2,843 | −0,95575 | 0,29418 | −0,30779 | 17,167 190 | 0,058 2507 |
| 2,844 | −0,95605 | 0,29322 | −0,30670 | 17,184 366 | 0,058 1924 |
| 2,845 | −0,95634 | 0,29226 | −0,30561 | 17,201 559 | 0,058 1343 |
| 2,846 | −0,95663 | 0,29131 | −0,30451 | 17,218 769 | 0,058 0762 |
| 2,847 | −0,95692 | 0,29035 | −0,30342 | 17,235 996 | 0,058 0181 |
| 2,848 | −0,95721 | 0,28939 | −0,30233 | 17,253 241 | 0,057 9601 |
| 2,849 | −0,95750 | 0,28844 | −0,30124 | 17,270 503 | 0,057 9022 |

| $x$ | Cos $x$ | Sin $x$ | Tg $x$ | $\varphi$ |
|---|---|---|---|---|
| **2,800** | 8,25273 | 8,19192 | 0,99263 | 160° 25′ 41,46″ |
| 2,801 | 8,26092 | 8,20018 | 0,99265 | 160 29 07,72 |
| 2,802 | 8,26913 | 8,20844 | 0,99266 | 160 32 33,99 |
| 2,803 | 8,27734 | 8,21671 | 0,99268 | 160 36 00,25 |
| 2,804 | 8,28556 | 8,22499 | 0,99269 | 160 39 26,52 |
| 2,805 | 8,29379 | 8,23328 | 0,99270 | 160 42 52,78 |
| 2,806 | 8,30203 | 8,24158 | 0,99272 | 160 46 19,05 |
| 2,807 | 8,31027 | 8,24989 | 0,99273 | 160 49 45,31 |
| 2,808 | 8,31853 | 8,25820 | 0,99275 | 160 53 11,58 |
| 2,809 | 8,32679 | 8,26653 | 0,99276 | 160 56 37,84 |
| **2,810** | 8,33506 | 8,27486 | 0,99278 | 161 00 04,11 |
| 2,811 | 8,34334 | 8,28320 | 0,99279 | 161 03 30,37 |
| 2,812 | 8,35163 | 8,29154 | 0,99281 | 161 06 56,64 |
| 2,813 | 8,35992 | 8,29990 | 0,99282 | 161 10 22,90 |
| 2,814 | 8,36823 | 8,30826 | 0,99283 | 161 13 49,16 |
| 2,815 | 8,37654 | 8,31664 | 0,99285 | 161 17 15,43 |
| 2,816 | 8,38486 | 8,32502 | 0,99286 | 161 20 41,69 |
| 2,817 | 8,39319 | 8,33341 | 0,99288 | 161 24 07,96 |
| 2,818 | 8,40153 | 8,34180 | 0,99289 | 161 27 34,22 |
| 2,819 | 8,40987 | 8,35021 | 0,99291 | 161 31 00,49 |
| **2,820** | 8,41823 | 8,35862 | 0,99292 | 161 34 26,75 |
| 2,821 | 8,42659 | 8,36704 | 0,99293 | 161 37 53,02 |
| 2,822 | 8,43496 | 8,37548 | 0,99295 | 161 41 19,28 |
| 2,823 | 8,44334 | 8,38391 | 0,99296 | 161 44 45,55 |
| 2,824 | 8,45173 | 8,39236 | 0,99298 | 161 48 11,81 |
| 2,825 | 8,46013 | 8,40082 | 0,99299 | 161 51 38,08 |
| 2,826 | 8,46853 | 8,40928 | 0,99300 | 161 55 04,34 |
| 2,827 | 8,47695 | 8,41776 | 0,99302 | 161 58 30,61 |
| 2,828 | 8,48537 | 8,42624 | 0,99303 | 162 01 56,87 |
| 2,829 | 8,49380 | 8,43473 | 0,99305 | 162 05 23,14 |
| **2,830** | 8,50224 | 8,44322 | 0,99306 | 162 08 49,40 |
| 2,831 | 8,51068 | 8,45173 | 0,99307 | 162 12 15,67 |
| 2,832 | 8,51914 | 8,46025 | 0,99309 | 162 15 41,93 |
| 2,833 | 8,52760 | 8,46877 | 0,99310 | 162 19 08,20 |
| 2,834 | 8,53608 | 8,47730 | 0,99311 | 162 22 34,46 |
| 2,835 | 8,54456 | 8,48584 | 0,99313 | 162 26 00,73 |
| 2,836 | 8,55305 | 8,49439 | 0,99314 | 162 29 26,99 |
| 2,837 | 8,56155 | 8,50295 | 0,99316 | 162 32 53,26 |
| 2,838 | 8,57006 | 8,51151 | 0,99317 | 162 36 19,52 |
| 2,839 | 8,57857 | 8,52009 | 0,99318 | 162 39 45,78 |
| **2,840** | 8,58710 | 8,52867 | 0,99320 | 162 43 12,05 |
| 2,841 | 8,59563 | 8,53726 | 0,99321 | 162 46 38,31 |
| 2,842 | 8,60417 | 8,54586 | 0,99322 | 162 50 04,58 |
| 2,843 | 8,61272 | 8,55447 | 0,99324 | 162 53 30,84 |
| 2,844 | 8,62128 | 8,56309 | 0,99325 | 162 56 57,11 |
| 2,845 | 8,62985 | 8,57171 | 0,99326 | 163 00 23,37 |
| 2,846 | 8,63842 | 8,58035 | 0,99328 | 163 03 49,64 |
| 2,847 | 8,64701 | 8,58899 | 0,99329 | 163 07 15,90 |
| 2,848 | 8,65560 | 8,59764 | 0,99330 | 163 10 42,17 |
| 2,849 | 8,66420 | 8,60630 | 0,99332 | 163 14 08,43 |

| $x$ | $\cos x$ | $\sin x$ | $\operatorname{tg} x$ | $e^x$ | $e^{-x}$ |
|---|---|---|---|---|---|
| **2,850** | −0,95779 | 0,28748 | −0,30015 | 17,287 782 | 0,057 8443 |
| 2,851 | −0,95807 | 0,28652 | −0,29906 | 17,305 078 | 0,057 7865 |
| 2,852 | −0,95836 | 0,28556 | −0,29797 | 17,322 392 | 0,057 7287 |
| 2,853 | −0,95865 | 0,28460 | −0,29688 | 17,339 723 | 0,057 6710 |
| 2,854 | −0,95893 | 0,28364 | −0,29579 | 17,357 071 | 0,057 6134 |
| 2,855 | −0,95921 | 0,28269 | −0,29471 | 17,374 437 | 0,057 5558 |
| 2,856 | −0,95949 | 0,28173 | −0,29362 | 17,391 820 | 0,057 4983 |
| 2,857 | −0,95978 | 0,28077 | −0,29253 | 17,409 221 | 0,057 4408 |
| 2,858 | −0,96006 | 0,27981 | −0,29145 | 17,426 639 | 0,057 3834 |
| 2,859 | −0,96034 | 0,27885 | −0,29036 | 17,444 074 | 0,057 3261 |
| **2,860** | −0,96061 | 0,27789 | −0,28928 | 17,461 527 | 0,057 2688 |
| 2,861 | −0,96089 | 0,27693 | −0,28820 | 17,478 997 | 0,057 2115 |
| 2,862 | −0,96117 | 0,27596 | −0,28711 | 17,496 485 | 0,057 1543 |
| 2,863 | −0,96144 | 0,27500 | −0,28603 | 17,513 990 | 0,057 0972 |
| 2,864 | −0,96172 | 0,27404 | −0,28495 | 17,531 513 | 0,057 0401 |
| 2,865 | −0,96199 | 0,27308 | −0,28387 | 17,549 053 | 0,056 9831 |
| 2,866 | −0,96226 | 0,27212 | −0,28279 | 17,566 611 | 0,056 9262 |
| 2,867 | −0,96254 | 0,27115 | −0,28171 | 17,584 186 | 0,056 8693 |
| 2,868 | −0,96281 | 0,27019 | −0,28063 | 17,601 779 | 0,056 8124 |
| 2,869 | −0,96308 | 0,26923 | −0,27955 | 17,619 390 | 0,056 7557 |
| **2,870** | −0,96334 | 0,26827 | −0,27847 | 17,637 018 | 0,056 6989 |
| 2,871 | −0,96361 | 0,26730 | −0,27740 | 17,654 664 | 0,056 6423 |
| 2,872 | −0,96388 | 0,26634 | −0,27632 | 17,672 328 | 0,056 5856 |
| 2,873 | −0,96415 | 0,26537 | −0,27524 | 17,690 009 | 0,056 5291 |
| 2,874 | −0,96441 | 0,26441 | −0,27417 | 17,707 708 | 0,056 4726 |
| 2,875 | −0,96467 | 0,26345 | −0,27309 | 17,725 424 | 0,056 4161 |
| 2,876 | −0,96494 | 0,26248 | −0,27202 | 17,743 158 | 0,056 3598 |
| 2,877 | −0,96520 | 0,26152 | −0,27095 | 17,760 910 | 0,056 3034 |
| 2,878 | −0,96546 | 0,26055 | −0,26987 | 17,778 680 | 0,056 2471 |
| 2,879 | −0,96572 | 0,25959 | −0,26880 | 17,796 468 | 0,056 1909 |
| **2,880** | −0,96598 | 0,25862 | −0,26773 | 17,814 273 | 0,056 1348 |
| 2,881 | −0,96624 | 0,25765 | −0,26666 | 17,832 096 | 0,056 0787 |
| 2,882 | −0,96649 | 0,25669 | −0,26559 | 17,849 937 | 0,056 0226 |
| 2,883 | −0,96675 | 0,25572 | −0,26452 | 17,867 796 | 0,055 9666 |
| 2,884 | −0,96701 | 0,25475 | −0,26345 | 17,885 673 | 0,055 9107 |
| 2,885 | −0,96726 | 0,25379 | −0,26238 | 17,903 568 | 0,055 8548 |
| 2,886 | −0,96751 | 0,25282 | −0,26131 | 17,921 480 | 0,055 7990 |
| 2,887 | −0,96777 | 0,25185 | −0,26024 | 17,939 411 | 0,055 7432 |
| 2,888 | −0,96802 | 0,25088 | −0,25917 | 17,957 359 | 0,055 6875 |
| 2,889 | −0,96827 | 0,24992 | −0,25811 | 17,975 325 | 0,055 6318 |
| **2,890** | −0,96852 | 0,24895 | −0,25704 | 17,993 310 | 0,055 5762 |
| 2,891 | −0,96877 | 0,24798 | −0,25597 | 18,011 312 | 0,055 5207 |
| 2,892 | −0,96901 | 0,24701 | −0,25491 | 18,029 332 | 0,055 4652 |
| 2,893 | −0,96926 | 0,24604 | −0,25384 | 18,047 371 | 0,055 4097 |
| 2,894 | −0,96951 | 0,24507 | −0,25278 | 18,065 427 | 0,055 3544 |
| 2,895 | −0,96975 | 0,24410 | −0,25172 | 18,083 501 | 0,055 2990 |
| 2,896 | −0,96999 | 0,24313 | −0,25065 | 18,101 594 | 0,055 2438 |
| 2,897 | −0,97024 | 0,24216 | −0,24959 | 18,119 705 | 0,055 1885 |
| 2,898 | −0,97048 | 0,24119 | −0,24853 | 18,137 833 | 0,055 1334 |
| 2,899 | −0,97072 | 0,24022 | −0,24747 | 18,155 980 | 0,055 0783 |

| $x$ | Cos $x$ | Sin $x$ | Tg $x$ | $\varphi$ |
|---|---|---|---|---|
| **2,850** | 8,67281 | 8,61497 | 0,99333 | 163° 17′ 34,70″ |
| 2,851 | 8,68143 | 8,62365 | 0,99334 | 163 21 00,96 |
| 2,852 | 8,69006 | 8,63233 | 0,99336 | 163 24 27,23 |
| 2,853 | 8,69870 | 8,64103 | 0,99337 | 163 27 53,49 |
| 2,854 | 8,70734 | 8,64973 | 0,99338 | 163 31 19,76 |
| 2,855 | 8,71600 | 8,65844 | 0,99340 | 163 34 46,02 |
| 2,856 | 8,72466 | 8,66716 | 0,99341 | 163 38 12,29 |
| 2,857 | 8,73333 | 8,67589 | 0,99342 | 163 41 38,55 |
| 2,858 | 8,74201 | 8,68463 | 0,99344 | 163 45 04,82 |
| 2,859 | 8,75070 | 8,69337 | 0,99345 | 163 48 31,08 |
| **2,860** | 8,75940 | 8,70213 | 0,99346 | 163 51 57,35 |
| 2,861 | 8,76810 | 8,71089 | 0,99348 | 163 55 23,61 |
| 2,862 | 8,77682 | 8,71967 | 0,99349 | 163 58 49,88 |
| 2,863 | 8,78554 | 8,72845 | 0,99350 | 164 02 16,14 |
| 2,864 | 8,79428 | 8,73724 | 0,99351 | 164 05 42,41 |
| 2,865 | 8,80302 | 8,74604 | 0,99353 | 164 09 08,67 |
| 2,866 | 8,81177 | 8,75484 | 0,99354 | 164 12 34,93 |
| 2,867 | 8,82053 | 8,76366 | 0,99355 | 164 16 01,20 |
| 2,868 | 8,82930 | 8,77248 | 0,99357 | 164 19 27,46 |
| 2,869 | 8,83807 | 8,78132 | 0,99358 | 164 22 53,73 |
| **2,870** | 8,84686 | 8,79016 | 0,99359 | 164 26 19,99 |
| 2,871 | 8,85565 | 8,79901 | 0,99360 | 164 29 46,26 |
| 2,872 | 8,86446 | 8,80787 | 0,99362 | 164 33 12,52 |
| 2,873 | 8,87327 | 8,81674 | 0,99363 | 164 36 38,79 |
| 2,874 | 8,88209 | 8,82562 | 0,99364 | 164 40 05,05 |
| 2,875 | 8,89092 | 8,83450 | 0,99365 | 164 43 31,32 |
| 2,876 | 8,89976 | 8,84340 | 0,99367 | 164 46 57,58 |
| 2,877 | 8,90861 | 8,85230 | 0,99368 | 164 50 23,85 |
| 2,878 | 8,91746 | 8,86122 | 0,99369 | 164 53 50,11 |
| 2,879 | 8,92633 | 8,87014 | 0,99371 | 164 57 16,38 |
| **2,880** | 8,93520 | 8,87907 | 0,99372 | 165 00 42,64 |
| 2,881 | 8,94409 | 8,88801 | 0,99373 | 165 04 08,91 |
| 2,882 | 8,95298 | 8,89696 | 0,99374 | 165 07 35,17 |
| 2,883 | 8,96188 | 8,90591 | 0,99376 | 165 11 01,44 |
| 2,884 | 8,97079 | 8,91488 | 0,99377 | 165 14 27,70 |
| 2,885 | 8,97971 | 8,92386 | 0,99378 | 165 17 53,97 |
| 2,886 | 8,98864 | 8,93284 | 0,99379 | 165 21 20,23 |
| 2,887 | 8,99758 | 8,94183 | 0,99380 | 165 24 46,50 |
| 2,888 | 9,00652 | 8,95084 | 0,99382 | 165 28 12,76 |
| 2,889 | 9,01548 | 8,95985 | 0,99383 | 165 31 39,03 |
| **2,890** | 9,02444 | 8,96887 | 0,99384 | 165 35 05,29 |
| 2,891 | 9,03342 | 8,97790 | 0,99385 | 165 38 31,55 |
| 2,892 | 9,04240 | 8,98693 | 0,99387 | 165 41 57,82 |
| 2,893 | 9,05139 | 8,99598 | 0,99388 | 165 45 24,08 |
| 2,894 | 9,06039 | 9,00504 | 0,99389 | 165 48 50,35 |
| 2,895 | 9,06940 | 9,01410 | 0,99390 | 165 52 16,61 |
| 2,896 | 9,07842 | 9,02318 | 0,99391 | 165 55 42,88 |
| 2,897 | 9,08745 | 9,03226 | 0,99393 | 165 59 09,14 |
| 2,898 | 9,09648 | 9,04135 | 0,99394 | 166 02 35,41 |
| 2,899 | 9,10553 | 9,05045 | 0,99395 | 166 06 01,67 |

| $x$ | $\cos x$ | $\sin x$ | $\operatorname{tg} x$ | $e^x$ | $e^{-x}$ |
|---|---|---|---|---|---|
| **2,900** | −0,97096 | 0,23925 | −0,24641 | 18,174 145 | 0,055 0232 |
| 2,901 | −0,97120 | 0,23828 | −0,24534 | 18,192 329 | 0,054 9682 |
| 2,902 | −0,97143 | 0,23731 | −0,24429 | 18,210 530 | 0,054 9133 |
| 2,903 | −0,97167 | 0,23634 | −0,24323 | 18,228 750 | 0,054 8584 |
| 2,904 | −0,97191 | 0,23536 | −0,24217 | 18,246 988 | 0,054 8036 |
| 2,905 | −0,97214 | 0,23439 | −0,24111 | 18,265 244 | 0,054 7488 |
| 2,906 | −0,97238 | 0,23342 | −0,24005 | 18,283 518 | 0,054 6941 |
| 2,907 | −0,97261 | 0,23245 | −0,23899 | 18,301 811 | 0,054 6394 |
| 2,908 | −0,97284 | 0,23147 | −0,23794 | 18,320 122 | 0,054 5848 |
| 2,909 | −0,97307 | 0,23050 | −0,23688 | 18,338 451 | 0,054 5302 |
| **2,910** | −0,97330 | 0,22953 | −0,23582 | 18,356 799 | 0,054 4757 |
| 2,911 | −0,97353 | 0,22855 | −0,23477 | 18,375 165 | 0,054 4213 |
| 2,912 | −0,97376 | 0,22758 | −0,23371 | 18,393 549 | 0,054 3669 |
| 2,913 | −0,97399 | 0,22661 | −0,23266 | 18,411 952 | 0,054 3125 |
| 2,914 | −0,97421 | 0,22563 | −0,23161 | 18,430 373 | 0,054 2583 |
| 2,915 | −0,97444 | 0,22466 | −0,23055 | 18,448 812 | 0,054 2040 |
| 2,916 | −0,97466 | 0,22368 | −0,22950 | 18,467 270 | 0,054 1499 |
| 2,917 | −0,97488 | 0,22271 | −0,22845 | 18,485 747 | 0,054 0957 |
| 2,918 | −0,97511 | 0,22173 | −0,22739 | 18,504 242 | 0,054 0417 |
| 2,919 | −0,97533 | 0,22076 | −0,22634 | 18,522 755 | 0,053 9876 |
| **2,920** | −0,97555 | 0,21978 | −0,22529 | 18,541 287 | 0,053 9337 |
| 2,921 | −0,97577 | 0,21881 | −0,22424 | 18,559 838 | 0,053 8798 |
| 2,922 | −0,97599 | 0,21783 | −0,22319 | 18,578 407 | 0,053 8259 |
| 2,923 | −0,97620 | 0,21686 | −0,22214 | 18,596 995 | 0,053 7721 |
| 2,924 | −0,97642 | 0,21588 | −0,22109 | 18,615 601 | 0,053 7184 |
| 2,925 | −0,97664 | 0,21490 | −0,22004 | 18,634 226 | 0,053 6647 |
| 2,926 | −0,97685 | 0,21393 | −0,21900 | 18,652 870 | 0,053 6111 |
| 2,927 | −0,97706 | 0,21295 | −0,21795 | 18,671 532 | 0,053 5575 |
| 2,928 | −0,97728 | 0,21197 | −0,21690 | 18,690 213 | 0,053 5039 |
| 2,929 | −0,97749 | 0,21099 | −0,21585 | 18,708 912 | 0,053 4505 |
| **2,930** | −0,97770 | 0,21002 | −0,21481 | 18,727 630 | 0,053 3970 |
| 2,931 | −0,97791 | 0,20904 | −0,21376 | 18,746 367 | 0,053 3437 |
| 2,932 | −0,97812 | 0,20806 | −0,21272 | 18,765 123 | 0,053 2904 |
| 2,933 | −0,97832 | 0,20708 | −0,21167 | 18,783 898 | 0,053 2371 |
| 2,934 | −0,97853 | 0,20610 | −0,21063 | 18,802 691 | 0,053 1839 |
| 2,935 | −0,97874 | 0,20513 | −0,20958 | 18,821 503 | 0,053 1307 |
| 2,936 | −0,97894 | 0,20415 | −0,20854 | 18,840 334 | 0,053 0776 |
| 2,937 | −0,97914 | 0,20317 | −0,20750 | 18,859 184 | 0,053 0246 |
| 2,938 | −0,97935 | 0,20219 | −0,20645 | 18,878 052 | 0,052 9716 |
| 2,939 | −0,97955 | 0,20121 | −0,20541 | 18,896 940 | 0,052 9186 |
| **2,940** | −0,97975 | 0,20023 | −0,20437 | 18,915 846 | 0,052 8657 |
| 2,941 | −0,97995 | 0,19925 | −0,20333 | 18,934 772 | 0,052 8129 |
| 2,942 | −0,98015 | 0,19827 | −0,20229 | 18,953 716 | 0,052 7601 |
| 2,943 | −0,98035 | 0,19729 | −0,20125 | 18,972 679 | 0,052 7074 |
| 2,944 | −0,98054 | 0,19631 | −0,20020 | 18,991 661 | 0,052 6547 |
| 2,945 | −0,98074 | 0,19533 | −0,19917 | 19,010 662 | 0,052 6021 |
| 2,946 | −0,98093 | 0,19435 | −0,19813 | 19,029 683 | 0,052 5495 |
| 2,947 | −0,98113 | 0,19337 | −0,19709 | 19,048 722 | 0,052 4970 |
| 2,948 | −0,98132 | 0,19239 | −0,19605 | 19,067 780 | 0,052 4445 |
| 2,949 | −0,98151 | 0,19140 | −0,19501 | 19,086 857 | 0,052 3921 |

| $x$ | Cof $x$ | Sin $x$ | Tg $x$ | $\varphi$ |
|---|---|---|---|---|
| **2,900** | 9,11458 | 9,05956 | 0,99396 | 166° 09′ 27,94″ |
| 2,901 | 9,12365 | 9,06868 | 0,99398 | 166 12 54,20 |
| 2,902 | 9,13272 | 9,07781 | 0,99399 | 166 16 20,47 |
| 2,903 | 9,14180 | 9,08695 | 0,99400 | 166 19 46,73 |
| 2,904 | 9,15090 | 9,09609 | 0,99401 | 166 23 13,00 |
| 2,905 | 9,16000 | 9,10525 | 0,99402 | 166 26 39,26 |
| 2,906 | 9,16911 | 9,11441 | 0,99403 | 166 30 05,53 |
| 2,907 | 9,17823 | 9,12359 | 0,99405 | 166 33 31,79 |
| 2,908 | 9,18735 | 9,13277 | 0,99406 | 166 36 58,06 |
| 2,909 | 9,19649 | 9,14196 | 0,99407 | 166 40 24,32 |
| **2,910** | 9,20564 | 9,15116 | 0,99408 | 166 43 50,59 |
| 2,911 | 9,21479 | 9,16037 | 0,99409 | 166 47 16,85 |
| 2,912 | 9,22396 | 9,16959 | 0,99411 | 166 50 43,12 |
| 2,913 | 9,23313 | 9,17882 | 0,99412 | 166 54 09,38 |
| 2,914 | 9,24232 | 9,18806 | 0,99413 | 166 57 35,65 |
| 2,915 | 9,25151 | 9,19730 | 0,99414 | 167 01 01,91 |
| 2,916 | 9,26071 | 9,20656 | 0,99415 | 167 04 28,18 |
| 2,917 | 9,26992 | 9,21583 | 0,99416 | 167 07 54,44 |
| 2,918 | 9,27914 | 9,22510 | 0,99418 | 167 11 20,70 |
| 2,919 | 9,28837 | 9,23438 | 0,99419 | 167 14 46,97 |
| **2,920** | 9,29761 | 9,24368 | 0,99420 | 167 18 13,23 |
| 2,921 | 9,30686 | 9,25298 | 0,99421 | 167 21 39,50 |
| 2,922 | 9,31612 | 9,26229 | 0,99422 | 167 25 05,76 |
| 2,923 | 9,32538 | 9,27161 | 0,99423 | 167 28 32,03 |
| 2,924 | 9,33466 | 9,28094 | 0,99425 | 167 31 58,29 |
| 2,925 | 9,34395 | 9,29028 | 0,99426 | 167 35 24,56 |
| 2,926 | 9,35324 | 9,29963 | 0,99427 | 167 38 50,82 |
| 2,927 | 9,36254 | 9,30899 | 0,99428 | 167 42 17,09 |
| 2,928 | 9,37186 | 9,31835 | 0,99429 | 167 45 43,35 |
| 2,929 | 9,38118 | 9,32773 | 0,99430 | 167 49 09,62 |
| **2,930** | 9,39051 | 9,33712 | 0,99431 | 167 52 35,88 |
| 2,931 | 9,39986 | 9,34651 | 0,99433 | 167 56 02,15 |
| 2,932 | 9,40921 | 9,35592 | 0,99434 | 167 59 28,41 |
| 2,933 | 9,41857 | 9,36533 | 0,99435 | 168 02 54,68 |
| 2,934 | 9,42794 | 9,37475 | 0,99436 | 168 06 20,94 |
| 2,935 | 9,43732 | 9,38419 | 0,99437 | 168 09 47,21 |
| 2,936 | 9,44671 | 9,39363 | 0,99438 | 168 13 13,47 |
| 2,937 | 9,45610 | 9,40308 | 0,99439 | 168 16 39,74 |
| 2,938 | 9,46551 | 9,41254 | 0,99440 | 168 20 06,00 |
| 2,939 | 9,47493 | 9,42201 | 0,99441 | 168 23 32,27 |
| **2,940** | 9,48436 | 9,43149 | 0,99443 | 168 26 58,53 |
| 2,941 | 9,49379 | 9,44098 | 0,99444 | 168 30 24,80 |
| 2,942 | 9,50324 | 9,45048 | 0,99445 | 168 33 51,06 |
| 2,943 | 9,51269 | 9,45999 | 0,99446 | 168 37 17,32 |
| 2,944 | 9,52216 | 9,46950 | 0,99447 | 168 40 43,59 |
| 2,945 | 9,53163 | 9,47903 | 0,99448 | 168 44 09,85 |
| 2,946 | 9,54112 | 9,48857 | 0,99449 | 168 47 36,12 |
| 2,947 | 9,55061 | 9,49811 | 0,99450 | 168 51 02,38 |
| 2,948 | 9,56011 | 9,50767 | 0,99451 | 168 54 28,65 |
| 2,949 | 9,56962 | 9,51723 | 0,99453 | 168 57 54,91 |

| $x$ | $\cos x$ | $\sin x$ | $\operatorname{tg} x$ | $e^x$ | $e^{-x}$ |
|---|---|---|---|---|---|
| **2,950** | −0,98170 | 0,19042 | −0,19397 | 19,105 954 | 0,052 3397 |
| 2,951 | −0,98189 | 0,18944 | −0,19293 | 19,125 069 | 0,052 2874 |
| 2,952 | −0,98208 | 0,18846 | −0,19190 | 19,144 204 | 0,052 2351 |
| 2,953 | −0,98227 | 0,18748 | −0,19086 | 19,163 358 | 0,052 1829 |
| 2,954 | −0,98246 | 0,18649 | −0,18982 | 19,182 531 | 0,052 1308 |
| 2,955 | −0,98264 | 0,18551 | −0,18879 | 19,201 723 | 0,052 0787 |
| 2,956 | −0,98283 | 0,18453 | −0,18775 | 19,220 934 | 0,052 0266 |
| 2,957 | −0,98301 | 0,18355 | −0,18672 | 19,240 165 | 0,051 9746 |
| 2,958 | −0,98319 | 0,18256 | −0,18568 | 19,259 414 | 0,051 9227 |
| 2,959 | −0,98338 | 0,18158 | −0,18465 | 19,278 683 | 0,051 8708 |
| **2,960** | −0,98356 | 0,18060 | −0,18362 | 19,297 972 | 0,051 8189 |
| 2,961 | −0,98374 | 0,17961 | −0,18258 | 19,317 279 | 0,051 7671 |
| 2,962 | −0,98392 | 0,17863 | −0,18155 | 19,336 606 | 0,051 7154 |
| 2,963 | −0,98409 | 0,17764 | −0,18052 | 19,355 953 | 0,051 6637 |
| 2,964 | −0,98427 | 0,17666 | −0,17948 | 19,375 318 | 0,051 6121 |
| 2,965 | −0,98445 | 0,17568 | −0,17845 | 19,394 703 | 0,051 5605 |
| 2,966 | −0,98462 | 0,17469 | −0,17742 | 19,414 108 | 0,051 5089 |
| 2,967 | −0,98480 | 0,17371 | −0,17639 | 19,433 531 | 0,051 4575 |
| 2,968 | −0,98497 | 0,17272 | −0,17536 | 19,452 975 | 0,051 4060 |
| 2,969 | −0,98514 | 0,17174 | −0,17433 | 19,472 437 | 0,051 3546 |
| **2,970** | −0,98531 | 0,17075 | −0,17330 | 19,491 920 | 0,051 3033 |
| 2,971 | −0,98548 | 0,16977 | −0,17227 | 19,511 421 | 0,051 2520 |
| 2,972 | −0,98565 | 0,16878 | −0,17124 | 19,530 942 | 0,051 2008 |
| 2,973 | −0,98582 | 0,16780 | −0,17021 | 19,550 483 | 0,051 1496 |
| 2,974 | −0,98599 | 0,16681 | −0,16918 | 19,570 043 | 0,051 0985 |
| 2,975 | −0,98616 | 0,16582 | −0,16815 | 19,589 623 | 0,051 0474 |
| 2,976 | −0,98632 | 0,16484 | −0,16712 | 19,609 223 | 0,050 9964 |
| 2,977 | −0,98649 | 0,16385 | −0,16610 | 19,628 842 | 0,050 9454 |
| 2,978 | −0,98665 | 0,16286 | −0,16507 | 19,648 480 | 0,050 8945 |
| 2,979 | −0,98681 | 0,16188 | −0,16404 | 19,668 139 | 0,050 8437 |
| **2,980** | −0,98697 | 0,16089 | −0,16301 | 19,687 817 | 0,050 7928 |
| 2,981 | −0,98713 | 0,15990 | −0,16199 | 19,707 514 | 0,050 7421 |
| 2,982 | −0,98729 | 0,15892 | −0,16096 | 19,727 232 | 0,050 6913 |
| 2,983 | −0,98745 | 0,15793 | −0,15994 | 19,746 969 | 0,050 6407 |
| 2,984 | −0,98761 | 0,15694 | −0,15891 | 19,766 726 | 0,050 5901 |
| 2,985 | −0,98776 | 0,15595 | −0,15789 | 19,786 502 | 0,050 5395 |
| 2,986 | −0,98792 | 0,15497 | −0,15686 | 19,806 299 | 0,050 4890 |
| 2,987 | −0,98807 | 0,15398 | −0,15584 | 19,826 115 | 0,050 4385 |
| 2,988 | −0,98823 | 0,15299 | −0,15481 | 19,845 951 | 0,050 3881 |
| 2,989 | −0,98838 | 0,15200 | −0,15379 | 19,865 807 | 0,050 3377 |
| **2,990** | −0,98853 | 0,15101 | −0,15276 | 19,885 682 | 0,050 2874 |
| 2,991 | −0,98868 | 0,15002 | −0,15174 | 19,905 578 | 0,050 2372 |
| 2,992 | −0,98883 | 0,14904 | −0,15072 | 19,925 494 | 0,050 1870 |
| 2,993 | −0,98898 | 0,14805 | −0,14970 | 19,945 429 | 0,050 1368 |
| 2,994 | −0,98913 | 0,14706 | −0,14867 | 19,965 385 | 0,050 0867 |
| 2,995 | −0,98927 | 0,14607 | −0,14765 | 19,985 360 | 0,050 0366 |
| 2,996 | −0,98942 | 0,14508 | −0,14663 | 20,005 355 | 0,049 9866 |
| 2,997 | −0,98956 | 0,14409 | −0,14561 | 20,025 371 | 0,049 9367 |
| 2,998 | −0,98971 | 0,14310 | −0,14459 | 20,045 406 | 0,049 8867 |
| 2,999 | −0,98985 | 0,14211 | −0,14357 | 20,065 461 | 0,049 8369 |

| $x$ | Cof $x$ | Sin $x$ | Tg $x$ | $\varphi$ |
|---|---|---|---|---|
| **2,950** | 9,57915 | 9,52681 | 0,99454 | 169° 01′ 21,18″ |
| 2,951 | 9,58868 | 9,53639 | 0,99455 | 169 04 47,44 |
| 2,952 | 9,59822 | 9,54598 | 0,99456 | 169 08 13,71 |
| 2,953 | 9,60777 | 9,55559 | 0,99457 | 169 11 39,97 |
| 2,954 | 9,61733 | 9,56520 | 0,99458 | 169 15 06,24 |
| 2,955 | 9,62690 | 9,57482 | 0,99459 | 169 18 32,50 |
| 2,956 | 9,63648 | 9,58445 | 0,99460 | 169 21 58,77 |
| 2,957 | 9,64607 | 9,59410 | 0,99461 | 169 25 25,03 |
| 2,958 | 9,65567 | 9,60375 | 0,99462 | 169 28 51,30 |
| 2,959 | 9,66528 | 9,61341 | 0,99463 | 169 32 17,56 |
| **2,960** | 9,67490 | 9,62308 | 0,99464 | 169 35 43,83 |
| 2,961 | 9,68452 | 9,63276 | 0,99465 | 169 39 10,09 |
| 2,962 | 9,69416 | 9,64245 | 0,99467 | 169 42 36,36 |
| 2,963 | 9,70381 | 9,65214 | 0,99468 | 169 46 02,62 |
| 2,964 | 9,71347 | 9,66185 | 0,99469 | 169 49 28,89 |
| 2,965 | 9,72313 | 9,67157 | 0,99470 | 169 52 55,15 |
| 2,966 | 9,73281 | 9,68130 | 0,99471 | 169 56 21,42 |
| 2,967 | 9,74249 | 9,69104 | 0,99472 | 169 59 47,68 |
| 2,968 | 9,75219 | 9,70078 | 0,99473 | 170 03 13,94 |
| 2,969 | 9,76190 | 9,71054 | 0,99474 | 170 06 40,21 |
| **2,970** | 9,77161 | 9,72031 | 0,99475 | 170 10 06,47 |
| 2,971 | 9,78134 | 9,73008 | 0,99476 | 170 13 32,74 |
| 2,972 | 9,79107 | 9,73987 | 0,99477 | 170 16 59,00 |
| 2,973 | 9,80082 | 9,74967 | 0,99478 | 170 20 25,27 |
| 2,974 | 9,81057 | 9,75947 | 0,99479 | 170 23 51,53 |
| 2,975 | 9,82034 | 9,76929 | 0,99480 | 170 27 17,80 |
| 2,976 | 9,83011 | 9,77911 | 0,99481 | 170 30 44,06 |
| 2,977 | 9,83989 | 9,78895 | 0,99482 | 170 34 10,33 |
| 2,978 | 9,84969 | 9,79879 | 0,99483 | 170 37 36,59 |
| 2,979 | 9,85949 | 9,80865 | 0,99484 | 170 41 02,86 |
| **2,980** | 9,86930 | 9,81851 | 0,99485 | 170 44 29,12 |
| 2,981 | 9,87913 | 9,82839 | 0,99486 | 170 47 55,39 |
| 2,982 | 9,88896 | 9,83827 | 0,99487 | 170 51 21,65 |
| 2,983 | 9,89880 | 9,84816 | 0,99488 | 170 54 47,92 |
| 2,984 | 9,90866 | 9,85807 | 0,99489 | 170 58 14,18 |
| 2,985 | 9,91852 | 9,86798 | 0,99490 | 171 01 40,45 |
| 2,986 | 9,92839 | 9,87790 | 0,99491 | 171 05 06,71 |
| 2,987 | 9,93828 | 9,88784 | 0,99492 | 171 08 32,98 |
| 2,988 | 9,94817 | 9,89778 | 0,99493 | 171 11 59,24 |
| 2,989 | 9,95807 | 9,90773 | 0,99495 | 171 15 25,51 |
| **2,990** | 9,96798 | 9,91770 | 0,99496 | 171 18 51,77 |
| 2,991 | 9,97791 | 9,92767 | 0,99497 | 171 22 18,04 |
| 2,992 | 9,98784 | 9,93765 | 0,99498 | 171 25 44,30 |
| 2,993 | 9,99778 | 9,94765 | 0,99499 | 171 29 10,57 |
| 2,994 | 10,00774 | 9,95765 | 0,99500 | 171 32 36,83 |
| 2,995 | 10,01770 | 9,96766 | 0,99501 | 171 36 03,09 |
| 2,996 | 10,02767 | 9,97768 | 0,99502 | 171 39 29,36 |
| 2,997 | 10,03765 | 9,98772 | 0,99503 | 171 42 55,62 |
| 2,998 | 10,04765 | 9,99776 | 0,99503 | 171 46 21,89 |
| 2,999 | 10,05765 | 10,00781 | 0,99504 | 171 49 48,15 |

| $x$ | $\cos x$ | $\sin x$ | $\operatorname{tg} x$ | $e^x$ | $e^{-x}$ |
|---|---|---|---|---|---|
| **3,00** | −0,98999 | 0,14112 | −0,14255 | 20,085 537 | 0,049 7871 |
| 3,01 | −0,99135 | 0,13121 | −0,13236 | 20,287 400 | 0,049 2917 |
| 3,02 | −0,99262 | 0,12129 | −0,12220 | 20,491 292 | 0,048 8012 |
| 3,03 | −0,99378 | 0,11136 | −0,11206 | 20,697 233 | 0,048 3156 |
| 3,04 | −0,99484 | 0,10142 | −0,10194 | 20,905 243 | 0,047 8349 |
| 3,05 | −0,99581 | 0,09146 | −0,09185 | 21,115 344 | 0,047 3589 |
| 3,06 | −0,99667 | 0,08150 | −0,08177 | 21,327 557 | 0,046 8877 |
| 3,07 | −0,99744 | 0,07153 | −0,07172 | 21,541 903 | 0,046 4212 |
| 3,08 | −0,99810 | 0,06155 | −0,06167 | 21,758 402 | 0,045 9593 |
| 3,09 | −0,99867 | 0,05157 | −0,05164 | 21,977 078 | 0,045 5020 |
| **3,10** | −0,99914 | 0,04158 | −0,04162 | 22,197 951 | 0,045 0492 |
| 3,11 | −0,99950 | 0,03159 | −0,03160 | 22,421 044 | 0,044 6010 |
| 3,12 | −0,99977 | 0,02159 | −0,02160 | 22,646 380 | 0,044 1572 |
| 3,13 | −0,99993 | 0,01159 | −0,01159 | 22,873 980 | 0,043 7178 |
| 3,14 | −1,00000 | 0,00159 | −0,00159 | 23,103 867 | 0,043 2828 |
| $\pi$=3,14··· | −1 | 0 | 0 | 23,140 693 | 0,043 2139 |
| 3,15 | −0,99996 | −0,00841 | 0,00841 | 23,336 065 | 0,042 8521 |
| 3,16 | −0,99983 | −0,01841 | 0,01841 | 23,570 596 | 0,042 4257 |
| 3,17 | −0,99960 | −0,02840 | 0,02841 | 23,807 484 | 0,042 0036 |
| 3,18 | −0,99926 | −0,03840 | 0,03843 | 24,046 754 | 0,041 5857 |
| 3,19 | −0,99883 | −0,04839 | 0,04845 | 24,288 427 | 0,041 1719 |
| **3,20** | −0,99829 | −0,05837 | 0,05847 | 24,532 530 | 0,040 7622 |
| 3,21 | −0,99766 | −0,06835 | 0,06851 | 24,779 086 | 0,040 3566 |
| 3,22 | −0,99693 | −0,07833 | 0,07857 | 25,028 120 | 0,039 9551 |
| 3,23 | −0,99609 | −0,08829 | 0,08864 | 25,279 657 | 0,039 5575 |
| 3,24 | −0,99516 | −0,09825 | 0,09873 | 25,533 722 | 0,039 1639 |
| 3,25 | −0,99413 | −0,10820 | 0,10883 | 25,790 340 | 0,038 7742 |
| 3,26 | −0,99300 | −0,11813 | 0,11896 | 26,049 537 | 0,038 3884 |
| 3,27 | −0,99177 | −0,12805 | 0,12912 | 26,311 339 | 0,038 0064 |
| 3,28 | −0,99044 | −0,13797 | 0,13930 | 26,575 773 | 0,037 6283 |
| 3,29 | −0,98901 | −0,14786 | 0,14951 | 26,842 864 | 0,037 2538 |
| **3,30** | −0,98748 | −0,15775 | 0,15975 | 27,112 639 | 0,036 8832 |
| 3,31 | −0,98585 | −0,16761 | 0,17002 | 27,385 125 | 0,036 5162 |
| 3,32 | −0,98413 | −0,17746 | 0,18032 | 27,660 351 | 0,036 1528 |
| 3,33 | −0,98230 | −0,18729 | 0,19067 | 27,938 342 | 0,035 7931 |
| 3,34 | −0,98038 | −0,19711 | 0,20105 | 28,219 127 | 0,035 4370 |
| 3,35 | −0,97836 | −0,20690 | 0,21148 | 28,502 734 | 0,035 0844 |
| 3,36 | −0,97624 | −0,21668 | 0,22195 | 28,789 191 | 0,034 7353 |
| 3,37 | −0,97403 | −0,22643 | 0,23246 | 29,078 527 | 0,034 3896 |
| 3,38 | −0,97172 | −0,23616 | 0,24303 | 29,370 771 | 0,034 0475 |
| 3,39 | −0,96931 | −0,24586 | 0,25365 | 29,665 952 | 0,033 7087 |
| **3,40** | −0,96680 | −0,25554 | 0,26432 | 29,964 100 | 0,033 3733 |
| 3,41 | −0,96419 | −0,26520 | 0,27504 | 30,265 244 | 0,033 0412 |
| 3,42 | −0,96149 | −0,27482 | 0,28583 | 30,569 415 | 0,032 7124 |
| 3,43 | −0,95870 | −0,28443 | 0,29668 | 30,876 643 | 0,032 3869 |
| 3,44 | −0,95581 | −0,29400 | 0,30759 | 31,186 958 | 0,032 0647 |
| 3,45 | −0,95282 | −0,30354 | 0,31857 | 31,500 392 | 0,031 7456 |
| 3,46 | −0,94974 | −0,31305 | 0,32962 | 31,816 977 | 0,031 4298 |
| 3,47 | −0,94656 | −0,32254 | 0,34075 | 32,136 743 | 0,031 1170 |
| 3,48 | −0,94328 | −0,33199 | 0,35295 | 32,459 722 | 0,030 8074 |
| 3,49 | −0,93992 | −0,34140 | 0,36322 | 32,785 948 | 0,030 5009 |

| $x$ | Cos $x$ | Sin $x$ | Tg $x$ | $\varphi$ |
|---|---|---|---|---|
| **3,00** | 10,06766 | 10,01787 | 0,99505 | 171° 53′ 14,42″ |
| 3,01 | 10,16835 | 10,11905 | 0,99515 | 172 27 37,07 |
| 3,02 | 10,27005 | 10,22125 | 0,99525 | 173 01 59,71 |
| 3,03 | 10,37277 | 10,32446 | 0,99534 | 173 36 22,36 |
| 3,04 | 10,47654 | 10,42870 | 0,99543 | 174 10 45,01 |
| 3,05 | 10,58135 | 10,53399 | 0,99552 | 174 45 07,66 |
| 3,06 | 10,68722 | 10,64033 | 0,99561 | 175 19 30,31 |
| 3,07 | 10,79416 | 10,74774 | 0,99570 | 175 53 52,96 |
| 3,08 | 10,90218 | 10,85622 | 0,99578 | 176 28 15,60 |
| 3,09 | 11,01129 | 10,96579 | 0,99587 | 177 02 38,25 |
| **3,10** | 11,12150 | 11,07645 | 0,99595 | 177 37 00,90 |
| 3,11 | 11,23282 | 11,18822 | 0,99603 | 178 11 23,55 |
| 3,12 | 11,34527 | 11,30111 | 0,99611 | 178 45 46,20 |
| 3,13 | 11,45885 | 11,41513 | 0,99618 | 179 20 08,84 |
| 3,14 | 11,57357 | 11,53029 | 0,99626 | 179 54 31,49 |
| $\pi$=3,14··· | 11,59195 | 11,54874 | 0,99627 | 180 |
| 3,15 | 11,68946 | 11,64661 | 0,99633 | 180 28 54,14 |
| 3,16 | 11,80651 | 11,76409 | 0,99641 | 181 03 16,79 |
| 3,17 | 11,92474 | 11,88274 | 0,99648 | 181 37 39,44 |
| 3,18 | 12,04417 | 12,00258 | 0,99655 | 182 12 02,08 |
| 3,19 | 12,16480 | 12,12363 | 0,99662 | 182 46 24,73 |
| **3,20** | 12,28665 | 12,24588 | 0,99668 | 183 20 47,38 |
| 3,21 | 12,40972 | 12,36936 | 0,99675 | 183 55 10,03 |
| 3,22 | 12,53404 | 12,49408 | 0,99681 | 184 29 32,68 |
| 3,23 | 12,65961 | 12,62005 | 0,99688 | 185 03 55,32 |
| 3,24 | 12,78644 | 12,74728 | 0,99694 | 185 38 17,97 |
| 3,25 | 12,91456 | 12,87578 | 0,99700 | 186 12 40,62 |
| 3,26 | 13,04396 | 13,00557 | 0,99706 | 186 47 03,27 |
| 3,27 | 13,17467 | 13,13667 | 0,99712 | 187 21 25,92 |
| 3,28 | 13,30670 | 13,26907 | 0,99717 | 187 55 48,56 |
| 3,29 | 13,44006 | 13,40280 | 0,99723 | 188 30 11,21 |
| **3,30** | 13,57476 | 13,53788 | 0,99728 | 189 04 33,86 |
| 3,31 | 13,71082 | 13,67430 | 0,99734 | 189 38 56,51 |
| 3,32 | 13,84825 | 13,81210 | 0,99739 | 190 13 19,16 |
| 3,33 | 13,98707 | 13,95127 | 0,99744 | 190 47 41,80 |
| 3,34 | 14,12728 | 14,09184 | 0,99749 | 191 22 04,45 |
| 3,35 | 14,26891 | 14,23382 | 0,99754 | 191 56 27,10 |
| 3,36 | 14,41196 | 14,37723 | 0,99759 | 192 30 49,75 |
| 3,37 | 14,55646 | 14,52207 | 0,99764 | 193 05 12,40 |
| 3,38 | 14,70241 | 14,66836 | 0,99768 | 193 39 35,05 |
| 3,39 | 14,84983 | 14,81612 | 0,99773 | 194 13 57,69 |
| **3,40** | 14,99874 | 14,96536 | 0,99777 | 194 48 20,34 |
| 3,41 | 15,14914 | 15,11610 | 0,99782 | 195 22 42,99 |
| 3,42 | 15,30106 | 15,26835 | 0,99786 | 195 57 05,64 |
| 3,43 | 15,45451 | 15,42213 | 0,99790 | 196 31 28,29 |
| 3,44 | 15,60951 | 15,57745 | 0,99795 | 197 05 50,93 |
| 3,45 | 15,76607 | 15,73432 | 0,99799 | 197 40 13,58 |
| 3,46 | 15,92420 | 15,89277 | 0,99803 | 198 14 36,23 |
| 3,47 | 16,08393 | 16,05281 | 0,99807 | 198 48 58,88 |
| 3,48 | 16,24526 | 16,21446 | 0,99810 | 199 23 21,53 |
| 3,49 | 16,40822 | 16,37772 | 0,99814 | 199 57 44,17 |

| $x$ | $\cos x$ | $\sin x$ | $\operatorname{tg} x$ | $e^{x}$ | $e^{-x}$ |
|---|---|---|---|---|---|
| **3,50** | −0,93646 | −0,35078 | 0,37459 | 33,115 452 | 0,030 1974 |
| 3,51 | −0,93290 | −0,36013 | 0,38603 | 33,448 268 | 0,029 8969 |
| 3,52 | −0,92925 | −0,36944 | 0,39757 | 33,784 429 | 0,029 5994 |
| 3,53 | −0,92551 | −0,37871 | 0,40919 | 34,123 968 | 0,029 3049 |
| 3,54 | −0,92168 | −0,38795 | 0,42092 | 34,466 919 | 0,029 0133 |
| 3,55 | −0,91775 | −0,39715 | 0,43274 | 34,813 318 | 0,028 7246 |
| 3,56 | −0,91374 | −0,40631 | 0,44466 | 35,163 197 | 0,028 4388 |
| 3,57 | −0,90963 | −0,41542 | 0,45669 | 35,516 593 | 0,028 1559 |
| 3,58 | −0,90543 | −0,42450 | 0,46884 | 35,873 541 | 0,027 8757 |
| 3,59 | −0,90114 | −0,43353 | 0,48109 | 36,234 076 | 0,027 5983 |
| **3,60** | −0,89676 | −0,44252 | 0,49347 | 36,598 234 | 0,027 3237 |
| 3,61 | −0,89229 | −0,45147 | 0,50596 | 36,966 053 | 0,027 0518 |
| 3,62 | −0,88773 | −0,46037 | 0,51859 | 37,337 568 | 0,026 7827 |
| 3,63 | −0,88308 | −0,46922 | 0,53134 | 37,712 817 | 0,026 5162 |
| 3,64 | −0,87835 | −0,47803 | 0,54424 | 38,091 837 | 0,026 2523 |
| 3,65 | −0,87352 | −0,48679 | 0,55727 | 38,474 666 | 0,025 9911 |
| 3,66 | −0,86861 | −0,49550 | 0,57045 | 38,861 343 | 0,025 7325 |
| 3,67 | −0,86361 | −0,50416 | 0,58378 | 39,251 906 | 0,025 4765 |
| 3,68 | −0,85853 | −0,51277 | 0,59727 | 39,646 394 | 0,025 2230 |
| 3,69 | −0,85336 | −0,52133 | 0,61092 | 40,044 847 | 0,024 9720 |
| **3,70** | −0,84810 | −0,52984 | 0,62473 | 40,447 304 | 0,024 7235 |
| 3,71 | −0,84276 | −0,53829 | 0,63872 | 40,853 807 | 0,024 4775 |
| 3,72 | −0,83733 | −0,54669 | 0,65289 | 41,264 394 | 0,024 2340 |
| 3,73 | −0,83183 | −0,55504 | 0,66725 | 41,679 108 | 0,023 9928 |
| 3,74 | −0,82623 | −0,56333 | 0,68180 | 42,097 990 | 0,023 7541 |
| 3,75 | −0,82056 | −0,57156 | 0,69655 | 42,521 082 | 0,023 5177 |
| 3,76 | −0,81480 | −0,57974 | 0,71151 | 42,948 426 | 0,023 2837 |
| 3,77 | −0,80896 | −0,58786 | 0,72668 | 43,380 065 | 0,023 0521 |
| 3,78 | −0,80305 | −0,59592 | 0,74207 | 43,816 042 | 0,022 8227 |
| 3,79 | −0,79705 | −0,60392 | 0,75769 | 44,256 400 | 0,022 5956 |
| **3,80** | −0,79097 | −0,61186 | 0,77356 | 44,701 184 | 0,022 3708 |
| 3,81 | −0,78481 | −0,61974 | 0,78967 | 45,150 439 | 0,022 1482 |
| 3,82 | −0,77857 | −0,62755 | 0,80603 | 45,604 208 | 0,021 9278 |
| 3,83 | −0,77226 | −0,63531 | 0,82266 | 46,062 538 | 0,021 7096 |
| 3,84 | −0,76587 | −0,64300 | 0,83957 | 46,525 474 | 0,021 4936 |
| 3,85 | −0,75940 | −0,65063 | 0,85676 | 46,993 063 | 0,021 2797 |
| 3,86 | −0,75285 | −0,65819 | 0,87425 | 47,465 351 | 0,021 0680 |
| 3,87 | −0,74624 | −0,66568 | 0,89205 | 47,942 386 | 0,020 8584 |
| 3,88 | −0,73954 | −0,67311 | 0,91017 | 48,424 215 | 0,020 6508 |
| 3,89 | −0,73277 | −0,68047 | 0,92863 | 48,910 887 | 0,020 4453 |
| **3,90** | −0,72593 | −0,68777 | 0,94742 | 49,402 449 | 0,020 2419 |
| 3,91 | −0,71902 | −0,69499 | 0,96658 | 49,898 952 | 0,020 0405 |
| 3,92 | −0,71203 | −0,70215 | 0,98612 | 50,400 445 | 0,019 8411 |
| $^5/_4\,\pi = 3{,}92\cdots$ | −0,70711 | −0,70711 | 1 | 50,754 020 | 0,019 7029 |
| 3,93 | −0,70498 | −0,70923 | 1,00604 | 50,906 978 | 0,019 6437 |
| 3,94 | −0,69785 | −0,71625 | 1,02636 | 51,418 601 | 0,019 4482 |
| 3,95 | −0,69065 | −0,72319 | 1,04711 | 51,935 367 | 0,019 2547 |
| 3,96 | −0,68338 | −0,73006 | 1,06830 | 52,457 326 | 0,019 0631 |
| 3,97 | −0,67605 | −0,73686 | 1,08994 | 52,984 531 | 0,018 8734 |
| 3,98 | −0,66865 | −0,74358 | 1,11206 | 53,517 034 | 0,018 6856 |
| 3,99 | −0,66118 | −0,75023 | 1,13468 | 54,054 889 | 0,018 4997 |

| x | Cos x | Sin x | Tg x | φ |
|---|---|---|---|---|
| **3,50** | 16,57282 | 16,54263 | 0,99818 | 200° 32′ 06,82″ |
| 3,51 | 16,73908 | 16,70919 | 0,99821 | 201 06 29,47 |
| 3,52 | 16,90701 | 16,87741 | 0,99825 | 201 40 52,12 |
| 3,53 | 17,07664 | 17,04733 | 0,99828 | 202 15 14,77 |
| 3,54 | 17,24797 | 17,21895 | 0,99832 | 202 49 37,41 |
| 3,55 | 17,42102 | 17,39230 | 0,99835 | 203 24 00,06 |
| 3,56 | 17,59582 | 17,56738 | 0,99838 | 203 58 22,71 |
| 3,57 | 17,77237 | 17,74422 | 0,99842 | 204 32 45,36 |
| 3,58 | 17,95071 | 17,92283 | 0,99845 | 205 07 08,01 |
| 3,59 | 18,13084 | 18,10324 | 0,99848 | 205 41 30,65 |
| **3,60** | 18,31278 | 18,28546 | 0,99851 | 206 15 53,30 |
| 3,61 | 18,49655 | 18,46950 | 0,99854 | 206 50 15,95 |
| 3,62 | 18,68218 | 18,65539 | 0,99857 | 207 24 38,60 |
| 3,63 | 18,86967 | 18,84315 | 0,99859 | 207 59 01,25 |
| 3,64 | 19,05904 | 19,03279 | 0,99862 | 208 33 23,89 |
| 3,65 | 19,25033 | 19,22434 | 0,99865 | 209 07 46,54 |
| 3,66 | 19,44354 | 19,41781 | 0,99868 | 209 42 09,19 |
| 3,67 | 19,63869 | 19,61321 | 0,99870 | 210 16 31,84 |
| 3,68 | 19,83581 | 19,81059 | 0,99873 | 210 50 54,49 |
| 3,69 | 20,03491 | 20,00994 | 0,99875 | 211 25 17,14 |
| **3,70** | 20,23601 | 20,21129 | 0,99878 | 211 59 39,78 |
| 3,71 | 20,43914 | 20,41466 | 0,99880 | 212 34 02,43 |
| 3,72 | 20,64431 | 20,62008 | 0,99883 | 213 08 25,08 |
| 3,73 | 20,85155 | 20,82756 | 0,99885 | 213 42 47,73 |
| 3,74 | 21,06087 | 21,03712 | 0,99887 | 214 17 10,38 |
| 3,75 | 21,27230 | 21,24878 | 0,99889 | 214 51 33,02 |
| 3,76 | 21,48585 | 21,46257 | 0,99892 | 215 25 55,67 |
| 3,77 | 21,70156 | 21,67851 | 0,99894 | 216 00 18,32 |
| 3,78 | 21,91943 | 21,89661 | 0,99896 | 216 34 40,97 |
| 3,79 | 22,13950 | 22,11690 | 0,99898 | 217 09 03,62 |
| **3,80** | 22,36178 | 22,33941 | 0,99900 | 217 43 26,26 |
| 3,81 | 22,58629 | 22,56415 | 0,99902 | 218 17 48,91 |
| 3,82 | 22,81307 | 22,79114 | 0,99904 | 218 52 11,56 |
| 3,83 | 23,04212 | 23,02041 | 0,99906 | 219 26 34,21 |
| 3,84 | 23,27348 | 23,25199 | 0,99908 | 220 00 56,86 |
| 3,85 | 23,50717 | 23,48589 | 0,99909 | 220 35 19,50 |
| 3,86 | 23,74321 | 23,72214 | 0,99911 | 221 09 42,15 |
| 3,87 | 23,98162 | 23,96076 | 0,99913 | 221 44 04,80 |
| 3,88 | 24,22243 | 24,20178 | 0,99915 | 222 18 27,45 |
| 3,89 | 24,46567 | 24,44522 | 0,99916 | 222 52 50,10 |
| **3,90** | 24,71135 | 24,69110 | 0,99918 | 223 27 12,74 |
| 3,91 | 24,95950 | 24,93946 | 0,99920 | 224 01 35,39 |
| 3,92 | 25,21014 | 25,19030 | 0,99921 | 224 35 58,04 |
| $5/4\,\pi = 3,92\cdots$ | 25,38686 | 25,36716 | 0,99922 | 225 |
| 3,93 | 25,46331 | 25,44367 | 0,99923 | 225 10 20,69 |
| 3,94 | 25,71902 | 25,69958 | 0,99924 | 225 44 43,34 |
| 3,95 | 25,97731 | 25,95806 | 0,99926 | 226 19 05,98 |
| 3,96 | 26,23819 | 26,21913 | 0,99927 | 226 53 28,63 |
| 3,97 | 26,50170 | 26,48283 | 0,99929 | 227 27 51,28 |
| 3,98 | 26,76786 | 26,74917 | 0,99930 | 228 02 13,93 |
| 3,99 | 27,03669 | 27,01819 | 0,99932 | 228 36 36,58 |

| $x$ | $\cos x$ | $\sin x$ | $\operatorname{tg} x$ | $e^x$ | $e^{-x}$ |
|---|---|---|---|---|---|
| **4,00** | −0,65364 | −0,75680 | 1,15782 | 54,598 150 | 0,018 3156 |
| 4,01 | −0,64604 | −0,76330 | 1,18150 | 55,146 871 | 0,018 1334 |
| 4,02 | −0,63838 | −0,76972 | 1,20575 | 55,701 106 | 0,017 9530 |
| 4,03 | −0,63065 | −0,77607 | 1,23059 | 56,260 911 | 0,017 7743 |
| 4,04 | −0,62286 | −0,78234 | 1,25604 | 56,826 343 | 0,017 5975 |
| 4,05 | −0,61500 | −0,78853 | 1,28215 | 57,397 457 | 0,017 4224 |
| 4,06 | −0,60709 | −0,79464 | 1,30893 | 57,974 311 | 0,017 2490 |
| 4,07 | −0,59911 | −0,80067 | 1,33643 | 58,556 963 | 0,017 0774 |
| 4,08 | −0,59107 | −0,80662 | 1,36467 | 59,145 470 | 0,016 9075 |
| 4,09 | −0,58298 | −0,81249 | 1,39369 | 59,739 892 | 0,016 7392 |
| **4,10** | −0,57482 | −0,81828 | 1,42353 | 60,340 288 | 0,016 5727 |
| 4,11 | −0,56661 | −0,82398 | 1,45423 | 60,946 718 | 0,016 4078 |
| 4,12 | −0,55834 | −0,82961 | 1,48584 | 61,559 242 | 0,016 2445 |
| 4,13 | −0,55002 | −0,83515 | 1,51840 | 62,177 923 | 0,016 0829 |
| 4,14 | −0,54164 | −0,84061 | 1,55197 | 62,802 821 | 0,015 9229 |
| 4,15 | −0,53321 | −0,84598 | 1,58659 | 63,434 000 | 0,015 7644 |
| 4,16 | −0,52472 | −0,85127 | 1,62233 | 64,071 523 | 0,015 6076 |
| 4,17 | −0,51618 | −0,85648 | 1,65925 | 64,715 452 | 0,015 4523 |
| 4,18 | −0,50759 | −0,86160 | 1,69742 | 65,365 853 | 0,015 2985 |
| 4,19 | −0,49895 | −0,86663 | 1,73690 | 66,022 791 | 0,015 1463 |
| **4,20** | −0,49026 | −0,87158 | 1,77778 | 66,686 331 | 0,014 9956 |
| 4,21 | −0,48152 | −0,87643 | 1,82014 | 67,356 540 | 0,014 8464 |
| 4,22 | −0,47273 | −0,88121 | 1,86407 | 68,033 484 | 0,014 6986 |
| 4,23 | −0,46390 | −0,88589 | 1,90967 | 68,717 232 | 0,014 5524 |
| 4,24 | −0,45501 | −0,89048 | 1,95704 | 69,407 852 | 0,014 4076 |
| 4,25 | −0,44609 | −0,89499 | 2,00631 | 70,105 412 | 0,014 2642 |
| 4,26 | −0,43712 | −0,89941 | 2,05759 | 70,809 983 | 0,014 1223 |
| 4,27 | −0,42810 | −0,90373 | 2,11103 | 71,521 636 | 0,013 9818 |
| 4,28 | −0,41904 | −0,90797 | 2,16677 | 72,240 440 | 0,013 8427 |
| 4,29 | −0,40994 | −0,91211 | 2,22499 | 72,966 468 | 0,013 7049 |
| **4,30** | −0,40080 | −0,91617 | 2,28585 | 73,699 794 | 0,013 5686 |
| 4,31 | −0,39162 | −0,92013 | 2,34956 | 74,440 489 | 0,013 4335 |
| 4,32 | −0,38240 | −0,92400 | 2,41633 | 75,188 628 | 0,013 2999 |
| 4,33 | −0,37314 | −0,92778 | 2,48642 | 75,944 287 | 0,013 1675 |
| 4,34 | −0,36384 | −0,93146 | 2,56007 | 76,707 539 | 0,013 0365 |
| 4,35 | −0,35451 | −0,93505 | 2,63760 | 77,478 463 | 0,012 9068 |
| 4,36 | −0,34514 | −0,93855 | 2,71933 | 78,257 134 | 0,012 7784 |
| 4,37 | −0,33574 | −0,94196 | 2,80562 | 79,043 632 | 0,012 6512 |
| 4,38 | −0,32630 | −0,94527 | 2,89690 | 79,838 033 | 0,012 5254 |
| 4,39 | −0,31683 | −0,94848 | 2,99363 | 80,640 419 | 0,012 4007 |
| **4,40** | −0,30733 | −0,95160 | 3,09632 | 81,450 869 | 0,012 2773 |
| 4,41 | −0,29780 | −0,95463 | 3,20558 | 82,269 464 | 0,012 1552 |
| 4,42 | −0,28824 | −0,95756 | 3,32208 | 83,096 285 | 0,012 0342 |
| 4,43 | −0,27865 | −0,96039 | 3,44658 | 83,931 417 | 0,011 9145 |
| 4,44 | −0,26903 | −0,96313 | 3,57997 | 84,774 942 | 0,011 7959 |
| 4,45 | −0,25939 | −0,96577 | 3,72327 | 85,626 944 | 0,011 6786 |
| 4,46 | −0,24972 | −0,96832 | 3,87765 | 86,487 509 | 0,011 5624 |
| 4,47 | −0,24002 | −0,97077 | 4,04449 | 87,356 723 | 0,011 4473 |
| 4,48 | −0,23030 | −0,97312 | 4,22539 | 88,234 673 | 0,011 3334 |
| 4,49 | −0,22056 | −0,97537 | 4,42225 | 89,121 446 | 0,011 2206 |

| $x$ | Cof $x$ | Sin $x$ | Tg $x$ | $\varphi$ |
|---|---|---|---|---|
| **4,00** | 27,30823 | 27,28992 | 0,99933 | 229° 10′ 59,22″ |
| 4,01 | 27,58250 | 27,56437 | 0,99934 | 229 45 21,87 |
| 4,02 | 27,85953 | 27,84158 | 0,99936 | 230 19 44,52 |
| 4,03 | 28,13934 | 28,12157 | 0,99937 | 230 54 07,17 |
| 4,04 | 28,42197 | 28,40437 | 0,99938 | 231 28 29,82 |
| 4,05 | 28,70744 | 28,69002 | 0,99939 | 232 02 52,47 |
| 4,06 | 28,99578 | 28,97853 | 0,99941 | 232 37 15,11 |
| 4,07 | 29,28702 | 29,26994 | 0,99942 | 233 11 37,76 |
| 4,08 | 29,58119 | 29,56428 | 0,99943 | 233 46 00,41 |
| 4,09 | 29,87832 | 29,86158 | 0,99944 | 234 20 23,06 |
| **4,10** | 30,17843 | 30,16186 | 0,99945 | 234 54 45,71 |
| 4,11 | 30,48156 | 30,46515 | 0,99946 | 235 29 08,35 |
| 4,12 | 30,78774 | 30,77150 | 0,99947 | 236 03 31,00 |
| 4,13 | 31,09700 | 31,08092 | 0,99948 | 236 37 53,65 |
| 4,14 | 31,40937 | 31,39345 | 0,99949 | 237 12 16,30 |
| 4,15 | 31,72488 | 31,70912 | 0,99950 | 237 46 38,95 |
| 4,16 | 32,04357 | 32,02796 | 0,99951 | 238 21 01,59 |
| 4,17 | 32,36545 | 32,35000 | 0,99952 | 238 55 24,24 |
| 4,18 | 32,69058 | 32,67528 | 0,99953 | 239 29 46,89 |
| 4,19 | 33,01897 | 33,00382 | 0,99954 | 240 04 09,54 |
| **4,20** | 33,35066 | 33,33567 | 0,99955 | 240 38 32,19 |
| 4,21 | 33,68569 | 33,67085 | 0,99956 | 241 12 54,83 |
| 4,22 | 34,02409 | 34,00939 | 0,99957 | 241 47 17,48 |
| 4,23 | 34,36589 | 34,35134 | 0,99958 | 242 21 40,13 |
| 4,24 | 34,71113 | 34,69672 | 0,99958 | 242 56 02,78 |
| 4,25 | 35,05984 | 35,04557 | 0,99959 | 243 30 25,43 |
| 4,26 | 35,41205 | 35,39793 | 0,99960 | 244 04 48,07 |
| 4,27 | 35,76781 | 35,75383 | 0,99961 | 244 39 10,72 |
| 4,28 | 36,12714 | 36,11330 | 0,99962 | 245 13 33,37 |
| 4,29 | 36,49009 | 36,47638 | 0,99962 | 245 47 56,02 |
| **4,30** | 36,85668 | 36,84311 | 0,99963 | 246 22 18,67 |
| 4,31 | 37,22696 | 37,21353 | 0,99964 | 246 56 41,31 |
| 4,32 | 37,60096 | 37,58766 | 0,99965 | 247 31 03,96 |
| 4,33 | 37,97873 | 37,96556 | 0,99965 | 248 05 26,61 |
| 4,34 | 38,36029 | 38,34725 | 0,99966 | 248 39 49,26 |
| 4,35 | 38,74568 | 38,73278 | 0,99967 | 249 14 11,91 |
| 4,36 | 39,13496 | 39,12218 | 0,99967 | 249 48 34,56 |
| 4,37 | 39,52814 | 39,51549 | 0,99968 | 250 22 57,20 |
| 4,38 | 39,92528 | 39,91275 | 0,99969 | 250 57 19,85 |
| 4,39 | 40,32641 | 40,31401 | 0,99969 | 251 31 42,50 |
| **4,40** | 40,73157 | 40,71930 | 0,99970 | 252 06 05,15 |
| 4,41 | 41,14081 | 41,12865 | 0,99970 | 252 40 27,80 |
| 4,42 | 41,55416 | 41,54213 | 0,99971 | 253 14 50,44 |
| 4,43 | 41,97167 | 41,95975 | 0,99972 | 253 49 13,09 |
| 4,44 | 42,39337 | 42,38157 | 0,99972 | 254 23 35,74 |
| 4,45 | 42,81931 | 42,80763 | 0,99973 | 254 57 58,39 |
| 4,46 | 43,24954 | 43,23797 | 0,99973 | 255 32 21,04 |
| 4,47 | 43,68409 | 43,67264 | 0,99974 | 256 06 43,68 |
| 4,48 | 44,12300 | 44,11167 | 0,99974 | 256 41 06,33 |
| 4,49 | 44,56633 | 44,55511 | 0,99975 | 257 15 28,98 |

| $x$ | $\cos x$ | $\sin x$ | $\mathrm{tg}\, x$ | $e^x$ | $e^{-x}$ |
|---|---|---|---|---|---|
| **4,50** | −0,21080 | −0,97753 | 4,63733 | 90,017 131 | 0,011 1090 |
| 4,51 | −0,20101 | −0,97959 | 4,87333 | 90,921 819 | 0,010 9985 |
| 4,52 | −0,19120 | −0,98155 | 5,13351 | 91,835 598 | 0,010 8890 |
| 4,53 | −0,18138 | −0,98341 | 5,42186 | 92,758 561 | 0,010 7807 |
| 4,54 | −0,17154 | −0,98518 | 5,74326 | 93,690 800 | 0,010 6734 |
| 4,55 | −0,16168 | −0,98684 | 6,10383 | 94,632 408 | 0,010 5672 |
| 4,56 | −0,15180 | −0,98841 | 6,51128 | 95,583 480 | 0,010 4621 |
| 4,57 | −0,14191 | −0,98988 | 6,97549 | 96,544 110 | 0,010 3580 |
| 4,58 | −0,13200 | −0,99125 | 7,50932 | 97,514 394 | 0,010 2549 |
| 4,59 | −0,12208 | −0,99252 | 8,12983 | 98,494 430 | 0,010 1529 |
| **4,60** | −0,11215 | −0,99369 | 8,86017 | 99,484 316 | 0,010 0518 |
| 4,61 | −0,10221 | −0,99476 | 9,73252 | 100,484 150 | 0,009 9518 |
| 4,62 | −0,09226 | −0,99574 | 10,79299 | 101,494 032 | 0,009 8528 |
| 4,63 | −0,08230 | −0,99661 | 12,11007 | 102,514 064 | 0,009 7548 |
| 4,64 | −0,07233 | −0,99738 | 13,79012 | 103,544 348 | 0,009 6577 |
| 4,65 | −0,06235 | −0,99805 | 16,00767 | 104,584 986 | 0,009 5616 |
| 4,66 | −0,05237 | −0,99863 | 19,07052 | 105,636 082 | 0,009 4665 |
| 4,67 | −0,04238 | −0,99910 | 23,57691 | 106,697 742 | 0,009 3723 |
| 4,68 | −0,03238 | −0,99948 | 30,86390 | 107,770 073 | 0,009 2790 |
| 4,69 | −0,02239 | −0,99975 | 44,65737 | 108,853 180 | 0,009 1867 |
| **4'70** | −0,01239 | −0,99992 | 80,71276 | 109,947 173 | 0,009 0953 |
| 4,71 | −0,00239 | −1,00000 | 418,58782 | 111,052 160 | 0,009 0048 |
| $\frac{3}{2}\pi = 4{,}71\cdots$ | 0 | −1 | $\pm\infty$ | 111,317 778 | 0,008 9833 |
| 4,72 | 0,00761 | −0,99997 | −131,38590 | 112,168 253 | 0,008 9152 |
| 4,73 | 0,01761 | −0,99984 | −56,77676 | 113,295 562 | 0,008 8265 |
| 4,74 | 0,02761 | −0,99962 | −36,20822 | 114,434 202 | 0,008 7386 |
| 4,75 | 0,03760 | −0,99929 | −26,57541 | 115,584 285 | 0,008 6517 |
| 4,76 | 0,04759 | −0,99887 | −20,98767 | 116,745 926 | 0,008 5656 |
| 4,77 | 0,05758 | −0,99834 | −17,33858 | 117,919 242 | 0,008 4804 |
| 4,78 | 0,06756 | −0,99772 | −14,76794 | 119,104 350 | 9,008 3960 |
| 4,79 | 0,07753 | −0,99699 | −12,85889 | 120,301 369 | 0,008 3125 |
| **4,80** | 0,08750 | −0,99616 | −11,38487 | 121,510 418 | 0,008 2297 |
| 4,81 | 0,09746 | −0,99524 | −10,21219 | 122,731 618 | 0,008 1479 |
| 4,82 | 0,10740 | −0,99422 | −9,25683 | 123,965 091 | 0,008 0668 |
| 4,83 | 0,11734 | −0,99309 | −8,46336 | 125,210 961 | 0,007 9865 |
| 4,84 | 0,12726 | −0,99187 | −7,79373 | 126,469 352 | 0,007 9071 |
| 4,85 | 0,13718 | −0,99055 | −7,22093 | 127,740 390 | 0,007 8284 |
| 4,86 | 0,14708 | −0,98913 | −6,72529 | 129,024 202 | 0,007 7505 |
| 4,87 | 0,15696 | −0,98761 | −6,29211 | 130,320 917 | 0,007 6734 |
| 4,88 | 0,16683 | −0,98599 | −5,91022 | 131,630 664 | 0,007 5970 |
| 4,89 | 0,17668 | −0,98427 | −5,57095 | 132,953 574 | 0,007 5214 |
| **4,90** | 0,18651 | −0,98245 | −5,26749 | 134,289 780 | 0,007 4466 |
| 4,91 | 0,19633 | −0,98054 | −4,99440 | 135,639 414 | 0,007 3725 |
| 4,92 | 0,20612 | −0,97853 | −4,74730 | 137,002 613 | 0,007 2991 |
| 4,93 | 0,21590 | −0,97642 | −4,52259 | 138,379 512 | 0,007 2265 |
| 4,94 | 0,22565 | −0,97421 | −4,31733 | 139,770 250 | 0,007 1546 |
| 4,95 | 0,23538 | −0,97190 | −4,12906 | 141,174 964 | 0,007 0834 |
| 4,96 | 0,24509 | −0,96950 | −3,95572 | 142,593 796 | 0,007 0129 |
| 4,97 | 0,25477 | −0,96700 | −3,79557 | 144,026 887 | 0,006 9431 |
| 4,98 | 0,26443 | −0,96441 | −3,64713 | 145,474 382 | 0,006 8741 |
| 4,99 | 0,27406 | −0,96171 | −3,50915 | 146,936 423 | 0,006 8057 |

| $x$ | Cof $x$ | Sin $x$ | Tg $x$ | $\varphi$ |
|---|---|---|---|---|
| **4,50** | 45,01412 | 45,00301 | 0,99975 | 257° 49′ 51,63″ |
| 4,51 | 45,46641 | 45,45541 | 0,99976 | 258 24 14,28 |
| 4,52 | 45,92324 | 45,91235 | 0,99976 | 258 58 36,92 |
| 4,53 | 46,38467 | 46,37389 | 0,99977 | 259 32 59,57 |
| 4,54 | 46,85074 | 46,84006 | 0,99977 | 260 07 22,22 |
| 4,55 | 47,32149 | 47,31092 | 0,99978 | 260 41 44,87 |
| 4,56 | 47,79697 | 47,78651 | 0,99978 | 261 16 07,52 |
| 4,57 | 48,27723 | 48,26688 | 0,99979 | 261 50 30,16 |
| 4,58 | 48,76232 | 48,75207 | 0,99979 | 262 24 52,81 |
| 4,59 | 49,25229 | 49,24214 | 0,99979 | 262 59 15,46 |
| **4,60** | 49,74718 | 49,73713 | 0,99980 | 263 33 38,11 |
| 4,61 | 50,24705 | 50,23710 | 0,99980 | 264 08 00,76 |
| 4,62 | 50,75194 | 50,74209 | 0,99981 | 264 42 23,40 |
| 4,63 | 51,26191 | 51,25215 | 0,99981 | 265 16 46,05 |
| 4,64 | 51,77700 | 51,76734 | 0,99981 | 265 51 08,70 |
| 4,65 | 52,29727 | 52,28771 | 0,99982 | 266 25 31,35 |
| 4,66 | 52,82277 | 52,81331 | 0,99982 | 266 59 54,00 |
| 4,67 | 53,35356 | 53,34419 | 0,99982 | 267 34 16,65 |
| 4,68 | 53,88968 | 53,88040 | 0,99983 | 268 08 39,29 |
| 4,69 | 54,43118 | 54,42200 | 0,99983 | 268 43 01,94 |
| **4,70** | 54,97813 | 54,96904 | 0,99983 | 269 17 24,59 |
| 4,71 | 55,53058 | 55,52158 | 0,99984 | 269 51 47,24 |
| $^3/_2\pi = 4,71\cdots$ | 55,66338 | 55,65440 | 0,99984 | 270 |
| 4,72 | 56,08858 | 56,07967 | 0,99984 | 270 26 09,89 |
| 4,73 | 56,65219 | 56,64337 | 0,99984 | 271 00 32,53 |
| 4,74 | 57,22147 | 57,21273 | 0,99985 | 271 34 55,18 |
| 4,75 | 57,79647 | 57,78782 | 0,99985 | 272 09 17,83 |
| 4,76 | 58,37725 | 58,36868 | 0,99985 | 272 43 40,48 |
| 4,77 | 58,96386 | 58,95538 | 0,99986 | 273 18 03,13 |
| 4,78 | 59,55637 | 59,54798 | 0,99986 | 273 52 25,77 |
| 4,79 | 60,15484 | 60,14653 | 0,99986 | 274 26 48,42 |
| **4,80** | 60,75932 | 60,75109 | 0,99986 | 275 01 11,07 |
| 4,81 | 61,36988 | 61,36173 | 0,99987 | 275 35 33,72 |
| 4,82 | 61,98658 | 61,97851 | 0,99987 | 276 09 56,37 |
| 4,83 | 62,60947 | 62,60149 | 0,99987 | 276 44 19,01 |
| 4,84 | 63,23863 | 63,23072 | 0,99987 | 277 18 41,66 |
| 4,85 | 63,87411 | 63,86628 | 0,99988 | 277 53 04,31 |
| 4,86 | 64,51598 | 64,50823 | 0,99988 | 278 27 26,96 |
| 4,87 | 65,16430 | 65,15662 | 0,99988 | 279 01 49,61 |
| 4,88 | 65,81913 | 65,81153 | 0,99988 | 279 36 12,25 |
| 4,89 | 66,48055 | 66,47303 | 0,99989 | 280 10 34,90 |
| **4,90** | 67,14861 | 67,14117 | 0,99989 | 280 44 57,55 |
| 4,91 | 67,82339 | 67,81602 | 0,99989 | 281 19 20,20 |
| 4,92 | 68,50496 | 68,49766 | 0,99989 | 281 53 42,85 |
| 4,93 | 69,19337 | 69,18614 | 0,99990 | 282 28 05,49 |
| 4,94 | 69,88870 | 69,88155 | 0,99990 | 283 02 28,14 |
| 4,95 | 70,59102 | 70,58394 | 0,99990 | 283 36 50,79 |
| 4,96 | 71,30040 | 71,29339 | 0,99990 | 284 11 13,44 |
| 4,97 | 72,01692 | 72,00997 | 0,99990 | 284 45 36,09 |
| 4,98 | 72,74063 | 72,73375 | 0,99991 | 285 19 58,74 |
| 4,99 | 73,47161 | 73,46481 | 0,99991 | 285 54 21,38 |

| $x$ | $\cos x$ | $\sin x$ | $\operatorname{tg} x$ | $e^x$ | $e^{-x}$ |
|---|---|---|---|---|---|
| **5,00** | 0,28366 | −0,95892 | −3,38052 | 148,413 159 | 0,006 7379 |
| 5,01 | 0,29324 | −0,95604 | −3,26030 | 149,904 736 | 0,006 6709 |
| 5,02 | 0,30278 | −0,95306 | −3,14767 | 151,411 304 | 0,006 6045 |
| 5,03 | 0,31230 | −0,94998 | −3,04192 | 152,933 013 | 0,006 5388 |
| 5,04 | 0,32178 | −0,94681 | −2,94241 | 154,470 015 | 0,006 4737 |
| 5,05 | 0,33123 | −0,94355 | −2,84859 | 156,022 464 | 0,006 4093 |
| 5,06 | 0,34065 | −0,94019 | −2,75996 | 157,590 516 | 0,006 3456 |
| 5,07 | 0,35004 | −0,93674 | −2,67610 | 159,174 327 | 0,006 2824 |
| 5,08 | 0,35939 | −0,93319 | −2,59661 | 160,774 056 | 0,006 2199 |
| 5,09 | 0,36870 | −0,92955 | −2,52114 | 162,389 862 | 0,006 1580 |
| **5,10** | 0,37798 | −0,92581 | −2,44939 | 164,021 907 | 0,006 0967 |
| 5,11 | 0,38722 | −0,92199 | −2,38107 | 165,670 355 | 0,006 0361 |
| 5,12 | 0,39642 | −0,91807 | −2,31592 | 167,335 370 | 0,005 9760 |
| 5,13 | 0,40558 | −0,91406 | −2,25372 | 169,017 118 | 0,005 9166 |
| 5,14 | 0,41470 | −0,90996 | −2,19427 | 170,715 768 | 0,005 8577 |
| 5,15 | 0,42378 | −0,90577 | −2,13737 | 172,431 490 | 0,005 7994 |
| 5,16 | 0,43281 | −0,90148 | −2,08285 | 174,164 456 | 0,005 7417 |
| 5,17 | 0,44181 | −0,89711 | −2,03055 | 175,914 837 | 0,005 6846 |
| 5,18 | 0,45076 | −0,89265 | −1,98034 | 177,682 811 | 0,005 6280 |
| 5,19 | 0,45966 | −0,88810 | −1,93208 | 179,468 553 | 0,005 5720 |
| **5,20** | 0,46852 | −0,88345 | −1,88564 | 181,272 242 | 0,005 5166 |
| 5,21 | 0,47733 | −0,87873 | −1,84093 | 183,094 058 | 0,005 4617 |
| 5,22 | 0,48609 | −0,87391 | −1,79783 | 184,934 184 | 0,005 4073 |
| 5,23 | 0,49481 | −0,86900 | −1,75625 | 186,792 804 | 0,005 3535 |
| 5,24 | 0,50347 | −0,86401 | −1,71611 | 188,670 102 | 0,005 3003 |
| 5,25 | 0,51209 | −0,85893 | −1,67733 | 190,566 268 | 0,005 2475 |
| 5,26 | 0,52065 | −0,85377 | −1,63982 | 192,481 491 | 0,005 1953 |
| 5,27 | 0,52916 | −0,84852 | −1,60352 | 194,415 962 | 0,005 1436 |
| 5,28 | 0,53762 | −0,84319 | −1,56837 | 196,369 875 | 0,005 0924 |
| 5,29 | 0,54602 | −0,83777 | −1,53431 | 198,343 425 | 0,005 0418 |
| **5,30** | 0,55437 | −0,83227 | −1,50127 | 200,336 810 | 0,004 9916 |
| 5,31 | 0,56267 | −0,82668 | −1,46922 | 202,350 228 | 0,004 9419 |
| 5,32 | 0,57091 | −0,82101 | −1,43809 | 204,383 882 | 0,004 8928 |
| 5,33 | 0,57909 | −0,81526 | −1,40784 | 206,437 974 | 0,004 8441 |
| 5,34 | 0,58721 | −0,80943 | −1,37843 | 208,512 710 | 0,004 7959 |
| 5,35 | 0,59528 | −0,80352 | −1,34982 | 210,608 298 | 0,004 7482 |
| 5,36 | 0,60328 | −0,79753 | −1,32198 | 212,724 946 | 0,004 7009 |
| 5,37 | 0,61123 | −0,79145 | −1,29486 | 214,862 868 | 0,004 6541 |
| 5,38 | 0,61911 | −0,78530 | −1,26844 | 217,022 275 | 0,004 6078 |
| 5,39 | 0,62693 | −0,77907 | −1,24267 | 219,203 386 | 0,004 5620 |
| **5,40** | 0,63469 | −0,77276 | −1,21754 | 221,406 416 | 0,004 5166 |
| 5,41 | 0,64239 | −0,76638 | −1,19301 | 223,631 588 | 0,004 4716 |
| 5,42 | 0,65002 | −0,75992 | −1,16907 | 225,879 123 | 0,004 4271 |
| 5,43 | 0,65759 | −0,75338 | −1,14567 | 228,149 245 | 0,004 3831 |
| 5,44 | 0,66509 | −0,74677 | −1,12281 | 230,442 183 | 0,004 3395 |
| 5,45 | 0,67252 | −0,74008 | −1,10045 | 232,758 166 | 0,004 2963 |
| 5,46 | 0,67989 | −0,73332 | −1,07858 | 235,097 424 | 0,004 2536 |
| 5,47 | 0,68719 | −0,72648 | −1,05718 | 237,460 193 | 0,004 2112 |
| 5,48 | 0,69442 | −0,71957 | −1,03622 | 239,846 707 | 0,004 1693 |
| 5,49 | 0,70158 | −0,71259 | −1,01570 | 242,257 207 | 0,004 1278 |
| $^7/_4\pi = 5{,}49\cdots$ | 0,70711 | −0,70711 | −1 | 244,151 064 | 0,004 0958 |

| $x$ | Coſ $x$ | Sin $x$ | Tg $x$ | $\varphi$ |
|---|---|---|---|---|
| **5,00** | 74,20995 | 74,20321 | 0,99991 | 286° 28′ 44,03″ |
| 5,01 | 74,95570 | 74,94903 | 0,99991 | 287 03 06,68 |
| 5,02 | 75,70895 | 75,70235 | 0,99991 | 287 37 29,33 |
| 5,03 | 76,46978 | 76,46324 | 0,99991 | 288 11 51,98 |
| 5,04 | 77,23824 | 77,23177 | 0,99992 | 288 46 14,62 |
| 5,05 | 78,01444 | 78,00803 | 0,99992 | 289 20 37,27 |
| 5,06 | 78,79843 | 78,79209 | 0,99992 | 289 54 59,92 |
| 5,07 | 79,59030 | 79,58402 | 0,99992 | 290 29 22,57 |
| 5,08 | 80,39014 | 80,38392 | 0,99992 | 291 03 45,22 |
| 5,09 | 81,19801 | 81,19185 | 0,99992 | 291 38 07,86 |
| **5,10** | 82,01400 | 82,00791 | 0,99993 | 292 12 30,51 |
| 5,11 | 82,83820 | 82,83216 | 0,99993 | 292 46 53,16 |
| 5,12 | 83,67067 | 83,66470 | 0,99993 | 293 21 15,81 |
| 5,13 | 84,51152 | 84,50560 | 0,99993 | 293 55 38,46 |
| 5,14 | 85,36081 | 85,35496 | 0,99993 | 294 30 01,10 |
| 5,15 | 86,21864 | 86,21285 | 0,99993 | 295 04 23,75 |
| 5,16 | 87,08510 | 87,07936 | 0,99993 | 295 38 46,40 |
| 5,17 | 87,96026 | 87,95458 | 0,99994 | 296 13 09,05 |
| 5,18 | 88,84422 | 88,83859 | 0,99994 | 296 47 31,70 |
| 5,19 | 89,73706 | 89,73149 | 0,99994 | 297 21 54,34 |
| **5,20** | 90,63888 | 90,63336 | 0,99994 | 297 56 16,99 |
| 5,21 | 91,54976 | 91,54430 | 0,99994 | 298 30 39,64 |
| 5,22 | 92,46980 | 92,46439 | 0,99994 | 299 05 02,29 |
| 5,23 | 93,39908 | 93,39372 | 0,99994 | 299 39 24,94 |
| 5,24 | 94,33770 | 94,33240 | 0,99994 | 300 13 47,58 |
| 5,25 | 95,28576 | 95,28051 | 0,99994 | 300 48 10,23 |
| 5,26 | 96,24334 | 96,23815 | 0,99995 | 301 22 32,88 |
| 5,27 | 97,21055 | 97,20541 | 0,99995 | 301 56 55,53 |
| 5,28 | 98,18748 | 98,18239 | 0,99995 | 302 31 18,18 |
| 5,29 | 99,17423 | 99,16919 | 0,99995 | 303 05 40,83 |
| **5,30** | 100,17090 | 100,16591 | 0,99995 | 303 40 03,47 |
| 5,31 | 101,17759 | 101,17264 | 0,99995 | 304 14 26,12 |
| 5,32 | 102,19439 | 102,18949 | 0,99995 | 304 48 48,77 |
| 5,33 | 103,22141 | 103,21657 | 0,99995 | 305 23 11,42 |
| 5,34 | 104,25875 | 104,25396 | 0,99995 | 305 57 34,07 |
| 5,35 | 105,30652 | 105,30177 | 0,99995 | 306 31 56,71 |
| 5,36 | 106,36482 | 106,36012 | 0,99996 | 307 06 19,36 |
| 5,37 | 107,43376 | 107,42911 | 0,99996 | 307 40 42,01 |
| 5,38 | 108,51344 | 108,50883 | 0,99996 | 308 15 04,66 |
| 5,39 | 109,60397 | 109,59941 | 0,99996 | 308 49 27,31 |
| **5,40** | 110,70547 | 110,70095 | 0,99996 | 309 23 49,95 |
| 5,41 | 111,81803 | 111,81356 | 0,99996 | 309 58 12,60 |
| 5,42 | 112,94177 | 112,93735 | 0,99996 | 310 32 35,25 |
| 5,43 | 114,07681 | 114,07243 | 0,99996 | 311 06 57,90 |
| 5,44 | 115,22326 | 115,21892 | 0,99996 | 311 41 20,55 |
| 5,45 | 116,38123 | 116,37693 | 0,99996 | 312 15 43,19 |
| 5,46 | 117,55084 | 117,54659 | 0,99996 | 312 50 05,84 |
| 5,47 | 118,73220 | 118,72799 | 0,99996 | 313 24 28,49 |
| 5,48 | 119,92544 | 119,92127 | 0,99997 | 313 58 51,14 |
| 5,49 | 121,13067 | 121,12654 | 0,99997 | 314 33 13,79 |
| $^7/_4\,\pi = 5{,}49\cdots$ | 122,07758 | 122,07348 | 0,99997 | 315 |

| $x$ | $\cos x$ | $\sin x$ | $\operatorname{tg} x$ | $e^x$ | $e^{-x}$ |
|---|---|---|---|---|---|
| **5,50** | 0,70867 | −0,70554 | −0,99558 | 244,691 932 | 0,004 0868 |
| 5,51 | 0,71569 | −0,69842 | −0,97587 | 247,151 127 | 0,004 0461 |
| 5,52 | 0,72264 | −0,69123 | −0,95653 | 249,635 037 | 0,004 0058 |
| 5,53 | 0,72951 | −0,68397 | −0,93756 | 252,143 911 | 0,003 9660 |
| 5,54 | 0,73632 | −0,67664 | −0,91895 | 254,677 999 | 0,003 9265 |
| 5,55 | 0,74305 | −0,66924 | −0,90067 | 257,237 556 | 0,003 8875 |
| 5,56 | 0,74970 | −0,66178 | −0,88272 | 259,822 836 | 0,003 8488 |
| 5,57 | 0,75628 | −0,65425 | −0,86508 | 262,434 099 | 0,003 8105 |
| 5,58 | 0,76279 | −0,64665 | −0,84775 | 265,071 606 | 0,003 7726 |
| 5,59 | 0,76921 | −0,63899 | −0,83071 | 267,735 620 | 0,003 7350 |
| **5,60** | 0,77557 | −0,63127 | −0,81394 | 270,426 407 | 0,003 6979 |
| 5,61 | 0,78184 | −0,62348 | −0,79745 | 273,144 238 | 0,003 6611 |
| 5,62 | 0,78804 | −0,61563 | −0,78122 | 275,889 383 | 0,003 6246 |
| 5,63 | 0,79415 | −0,60772 | −0,76524 | 278,662 118 | 0,003 5886 |
| 5,64 | 0,80019 | −0,59975 | −0,74951 | 281,462 718 | 0,003 5529 |
| 5,65 | 0,80615 | −0,59172 | −0,73400 | 284,291 466 | 0,003 5175 |
| 5,66 | 0,81202 | −0,58362 | −0,71873 | 287,148 643 | 0,003 4825 |
| 5,67 | 0,81782 | −0,57548 | −0,70367 | 290,034 534 | 0,003 4479 |
| 5,68 | 0,82353 | −0,56727 | −0,68882 | 292,949 430 | 0,003 4136 |
| 5,69 | 0,82916 | −0,55900 | −0,67418 | 295,893 621 | 0,003 3796 |
| **5,70** | 0,83471 | −0,55069 | −0,65973 | 298,867 401 | 0,003 3460 |
| 5,71 | 0,84018 | −0,54231 | −0,64547 | 301,871 068 | 0,003 3127 |
| 5,72 | 0,84556 | −0,53388 | −0,63140 | 304,904 923 | 0,003 2797 |
| 5,73 | 0,85086 | −0,52540 | −0,61750 | 307,969 268 | 0,003 2471 |
| 5,74 | 0,85607 | −0,51687 | −0,60377 | 311,064 411 | 0,003 2148 |
| 5,75 | 0,86119 | −0,50828 | −0,59020 | 314,190 660 | 0,003 1828 |
| 5,76 | 0,86623 | −0,49964 | −0,57680 | 317,348 329 | 0,003 1511 |
| 5,77 | 0,87119 | −0,49095 | −0,56355 | 320,537 733 | 0,003 1198 |
| 5,78 | 0,87605 | −0,48222 | −0,55045 | 323,759 190 | 0,003 0887 |
| 5,79 | 0,88083 | −0,47343 | −0,53749 | 327,013 024 | 0,003 0580 |
| **5,80** | 0,88552 | −0,46460 | −0,52467 | 330,299 560 | 0,003 0276 |
| 5,81 | 0,89012 | −0,45572 | −0,51198 | 333,619 126 | 0,002 9974 |
| 5,82 | 0,89463 | −0,44680 | −0,49942 | 336,972 054 | 0,002 9676 |
| 5,83 | 0,89906 | −0,43783 | −0,48699 | 340,358 679 | 0,002 9381 |
| 5,84 | 0,90339 | −0,42882 | −0,47468 | 343,779 341 | 0,002 9088 |
| 5,85 | 0,90763 | −0,41976 | −0,46248 | 347,234 380 | 0,002 8799 |
| 5,86 | 0,91179 | −0,41067 | −0,45040 | 350,724 144 | 0,002 8512 |
| 5,87 | 0,91585 | −0,40153 | −0,43842 | 354,248 980 | 0,002 8229 |
| 5,88 | 0,91982 | −0,39235 | −0,42655 | 357,809 242 | 0,002 7948 |
| 5,89 | 0,92369 | −0,38313 | −0,41478 | 361,405 284 | 0,002 7670 |
| **5,90** | 0,92748 | −0,37388 | −0,40311 | 365,037 468 | 0,002 7394 |
| 5,91 | 0,93117 | −0,36458 | −0,39153 | 368,706 155 | 0,002 7122 |
| 5,92 | 0,93477 | −0,35525 | −0,38004 | 372,411 714 | 0,002 6852 |
| 5,93 | 0,93828 | −0,34589 | −0,36864 | 376,154 514 | 0,002 6585 |
| 5,94 | 0,94169 | −0,33649 | −0,35732 | 379,934 930 | 0,002 6320 |
| 5,95 | 0,94501 | −0,32705 | −0,34609 | 383,753 339 | 0,002 6058 |
| 5,96 | 0,94823 | −0,31759 | −0,33493 | 387,610 124 | 0,002 5799 |
| 5,97 | 0,95136 | −0,30809 | −0,32384 | 391,505 671 | 0,002 5542 |
| 5,98 | 0,95439 | −0,29856 | −0,31283 | 395,440 368 | 0,002 5288 |
| 5,99 | 0,95733 | −0,28900 | −0,30189 | 399,414 610 | 0,002 5037 |

| $x$ | Cos $x$ | Sin $x$ | Tg $x$ | $\varphi$ |
|---|---|---|---|---|
| **5,50** | 122,34801 | 122,34392 | 0,99997 | 315° 07′ 36,43″ |
| 5,51 | 123,57759 | 123,57354 | 0,99997 | 315 41 59,08 |
| 5,52 | 124,81952 | 124,81552 | 0,99997 | 316 16 21,73 |
| 5,53 | 126,07394 | 126,06997 | 0,99997 | 316 50 44,38 |
| 5,54 | 127,34096 | 127,33704 | 0,99997 | 317 25 07,03 |
| 5,55 | 128,62072 | 128,61683 | 0,99997 | 317 59 29,67 |
| 5,56 | 129,91334 | 129,90949 | 0,99997 | 318 33 52,32 |
| 5,57 | 131,21895 | 131,21514 | 0,99997 | 319 08 14,97 |
| 5,58 | 132,53769 | 132,53392 | 0,99997 | 319 42 37,62 |
| 5,59 | 133,86968 | 133,86594 | 0,99997 | 320 17 00,27 |
| **5,60** | 135,21505 | 135,21135 | 0,99997 | 320 51 22,91 |
| 5,61 | 136,57395 | 136,57029 | 0,99997 | 321 25 45,56 |
| 5,62 | 137,94650 | 137,94288 | 0,99997 | 322 00 08,21 |
| 5,63 | 139,33285 | 139,32926 | 0,99997 | 322 34 30,86 |
| 5,64 | 140,73314 | 140,72958 | 0,99997 | 323 08 53,51 |
| 5,65 | 142,14749 | 142,14397 | 0,99998 | 323 43 16,16 |
| 5,66 | 143,57606 | 143,57258 | 0,99998 | 324 17 38,80 |
| 5,67 | 145,01899 | 145,01554 | 0,99998 | 324 52 01,45 |
| 5,68 | 146,47642 | 146,47301 | 0,99998 | 325 26 24,10 |
| 5,69 | 147,94850 | 147,94512 | 0,99998 | 326 00 46,75 |
| **5,70** | 149,43537 | 149,43203 | 0,99998 | 326 35 09,40 |
| 5,71 | 150,93719 | 150,93388 | 0,99998 | 327 09 32,04 |
| 5,72 | 152,45410 | 152,45082 | 0,99998 | 327 43 54,69 |
| 5,73 | 153,98626 | 153,98301 | 0,99998 | 328 18 17,34 |
| 5,74 | 155,53381 | 155,53060 | 0,99998 | 328 52 39,99 |
| 5,75 | 157,09692 | 157,09374 | 0,99998 | 329 27 02,64 |
| 5,76 | 158,67574 | 158,67259 | 0,99998 | 330 01 25,28 |
| 5,77 | 160,27043 | 160,26731 | 0,99998 | 330 35 47,93 |
| 5,78 | 161,88114 | 161,87805 | 0,99998 | 331 10 10,58 |
| 5,79 | 163,50804 | 163,50498 | 0,99998 | 331 44 33,23 |
| **5,80** | 165,15129 | 165,14827 | 0,99998 | 332 18 55,88 |
| 5,81 | 166,81106 | 166,80806 | 0,99998 | 332 53 18,52 |
| 5,82 | 168,48751 | 168,48454 | 0,99998 | 333 27 41,17 |
| 5,83 | 170,18081 | 170,17787 | 0,99998 | 334 02 03,82 |
| 5,84 | 171,89112 | 171,88822 | 0,99998 | 334 36 26,47 |
| 5,85 | 173,61863 | 173,61575 | 0,99998 | 335 10 49,12 |
| 5,86 | 175,36350 | 175,36065 | 0,99998 | 335 45 11,76 |
| 5,87 | 177,12590 | 177,12308 | 0,99998 | 336 19 34,41 |
| 5,88 | 178,90602 | 178,90322 | 0,99998 | 336 53 57,06 |
| 5,89 | 180,70403 | 180,70126 | 0,99998 | 337 28 19,71 |
| **5,90** | 182,52010 | 182,51736 | 0,99998 | 338 02 42,36 |
| 5,91 | 184,35443 | 184,35172 | 0,99999 | 338 37 05,00 |
| 5,92 | 186,20720 | 186,20451 | 0,99999 | 339 11 27,65 |
| 5,93 | 188,07859 | 188,07593 | 0,99999 | 339 45 50,30 |
| 5,94 | 189,96878 | 189,96615 | 0,99999 | 340 20 12,95 |
| 5'95 | 191,87797 | 191,87537 | 0,99999 | 340 54 35,60 |
| 5'96 | 193,80635 | 193,80377 | 0,99999 | 341 28 58,25 |
| 5,97 | 195,75411 | 195,75156 | 0,99999 | 342 03 20,89 |
| 5,98 | 197,72145 | 197,71892 | 0,99999 | 342 37 43,54 |
| 5,99 | 199,70856 | 199,70605 | 0,99999 | 343 12 06,19 |

| $x$ | $\cos x$ | $\sin x$ | $\operatorname{tg} x$ | $e^x$ | $e^{-x}$ |
|---|---|---|---|---|---|
| **6,00** | 0,96017 | −0,27942 | −0,29101 | 403,42 879 | 0,002 479 |
| 6,01 | 0,96292 | −0,26980 | −0,28019 | 407,48 332 | 0,002 454 |
| 6,02 | 0,96557 | −0,26016 | −0,26944 | 411,57 860 | 0,002 430 |
| 6,03 | 0,96812 | −0,25049 | −0,25874 | 415,71 503 | 0,002 405 |
| 6,04 | 0,97058 | −0,24080 | −0,24810 | 419,89 303 | 0,002 382 |
| 6,05 | 0,97294 | −0,23108 | −0,23751 | 424,11 303 | 0,002 358 |
| 6,06 | 0,97520 | −0,22134 | −0,22697 | 428,37 544 | 0,002 334 |
| 6,07 | 0,97736 | −0,21157 | −0,21647 | 432,68 068 | 0,002 311 |
| 6,08 | 0,97943 | −0,20179 | −0,20603 | 437,02 919 | 0,002 288 |
| 6,09 | 0,98140 | −0,19199 | −0,19562 | 441,42 141 | 0,002 265 |
| **6,10** | 0,98327 | −0,18216 | −0,18526 | 445,85 777 | 0,002 243 |
| 6,11 | 0,98504 | −0,17232 | −0,17494 | 450,33 872 | 0,002 221 |
| 6,12 | 0,98671 | −0,16246 | −0,16465 | 454,86 469 | 0,002 198 |
| 6,13 | 0,98829 | −0,15259 | −0,15439 | 459,43 616 | 0,002 177 |
| 6,14 | 0,98977 | −0,14270 | −0,14417 | 464,05 357 | 0,002 155 |
| 6,15 | 0,99114 | −0,13279 | −0,13398 | 468,71 739 | 0,002 133 |
| 6,16 | 0,99242 | −0,12287 | −0,12381 | 473,42 807 | 0,002 112 |
| 6,17 | 0,99360 | −0,11294 | −0,11367 | 478,18 611 | 0,002 091 |
| 6,18 | 0,99468 | −0,10300 | −0,10355 | 482,99 196 | 0,002 070 |
| 6,19 | 0,99566 | −0,09305 | −0,09346 | 487,84 611 | 0,002 050 |
| **6,20** | 0,99654 | −0,08309 | −0,08338 | 492,74 904 | 0,002 029 |
| 6,21 | 0,99732 | −0,07312 | −0,07332 | 497,70 125 | 0,002 009 |
| 6,22 | 0,99800 | −0,06314 | −0,06327 | 502,70 323 | 0,001 989 |
| 6,23 | 0,99859 | −0,05316 | −0,05324 | 507,75 548 | 0,001 969 |
| 6,24 | 0,99907 | −0,04317 | −0,04321 | 512,85 851 | 0,001 950 |
| 6,25 | 0,99945 | −0,03318 | −0,03320 | 518,01 282 | 0,001 930 |
| 6,26 | 0,99973 | −0,02318 | −0,02319 | 523,21 894 | 0,001 911 |
| 6,27 | 0,99991 | −0,01318 | −0,01319 | 528,47 738 | 0,001 892 |
| 6,28 | 0,99999 | −0,00319 | −0,00319 | 533,78 866 | 0,001 873 |
| $2\pi=6{,}28\cdots$ | 1 | 0 | 0 | 535,49 166 | 0,001 867 |
| 6,29 | 0,99998 | 0,00681 | 0,00681 | 539,15 333 | 0,001 855 |
| **6,30** | 0,99986 | 0,01681 | 0,01682 | 544,57 191 | 0,001 836 |
| 6,40 | 0,99318 | 0,11655 | 0,11735 | 601,84 504 | 0,001 662 |
| 6,50 | 0,97659 | 0,21512 | 0,22028 | 665,14 163 | 0,001 503 |
| 6,60 | 0,95023 | 0,31154 | 0,32786 | 735,09 519 | 0,001 360 |
| 6,70 | 0,91438 | 0,40485 | 0,44276 | 812,40 583 | 0,001 231 |
| 6,80 | 0,86940 | 0,49411 | 0,56834 | 897,84 729 | 0,001 114 |
| 6,90 | 0,81573 | 0,57844 | 0,70911 | 992,27 472 | 0,001 008 |
| **7,00** | 0,75390 | 0,65699 | 0,87145 | 1096,63 316 | 0,000 9119 |
| $\frac{9}{4}\pi=7{,}06\cdots$ | 0,70711 | 0,70711 | 1 | 1174,48 317 | 0,000 8514 |
| 7,10 | 0,68455 | 0,72897 | 1,06489 | 1211,96 707 | 0,000 8251 |
| 7,20 | 0,60835 | 0,79367 | 1,30462 | 1339,43 076 | 0,000 7466 |
| 7,30 | 0,52608 | 0,85044 | 1,61656 | 1480,29 993 | 0,000 6755 |
| 7,40 | 0,43855 | 0,89871 | 2,04928 | 1635,98 443 | 0,000 6113 |
| 7,50 | 0,34664 | 0,93800 | 2,70601 | 1808,04 241 | 0,000 5531 |
| 7,60 | 0,25126 | 0,96792 | 3,85227 | 1998,19 590 | 0,000 5005 |
| 7,70 | 0,15337 | 0,98817 | 6,44287 | 2208,34 799 | 0,000 4528 |
| 7,80 | 0,05396 | 0,99854 | 18,50682 | 2440,60 198 | 0,000 4097 |
| $\frac{5}{2}\pi=7{,}85\cdots$ | 0 | 1 | $\pm\infty$ | 2575,97 050 | 0,000 3882 |
| 7,90 | −0,04600 | 0,99894 | −21,71511 | 2697,28 233 | 0,000 3707 |

| $x$ | Cof $x$ | Sin $x$ | Tg $x$ | $\varphi$ |
|---|---|---|---|---|
| **6,00** | 201,71564 | 201,71316 | 0,99999 | 343° 46′ 28,84″ |
| 6,01 | 203,74289 | 203,74043 | 0,99999 | 344 20 51,49 |
| 6,02 | 205,79051 | 205,78808 | 0,99999 | 344 55 14,13 |
| 6,03 | 207,85872 | 207,85631 | 0,99999 | 345 29 36,78 |
| 6,04 | 209,94771 | 209,94533 | 0,99999 | 346 03 59,43 |
| 6,05 | 212,05769 | 212,05534 | 0,99999 | 346 38 22,08 |
| 6,06 | 214,18889 | 214,18655 | 0,99999 | 347 12 44,73 |
| 6,07 | 216,34150 | 216,33919 | 0,99999 | 347 47 07,37 |
| 6,08 | 218,51574 | 218,51345 | 0,99999 | 348 21 30,02 |
| 6,09 | 220,71184 | 220,70957 | 0,99999 | 348 55 52,67 |
| **6,10** | 222,93001 | 222,92776 | 0,99999 | 349 30 15,32 |
| 6,11 | 225,17047 | 225,16825 | 0,99999 | 350 04 37,97 |
| 6,12 | 227,43345 | 227,43125 | 0,99999 | 350 39 00,61 |
| 6,13 | 229,71917 | 229,71699 | 0,99999 | 351 13 23,26 |
| 6,14 | 232,02786 | 232,02571 | 0,99999 | 351 47 45,91 |
| 6,15 | 234,35976 | 234,35763 | 0,99999 | 352 22 08,56 |
| 6,16 | 236,71509 | 236,71298 | 0,99999 | 352 56 31,21 |
| 6,17 | 239,09410 | 239,09201 | 0,99999 | 353 30 53,85 |
| 6,18 | 241,49701 | 241,49494 | 0,99999 | 354 05 16,50 |
| 6,19 | 243,92408 | 243,92203 | 0,99999 | 354 39 39,15 |
| **6,20** | 246,37554 | 246,37351 | 0,99999 | 355 14 01,80 |
| 6,21 | 248,85163 | 248,84962 | 0,99999 | 355 48 24,45 |
| 6,22 | 251,35261 | 251,35062 | 0,99999 | 356 22 47,09 |
| 6,23 | 253,87873 | 253,87676 | 0,99999 | 356 57 09,74 |
| 6,24 | 256,43023 | 256,42828 | 0,99999 | 357 31 32,39 |
| 6,25 | 259,00738 | 259,00545 | 0,99999 | 358 05 55,04 |
| 6,26 | 261,61043 | 261,60851 | 0,99999 | 358 40 17,69 |
| 6,27 | 264,23964 | 264,23774 | 0,99999 | 359 14 40,34 |
| 6,28 | 266,89527 | 266,89340 | 0,99999 | 359 49 02,98 |
| $2\pi = 6{,}28\cdots$ | 267,74676 | 267,74489 | 0,99999 | 360 |
| 6,29 | 269,57759 | 269,57574 | 0,99999 | 360 23 25,63 |
| **6,30** | 272,28687 | 272,28504 | 0,99999 | 360 57 48,28 |
| 6,40 | 300,92335 | 300,92169 | 0,99999 | 366 41 34,76 |
| 6,50 | 332,57157 | 332,57006 | 1,00000 | 372 25 21,24 |
| 6,60 | 367,54827 | 367,54691 | 1,00000 | 378 09 07,72 |
| 6,70 | 406,20353 | 406,20230 | 1,00000 | 383 52 54,20 |
| 6,80 | 448,92420 | 448,92309 | 1,00000 | 389 36 40,68 |
| 6,90 | 496,13786 | 496,13685 | 1,00000 | 395 20 27,16 |
| **7,00** | 548,31704 | 548,31612 | 1,00000 | 401 04 13,64 |
| $^9/_4\pi = 7{,}06\cdots$ | 587,24201 | 587,24116 | 1,00000 | 405 |
| 7,10 | 605,98395 | 605,98312 | 1,00000 | 406 48 00,12 |
| 7,20 | 669,71576 | 669,71501 | 1,00000 | 412 31 46,60 |
| 7,30 | 740,15030 | 740,14963 | 1,00000 | 418 15 33,09 |
| 7,40 | 817,99252 | 817,99191 | 1,00000 | 423 59 19,57 |
| 7,50 | 904,02148 | 904,02093 | 1,00000 | 429 43 06,05 |
| 7,60 | 999,09820 | 999,09770 | 1,00000 | 435 26 52,53 |
| 7,70 | 1104,17422 | 1104,17377 | 1,00000 | 441 10 39,01 |
| 7,80 | 1220,30119 | 1220,30078 | 1,00000 | 446 54 25,49 |
| $^5/_2\pi = 7{,}85\cdots$ | 1287,98544 | 1287,98505 | 1,00000 | 450 |
| 7,90 | 1348,64135 | 1348,64098 | 1,00000 | 452 38 11,97 |

| $x$ | $\cos x$ | $\sin x$ | $\operatorname{tg} x$ | $e^x$ | $e^{-x}$ |
|---|---|---|---|---|---|
| **8,00** | − 0,14550 | 0,98936 | − 6,79971 | 2980,95799 | 0,000 3355 |
| 8,10 | − 0,24354 | 0,96989 | − 3,98240 | 3294,46808 | 0,000 3035 |
| 8,20 | − 0,33915 | 0,94073 | − 2,77375 | 3640,95031 | 0,000 2747 |
| 8,30 | − 0,43138 | 0,90217 | − 2,09138 | 4023,87239 | 0,000 2485 |
| 8,40 | − 0,51929 | 0,85460 | − 1,64571 | 4447,06675 | 0,000 2249 |
| 8,50 | − 0,60201 | 0,79849 | − 1,32636 | 4914,76884 | 0,000 2035 |
| 8,60 | − 0,67872 | 0,73440 | − 1,08203 | 5431,65959 | 0,000 1841 |
| $^{11}/_4\,\pi = 8{,}63\cdots$ | − 0,70711 | 0,70711 | − 1 | 5649,82470 | 0,000 1770 |
| 8,70 | − 0,74865 | 0,66297 | − 0,88556 | 6002,91222 | 0,000 1666 |
| 8,80 | − 0,81109 | 0,58492 | − 0,72115 | 6634,24401 | 0,000 1507 |
| 8,90 | − 0,86544 | 0,50102 | − 0,57892 | 7331,97354 | 0,000 1364 |
| **9,00** | − 0,91113 | 0,41212 | − 0,45232 | 8103,08393 | 0,000 1234 |
| 9,10 | − 0,94772 | 0,31910 | − 0,33670 | 8955,29270 | 0,000 1117 |
| 9,20 | − 0,97484 | 0,22289 | − 0,22864 | 9897,12906 | 0,000 1010 |
| 9,30 | − 0,99223 | 0,12445 | − 0,12543 | 10938,01921 | 0,000 09142 |
| 9,40 | − 0,99969 | 0,02478 | − 0,02478 | 12088,38073 | 0,000 08272 |
| $3\pi = 9{,}42\cdots$ | − 1 | 0 | 0 | 12391,64781 | 0,000 08070 |
| 9,50 | − 0,99717 | − 0,07515 | 0,07536 | 13359,72683 | 0,000 07485 |
| 9,60 | − 0,98469 | − 0,17433 | 0,17704 | 14764,78157 | 0,000 06773 |
| 9,70 | − 0,96236 | − 0,27176 | 0,28239 | 16317,60720 | 0,000 06128 |
| 9,80 | − 0,93043 | − 0,36648 | 0,39388 | 18033,74493 | 0,000 05545 |
| 9,90 | − 0,88919 | − 0,45754 | 0,51455 | 19930,37044 | 0,000 05018 |
| **10,00** | − 0,83907 | − 0,54402 | 0,64836 | 22026,46579 | 0,000 04540 |

| $x$ | Cos $x$ | Sin $x$ | Tg $x$ | $\varphi$ |
|---|---|---|---|---|
| **8,00** | 1490,47916 | 1490,47883 | 1,00000 | 458° 21′ 58,45″ |
| 8,10 | 1647,23419 | 1647,23389 | 1,00000 | 464 05 44,93 |
| 8,20 | 1820,47529 | 1820,47502 | 1,00000 | 469 49 31,41 |
| 8,30 | 2011,93632 | 2011,93607 | 1,00000 | 475 33 17,89 |
| 8,40 | 2223,53349 | 2223,53326 | 1,00000 | 481 17 04,37 |
| 8,50 | 2457,38452 | 2457,38432 | 1,00000 | 487 00 50,85 |
| 8,60 | 2715,82989 | 2715,82970 | 1,00000 | 492 44 37,33 |
| $^{11}/_4\pi$=8,63··· | 2824,91244 | 2824,91226 | 1,00000 | 495 |
| 8,70 | 3001,45619 | 3001,45603 | 1,00000 | 498 28 23,81 |
| 8,80 | 3317,12208 | 3317,12193 | 1,00000 | 504 12 10,29 |
| 8,90 | 3665,98684 | 3665,98670 | 1,00000 | 509 55 56,78 |
| **9,00** | 4051,54203 | 4051,54190 | 1,00000 | 515 39 43,26 |
| 9,10 | 4477,64641 | 4477,64630 | 1,00000 | 521 23 29,74 |
| 9,20 | 4948,56458 | 4948,56448 | 1,00000 | 527 07 16,22 |
| 9,30 | 5469,00965 | 5469,00956 | 1,00000 | 532 51 02,70 |
| 9,40 | 6044,19041 | 6044,19032 | 1,00000 | 538 34 49,18 |
| 3 $\pi$=9,42··· | 6195,82394 | 6195,82386 | 1,00000 | 540 |
| 9,50 | 6679,86345 | 6679,86338 | 1,00000 | 544 18 35,66 |
| 9,60 | 7382,39082 | 7382,39075 | 1,00000 | 550 02 22,14 |
| 9,70 | 8158,80363 | 8158,80357 | 1,00000 | 555 46 08,62 |
| 9,80 | 9016,87249 | 9016,87244 | 1,00000 | 561 29 55,10 |
| 9,90 | 9965,18524 | 9965,18519 | 1,00000 | 567 13 41,58 |
| **10,00** | 11013,23292 | 11013,23287 | 1,00000 | 572 57 28,06 |

## Tafel der Exponentialfunktion.

| $x$ | $e^x$ | $e^{-x}$ |
|---|---|---|
| 0 | 1 | 1 |
| **0,0001** | 1,0001 0000 5000 | 0,9999 0000 5000 |
| 0,0002 | 1,0002 0002 0001 | 0,9998 0001 9999 |
| 0,0003 | 1,0003 0004 5005 | 0,9997 0004 4996 |
| 0,0004 | 1,0004 0008 0011 | 0,9996 0007 9989 |
| 0,0005 | 1,0005 0012 5021 | 0,9995 0012 4979 |
| 0,0006 | 1,0006 0018 0036 | 0,9994 0017 9964 |
| 0,0007 | 1,0007 0024 5057 | 0,9993 0024 4943 |
| 0,0008 | 1,0008 0032 0085 | 0,9992 0031 9915 |
| 0,0009 | 1,0009 0040 5122 | 0,9991 0040 4879 |
| **0,001** | 1,0010 0050 0167 | 0,9990 0049 9833 |
| 0,002 | 1,0020 0200 1334 | 0,9980 0199 8667 |
| 0,003 | 1,0030 0450 4503 | 0,9970 0449 5503 |
| 0,004 | 1,0040 0801 0677 | 0,9960 0798 9344 |
| 0,005 | 1,0050 1252 0859 | 0,9950 1247 9193 |
| 0,006 | 1,0060 1803 6054 | 0,9940 1796 4054 |
| 0,007 | 1,0070 2455 7267 | 0,9930 2444 2933 |
| 0,008 | 1,0080 3208 5504 | 0,9920 3191 4837 |
| 0,009 | 1,0090 4062 1774 | 0,9910 4037 8773 |
| **0,01** | 1,0100 5016 71 | 0,9900 4983 37 |
| 0,02 | 1,0202 0134 00 | 0,9801 9867 33 |
| 0,03 | 1,0304 5453 40 | 0,9704 4553 35 |
| 0,04 | 1,0408 1077 42 | 0,9607 8943 92 |
| 0,05 | 1,0512 7109 64 | 0,9512 2942 45 |
| 0,06 | 1,0618 3654 65 | 0,9417 6453 36 |
| 0,07 | 1,0725 0818 13 | 0,9323 9381 99 |
| 0,08 | 1,0832 8706 77 | 0,9231 1634 64 |
| 0,09 | 1,0941 7428 37 | 0,9139 3118 53 |
| **0,1** | 1,1051 7092 | 0,9048 3742 |
| 0,2 | 1,2214 0276 | 0,8187 3075 |
| 0,3 | 1,3498 5881 | 0,7408 1822 |
| 0,4 | 1,4918 2470 | 0,6703 2005 |
| 0,5 | 1,6487 2127 | 0,6065 3066 |
| 0,6 | 1,8221 1880 | 0,5488 1164 |
| 0,7 | 2,0137 5271 | 0,4965 8530 |
| 0,8 | 2,2255 4093 | 0,4493 2896 |
| 0,9 | 2,4596 0311 | 0,4065 6966 |

| $x$ | $e^x$ | | $e^{-x}$ | |
|---|---|---|---|---|
| 1 | 2,7182 8183 | | | 0,36787 9441 |
| 2 | 7,3890 5610 | | | 0,13533 5283 |
| 3 | 20,0855 3692 | | $0^{1}$ * | 49787 0684 |
| 4 | 54,5981 5003 | | $0^{1}$ | 18315 6389 |
| 5 | 148,4131 5910 | | $0^{2}$ | 67379 4700 |
| 6 | 403,4287 9349 | | $0^{2}$ | 24787 5218 |
| 7 | 1096,6331 5843 | | $0^{3}$ | 91188 1966 |
| 8 | 2980,9579 8704 | | $0^{3}$ | 33546 2628 |
| 9 | 8103,0839 2758 | | $0^{3}$ | 12340 9804 |
| 10 | 22026,4657 9481 | | $0^{4}$ | 45399 9298 |
| 11 | 59874,1417 | | $0^{4}$ | 16701 7008 |
| 12 | 162754,791 | | $0^{5}$ | 61442 1235 |
| 13 | 442413,392 | | $0^{5}$ | 22603 2941 |
| 14 | 1202604,28 | | $0^{6}$ | 83152 8719 |
| 15 | 3269017,37 | | $0^{6}$ | 30590 2321 |
| 16 | 8886110,52 | | $0^{6}$ | 11253 5175 |
| 17 | 24154952,8 | | $0^{7}$ | 41399 3772 |
| 18 | 65659969,1 | | $0^{7}$ | 15229 9797 |
| 19 | 178482301 | | $0^{8}$ | 56027 9644 |
| 20 | 485165195 | | $0^{8}$ | 20611 5362 |
| 21 | 1318 81573 | $0^{1}$ * | $0^{9}$ | 75825 6043 |
| 22 | 3584 91285 | $0^{1}$ | $0^{9}$ | 27894 6809 |
| 23 | 9744 80345 | $0^{1}$ | $0^{9}$ | 10261 8796 |
| 24 | 2648 91221 | $0^{2}$ | $0^{10}$ | 37751 3454 |
| 25 | 7200 48993 | $0^{2}$ | $0^{10}$ | 13887 9439 |
| 26 | 1957 29609 | $0^{3}$ | $0^{11}$ | 51090 8903 |
| 27 | 5320 48241 | $0^{3}$ | $0^{11}$ | 18795 2882 |
| 28 | 1446 25706 | $0^{4}$ | $0^{12}$ | 69144 0011 |
| 29 | 3931 33430 | $0^{4}$ | $0^{12}$ | 25436 6565 |
| 30 | 1068 64746 | $0^{5}$ | $0^{13}$ | 93576 2297 |
| 31 | 2904 88497 | $0^{5}$ | $0^{13}$ | 34424 7711 |
| 32 | 7896 29602 | $0^{5}$ | $0^{13}$ | 12664 1655 |
| 33 | 2146 43580 | $0^{6}$ | $0^{14}$ | 46588 8615 |
| 34 | 5834 61743 | $0^{6}$ | $0^{14}$ | 17139 0843 |
| 35 | 1586 01345 | $0^{7}$ | $0^{15}$ | 63051 1676 |
| 36 | 4311 23155 | $0^{7}$ | $0^{15}$ | 23195 2283 |
| 37 | 1171 91424 | $0^{8}$ | $0^{16}$ | 85330 4763 |
| 38 | 3185 59318 | $0^{8}$ | $0^{16}$ | 31391 3279 |
| 39 | 8659 34004 | $0^{8}$ | $0^{16}$ | 11548 2242 |
| 40 | 2353 85267 | $0^{9}$ | $0^{17}$ | 42483 5426 |
| 41 | 6398 43494 | $0^{9}$ | $0^{17}$ | 15628 8219 |
| 42 | 1739 27494 | $0^{10}$ | $0^{18}$ | 57495 2226 |
| 43 | 4727 83947 | $0^{10}$ | $0^{18}$ | 21151 3104 |
| 44 | 1285 16001 | $0^{11}$ | $0^{19}$ | 77811 3224 |
| 45 | 3493 42711 | $0^{11}$ | $0^{19}$ | 28625 1858 |
| 46 | 9496 11942 | $0^{11}$ | $0^{19}$ | 10530 6174 |
| 47 | 2581 31289 | $0^{12}$ | $0^{20}$ | 38739 9763 |
| 48 | 7016 73591 | $0^{12}$ | $0^{20}$ | 14251 6408 |
| 49 | 1907 34657 | $0^{13}$ | $0^{21}$ | 52428 8566 |
| 50 | 5184 70553 | $0^{13}$ | $0^{21}$ | 19287 4985 |

* Die an den Nullen hochgestellten Ziffern geben die Anzahl der hinter bzw. vor der betreffenden Zahl bis zum Komma zu ergänzenden Nullen an.

| $x$ | $e^x$ | | $e^{-x}$ | |
|---|---|---|---|---|
| 51 | 1409 34908 | $0^{14}$ | $0^{22}$ | 70954 7416 |
| 52 | 3831 00800 | $0^{14}$ | $0^{22}$ | 26102 7907 |
| 53 | 1041 37594 | $0^{15}$ | $0^{23}$ | 96026 8005 |
| 54 | 2830 75330 | $0^{15}$ | $0^{23}$ | 35326 2857 |
| 55 | 7694 78527 | $0^{15}$ | $0^{23}$ | 12995 8143 |
| 56 | 2091 65950 | $0^{16}$ | $0^{24}$ | 47808 9288 |
| 57 | 5685 72000 | $0^{16}$ | $0^{24}$ | 17587 9220 |
| 58 | 1545 53894 | $0^{17}$ | $0^{25}$ | 64702 3493 |
| 59 | 4201 21040 | $0^{17}$ | $0^{25}$ | 23802 6641 |
| 60 | 1142 00739 | $0^{18}$ | $0^{26}$ | 87565 1076 |
| 61 | 3104 29794 | $0^{18}$ | $0^{26}$ | 32213 4029 |
| 62 | 8438 35667 | $0^{18}$ | $0^{26}$ | 11850 6486 |
| 63 | 2293 78316 | $0^{19}$ | $0^{27}$ | 43596 1000 |
| 64 | 6235 14908 | $0^{19}$ | $0^{27}$ | 16038 1089 |
| 65 | 1694 88924 | $0^{20}$ | $0^{28}$ | 59000 9054 |
| 66 | 4607 18663 | $0^{20}$ | $0^{28}$ | 21705 2201 |
| 67 | 1252 36317 | $0^{21}$ | $0^{29}$ | 79849 0425 |
| 68 | 3404 27605 | $0^{21}$ | $0^{29}$ | 29374 8211 |
| 69 | 9253 78173 | $0^{21}$ | $0^{29}$ | 10806 3928 |
| 70 | 2515 43867 | $0^{22}$ | $0^{30}$ | 39754 4974 |
| 71 | 6837 67123 | $0^{22}$ | $0^{30}$ | 14624 8623 |
| 72 | 1858 67175 | $0^{23}$ | $0^{31}$ | 53801 8616 |
| 73 | 5052 39363 | $0^{23}$ | $0^{31}$ | 19792 5988 |
| 74 | 1373 38298 | $0^{24}$ | $0^{32}$ | 72812 9018 |
| 75 | 3733 24200 | $0^{24}$ | $0^{32}$ | 26786 3696 |
| 76 | 1014 80039 | $0^{25}$ | $0^{33}$ | 98541 5469 |
| 77 | 2758 51345 | $0^{25}$ | $0^{33}$ | 36251 4092 |
| 78 | 7498 41700 | $0^{25}$ | $0^{33}$ | 13336 1482 |
| 79 | 2038 28107 | $0^{26}$ | $0^{34}$ | 49060 9473 |
| 80 | 5540 62238 | $0^{26}$ | $0^{34}$ | 18048 5139 |
| 81 | 1506 09731 | $0^{27}$ | $0^{35}$ | 66396 7720 |
| 82 | 4093 99696 | $0^{27}$ | $0^{35}$ | 24426 0074 |
| 83 | 1112 86375 | $0^{28}$ | $0^{36}$ | 89858 2594 |
| 84 | 3025 07732 | $0^{28}$ | $0^{36}$ | 33057 0063 |
| 85 | 8223 01271 | $0^{28}$ | $0^{36}$ | 12160 9930 |
| 86 | 2235 24660 | $0^{29}$ | $0^{37}$ | 44737 7931 |
| 87 | 6076 03023 | $0^{29}$ | $0^{37}$ | 16458 1143 |
| 88 | 1651 63625 | $0^{30}$ | $0^{38}$ | 60546 0190 |
| 89 | 4489 61282 | $0^{30}$ | $0^{38}$ | 22273 6356 |
| 90 | 1220 40329 | $0^{31}$ | $0^{39}$ | 81940 1262 |
| 91 | 3317 40010 | $0^{31}$ | $0^{39}$ | 30144 0879 |
| 92 | 9017 62841 | $0^{31}$ | $0^{39}$ | 11089 3902 |
| 93 | 2451 24554 | $0^{32}$ | $0^{40}$ | 40795 5867 |
| 94 | 6663 17622 | $0^{32}$ | $0^{40}$ | 15007 8576 |
| 95 | 1811 23908 | $0^{33}$ | $0^{41}$ | 55210 8228 |
| 96 | 4923 45829 | $0^{33}$ | $0^{41}$ | 20310 9266 |
| 97 | 1338 33472 | $0^{34}$ | $0^{42}$ | 74719 7234 |
| 98 | 3637 97095 | $0^{34}$ | $0^{42}$ | 27487 8501 |
| 99 | 9889 03032 | $0^{34}$ | $0^{42}$ | 10112 2149 |
| 100 | 2688 11714 | $0^{35}$ | $0^{43}$ | 37200 7598 |

# Tafel zur Umwandlung von Bogenmaß ($x$) in Winkelmaß ($\varphi$).

| $x$ | $\varphi$ | $x$ | $\varphi$ |
|---|---|---|---|
| **1** | 57° 17′ 44,80624 7096″ | **0,001** | 00° 03′ 26,26480 6247″ |
| 2 | 114 35 29,61249 4193 | 0,002 | 00 06 52,52961 2494 |
| 3 | 171 53 14,41874 1289 | 0,003 | 00 10 18,79441 8741 |
| 4 | 229 10 59,22498 8386 | 0,004 | 00 13 45,05922 4988 |
| 5 | 286 28 44,03123 5482 | | |
| 6 | 343 46 28,83748 2578 | 0,005 | 00 17 11,32403 1235 |
| 7 | 401 04 13,64372 9675 | 0,006 | 00 20 37,58883 7483 |
| 8 | 458 21 58,44997 6771 | 0,007 | 00 24 03,85364 3730 |
| 9 | 515 39 43,25622 3868 | 0,008 | 00 27 30,11844 9977 |
| 10 | 572 57 28,06247 0964 | 0,009 | 00 30 56,38325 6224 |
| **0,1** | 05 43 46,48062 4710 | **0,0001** | 00 00 20,62648 0625 |
| 0,2 | 11 27 32,96124 9419 | 0,0002 | 00 00 41,25296 1249 |
| 0,3 | 17 11 19,44187 4129 | 0,0003 | 00 01 01,87944 1874 |
| 0,4 | 22 55 05,92249 8839 | 0,0004 | 00 01 22,50592 2499 |
| 0,5 | 28 38 52,40312 3548 | 0,0005 | 00 01 43,13240 3124 |
| 0,6 | 34 22 38,88374 8258 | 0,0006 | 00 02 03,75888 3748 |
| 0,7 | 40 06 25,36437 2968 | 0,0007 | 00 02 24,38536 4373 |
| 0,8 | 45 50 11,84499 7677 | 0,0008 | 00 02 45,01184 4998 |
| 0,9 | 51 33 58,32562 2387 | 0,0009 | 00 03 05,63832 5622 |
| **0,01** | 00 34 22,64806 2471 | **0,00001** | 00 00 02,06264 8062 |
| 0,02 | 01 08 45,29612 4942 | 0,00002 | 00 00 04,12529 6125 |
| 0,03 | 01 43 07,94418 7413 | 0,00003 | 00 00 06,18794 4187 |
| 0,04 | 02 17 30,59224 9884 | 0,00004 | 00 00 08,25059 2250 |
| 0,05 | 02 51 53,24031 2355 | 0,00005 | 00 00 10,31324 0312 |
| 0,06 | 03 26 15,88837 4826 | 0,00006 | 00 00 12,37588 8375 |
| 0,07 | 04 00 38,53643 7297 | 0,00007 | 00 00 14,43853 6437 |
| 0,08 | 04 35 01,18449 9768 | 0,00008 | 00 00 16,50118 4500 |
| 0,09 | 05 09 23,83256 2239 | 0,00009 | 00 00 18,56383 2562 |

Einheit des Bogenmaßes = 57,29577 95131°
= 3437,74677 07849′
= 206264,80624 70964″

# Formelübersicht.

$$\cos x = \frac{e^{xi} + e^{-xi}}{2} \qquad \cos x \pm i \sin x = e^{\pm xi}$$

$$\cos^2 x + \sin^2 x = 1$$

$$\sin x = \frac{e^{xi} - e^{-xi}}{2i} \qquad \cos^2 x - \sin^2 x = \cos 2x$$

$$2 \cos x \sin x = \sin 2x$$

$$\operatorname{tg} x = \frac{1}{i} \frac{e^{xi} - e^{-xi}}{e^{xi} + e^{-xi}} \qquad \operatorname{tg} 2x = \frac{2 \operatorname{tg} x}{1 - \operatorname{tg}^2 x}$$

$$\cos^2 \frac{x}{2} = \frac{1}{2} [\cos x + 1] \qquad \sin^2 \frac{x}{2} = \frac{1}{2} [1 - \cos x]$$

$$\cos(x \pm y) = \cos x \cos y \mp \sin x \sin y$$

$$\sin(x \pm y) = \sin x \cos y \pm \cos x \sin y$$

$$\operatorname{tg}(x \pm y) = \frac{\operatorname{tg} x \pm \operatorname{tg} y}{1 \mp \operatorname{tg} x \operatorname{tg} y}$$

$$\cos x + \cos y = 2 \cos \frac{x+y}{2} \cos \frac{x-y}{2}$$

$$\cos x - \cos y = -2 \sin \frac{x+y}{2} \sin \frac{x-y}{2}$$

$$\sin x + \sin y = 2 \sin \frac{x+y}{2} \cos \frac{x-y}{2}$$

$$\sin x - \sin y = 2 \sin \frac{x-y}{2} \cos \frac{x+y}{2}$$

$$\operatorname{tg} x \pm \operatorname{tg} y = \frac{\sin(x \pm y)}{\cos x \cos y}$$

$$\cos x = 1 - \frac{x^2}{2!} + \frac{x^4}{4!} - \frac{x^6}{6!} + \cdots = \sum_{n=0}^{\infty} (-1)^n \frac{x^{2n}}{(2n)!}$$

$$\sin x = x - \frac{x^3}{3!} + \frac{x^5}{5!} - \frac{x^7}{7!} + \cdots = \sum_{n=0}^{\infty} (-1)^n \frac{x^{2n+1}}{(2n+1)!}$$

$$\operatorname{tg} x = x + \frac{2 \cdot x^3}{3!} + \frac{2^4 \cdot x^5}{5!} + \frac{2^4 \cdot 17 \cdot x^7}{7!} + \cdots = \sum_{n=0}^{n=\infty} \beta_{n+1} \frac{x^{2n+1}}{(2n+1)!}$$

wo die Tangentenkoeffizienten $\beta_n$ nach der folgenden Rekursionsformel zu berechnen sind:

$$\beta_1 = 1, \; \beta_n + \sum_{\varrho=1}^{n-1} (-1)^\varrho \beta_{n-\varrho} \frac{(2n-1)!}{(2\varrho)! \, (2n-1-2\varrho)!} + (-1)^n = 0$$

$$\sin(x+h) = \sin x + \frac{h}{1!} \cos x - \frac{h^2}{2!} \sin x - \frac{h^3}{3!} \cos x + \frac{h^4}{4!} \sin x + \cdots$$

$$\cos(x+h) = \cos x - \frac{h}{1!}\sin x - \frac{h^2}{2!}\cos x + \frac{h^3}{3!}\sin x + \frac{h^4}{4!}\cos x - \cdots$$

$$\mathfrak{Cos}\, x = \frac{e^x + e^{-x}}{2} \qquad \mathfrak{Cos}\, x \pm \mathfrak{Sin}\, x = e^{\pm x}$$

$$\mathfrak{Cos}^2 x - \mathfrak{Sin}^2 x = 1$$

$$\mathfrak{Sin}\, x = \frac{e^x - e^{-x}}{2} \qquad \mathfrak{Cos}^2 x + \mathfrak{Sin}^2 x = \mathfrak{Cos}\, 2x$$

$$2\,\mathfrak{Cos}\, x\, \mathfrak{Sin}\, x = \mathfrak{Sin}\, 2x$$

$$\mathfrak{Tg}\, x = \frac{e^x - e^{-x}}{e^x + e^{-x}} \qquad \mathfrak{Tg}\, 2x = \frac{2\,\mathfrak{Tg}\, x}{1 + \mathfrak{Tg}^2 x}$$

$$\mathfrak{Cos}^2 \frac{x}{2} = \frac{1}{2}\,[\mathfrak{Cos}\, x + 1] \qquad \mathfrak{Sin}^2 \frac{x}{2} = \frac{1}{2}\,[\mathfrak{Cos}\, x - 1]$$

$$\mathfrak{Cos}\,(x \pm y) = \mathfrak{Cos}\, x\, \mathfrak{Cos}\, y \pm \mathfrak{Sin}\, x\, \mathfrak{Sin}\, y$$

$$\mathfrak{Sin}\,(x \pm y) = \mathfrak{Sin}\, x\, \mathfrak{Cos}\, y \pm \mathfrak{Cos}\, x\, \mathfrak{Sin}\, y$$

$$\mathfrak{Tg}\,(x \pm y) = \frac{\mathfrak{Tg}\, x \pm \mathfrak{Tg}\, y}{1 \pm \mathfrak{Tg}\, x\, \mathfrak{Tg}\, y}$$

$$\mathfrak{Cos}\, x + \mathfrak{Cos}\, y = 2\,\mathfrak{Cos}\,\frac{x+y}{2}\,\mathfrak{Cos}\,\frac{x-y}{2}$$

$$\mathfrak{Cos}\, x - \mathfrak{Cos}\, y = 2\,\mathfrak{Sin}\,\frac{x+y}{2}\,\mathfrak{Sin}\,\frac{x-y}{2}$$

$$\mathfrak{Sin}\, x + \mathfrak{Sin}\, y = 2\,\mathfrak{Sin}\,\frac{x+y}{2}\,\mathfrak{Cos}\,\frac{x-y}{2}$$

$$\mathfrak{Sin}\, x - \mathfrak{Sin}\, y = 2\,\mathfrak{Sin}\,\frac{x-y}{2}\,\mathfrak{Cos}\,\frac{x+y}{2}$$

$$\mathfrak{Tg}\, x \pm \mathfrak{Tg}\, y = \frac{\mathfrak{Sin}\,(x \pm y)}{\mathfrak{Cos}\, x\, \mathfrak{Cos}\, y}$$

$$\mathfrak{Cos}\, x = 1 + \frac{x^2}{2!} + \frac{x^4}{4!} + \frac{x^6}{6!} + \cdots \quad = \sum_{n=0}^{\infty} \frac{x^{2n}}{(2n)!}$$

$$\mathfrak{Sin}\, x = x + \frac{x^3}{3!} + \frac{x^5}{5!} + \frac{x^7}{7!} + \cdots \quad = \sum_{n=0}^{\infty} \frac{x^{2n+1}}{(2n+1)!}$$

$$\mathfrak{Tg}\, x = x - \frac{2x^3}{3!} + \frac{2^4 x^5}{5!} - \frac{2^4 \cdot 17\, x^7}{7!} + \cdots$$

$$= \sum_{n=0}^{\infty} \left[(-1)^n \beta_{n+1} \frac{x^{2n+1}}{(2n+1)!}\right]$$

$$\mathfrak{Sin}\,(x+h) = \mathfrak{Sin}\, x + \frac{h}{1!}\,\mathfrak{Cos}\, x + \frac{h^2}{2!}\,\mathfrak{Sin}\, x + \frac{h^3}{3!}\,\mathfrak{Cos}\, x + \cdots$$

$$\mathfrak{Cos}\,(x+h) = \mathfrak{Cos}\, x + \frac{h}{1!}\,\mathfrak{Sin}\, x + \frac{h^2}{2!}\,\mathfrak{Cos}\, x + \frac{h^3}{3!}\,\mathfrak{Sin}\, x + \cdots$$

$$e = 1 + \frac{1}{1!} + \frac{1}{2!} + \frac{1}{3!} + \cdots = 2{,}718\ldots$$

$$e^{-1} = 1 - \frac{1}{1!} + \frac{1}{2!} - \frac{1}{3!} + \cdots = 0{,}367\ldots$$

$$e^{x} = 1 + \frac{x}{1!} + \frac{x^2}{2!} + \frac{x^3}{3!} + \cdots = \sum_{n=0}^{\infty} \frac{x^n}{n!}$$

$$e^{-x} = 1 - \frac{x}{1!} + \frac{x^2}{2!} - \frac{x^3}{3!} + \cdots = \sum_{n=0}^{\infty} (-1)^n \frac{x^n}{n!}$$

$$\mathfrak{Sin}\, x + \sin x = 2\left[\frac{x}{1!} + \frac{x^5}{5!} + \frac{x^9}{9!} + \cdots\right]$$

$$\mathfrak{Sin}\, x - \sin x = 2\left[\frac{x^3}{3!} + \frac{x^7}{7!} + \frac{x^{11}}{11!} + \cdots\right]$$

$$\mathfrak{Cof}\, x + \cos x = 2\left[1 + \frac{x^4}{4!} + \frac{x^8}{8!} + \cdots\right]$$

$$\mathfrak{Cof}\, x - \cos x = 2\left[\frac{x^2}{2!} + \frac{x^6}{6!} + \frac{x^{10}}{10!} + \cdots\right]$$

$$\mathfrak{Tg}\, x + \operatorname{tg} x = 2 \sum_{n=0}^{\infty} \beta_{2n+1} \frac{x^{4n+1}}{(4n+1)!}$$

$$\mathfrak{Tg}\, x - \operatorname{tg} x = -2 \sum_{n=0}^{\infty} \beta_{2n+2} \frac{x^{4n+3}}{(4n+3)!}$$

$$\begin{aligned} e^x \cos x = \quad & \qquad\qquad 1 \quad + \frac{x}{1!} \\ & + 0 - \frac{x^3}{3!} 2 - \frac{x^4}{4!} 2^2 - \frac{x^5}{5!} 2^2 \\ & + 0 + \frac{x^7}{7!} 2^3 + \frac{x^8}{8!} 2^4 + \frac{x^9}{9!} 2^4 \\ & + 0 - \frac{x^{11}}{11!} 2^5 - \frac{x^{12}}{12!} 2^6 - \frac{x^{13}}{13!} 2^6 \\ & + 0 + \frac{x^{15}}{15!} 2^7 + \frac{x^{16}}{16!} 2^8 + \frac{x^{17}}{17!} 2^8 \\ & \quad \vdots \\ = {} & 1 + x + 0 - \frac{x^3}{3} - \frac{x^4}{6} - \frac{x^5}{30} + 0 + \frac{x^7}{630} + \cdots \end{aligned}$$

$$
\begin{aligned}
e^{x}\sin x = {} & \frac{x}{1!} + \frac{x^{2}}{2!}2 + \frac{x^{3}}{3!}2 \\
& + 0 - \frac{x^{5}}{5!}2^{2} - \frac{x^{6}}{6!}2^{3} - \frac{x^{7}}{7!}2^{3} \\
& + 0 + \frac{x^{9}}{9!}2^{4} + \frac{x^{10}}{10!}2^{5} + \frac{x^{11}}{11!}2^{5} \\
& + 0 - \frac{x^{13}}{13!}2^{6} - \frac{x^{14}}{14!}2^{7} - \frac{x^{15}}{15!}2^{7} \\
& \vdots \\
= {} & x + x^{2} + \frac{x^{3}}{3} + 0 - \frac{x^{5}}{30} - \frac{x^{6}}{90} - \frac{x^{7}}{630} + 0 + \cdots
\end{aligned}
$$

$$
\begin{aligned}
e^{-x}\cos x = {} & 1 - \frac{x}{1!} + 0 + \frac{x^{3}}{3!}2 \\
& - \frac{x^{4}}{4!}2^{2} + \frac{x^{5}}{5!}2^{2} + 0 - \frac{x^{7}}{7!}2^{3} \\
& + \frac{x^{8}}{8!}2^{4} - \frac{x^{9}}{9!}2^{4} + 0 + \frac{x^{11}}{11!}2^{5} \\
& - \frac{x^{12}}{12!}2^{6} + \frac{x^{13}}{13!}2^{6} + 0 - \frac{x^{15}}{15!}2^{7} \\
& \vdots \\
= {} & 1 - x + 0 + \frac{x^{3}}{3} - \frac{x^{4}}{6} + \frac{x^{5}}{30} + 0 - \frac{x^{7}}{630} + \cdots
\end{aligned}
$$

$$
\begin{aligned}
e^{-x}\sin x = {} & \frac{x}{1!} - \frac{x^{2}}{2!}2 + \frac{x^{3}}{3!}2 \\
& + 0 - \frac{x^{5}}{5!}2^{2} + \frac{x^{6}}{6!}2^{3} - \frac{x^{7}}{7!}2^{3} \\
& + 0 + \frac{x^{9}}{9!}2^{4} - \frac{x^{10}}{10!}2^{5} + \frac{x^{11}}{11!}2^{5} \\
& + 0 - \frac{x^{13}}{13!}2^{6} + \frac{x^{14}}{14!}2^{7} - \frac{x^{15}}{15!}2^{7} \\
& \vdots \\
= {} & x - x^{2} + \frac{x^{3}}{3} + 0 - \frac{x^{5}}{30} + \frac{x^{6}}{90} - \frac{x^{7}}{630} + 0 + \cdots
\end{aligned}
$$

$$\mathfrak{Cof}\, x \cos x = \tfrac{1}{2}\,[e^{x} + e^{-x}] \cos x$$

$$= 1 - \frac{x^4}{4!}\,2^2 + \frac{x^8}{8!}\,2^4 - \frac{x^{12}}{12!}\,2^6 + \cdots$$

$$\mathfrak{Cof}\, x \sin x = \tfrac{1}{2}\,(e^{x} + e^{-x}) \sin x$$

$$= \frac{x}{1} + \frac{x^3}{3!}\,2 - \frac{x^5}{5!}\,2^2 - \frac{x^7}{7!}\,2^3 + \cdots$$

$$\mathfrak{Sin}\, x \cos x = \tfrac{1}{2}\,(e^{x} - e^{-x}) \cos x$$

$$= \frac{x}{1!} - \frac{x^3}{3!}\,2 - \frac{x^5}{5!}\,2^2 + \frac{x^7}{7!}\,2^3 + \cdots$$

$$\mathfrak{Sin}\, x \sin x = \tfrac{1}{2}\,(e^{x} - e^{-x}) \sin x$$

$$= \frac{x^2}{2!}\,2 - \frac{x^6}{6!}\,2^3 + \frac{x^{10}}{10!}\,2^5 - \frac{x^{14}}{14!}\,2^7 + \cdots$$

$$e^{\pm x} \cos x = \mathfrak{Cof}\, x \cos x \pm \mathfrak{Sin}\, x \cos x$$

$$e^{\pm x} \sin x = \mathfrak{Cof}\, x \sin x \pm \mathfrak{Sin}\, x \sin x$$

## Wichtige Zahlenwerte (12 Dez.).

| | |
|---|---|
| $e$ | $= 2{,}71828\ 18284\ 59$ |
| $e^{-1}$ | $= 0{,}36787\ 94411\ 71$ |
| $\log e$ | $= 0{,}43429\ 44819\ 03$ |
| $\pi$ | $= 3{,}14159\ 26535\ 90$ |
| $\pi^{-1}$ | $= 0{,}31830\ 98861\ 84$ |
| $\log \pi$ | $= 0{,}49714\ 98726\ 94$ |
| $\pi \log e$ | $= 1{,}36437\ 63538\ 41$ |

FSC
www.fsc.org
MIX
Papier | Fördert gute Waldnutzung
FSC® C083411

Zeitfracht Medien GmbH
Ferdinand-Jühlke-Straße 7
99095 Erfurt, Deutschland
produktsicherheit@kolibri360.de